1 MONTH OF
FREE
READING

at
www.ForgottenBooks.com

By purchasing this book you are eligible for one month membership to ForgottenBooks.com, giving you unlimited access to our entire collection of over 1,000,000 titles via our web site and mobile apps.

To claim your free month visit:
www.forgottenbooks.com/free1000817

ISBN 978-0-331-00225-6
PIBN 11000817

Mitteilungen

der

Geologischen Landesanstalt

von

Elsaß-Lothringen.

~~~~~~~~~~

Herausgegeben

von der

Direktion der geologischen Landes-Untersuchung von Elsaß-Lothringen.

Band V.

Mit 12 Tafeln.

————————◇————————

STRASSBURG i/E.

Straßburger Druckerei und Verlagsanstalt,
vormals R. Schultz u. Comp.
1905.

Inhaltsverzeichnis.

Mittheilungen,

der

Geologischen Landesanstalt

von

Elsass-Lothringen.

Herausgegeben

von der

Direction der geologischen Landes-Untersuchung von Elsass-Lothringen.

Band V, Heft I

STRASSBURG i/E.

Strassburger Druckerei und Verlagsanstalt,

vormals R. Schultz u. Comp.

1899.

Preis des Heftes 1 ℳ

Bericht

der Direction der geologischen Landes-Untersuchung
von Elsass-Lothringen
für das Jahr 1898.

I. Geologische Untersuchungen und Kartenaufnahmen.

Professor Dr. E. W. BENECKE setzte die erneute Untersuchung
des lothringischen Jura fort und dehnte dieselbe besonders
auf das Erzgebiet aus.

Landesgeologe Dr. SCHUMACHER führte im Anschluss an die
vorjährigen Arbeiten in der Strassburger Gegend die Aufnahme
des Messtischblattes Strassburg zu Ende. Hierbei handelte es
sich in erster Linie um die noch ausstehende Ermittelung der
Bodenprofile mittelst Handbohrungen sowie um die damit Hand in
Hand gehende genauere Abgrenzung der Kiesböden gegen die
Schlickböden in den südlicheren Theilen des Blattes, welche auf
der im Jahre 1883 veröffentlichten Geologischen Karte der Umgegend von Strassburg (mit Berücksichtigung der agronomischen
Verhältnisse) noch nicht zur Darstellung gelangt waren. Da es
nach mancherlei in neuester Zeit gesammelten Erfahrungen zweckmässig erschien, im agronomischen Interesse die Trennung
der Kies- und Schlickböden nach etwas anderen, noch mehr an
die Praxis sich anlehnenden Gesichtspunkten vorzunehmen als
denen, welche bei der Herstellung der erwähnten geologisch-
agronomischen Karte leitend gewesen waren, so wurde hierdurch,
in Rücksicht auf die Einheitlichkeit des gesammten Kartenbildes,
eine Neubegehung auch der nördlicheren Theile der Rheinfläche
(Gegend zwischen Neudorf, Neuhof, Grafenstaden und Lingolsheim)
nothwendig. Die Darstellung der in der genannten Gegend auf
der alten Karte bereits verzeichneten Kiesvorkommen wurde,

soweit dies erforderlich, abgeändert, und ausserdem konnten eine
grössere Anzahl Vorkommnisse von meist beschränkter Ausdehnung,
welche in Folge der Lückenhaftigkeit und Ungenauigkeit der älteren
Grundlage früher keine Berücksichtigung gefunden hatten, nachgetragen werden, so dass nunmehr auch nach dieser Richtung die
ältere Aufnahme in vielfacher Weise ergänzt und verbessert ist.

Die bei den Neuaufnahmen in der Strassburger Gegend
gemachten Beobachtungen haben nun eine ganze Reihe von neuen
Gesichtspunkten für die geologische Auffassung des Niederungsgebietes ergeben, welche in Rücksicht auf die daraus zu
ziehenden Nutzanwendungen für die weiteren Aufnahmen eine
nähere Besprechung verdienen. Letztere soll in einem besonderen,
durch beigegebene Skizzen erläuterten Aufsatz «Ueber die geologische Gliederung der unterelsässischen Rheinfläche und die
zweckmässigste Art ihrer Darstellung auf der geologischen Spezialkarte» gebracht werden.

Wie in früheren, so bot sich auch im verflossenen Jahre, wiederum
in Folge einer durch Herrn Baurath PEITAVY an die geologische
Landesanstalt gelangten Benachrichtigung, Gelegenheit, an Besichtigungen Theil zu nehmen, welche behufs Einschätzung von
Grundstücken zu Bonitirungs- (und Zusammenlegungs-) Zwecken
im Lössgebiet, und zwar dies Mal im Breuschwickersheimer Bann
unweit Strassburg, von der zuständigen Einschätzungs-Kommission
vorgenommen wurden. Die hierbei von neuem gemachten Erfahrungen in Bezug auf den Nutzen der geologischen Unterscheidungen für die praktische Beurtheilung der Böden entsprechen
ganz den früheren, wie ohne nähere Erläuterungen ein Vergleich
der nachstehenden Tabelle mit der im 4. Bande dieser Mittheilungen,
Seite CVII, veröffentlichten deutlich zeigt. Wie dort sind auch
hier den geologisch unterscheidbaren Lössböden die zwischen den
Kommissionsmitgliedern[1] und den Gemeindevertretern vereinbarten
entsprechenden Bodenklassen sowie die für dieselben festgesetzten
Taxpreise beigefügt.

---

1. Die Kommission setzte sich in derselben Weise zusammen wie bei den früheren
Besichtigungen (Diese Mittheil. Bd. IV, S. CVI).

Eintheilung der Lössböden

des Breuschwickersheimer Bannes nach Beschaffenheit, Abstammung und Auftreten, verglichen mit den ihrem Kulturwerth entsprechenden Bodenklassen nach Maassgabe der Sätze, welche für das Gelände südwestlich vom Ort, südöstlich vom Höhenpunkt 187,5 der Karte oberhalb und unterhalb des etwas nördlich von der Banngrenze in W-O Richtung verlaufenden Feldweges, von der zuständigen Einschätzungs-Kommission am 28. November 1898 angenommen worden sind.

Petrographische Bezeichnung und Abstammung des Bodens.	Farbe des Bodens.	Vorzugsweise Lagen. Typisches Bodenprofil.	Boden-Klasse.	Tax-Preis des Hektars in Rm.
Löss, sehr kalkreich. — Unveränderter bis durch Verwitterung mässig entkalkter Löss.	Weisslich gelb bis lichtbräunlichgelb.	Steiler abfallende Theile der Gehänge.	4	
Löss, ziemlich kalkreich. — Durch Verwitterung (und Verschlemmung) etwa um die Hälfte seines ursprünglichen Kalkgehaltes beraubter Löss.	Schmutzig bräunlichgelb.	Mässig abfallende Theile der Gehänge. — Durchschnittlich in 0,35 m Tiefe von unverändertem, lichtgelbem Löss unterlagert.	3	4 000
Löss, mässig kalkhaltig. — Durch Verwitterung stark entkalkter Löss.	Schmutzig braungelb.	Uebergang vom Gehänge zum Plateau. — Durchschnittlich in 0,45 m Tiefe von unverändertem lichtgelbem Löss unterlagert.	2b	4 500
Kalkhaltiger Lösslehm. — Durch Auslaugung sehr stark, aber nicht vollständig entkalkter Löss.	Gelbbraun bis röthlichbraun.	Etwas stärker geneigte plateauartige Flächen. — Durchschnittlich in 0,60 m Tiefe von unverändertem, lichgelbem Löss unterlagert.	1	5 000
Lösslehm. — Durch vollständige Auslaugung des kohlensauren Kalkes in Lehm umgewandelter Löss.	Braun.	Sehr schwach geneigte plateauartige Flächen. — Durchschnittlich in 1 m Tiefe von unverändertem, lichtgelbem Löss unterlagert.	2a	5 000

vermerkt diex erfordertich, abgeändert, und ausserdem konnten eine grössere Anzahl Vorkommnisse von meist beschränkter Ausdehnung, welche in Folge der Lückenhaftigkeit und Ungenauigkeit der älteren Grundlage früher keine Berücksichtigung gefunden hatten, nachgetragen werden, so dass nunmehr auch nach dieser Richtung die ältere Aufnahme in vielfacher Weise ergänzt und verbessert ist.

Die bei den Neuaufnahmen in der Strassburger Gegend gemachten Beobachtungen haben nun eine ganze Reihe von neuen Gesichtspunkten für die geologische Auffassung des Niederungsgebietes ergeben, welche in Rücksicht auf die daraus zu ziehenden Nutzanwendungen für die weiteren Aufnahmen eine nähere Besprechung verdienen. Letztere soll in einem besonderen, durch beigegebene Skizzen erläuterten Aufsatz « Ueber die geologische Gliederung der unterelsässischen Rheinfläche und die zweckmässigste Art ihrer Darstellung auf der geologischen Spezialkarte» gebracht werden.

Wie in früheren, so bot sich auch im verflossenen Jahre, wiederum in Folge einer durch Herrn Baurath PEITAVY an die geologische Landesanstalt gelangten Benachrichtigung, Gelegenheit, an Besichtigungen Theil zu nehmen, welche behufs Einschätzung von Grundstücken zu Bonitirungs- (und Zusammenlegungs-) Zwecken im Lössgebiet, und zwar dies Mal im Breuschwickersheimer Bann unweit Strassburg, von der zuständigen Einschätzungs-Kommission vorgenommen wurden. Die hierbei von neuem gemachten Erfahrungen in Bezug auf den Nutzen der geologischen Unterscheidungen für die praktische Beurtheilung der Böden entsprechen ganz den früheren, wie ohne nähere Erläuterungen ein Vergleich der nachstehenden Tabelle mit der im 4. Bande dieser Mittheilungen, Seite CVII, veröffentlichten deutlich zeigt. Wie dort sind auch hier den geologisch unterscheidbaren Lössböden die zwischen den Kommissionsmitgliedern[1] und den Gemeindevertretern vereinbarten entsprechenden Bodenklassen sowie die für dieselben festgesetzten Taxpreise beigefügt.

---

[1] Die Kommission setzte sich in derselben Weise zusammen wie bei den früheren Besichtigungen. Diese Mittheil. Bd. IV. S. CVI.

des Breuschwickersheim...
Auftreten, verglichen ...
klassen nach Ma... III ...
Ort, südöstlich vom Hön... ...
etwas nördlich von der ...
von der zuständigen ...
genommen worden sind.

Petrographische Bezeichnung und Abstammung des Bodens		
Löss, sehr kalkreich. — Unveränderter bis durch Verwitterung mässig ent... Löss.		
Löss, ziemlich kalkreich. — Durch Verwitterung (... Verschlemmung) etwa ... Hälfte seines urspr... Kalkgehaltes b...		
Löss, mässig kalk... — Durch Verwitterung ... entkalkter Löss.		
Kalkhaltiger L... Durch Auslaugung ... aber nicht voll... kalkter Löss.		
Lösslehm. — ... ständige Auslaug... lensauren Kalkes ... gewandelter L...		

Zu bemerken ist zunächst noch, dass die Bodenklasse 4 innerhalb des zur Einschätzung gelangten Geländes nicht vertreten war, aber an anderen Stellen desselben Bannes vertreten ist. Der Preis für Klasse 1 und 2a wurde ferner aus besonderen praktischen Rücksichten gleich angesetzt. Da nämlich in dem vorliegenden Falle 1 und 2a zusammen eine grössere zusammenhängende Fläche bilden, innerhalb deren die beiden Klassen auf kurze Strecken beständig mit einander wechseln, so wäre ein scharfes Auseinanderhalten beider praktisch schwer durchführbar gewesen, und bei der Neuvertheilung des Geländes hatte die Gleichsetzung der beiden ersten Bodenklassen im Preise unter solchen Umständen keine merkliche Benachtheiligung einzelner Besitzer im Gefolge.

Die Klassen 1 und 2a kann man als Lösslehm-Böden, 2b bis 4 als Löss-Böden zusammenfassen. Im Werthe entsprechen 2a und 2b einander an und für sich. Was dem ersteren — der ja bis auf etwaige spurenhafte Mengen an kohlensaurem Kalk ganz carbonatfrei ist — an Kalkgehalt fehlt, um einem Boden erster Klasse zu entsprechen, hat der letztere dessen bereits zu viel; während der erstere schon einen etwas trägen, kälteren Boden darstellt, ist der letztere hingegen bereits etwas zu hitzig. In der Praxis bezeichnet man wohl auch 2b als «schwachen Brenner», 3 als «Brenner», 4 als «starken Brenner».

Im Gebirge kartirte Dr. SCHUMACHER einzelne von ihm selbst und zum Theil von Herrn Professor BÜCKING früher bereits aufgenommene Gebiete auf Blatt Pfalzburg von neuem — eine Arbeit, welche durch die nach Abschluss der geologischen Aufnahme vorgenommene weitgehende Umarbeitung bezüglich Ergänzung der topographischen Grundlage von Seiten des Generalstabs unvermeidlich geworden war — und brachte ferner die Aufnahme des Buntsandsteingebietes auf Blatt Lützelstein im wesentlichen zum Abschluss.

Der Mitarbeiter bei der geologischen Landes-Untersuchung, Prof. Dr. B. FÖRSTER, beendigte die Aufnahme des Blattes Altkirch und setzte die im Interesse landwirthschaftlicher Untersuchungen auf den anstossenden Blättern Landser, Hirsingen und Volkensberg begonnenen Aufnahmen fort. Blatt

Dammerkirch wurde neu in Angriff genommen. Das auf demselben dargestellte Gebiet wird grösstentheils von älterem Lehm bedeckt, der auf älteren Vogesen- und Rheinschottern (Deckenschotter) liegt, welche ihrerseits wiederum oligocäne sandige Mergel Sande und Sandsteine überlagern. Die Gerölle des Deckenschotters und das Tertiär treten nur in Einschnitten und an steileren Böschungen zu Tage. Die Grenze zwischen Rhein- und Vogesenschotter verläuft ungefähr in der Mitte des Blattes in westöstlicher Richtung. Nur am nordöstlichen Rand des Blattes Dammerkirch ist noch jüngerer Löss entwickelt.

Bei den in Ausführung begriffenen Bonitirungsarbeiten in der Gemeinde Wittenheim wurde Prof. Dr. FÖRSTER von dem Herrn Meliorations-Bauinspektor HERRMANN zu Rathe gezogen. Es bestätigte sich dabei das schon von dem Landesgeologen Dr. SCHUMACHER[1] hervorgehobene Resultat, dass zur Klasseneintheilung des Bodens die geologische Untersuchung den besten Untergrund liefert und dieselbe wesentlich erleichtert.

Der Mitarbeiter bei der geologischen Landes-Untersuchung, Privatdocent Dr. W. BRUHNS, führte die Aufnahmearbeiten auf den Blättern Eckkirch und Markirch weiter. Die Abgrenzung des Granites gegen den Gneiss bei Deutsch-Rombach und Leberau sowie gegen den Buntsandstein und das Rothliegende des Chalmont wurde festgestellt, die gegen den Gneiss von Urbeis in Angriff genommen. Im Gebiete des Gneiss zwischen St. Kreuz und Leberau wurde ein in einem NW. streichenden Zuge sowie in verschiedenen vereinzelten Vorkommnissen auftretender «Augengneiss» ausgeschieden, welcher wohl als ein durch Gebirgsdruck umgewandelter Granit anzusehen ist. Im Gebiete des Granites wurden einige Granitporphyrgänge und ein ziemlich ausgedehntes Barytvorkommen nordwestlich von Nangigoutte aufgefunden.

Anzeigen über geologische Aufschlüsse verdankt die Direction: der Kaiserlichen Eisenbahn-Betriebsinspektion II zu Hagenau, den Herren Meliorations-Bauinspektor HERRMANN in Mülhausen, Forstmeister KAUTZSCH in Selz, Baurath PEITAVY in

---

1. Vergl. S. II und Bericht für 1896. — Diese Mittheilungen, Bd. IV, S. CV—CX.

Strassburg, Jos. Schmidt in Bergheim und J. Wackermann in Keskastel.

Herr Director Kramm in Algringen überwies ein Profil durch die Eisenerzablagerungen der Grube Röchling bei Algringen, Herr Director Gerlach in Algringen Profile der Bohrungen Freundschaft bei Oettingen und I, II und III bei Oetringen, Herr Wackermann in Keskastel die Profile von drei Bohrungen auf Steinsalz im Saarthal unter Beifügung von Bohrproben.

Die Direction spricht den genannten Herren für ihr freundliches Entgegenkommen den besten Dank aus.

II. Personalien.

Der stellvertretende Director Professor Dr. H. Bücking und der Landesgeologe Dr. L. van Werveke waren für die Zeit vom 1. März bis 31. Oktober beurlaubt.

Herr Dr. Hagmann war vom 2. Mai bis 2. August als Hülfsarbeiter bei der geologischen Landesanstalt angenommen worden und hat in dieser Zeit die in der Sammlung vorhandenen Reste fossiler Wirbelthiere geordnet und bestimmt.

III. Sammlung.

Geschenke verdankt die Geologische Landesanstalt den Herren Brahts in Lingolsheim, Director Gerlach in Algringen, Bauunternehmer Heydt in Strassburg, stud. Janentsch in Strassburg, Forstmeister Kautzsch in Selz, Wackermann in Keskastel, stud. Wüst in Strassburg.

Durch Kauf wurden ausser verschiedenen Einzelgegenständen ein Theil der Sammlung des Herrn Winckel in Niederburbach und ein Theil der früheren Rauch'schen Sammlung (Oberbronn) erworben.

IV. Stand der Veröffentlichungen.

Es wurden dem Buchhandel überwiesen:

Abhandlungen zur geologischen Specialkarte von Elsass-Lothringen: Neue Folge, Heft 1, E. W. Benecke, Beitrag zur Kenntniss des Jura in Deutsch-Lothringen, 97 S. mit ·

8 Tafeln. — Heft 2, E. KOKEN, Beiträge zur Kenntniss der Gastropoden des süddeutschen Muschelkalkes, 49 S. mit 6 Tafeln.

Geologische Specialkarte von Elsass-Lothringen:
Blätter Mülhausen West, Mülhausen Ost und Homburg, aufgenommen von Professor Dr. B. FÖRSTER, mit gemeinsamen Erläuterungen zu den drei Blättern.

Im Druck befindet sich Blatt Pfalzburg der geologischen
Specialkarte.

V. Gutachten.

Gutachten wurden abgegeben:

Durch den Landesgeologen Dr. VAN WERVEKE:

An die Militärverwaltung in Metz über die Möglichkeit bei
der Vertiefung eines bei Mörchingen abgeteuften Bohrloches Salz
zu finden.

An die Garnisonverwaltung in Mutzig über die Wasserversorgung der Schiessstände bei Mutzig (zwei Gutachten).

An den Garnison-Baubeamten in Strassburg IV über die
Wasserversorgung des Genesungsheimes in Albay bei Rothau.

An das Bürgermeisteramt der Stadt Strassburg über die
Beschaffung von Bausteinen für die Restaurirungsarbeiten am Münster.

An den Oberbauposten der Feste Kaiser Wilhelm II. über
die Wasserversorgung eines Theils der militärischen Anlagen bei
Mutzig.

Durch den Landesgeologen Dr. E. SCHUMACHER:

An die Intendantur des 15. Armeekorps über die Wasserversorgung der Schiessstände bei Pfalzburg.

An Dieselbe über die Wasserversorgung der Schiessstände bei
Bitsch.

An das Ministerium für Elsass-Lothringen, Abtheilung für
Finanzen, Gewerbe und Domänen über die Wasserversorgung des
Plateaus von Aumetz.

Strassburg i. Els., den 9. Februar 1899.

Der Director der geologischen Landes-Untersuchung
von Elsass-Lothringen.

Professor Dr. E. W. BENECKE.

P R O V I N Z   B A Y R.

P F A L Z

F R A N K R E I C H

D E

B

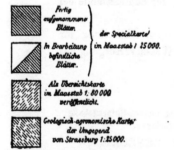

Fertig
aufgenommene
Blätter.
} der Specialkarte
In Bearbeitung
befindliche
Blätter.
} im Maasstab 1: 25 000.

Als Überzichtskarte
im Maasstab 1: 80 000
veröffentlicht.

Geologisch-agronomische Karte
der Umgegend
von Strassburg 1: 25 000.

Die mit vollen starken Linien umgrenzten Blätter
sind bereits erschienen, die grauen umrandeten Blätter
befinden sich im Druck.

Bericht

der Direction der geologischen Landes-Untersuchung
von Elsass-Lothringen
für das Jahr 1899.

I. Geologische Untersuchungen und Kartenaufnahmen.

Professor Dr. E. W. BENECKE setzte z. Th. allein, z. Th. zusammen mit Dr. VAN WERVEKE die Untersuchung der lothringischen Erzlager fort.

Professor Dr. H. BÜCKING untersuchte die weitere Umgebung des Climont und vollendete die geologische Aufnahme des Gebietes zwischen Saales, Bourg-Bruche, La Salcée und der französischen Grenze (Blätter Saales und Weiler). Ferner setzte derselbe die Aufnahme des oberen Wischthales (Blatt Lützelhausen) und die Untersuchung der Erzgänge bei Urbeis und Markirch fort.

Landesgeologe Dr. L. VAN WERVEKE sollte dem Arbeitsplane zufolge die geologische Aufnahme von Blatt Pfaffenhofen weiterführen und, wenn möglich, zum Abschluss bringen. Derselbe konnte aber dieser Arbeit nur einen kleinen Theil der für die Arbeiten im Felde zur Verfügung stehenden Zeit widmen, da im Laufe des Jahres ergangene Aufforderungen zur Abgabe von Gutachten (vergl. S. X dieses Berichtes) ihn nach anderen Richtungen in Anspruch nahmen. Ausserdem betheiligte er sich zusammen mit Professor Dr. BENECKE an der Untersuchung der lothringischen Erzlager.

Landesgeologe Dr. E. SCHUMACHER führte die Aufnahmen auf Blatt Lützelstein weiter und begann diejenige von Blatt Dagsburg. Auf Blatt Alberschweiler machte er mehrere Excursionen gemeinschaftlich mit Herrn Professor TORNQUIST zur näheren Orientirung desselben über die Abgrenzung des unteren Muschelkalks gegen den Buntsandstein sowie der Terrassen in der Gegend von Walscheid.

Der Mitarbeiter bei der geologischen Landes-Untersuchung, Professor Dr. B. FÖRSTER in Mülhausen i. E., setzte die Aufnahmen auf den Blättern Hirsingen, Dammerkirch und Friesen fort und stellte dieselben zum grössten Theil fertig. Wie im vorigen Jahre wurde er bei der Bonitirung von Wittenheim als geologischer Sachverständiger zu Rathe gezogen.

Der Mitarbeiter Professor Dr. W. BRUHNS führte die Aufnahme auf Blatt Markirch weiter und dehnte seine Begehungen und Untersuchungen auf die angrenzenden Gebiete des Blattes Weiler aus.

Der Mitarbeiter Professor Dr. A. TORNQUIST begann die Aufnahme des Blattes Alberschweiler.

II. Amtliche Gutachten.

Durch Landesgeologe Dr. L. VAN WERVEKE wurden folgende amtliche Gutachten abgegeben:

1. An das Sanitätsamt des XV. Armeekorps über die Untergrundsverhältnisse der Kasernen des Ulanen-Regimentes Nr. 15 in Saarburg.

2. An den Herrn Bürgermeister in Buchsweiler über die Wasserversorgung von Buchsweiler.

3. An die Generaldirection der Eisenbahnen in Elsass-Lothringen über die Wasserversorgung der Station Diesdorf.

4. An den Oberbauposten der Feste Kaiser Wilhelm II. über die Wasserversorgung einer Anhöhe bei Molsheim

5. An die Fortifikation Metz über die Wasserversorgung von militärischen Anlagen am Gorgimont, St. Blaise und Saulny.

6. An die Fortifikation Diedenhofen über die Wasserversorgung von militärischen Anlagen auf der Gentringer Höhe.

7. An das Kaiserliche Ministerium für Elsass-Lothringen über die Wasserversorgung der Stadt Saargemünd.

8. An das Kaiserliche Ministerium für Elsass-Lothringen über die Wasserversorgung der Dörfer auf der Hochfläche zwischen Montois-la-Montagne und Gravelotte.

9. An die Fortifikation Metz über die Wasserversorgung der Höhe bei Point-du-Jour östlich von Gravelotte.

Landesgeologe Dr. E. SCHUMACHER erstattete Gutachten:

1. An die Intendantur des XV. Armeekorps über eine Wasserversorgung in der Umgebung von Bitsch.

2. An das Kaiserliche Ministerium für Elsass-Lothringen über das Vorkommen von kalkreichen Bodenarten in den grösseren Weinbau treibenden Gemeinden des Reichslandes.

Unter diesen Gutachten erforderte die meiste Arbeit dasjenige über die Wasserversorgung der Dörfer auf der Hochebene südlich von Montois-la-Montagne.

Das lothringische Plateau westlich der Mosel ist im Allgemeinen wasserarm, trotzdem es einem an atmosphärischen Niederschlägen reichen Gebiet angehört. Die Beschaffenheit des Untergrundes und der geologische Aufbau bedingen ein Versinken des Wassers. Im Gegensatz zur Oberfläche hat daher der Bergbau in der Tiefe sehr bedeutende Wassermassen angetroffen. Aus dem Schacht von Montois-la-Montagne werden täglich 7200 cbm Wasser gefördert, in dem im Abteufen begriffenen Schacht von Sainte-Marie-aux-Chênes während des letzten Herbstes in derselben Zeit 4320 cbm. Voraussichtlich wird der Zufluss in letzterem bei weiterem Abteufen, wenn das Erz erreicht sein wird, sich noch steigern.

Die Gemeinden des Plateaus waren bisher der Hauptsache nach auf Grundwasser angewiesen. Dieses reichte aber oft nicht aus, den Bedarf zu decken. Es war vorauszusehen, dass bei einer Zunahme der Bewohnerschaft, wie sie sich bei dem in lebhaftem Aufschwung begriffenen Bergbau mit Sicherheit voraussetzen liess, Wassermangel eintreten würde. Um dem vorzubeugen, fasste die Regierung eine Wasserversorgung der Gemeinden des Plateaus in's Auge.

Bereits im verflossenen Jahre ist auf Grund einer Aufforderung des Kaiserlichen Ministeriums, Abtheilung für Finanzen, Gewerbe und Domänen ein Gutachten über die Wasserversorgung des nördlichen Theils des Plateaus durch Dr. E. SCHUMACHER ausgearbeitet worden. In diesem Jahre wurde ein ähnliches Gutachten von derselben Behörde für das Gebiet südlich von Montois-la-Montagne gefordert, und Landesgeologe Dr. VAN WERVEKE seitens der Direction mit der Abfassung desselben betraut.

Wie oben angeführt, befinden sich in der Tiefe unter dem Plateau bedeutende Wassermassen, die mehr als ausreichend sein würden, dem Bedürfniss einer viel zahlreicheren Bevölkerung als jetzt vorhanden ist, zu genügen. Auf diese Wassermassen war also — neben etwa anderen sich bietenden Bezugsquellen — in erster Linie Rücksicht zu nehmen. Es war aber besonders darauf zu achten, dass die Entnahmestellen nicht durch die fortschreitenden bergbaulichen Arbeiten geschädigt werden können.

Den Lauf der unterirdischen Wassermassen kennen zu lernen, bieten der geologische Aufbau des ganzen Gebietes, wie er sich aus der Untersuchung der zu Tage gehenden Schichten, dann die durch den Bergbau gebotenen Aufschlüsse die nöthigen Anhaltspunkte. Wohl lag für den vorliegenden Fall zur Beurtheilung der geologischen Verhältnisse die im Jahre 1886 gedruckte Uebersichtskarte des westlichen Deutsch-Lothringen vor, doch liessen eine Reihe von Veröffentlichungen, welche die bergmännischen Verhältnisse behandelten, den geologischen Aufbau des Gebietes weit weniger einfach erscheinen, als er auf der genannten Karte dargestellt ist. Es war dadurch nicht zu ver-

meiden, das Gebiet einer erneuten eingehenden Untersuchung
zu unterziehen. Dabei wurde thatsächlich ein wesentlich complicirterer Bau erkannt.

Die Ausdehnung dieser Arbeiten auf das ganze Plateau,
also eine Neubearbeitung der Uebersichtskarte, ist dringend
wünschenswerth, nicht nur zur Beantwortung von Fragen, wie
sie vom Kaiserlichen Ministerium bezüglich der Wasserversorgung
gestellt wurden, sondern auch im Interesse des Bergbaues. Letzteres
ist noch neuerdings von zuständiger Seite, durch den Verein der
lothringischen Berg- und Hüttenleute, hervorgehoben worden.

Zu einer Neubearbeitung des lothringischen Plateaus würde
die Direction der geologischen Landesanstalt sehr gern die Hand
bieten. Zur rein wissenschaftlichen Bearbeitung, nämlich zur Aufklärung der geologischen Stellung der Schichten und zur Herbei-
führung eines sicheren Vergleichs der in den einzelnen Revieren
unterschiedenen Erzlager, sind, wie aus den früheren Berichten
hervorgeht, die nöthigen Untersuchungen schon seit einer Reihe
von Jahren durch Professor Dr. BENECKE und Landesgeologe
Dr. VAN WERVEKE im Gange. Als Ergebniss derselben ist die als
erstes Heft der Neuen Folge der Abhandlungen zur geologischen
Specialkarte von Elsass-Lothringen erschienene Abhandlung von
E. W. BENECKE, Beitrag zur Kenntniss des Jura in Deutsch-
Lothringen anzusehen. Eine kurze Mittheilung ist in dem Bericht
für das Jahr 1897 durch Dr. VAN WERVEKE gegeben worden
Soll die Neubearbeitung den Wünschen des Bergbaues ganz
entgegenkommen, so müsste eine neue geologische Aufnahme
erfolgen. Zu einem Abschluss könnte dieselbe, nachdem durch die
genannten Gutachten ein Theil des Gebietes begangen und die
durchzuführende Gliederung festgestellt ist, in zwei Sommern
gebracht werden. Dabei wäre aber nur das Gebiet der Erzformation in's Auge zu fassen, das Vorhügelgebiet, welches vielfach auf
die einzelnen Kartenblätter fällt, wäre der Zeitersparniss wegen
unberücksichtigt zu lassen. Ebenso könnte von der sehr zeit-
raubenden Eintragung der ausgedehnten Lehmablagerungen des
Plateaus abgesehen werden.

Die Aufnahme erfolgte am besten im Maassstab der geologischen Specialkarte von Elsass-Lothringen unter Benutzung der Messtischblätter 1 : 25 000. Nach Abschluss derselben würde zu entscheiden sein, ob nicht für die Veröffentlichung der Maassstab 1 : 50 000 genügen würde.

So gerne nun auch die Direction der geologischen Landesanstalt diese Neuaufnahme in Angriff nehmen würde, muss sie doch auf das Bestimmteste hervorheben, dass dies ohne Vermehrung der vorhandenen Arbeitskräfte nicht ausführbar sein wird. Die begonnenen Aufnahmen in anderen Gebieten des Reichslandes können nicht ohne Weiteres auf zwei Jahre unterbrochen werden. Das würde aber der Fall sein, wenn, wie nothwendig, die beiden Landesgeologen ausschliesslich in Lothringen aufnehmen. Auch ist zu berücksichtigen, dass fortwährend aus anderen Landestheilen als Lothringen Aufforderungen zu Gutachten an die geologische Landesanstalt herantreten, die nicht unerledigt bleiben können. Manche dieser Anfragen würden wahrscheinlich nicht erfolgt sein oder könnten rascher erledigt werden, wenn die Aufnahmen weiter fortgeschritten wären. So lange also die geologische Landesanstalt nicht noch über einen mit den nöthigen Kenntnissen und Fähigkeiten ausgestatteten Geologen verfügt, ist die Ausführung einer Karte des Eisenerzgebietes in dem erforderlichen Maassstab — es sei wiederholt, zum lebhaften Bedauern der Direction der geologischen Landes-Untersuchung — unmöglich. Noch sei bemerkt, dass es sehr schwer halten wird, die geeignete Kraft zu finden, so lange die Stellung der Geologen bei der geologischen Landes-Untersuchung von Elsass-Lothringen nicht in ähnlicher Weise geregelt sein wird, wie an den übrigen deutschen, besonders der königl. preussischen geologischen Landesanstalt.

III. Stand der Veröffentlichungen.

Es wurden veröffentlicht:

Abhandlungen zur geologischen Specialkarte von Elsass-Lothringen, Neue Folge, Heft 3. — G. HAGMANN. Die diluviale Wirbelthierfauna von Vöklinshofen, I. Theil, Raubthiere und Wiederkäuer mit Ausnahme der Rinder. 122 S. Mit 7 Tafeln in Lichtdruck und 10 Tabellen.

Mittheilungen der geologischen Landesanstalt von Elsass-Lothringen; Bd. V, Heft 1. Mit folgenden Aufsätzen: W. BRUHNS, Mittheilungen über das Gneiss- und Granitgebiet nördlich von Markirch. — E. SCHUMACHER, Ueber die Gestalt und den geologischen Aufbau der unterelsässischen Rheinfläche. — B. FÖRSTER, Jüngerer Löss auf der Niederterrasse.

Uebersichtskarte der Eisenerzfelder des westlichen Deutsch-Lothringen, mit Verzeichniss der Erzfelder, 3. Auflage.

Im Druck befinden sich:

Geologische Specialkarte von Elsass-Lothringen, Blätter Pfalzburg, Zabern und Altkirch.

Abhandlungen zur geologischen Specialkarte, Neue Folge, Heft 4. E. LIEBHEIM, Beiträge zur Kenntniss des lothringischen Kohlengebirges.

IV. Benachrichtigungen über geologische Aufschlüsse und Zuweisung an die Sammlung.

Anzeigen über geologische Aufschlüsse und Geschenke an die Sammlung verdankt die Direction den Herrn Bau- und Betriebsinspektor GŒBEL in Diedenhofen, Herrn Meliorations-Bauinspektor GRANER in Strassburg, Herrn Wegemeister HELLHAKE in Dettweiler, Herrn Meliorations-Bauinspektor HERRMANN in Mülhausen, Herrn Meliorations-Bauinspektor PASQUAY in Hagenau, Herrn Meliorations-Bauinspektor Baurath PEITAVY in Strassburg, Herrn Baumeister SCHMIDT in Esch/Alz., der kaiserlichen Fortifikation Diedenhofen, der Gebrüder Stumm'schen Bergverwaltung, der Gewerkschaft Röchling in Algringen, der Gewerkschaft Reichsland in Bollingen, dem Markircher Berg- und Hüttenverein, der Montangesellschaft Lothringen—Saar und dem Rombacher Hüttenwerk.

V. Personalien.

Seine Majestät der Kaiser haben Allergnädigst geruht durch Allerhöchsten Erlass vom 22. November 1899 den Landesgeologen Dr. L. VAN WERVEKE und Dr. E. SCHUMACHER den Rang der Räthe IV. Klasse zu verleihen.

Durch Verfügung des Herrn Kurators der Universität vom 23. September 1899 wurde der Privatdocent Dr. A. TORNQUIST zum Mitarbeiter bei der geologischen Landes-Untersuchung angenommen.

Strassburg i. E., den 5. Februar 1900.

Der Director der geologischen Landes-Untersuchung
von Elsass-Lothringen.

Professor E. W. BENECKE.

PROVINZ

BAYR

PFAL

F R A N K R E I C

B

D E

Fertig
aufgenommene
Blätter.
In Bearbeitung
befindliche
Blätter.

der Specialkarte
in Maasstab 1:15 000.

Als Übersichtskarte
im Maasstab 1:80 000
veröffentlicht.

Geologisch-agronomische Karte
der Umgegend
von Strassburg 1:25 000.

Die mit vollen starken Linien umgrenzten Blätter
sind bereits erschienen, die gewiss umrandeten Blätter
befinden sich im Druck.

Stra

uita

XVIII

Bericht

der Direction der geologischen Landes-Untersuchung
von Elsass-Lothringen
für das Jahr 1900.

I. Geologische Untersuchungen und Kartenaufnahmen.

Professor Dr. E. W. BENECKE setzte zusammen mit Landes-geologe Dr. VAN WERVEKE die Untersuchung der lothringischen Erzlager fort.

Professor Dr. H. BÜCKING nahm auf den Blättern Markirch und Weiler auf.

Landesgeologe Dr. L. VAN WERVEKE verfolgte die Eisenerz-lager in Lothringen und dem angrenzenden Gebiete von Luxemburg, von welchem wegen der dort befindlichen ausge-dehnten Tagebaue auszugehen war, und stellte für das lothringische Gebiet, mit Ausnahme des südlichen Theiles bei Ars, die Auf-einanderfolge und Verbreitung der einzelnen Lager fest.

Den Grubenvorständen spricht die Direction für ihr bereit-williges Entgegenkommen bei diesen Untersuchungen den ver-bindlichsten Dank aus.

Ausserdem setzte Dr. VAN WERVEKE die Untersuchungen im Grauwackengebirge des Ober-Elsass fort, erledigte die weiter unten genannten Gutachten, und führte eine Reihe gelegentlicher Besichtigungen, darunter auch im Kohlengebirge Lothringens, aus.

Die Ergebnisse zahlreicher Bohrungen, welche gegenwärtig in Lothringen zur Aufsuchung von Kohlenlager niedergebracht werden, waren der Direction der geologischen Landes-Untersuchung nicht zugänglich. Es ist zu befürchten, dass die werthvollen Aufschlüsse, welche durch diese Bohrungen über den geologischen Aufbau des Landes gewonnen werden könnten, vollständig verloren gehen.

Landesgeologe Dr. E. SCHUMACHER nahm auf Blatt Dagsburg den vom Gebirgsabfall gegen das Rheinthal, vom Mossig-Thal und vom Lauf der Weissen Zorn und Zorn begrenzten Theil auf. Ausserdem führte er Revisionen an der Grenze der Blätter Zabern und Pfalzburg aus, welche sich noch während des Drucks der Karte wegen der mangelhaften Ausführung der topographischen Grundlage des letzteren Blattes und wegen der bei der geologischen Aufnahme des Blattes nicht vorgesehenen genaueren Darstellung der Lagerungsverhältnisse durch Streichlinien als nothwendig erwiesen hatten, und nahm an der Feststellung der Bodenbeschaffenheit für die Bonitirungen bei Plobsheim und Pfettisheim theil.

Der Mitarbeiter bei der geologischen Landes-Untersuchung, Herr Professor Dr. W. BRUHNS, setzte die Aufnahmen im nördlichen Theil des Blattes Markirch und im südlichen Theil des Blattes Weiler fort.

Der Mitarbeiter Professor Dr. TORNQUIST führte die Aufnahmen auf Blatt Alberschweiler weiter.

Durch eine Reise des Mitarbeiters Professor Dr. FÖRSTER nach Niederländisch-Indien ist die Aufnahme in der Gegend von Mülhausen unterbrochen worden und wird voraussichtlich erst im Herbst dieses Jahres wieder fortgesetzt werden können.

Im Bericht für 1899 ist bemerkt, dass eine Neubearbeitung des lothringischen Doggerplateaus in verschiedener Hinsicht, insbesondere im Interesse des Bergbaues, sich als Nothwendigkeit herausgestellt hat, doch musste hervorgehoben werden, dass dies ohne Vermehrung der Arbeitskräfte nicht möglich sein wird. Nach-

dem im Laufe des Jahres auch das Kaiserliche Ministerium, Abtheilung für Landwirthschaft und öffentliche Arbeiten, die Beschaffung
der geologischen Karten im Maasstab 1 : 25000 für die Versuchs-
anlagen mit Amerikareben zur Bekämpfung der Reblaus als erforderlich bezeichnet und den Wunsch ausgesprochen hat, dass bei
der Herausgabe der noch fehlenden Blätter die für diese Versuche
besonders in Betracht kommenden Blätter in erster Reihe berücksichtigt werden, sieht sich die Direction in der Lage, die Nothwendigkeit der Zuziehung neuer Kräfte nochmals zu betonen.

II. Amtliche Gutachten.

Durch den Landesgeologen D. L. van Werveke wurden
folgende Gutachten abgegeben:

1) An die Bezirksirrenanstalt bei Saargemünd über die
Wasserversorgung der Anstalt.
2) An die Ingenieur-Inspection in Strassburg über die
Lagerung der Schichten auf der Gentringer Höhe bei
Diedenhofen.
3) An den Herrn Meliorations-Bauinspektor in Strassburg
über eine Wasserversorgung bei Molsheim.
4) An den Herrn Meliorations-Bauinspektor in Colmar über
die Wasserversorgung in Rohrschweier.

Im Auftrag des Kaiserlichen Ministeriums für Elsass-Lothringen,
Abtheilung des Innern, stellten die Landesgeologen Dr. L. van
Werveke und Dr. E. Schumacher die geologische Grundlage der
Wasserversorgung in Elsass-Lothringen in einer ganzen Reihe von
Grund- und Aufrissen dar. Die Arbeit war auf der Internationalen
Ausstellung in Paris der deutschen Abtheilung für Hygiene an-
gegliedert.

III. Stand der Veröffentlichungen.

Es wurden veröffentlicht:

Abhandlungen zur geologischen Specialkarte von
Elsass-Lothringen, Neue Folge, Heft 4. — E. Liebheim, Bei-

träge zur Kenntniss des lothringischen Kohlengebirges. 292 S. mit 1 Atlas von 7 Tafeln.

Mittheilungen der geologischen Landesanstalt von Elsass-Lothringen, Bd. V, Heft 2 mit folgendem Aufsatz: J. SCHALLER, Chemische und mikroskopische Untersuchung von dolomitischen Gesteinen des lothringischen Muschelkalks.

Den im Druck befindlichen Blättern der geologischen Specialkarte Pfalzburg, Zabern und Altkirch konnten die Blätter Buchsweiler, Molsheim und Geispolsheim beigefügt werden.

Strassburg i. Els., den 4. Februar 1901.

Der Director der geologischen Landes-Untersuchung
von Elsass-Lothringen.

Professor Dr. E. W. BENECKE.

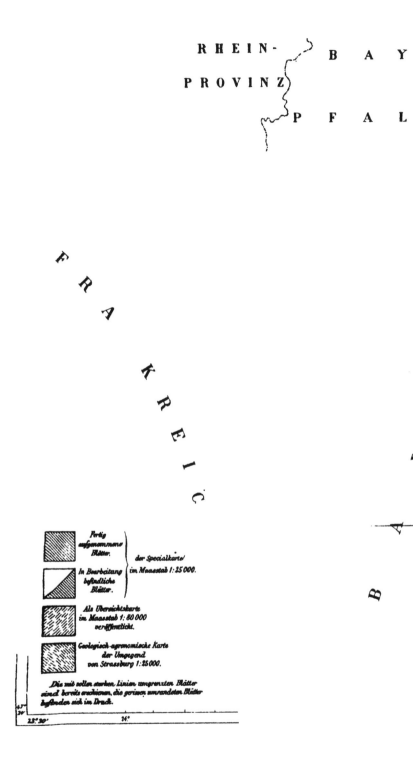

RHEIN-

PROVINZ

BAY

PFAL

FRANKREIC

BAD

Fertig
aufgenommene
Blätter.

In Bearbeitung
befindliche
Blätter.

der Specialkarte
im Maasstab 1:25000.

Als Übersichtskarte
im Maasstab 1:80000
veröffentlicht.

Geologisch-agronomische Karte
der Umgegend
von Strassburg 1:25000.

Die mit vollen starken Linien umgrenzten Blätter
sind bereits erschienen, die gestrichelt umrandeten Blätter
befinden sich im Druck.

47°
24'

23°30'

24°

Bericht

der Direction der geologischen Landes-Untersuchung

von Elsass-Lothringen

für das Jahr 1901.

I. Geologische Untersuchungen und Kartenaufnahmen.

Professor Dr. E. W. BENECKE setzte die Untersuchung des lothringischen Jura fort.

Professor Dr. H. BÜCKING bearbeitete die Umgegend von Hohwald am Zusammenschlusse der Blätter Schirmeck, Barr, Weiler, Dambach und leitete die Aufnahmen des Herrn Dr. PORRO auf Blatt Lützelhausen.

Landesgeologe Dr. L. VAN WERVEKE konnte nur eine weit geringere Zeit als in den Vorjahren auf die Aufnahmen im Felde verwenden, da er durch inneren Dienst und durch Gutachten zu stark in Anspruch genommen war. Letztere bezogen sich theils auf die Bohrungen auf Kohle in Lothringen, theils auf Wasserversorgungen, so für Hunaweier, Saaralben, Molsheim, Thann. Ausserdem wurde er zu Rathe gezogen für die Wasserversorgungen von Weier i. Thal, Mittelweier, Ammerschweier, Niedermorschweier und Bühl bei Gebweiler. Die noch zur Verfügung stehende Zeit verwandte er auf die Fortsetzung der Aufnahmen des Blattes Pfaffenhofen und die Bearbeitung des Gneiss- und Granitgebietes bei Kaysersberg.

Landesgeologe Dr. E. Schumacher revidirte zunächst einzelne Theile des Blattes Altkirch, setzte sodann die Aufnahmen auf Blatt Dagsburg fort und führte sie für das Gebirge, welches den weitaus grössten Theil des Blattes ausmacht, im wesentlichen zu Ende. Zu Begehen bleibt daher fast nur noch der schmale Streifen Vorland zwischen Freudeneck, Obersteigen, Reinhardsmünster, St. Gallen und dem Ostrand des Blattes. Das Fortschreiten der Aufnahmen wurde nicht unwesentlich dadurch beeinträchtigt, dass in Folge vielfacher Ungenauigkeiten der topographischen Grundlage häufig eine unmittelbare Eintragung der beobachteten geologischen Grenzen nicht möglich war. Vielmehr mussten diese, um ein in den Hauptzügen zuverlässiges Bild von den Lagerungsverhältnissen zu erhalten, sehr oft durch barometrische Einmessungen kontrollirt werden, und gleichzeitig erwiesen sich, um missverständlichen Auslegungen der geologischen Eintragungen vorzubeugen, entsprechende Abänderungen der topographischen Grundlage stellenweise als unerlässlich, wodurch der Abschluss der Untersuchungen in manchen Theilen des Kartengebietes stark verzögert wurde.

Im Auftrage des Kaiserlichen Ministeriums für Elsass-Lothringen, Abtheilung für Landwirthschaft und öffentliche Arbeiten, führte Dr. Schumacher mit dem Kaiserlichen Aufsichtskommissar für Reblausangelegenheiten, Herrn Landwirthschaftslehrer Wanner in Longeville bei Metz, eine Begehung der Umgebung von Longeville und Scy zum Zwecke der Untersuchung der dortigen Weinbergsböden aus und berichtete darüber in Gemeinschaft mit dem Genannten an das Kaiserliche Ministerium.

Ferner besichtigte derselbe Brunnenanlagen und anderweitige künstliche Bodenaufschlüsse bei Bitsch, zum Zweck der Abgabe eines weiteren Gutachtens an das Garnison-Bauamt IV in Strassburg, bezüglich der Wasserversorgung des Schiessplatzes bei Bitsch, und erstattete endlich ein Gutachten an das Kaiserliche Garnison-Bauamt in Saarburg i. L., betreffend den Brunnen der Garnison Pfalzburg.

Der Mitarbeiter bei der geologischen Landesuntersuchung, Professor Dr. W. Bruhns bearbeitete den nördlichen Theil des Blattes Markirch und den südlichen Theil des Blattes Weiler.

Der Mitarbeiter Professor Dr. A. TORNQUIST setzte die Aufnahmen auf Blatt Alberschweiler fort und brachte sie nahezu zum Abschluss.

Der Mitarbeiter Dr. C. PORRO nahm das Rothliegende im Wischkessel auf Blatt Lützelhausen auf.

Durch eine längere Reise des Mitarbeiters Professor Dr. B. FÖRSTER nach Niederländisch-Indien blieben die Aufnahmen in der Gegend von Mülhausen auch noch im Jahre 1901 unterbrochen, werden aber in diesem Jahre wieder fortgesetzt werden.

II. Stand der Veröffentlichungen.

Es wurden veröffentlicht:

Mittheilungen der geologischen Landesanstalt von Elsass-Lothringen, Bd. V, Heft 3 mit folgenden Arbeiten: TORNQUIST, Die im Jahre 1900 aufgedeckten Glacialerscheinungen am Schwarzen See. Mit 5 Tafeln in Lichtdruck; BENECKE, Ueberblick über die palaeontologische Gliederung der Eisenerzformation in Deutsch-Lothringen und Luxemburg; VAN WERVEKE, Profile zur Gliederung des reichsländischen Lias und Doggers und Anleitung zu einigen Ausflügen in den lothringisch-luxemburgischen Jura. Mit 15 Zinkographien und 5 Tafeln; VAN WERVEKE, Ueber Glacialschrammung auf den Graniten der Vogesen; VAN WERVEKE, Nachweis einiger bisher nicht bekannter Moränen zwischen Masmünster und Kirchberg im Doller-Thale.

Von den bereits im Vorjahre im Druck befindlichen Kartenblättern konnte nur Pfalzburg fertiggestellt werden, während die Arbeiten an den Blättern Zabern, Altkirch, Buchsweiler, Molsheim und Geispolsheim theils wegen der sehr schwierigen Zeichnung, theils wegen der starken Inanspruchnahme des lithographischen Institutes, nur langsam gefördert werden konnten.

Im Druck befinden sich ferner:

Abhandlungen zur geologischen Specialkarte, Neue Folge, Heft 5, W. JANENSCH, Die Jurensisschichten des Elsass. Mit 12 Tafeln in Lichtdruck.

Mittheilungen der geologischen Landesanstalt von Elsass-Lothringen, Bd. 5, Heft 4.

III. Personal-Nachrichten.

Herr Dr. CES. PORRO wurde durch Verfügung des Herrn Kurators der Universität vom 2. Mai 1901 zum Mitarbeiter bei der geologischen Landesuntersuchung von Elsass-Lothringen angenommen.

Strassburg i. Els., den 8. Februar 1902.

Der Director der geologischen Landes-Untersuchung
von Elsass-Lothringen.

Professor Dr. E. W. BENECKE.

Bericht

der Direktion der geologischen Landes-Untersuchung

von Elsaß-Lothringen

für das Jahr 1902.

I. Geologische Untersuchungen und Kartenaufnahmen.

Professor Dr. E. W. BENECKE setzte zusammen mit Landesgeologe Dr. VAN WERVEKE die Untersuchung der Minette
formation im nordwestlichen Lothringen fort und beteiligte sich
an der Übersichtsaufnahme der Meßtischblätter Vahl-Ebersing,
Baudrecourt, Aulnois, Delme, Mörchingen und Groß-
Tänchen zur Benutzung bei der Zusammenstellung einer neuen
geologischen Übersichtskarte im Maßstab 1 : 200 000.

Professor Dr. H. BÜCKING führte die Aufnahme der Blätter
Markirch und Schirmeck der geologischen Spezialkarte
im Maßstab 1 : 25 000 weiter, nahm Orientierungen auf Blatt
Münster sowie Revisionen auf den Blättern Saales, Weiler und
Schlettstadt vor. Ausserdem begutachtete er die für die Wasser-
versorgung von Ruß begonnenen und von Barenbach beabsichtigten
Arbeiten.

Landesgeologe Dr. L. VAN WERVEKE bearbeitete teils zusammen mit Professor E. W. BENECKE, teils allein die Meßtischblätter Vahl-Ebersing, Püttlingen, Saaralben, Baudrecourt,

Mörchingen, Groß-Tänchen, Insmingen, Aulnois, Delme
und Château-Salins behufs ihrer Reduktion für die neue geologische Übersichtskarte 1 : 200000. Wie in früheren Jahren
beteiligte er sich an den Untersuchungen der Minetteformation
in Lothringen. Ausserdem war er mehrfach durch Untersuchungen
zur Abgabe von Gutachten besonders in Wasserversorgungs-
angelegenheiten in Anspruch genommen. Es wurden erledigt oder
befinden sich in Bearbeitung die Wasserversorgung des Bahnhofes Fentsch, der Stadt Bolchen, des Genesungsheimes Albay bei
Rothau, der Kasernen von Molsheim, von Montdidier, Sennheim,
Sewen und Thann. In Ausarbeitung befindet sich gleichfalls die
geologische Profilierung eines Teils der neuen Bahnstrecke Metz—
Vigy—Anzelingen.

Landesgeologe Dr. E. SCHUMACHER nahm zur Benutzung für
die geologische Übersichtskarte 1 : 200 000 die östliche Hälfte
des Meßtischblattes Finstingen und die westliche Hälfte des
Blattes Lützelstein auf. Für die geologische Spezialkarte
bearbeitete er den nordwestlichen Teil des Blattes Lützelhausen
zwischen Bären-Berg, Großmann, Sayotte und dem Alberschweiler
Tal sowie einen Teil des Vorlandes auf Blatt Dagsburg, wodurch
dieses dem Abschluß nahe gebracht ist.

Ferner revidierte er die Blätter Hirsingen und Dammerkirch und führte mehrere besondere Untersuchungen zur Abgabe von Gutachten aus, nämlich zur Auffindung geeigneter
Sande für die Melioration des Rebengeländes der Rebbau-Ver-
suchsstation in Laquenexy und zur Wasserversorgung des Truppen-
übungsplatzes bei Bitsch sowie der Gemeinde Scherlenheim bei
Hochfelden.

Außerdem nahm derselbe eine Anzahl von geologisch
wichtigen Profilen an der neuen Bahnlinie bei Château-Salins
genau auf und leitete die Ausgrabungen in der Rhein-Ill-Ebene
bei Rathsamhausen, unweit Schlettstadt, welche die geologische
Landesanstalt zum Zweck der Klarlegung der geologischen Stellung
einer daselbst unter «alluvialen» Ablagerungen aufgefundenen
Ansiedelung hat ausführen lassen. Es stellte sich dabei heraus,
dass seit etwa 200 Jahren n. Chr., auf welche Zeit die gefundenen

Reste hinweisen, daselbst durch Anschwemmung eine Auffüllung[1]
von etwa 2 m stattgefunden hat.

Der Mitarbeiter bei der geologischen Landes-Untersuchung,
Professor Dr. W. BRUHNS, bearbeitete auf Blatt Weiler der
geologischen Spezialkarte den größeren Teil des von den
Weiler Schiefern eingenommenen Gebietes.

Der Mitarbeiter Professor Dr. B. FÖRSTER setzte die Aufnahmen
für Blatt Volkensberg der geologischen Spezialkarte fort
und gab ein Gutachten über die Wasserversorgung von Dammerkirch ab.

Der Mitarbeiter Dr. CES. PORRO bearbeitete den östlichen
Teil des Blattes Lascemborn und kartierte dann das Rotliegende
bei Saales und St. Blaise für die Blätter Saales und Plaine
der geologischen Spezialkarte.

Der Mitarbeiter Dr. J. SOELLNER führte die Spezialaufnahme der Umgebung der Hohkönigsburg auf den Blättern Markirch und Schlettstadt durch.

Der Mitarbeiter Professor Dr. TORNQUIST brachte Blatt
Alberschweiler der geologischen Spezialkarte bis auf einige
Revisionen zum Abschluss und nahm für dieselbe Karte den nord-
westlichen Teil des Blattes Lascemborn auf.

II. Stand der Veröffentlichungen.

Es wurden veröffentlicht:

Geologische Spezialkarte von Elsaß-Lothringen im
Maßstab 1:25000 mit Erläuterungen: Blatt Altkirch, aufgenommen von Professor Dr. B. FÖRSTER, Blatt Pfalzburg, aufgenommen von Landesgeologe Dr. E. SCHUMACHER mit Beiträgen
von Professor Dr. H. BÜCKING.

---

1. Die Auffüllung besteht aus Kies und Sand, grauem, fettem Schlick mit Sand-
linsen und aus rötlichem bis gelblichgrauem, durch starken Sandgehalt sehr mageren
Schlick.

Im Druck befinden sich:

Geologische Spezialkarte: Blätter Zabern, Buchsweiler, Molsheim und Geispolsheim.

Höhenschichtenkarte von Elsaß-Lothringen und den
angrenzenden Gebieten im Maßstab 1 : 200 000.

Geologische Übersichtskarte von Elsaß-Lothringen
im Maßstab 1 : 200 000. Blatt Saarbrücken.

Die im Jahre 1892, also vor 10 Jahren, von der Direktion
der geologischen Landesuntersuchung herausgegebene, von BENECKE
zusammengestellte Übersichtskarte von Elsaß-Lothringen im Maßstab 1 : 500 000 ist vergriffen. Bei der Zeichnung und Zusammenstellung dieser Karte war schon damals die Frage erwogen worden,
ob nicht zweckmäßig ein größerer Maßstab gewählt werde. Der
erste und wichtigste Grund, weshalb von einem solchen abgesehen
wurde, war der, daß die zur Verfügung stehenden älteren Departe-
mentskarten, vornehmlich die Karte des Moseldepartements, dann
auch die des Oberrheins eine so geringe geologische Gliederung
zeigten, daß es ziemlich gleich schien, ob man die ausgedehnten
Flächen in kleinerem oder größerem Maßstabe darstellte; der
zweite Grund war das Fehlen einer passenden topographischen
Grundlage.

Etwas anders liegen jetzt die Verhältnisse, wo es sich darum
handelte, eine zweite Auflage der alten oder eine neue Übersichtskarte vorzubereiten. Vor zwei Jahren erschienen die ersten Blätter
der topographischen Karte des Deutschen Reiches im Maßstab
1 : 200 000, und gegenwärtig sind, mit Ausnahme des Blattes
Oltingen, dessen Ausgabe aber binnen kurzem zu erwarten ist,
sämtliche das Reichsland umfassende Blätter dieser Karte erschienen.
1 Blatt entspricht 30 Meßtischblättern. Ihre genaue Zeichnung
und die Darstellung der Oberflächenverhältnisse mittelst Höhen-
kurven von 20 zu 20 m, in flacheren Gebieten auch von 10 zu
10 m, schaffen ein sehr klares Bild und ermöglichen es, nicht nur
die Verbreitung, sondern auch die Lagerungsverhältnisse der
Schichten zum Ausdruck zu bringen; die Karte liefert für eine

geologische Übersichtskarte eine Grundlage, wie sie nicht besser gedacht werden kann.

Die Entscheidung, ob die vorhandene Übersichtskarte neu aufgelegt oder eine neue Übersichtskarte in größerem Maßstab hergestellt werden solle, fiel zu Gunsten der letzteren aus, besonders auch weil diese Karte in einer großen Zahl von Fällen den Anforderungen, welche die Praxis an geologische Karten stellt, genügen wird. Es wird durch kursorische Aufnahmen möglich sein, diese Karte in verhältnismäßig kurzer Zeit zum Abschluß zu bringen, während die geologische Spezialkarte, welche weit genauere Zeichnung erfordert, nur sehr langsam gefördert werden kann, indem die Zahl der bei der Aufnahme beschäftigten Landesgeologen zu gering ist, diese ausserdem durch andere Arbeiten zu sehr in Anspruch genommen sind, und die Zeit, welche die Mitarbeiter auf dieselbe verwenden können, zu beschränkt ist.

Mitteilungen der geologischen Landesanstalt von Elsaß-Lothringen, Band V, Heft 3 mit den Jahresberichten der Direktion für 1901 und 1902 sowie mit folgenden Aufsätzen: A. HERRMANN, Zweiter Beitrag zur Kenntnis des Vorkommens von Foraminiferen im Tertiär des Unter-Elsaß. — L. VAN WERVEKE, Bemerkungen über die Zusammensetzung und die Entstehung der lothringisch-luxemburgischen oolithischen Eisenerze (Minetten). — L. VAN WERVEKE, Das Kieselsäuregerüst der Eisenhydroxydoolithe in den lothringisch-luxemburgischen Eisenerzlagern. — L. VAN WERVEKE, Die Gliederung der Lehmablagerungen im Unter-Elsaß und in Lothringen. — A. HERRMANN, Dritter Beitrag zur Kenntnis des Vorkommens von Foraminiferen im Tertiär der Gegend von Pechelbronn, Lobsann, Sulz u. Wald und Gunstett im Unter-Elsaß. — W. BRUHNS, Mitteilung aus dem Gneisgebiet des oberen Weilertals. — L. VAN WERVEKE, Die Phosphoritzone an der Grenze von Lias α und β in der Umgebung von Delme in Lothringen. — L. VAN WERVEKE, Beitrag zur Kenntnis der lothringischen Mardellen (zugleich ein Beitrag zur Kenntnis des lothringischen Diluviums). — L VAN WERVEKE, Über einige Granite der Vogesen.

III. Personal-Nachrichten.

Herr Dr. JULIUS SOELLNER wurde durch Verfügung des Herrn Kurators der Universität vom 28. April d. J. zum Mitarbeiter bei der geologischen Landesuntersuchung von Elsaß-Lothringen bis auf Weiteres angenommen.

Straßburg i. Els., 30. Dezember 1902.

Der Direktor der geologischen Landes-Untersuchung
von Elsaß-Lothringen.

Professor Dr. E. W. BENECKE.

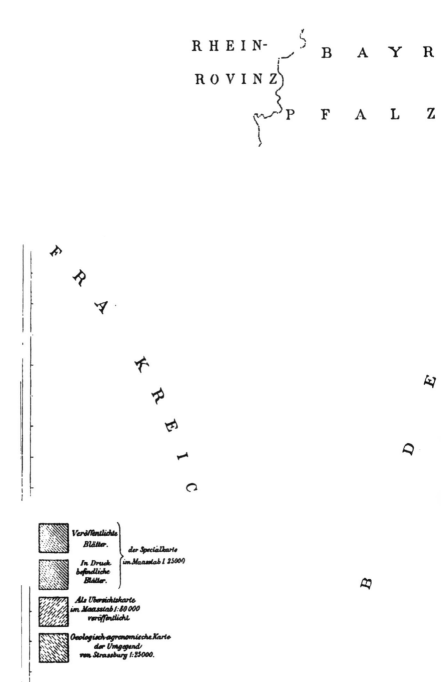

RHEIN-
ROVINZ

BAYR

PFALZ

FRA
K
R
E
I
C

D
E

B

Veröffentlichte
Blätter.

In Druck
befindliche
Blätter.

} der Specialkarte
im Maasstab 1: 25000.

Als Uebersichtskarte
im Maasstab 1: 50 000
veröffentlicht.

Geologisch-agronomische Karte
der Umgegend
von Strassburg 1: 25000.

476

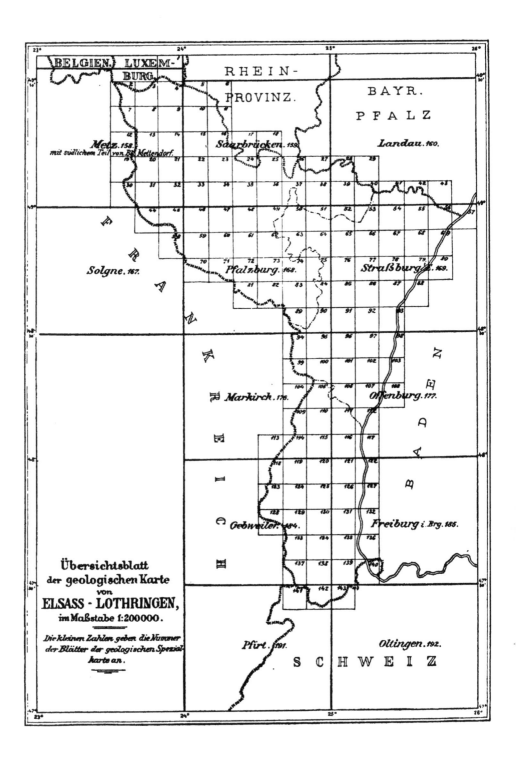

BELGIEN. LUXEM-
BURG.

RHEIN-

PROVINZ.

BAYR.
PFALZ

Metz. 158.
mit südlichem Teil von Bl. Mettendorf.

Saarbrücken. 159.

Landau. 160.

FRANKREICH

Solgne. 167.

Pfalzburg. 168.

Straßburg. 169.

BADEN

Markirch. 176.

Offenburg. 177.

Gebweiler. 184.

Freiburg i. Brg. 185.

Übersichtsblatt
der geologischen Karte
von
ELSASS - LOTHRINGEN,
im Maßstabe 1:200000.

Die kleinen Zahlen geben die Nummer
der Blätter der geologischen Spezialkarte an.

Pfirt. 191.

Ottingen. 192.

SCHWEIZ

Bericht

der Direktion der geologischen Landes-Untersuchung

von Elsaß-Lothringen

für das Jahr 1903.

***

I. Aufnahme der geologischen Karten.

Professor Dr. E. W. BENECKE nahm zusammen mit Landes-geologe Dr. L. VAN WERVEKE das Meßtischblatt Saarburg zum Zweck der Übertragung in die Übersichtskarte 1 : 200 000 auf.

Professor Dr. H. BÜCKING war mit Aufnahmen auf den Blättern Schirmeck, Plaine und Saales sowie mit Begehungen einzelner Teile der Blätter Markirch, Rappoltsweiler, Winzen-heim und Münster beschäftigt.

Landesgeologe Dr. L. VAN WERVEKE setzte die Bearbeitung der Meßtischblätter Aulnois, Delme und Château-Salins zum Zweck der Übertragung in die Karte 1 : 200 000 fort, führte zu demselben Zweck die Aufnahme der Meßtischblätter Chambrey, Marsal und Dieuze nahezu zu Ende und nahm zusammen mit Professor Dr. E. W. BENECKE Blatt Saarburg auf. Außerdem wurden die Blätter Maizières, Langenberg, Avricourt und Rixingen in den Bereich der Untersuchungen gezogen, und eine genauere Abgrenzung der Diluvialterrassen bei Metz und eine genauere Feststellung des Verlaufs der lang bekannten Verwerfung von Gorze vorgenommen.

Landesgeologe Dr. E. SCHUMACHER nahm zur Benutzung für die geologische Übersichtskarte 1 : 200 000 das Meßtischblatt Saarunion, das südöstliche Viertel des Blattes Insmingen und die westliche Hälfte der Blätter Finstingen und Diemeringen auf.

Der Mitarbeiter bei der geologischen Landes-Untersuchung, Professor Dr. W. BRUHNS, war leider verhindert, sich an den diesjährigen Aufnahmen zu beteiligen.

Der Mitarbeiter Professor Dr. B. FÖRSTER setzte die Aufnahme auf den Blättern Ensisheim, Friesen, Dammerkirch, Rumersheim, Niederenzen, Heiteren, Sennheim und besonders Oltingen fort. Ensisheim, Friesen und Dammerkirch kamen durch diese Arbeiten zum Abschluß.

Der Mitarbeiter Dr. C. PORRO führte die Aufnahmen auf Blatt Saales weiter.

Der Mitarbeiter Dr. J. SOELLNER war auf den Blättern Markirch und Schlettstadt mit Aufnahmen beschäftigt.

Der Mitarbeiter Professor Dr. TORNQUIST erledigte eine Reihe von Nachträgen auf Blatt Alberschweiler.

II. Abgabe von Gutachten.

Professor Dr. H. BÜCKING äußerte sich gutachtlich über die Wasserversorgung von Altweier, St. Kreuz und Thannenkirch, von Jungholz, Winzfelden und Türkheim.

Landesgeologe Dr. L. VAN WERVEKE begutachtete: 1. Das geologische Profil eines Teils der Bahnstrecke Metz—Vigy—Anzelingen; 2. die Wasserversorgung der Stadt Thann (Entnahmestelle auf der Spitalwiese); 3. Wasserversorgung von Metz und zwar a) über die Quellen von Gorze und des Mance-Tales, b) über das Grundwasser in der Diluvialterrasse südlich von Metz und c) über die Durchlässigkeit des Leitungsstollens von Gorze nach Metz; 4. Wasserversorgung des Neubaues einer Oberförsterei in Weiler; 5. Wasserversorgung einiger Höhen in der Umgebung von Diedenhofen; 6. Wasserversorgung des Auguste-Victoria Hauses in Brumath; 7. Wasserversorgung von Bischofsheim.

Die von Landesgeologe Dr. E. SCHUMACHER abgegebenen Gutachten beziehen sich auf: 1. Eine Brunnengrabung für ein Forsthaus bei Lützelstein; 2. die Wasserversorgung eines Artillerie-Depots bei Buß-Blettingen; 3. die Wasserversorgung von Ratzweiler mit Rücksicht auf die dort herschende Typhusepidemie; 4. Wasserversorgung des Kavallerie-Kasernements im Fort Jeutz bei Diedenhofen; 5. Vorkommen nutzbarer Sandsteine auf dem Truppenübungsplatz bei Bitsch; 6. Wasserversorgung des Forsthauses Colonne bei Meisenthal; 7. Wasserversorgung des Nebenzollamtes Lascemborn.

Dem Kaiserlichen Forsteinrichtungsbureau wurde die geologische Aufnahme der östlichen Hälfte des Blattes Lützelstein zur Benutzung bei der Neueinteilung des Forstes, der Kaiserlichen Generaldirektion der Eisenbahnen die geologische Zeichnung der Umgebung der in Vorarbeit befindlichen Bahnlinie Dammerkirch —Pfetterhausen und der Internationalen Bohrgesellschaft die geologische Zeichnung des Blattes Vahl-Ebersing zur Verfügung gestellt.

III. Stand der Veröffentlichungen.

Geologische Spezialkarte 1 : 25000. Von den im Bericht für 1902 als im Druck befindlich bezeichneten Blättern konnte nur Blatt Buchsweiler im Auflagedruck fertig gestellt werden. Die zugehörigen Erläuterungen befinden sich im Druck, so daß die Veröffentlichung des Battes für Anfang des Jahres 1904 zu erwarten ist.

Mit Rücksicht auf den Stand des Etats der geologischen Landes-Untersuchung war die Direktion leider nicht in der Lage, einen Druck auf das Lithographische Institut zur Beschleunigung der Arbeiten auszuüben. Aus der gleichen Ursache muß davon Abstand genommen werden, in der geologischen Aufnahme fertig vorliegende Blätter zum Druck zu überweisen.

Die lithographischen Arbeiten für Blatt Saarbrücken der geologischen Übersichtskarte 1 : 200000 und für die Höhenschichtenkarte 1 : 200000 sind soweit gefördert, daß die Veröffentlichung im Laufe des Jahres 1904 in Aussicht genommen werden kann.

IV. Personal-Nachrichten.

Seine Majestät der Kaiser haben Allergnädigst geruht, den Landesgeologen Dr. L. van Werveke und Dr. E. Schumacher durch Patente vom 7. Dezember d. Js. unter Belassung des Ranges der Räte IV. Klasse den Charakter als Kaiserlicher Bergrat zu verleihen.

Straßburg i. Els., 28. Dezember 1903.

Der Direktor der geologischen Landes-Untersuchung von Elsaß-Lothringen.

Professor Dr. E. W. BENECKE.

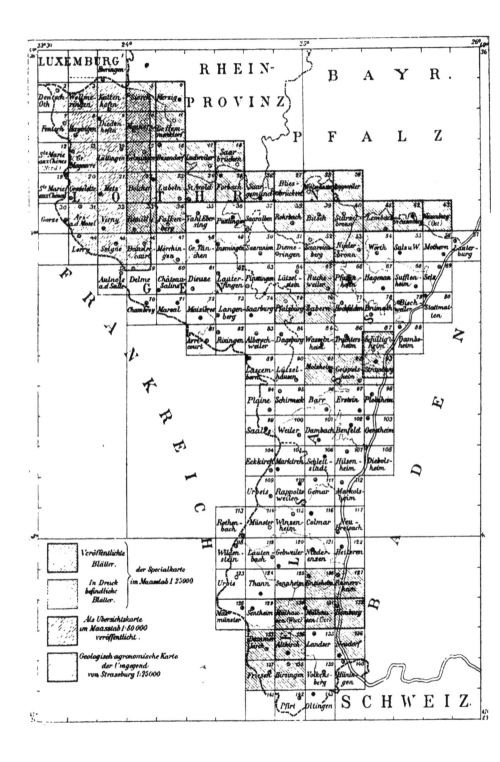

XL

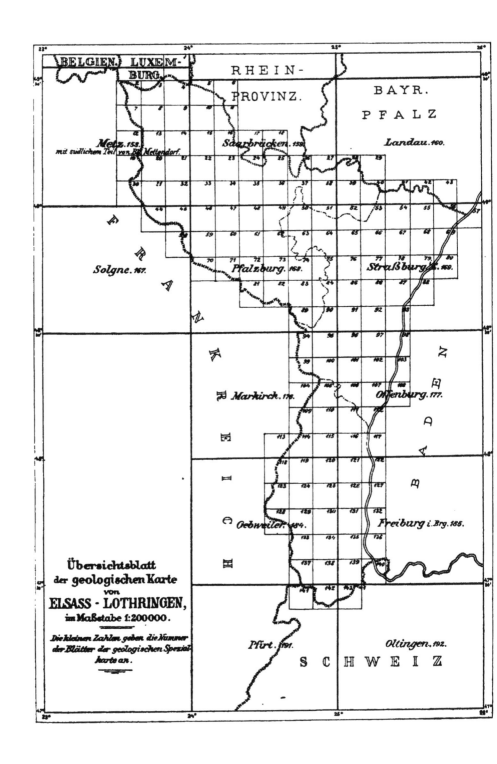

XLII

Bericht

der Direktion der geologischen Landes-Untersuchung
von Elsaß-Lothringen

für das Jahr 1904.

I. Aufnahme der geologischen Karten.

Landesgeologe Bergrat Dr. L. VAN WERVEKE schloß für die
Übersichtskarte 1 : 200 000 die Aufnahme der Blätter Groß-
Tänchen, Insmingen, Château-Salins, Dieuze, Marsal,
Maizières, Avricourt und Rixingen ab und bearbeitete die
westliche Hälfte des Blattes Lauterfingen.

Landesgeologe Bergrat Dr. E. SCHUMACHER nahm für die Übersichtskarte 1 : 200 000 die östliche Hälfte der Blätter Diemeringen
und Lauterfingen auf, führte Revisionen auf Blatt Geispolsheim der geologischen Spezialkarte (1 : 25 000) aus und setzte
die Aufnahmen auf Blatt Lützelstein derselben Karte soweit fort,
daß die Fertigstellung nur noch wenige Wochen in Anspruch
nehmen wird.

Mit Rücksicht auf den ungünstigen Stand des Etats konnten
die Direktoren und die Mitarbeiter sich im Laufe dieses Sommers
nicht an den Aufnahmearbeiten beteiligen.

II. Abgabe von Gutachten.

Professor Dr. H. BÜCKING gab Gutachten ab über die Wasserversorgung der Orte Bischofsheim, Rosheim, Saales, Vor-
bruck und des Sanatoriums Tannenberg.

Landesgeologe Bergrat Dr. L. VAN WERVEKE begutachtete die
Wasserversorgung der Orte Allenweiler, Ars-Laquenexy,

Château-Salins, Felleringen, Laquenexy, Mollkirch, St. Amarin, Urbis, Wünheim, des Forsthauses auf der Rotter Höhe b. Weißenburg, von fortifikatorischen Anlagen bei Hausbergen, Mutzig und Verny, sowie die Anlage von abessinischen Brunnen im Weilertal. Außerdem gab er Gutachten ab über die Mineralquellen von Sulzmatt und über die Anlage von Steinbrüchen am Käs-Berg bei Wimmenau und am Strangen-Berg bei Rufach.

Landesgeologe Bergrat Dr. E. SCHUMACHER äußerte sich gutachtlich über Bodenproben aus der Gegend von Willerwald und Wustweiler in einer das Landgericht Saargemünd beschäftigenden Sache und über die Wasserversorgung von Hohengöft, St. Johann bei Zabern, St. Médard, Schlettstadt und Zabern.

Dem Meliorationsbauinspektor Herrn Baurat VON RICHTHOFEN in Metz wurde die Zeichnung der geologischen Aufnahmen des Bischwaldes und seiner Umgebung (Blatt Groß-Tänchen 1 : 25 000) behufs Abgabe eines Gutachtens an die Militärverwaltung zur Verfügung gestellt; desgl. der Generaldirektion der Eisenbahnen die Zeichnung von Teilen der Blätter Diemeringen, Finstingen, Lützelstein und Saarburg zur Benutzung bei den Vorarbeiten für die in der Gegend von Saarburg, Drulingen und Diemeringen in Aussicht genommenen Bahnbauten.

III. Stand der Veröffentlichungen.

Geologische Spezialkarte 1 : 25 000. Veröffentlicht wurde das von Landesgeologe VAN WERVEKE aufgenommene Blatt Buchsweiler nebst den dazugehörigen Erläuterungen.

Von den Blättern Molsheim und Geispolsheim ist die Fertigstellung des Auflagedrucks in der nächsten Zeit zu erwarten, so daß die Veröffentlichung für das Jahr 1905 in Aussicht genommen werden darf.

Die lithographischen Arbeiten an Blatt Zabern mußten mit Rücksicht auf den ungünstigen Stand des Etats vorläufig aufgeschoben werden.

Das Gleiche gilt für die Höhenschichtenkarte im Maßstabe 1 : 200 000.

Von der geologischen Übersichtskarte von Elsaß-Lothringen und den angrenzenden Gebieten im Maßstabe 1 : 200 000
ist der Auflagedruck des Blattes Saarbrücken fertig gestellt. Zu
dieser Karte wird in gleichem Maßstabe ein tektonisches Blatt
ausgegeben werden, welches von VAN WERVEKE bearbeitet ist und
gleichfalls im Auflagedruck vorliegt.

Die Fertigstellung der Erläuterungen wurde durch zu viele
Nebenarbeiten verzögert, so daß die Veröffentlichung beider
Blätter erst für 1905 vorgesehen werden kann.

Für das in zweiter Linie zur Veröffentlichung vorgesehene
Blatt der Übersichtskarte, Blatt Pfalzburg, welches das Gebiet
zwischen Rémilly im Nordwesten, Rozières-aux-Salines im Südwesten, Mombronn im Nordosten und Lützelhausen im Südosten
darstellt, sind die Aufnahmen bis auf einige Revisionen in der
Gegend von Baudrecourt abgeschlossen. Die Reinzeichnung befindet sich in Arbeit, und es ist anzunehmen, daß dieselbe bis
April oder Mai dem Lithographischen Institut zum Druck überwiesen werden kann. Das Blatt umfaßt das durch das Vorkommen
von Steinsalz besonders wichtige Seillegebiet (Saulnois). Besondere
Schwierigkeiten bietet der Anschluß an das französische Gebiet,
da für dieses nur sehr mangelhafte geologische Karten zur Verfügung stehen. Die Grenze zwischen Unterem und Mittlerem
Keuper ist z. B. längs der Landesgrenze um ungefähr 7 km zu
verschieben.

Die geologische Übersichtskarte des westlichen
Deutsch-Lothringen im Maßstabe 1 : 80 000, welche im Jahre
1887 veröffentlicht wurde, ist laut Abrechnung der Verlagshand-
lung vom 15. Oktober 1904 bis auf 16 Blätter vergriffen. Eine
Neuauflage ist nicht in Aussicht genommen, da ein Teil des
Gebietes sowohl auf einigen Blättern der Spezialkarte (Blätter
Sierck, Monneren, Gelmingen, Bolchen und Rémilly) als auf dem
Blatte Saarbrücken der Karte 1 : 200 000 dargestellt ist. Bis es
möglich sein wird, die Spezialaufnahme des ganzen Gebietes durch-
zuführen, sollen als Ersatz für den übrigen Teil die Blätter Metz

(mit einem schmalen Streifen des Blattes Mettendorf) und Solgne der geologischen Übersichtskarte 1 : 200 000 dienen. Durch gelegentliche Aufnahmen sind wesentliche Vorarbeiten für die Neuzeichnung des Gebietes vorhanden, die übrigen Arbeiten werden im Sommer 1905 in Angriff genommen werden. Da auch den genannten Blättern, wie überhaupt sämtlichen Blättern der neuen Übersichtskarte, tektonische Blätter beigefügt werden, so werden sie das Gebiet trotz ihres kleineren Maßstabes besonders in Bezug auf Lagerungsverhältnisse besser darstellen als die ältere Karte.

Von der im Jahre 1899 ausgegebenen 3. Auflage[1] der Übersichtskarte der Eisenerzfelder des westlichen Deutsch-Lothringen und dem zugehörenden Verzeichnis stehen nach der genannten Abrechnung nur noch 65 Abzüge zur Verfügung. Es sind deshalb mit dem Bergrevieramt Metz Verhandlungen wegen der Herausgabe der 4. Auflage eingeleitet worden.

Von den Abhandlungen zur geologischen Spezialkarte befindet sich Heft VI der Neuen Folge mit einer Arbeit von Herrn Professor Dr. E. W. BENECKE «Die Versteinerungen der Eisenerzformation in Deutsch-Lothringen» in Druck.

---

1. Die 1. Auflage wurde 1887, die 2. 1894 veröffentlicht.

IV. Personal-Nachrichten.

Herr Oberlehrer Professor Dr. B. FÖRSTER in Mülhausen i. Els. ist aus Gesundheitsrücksichten als Mitarbeiter bei der geologischen Landesuntersuchung ausgetreten. In Anerkennung seiner Verdienste um die Förderung der geologischen Arbeiten in Elsaß-Lothringen haben Seine Majestät der Kaiser und König Allergnädigst geruht, ihm den Roten Adlerorden vierter Klasse zu verleihen.

Straßburg i. Els., 30. Dezember 1904.

Der Direktor der geologischen Landes-Untersuchung von Elsaß-Lothringen.

Professor Dr. E. W. BENECKE.

Geologische Spezialkarte von Elsaß-Lothringen.

Stand der Veröffentlichung im Dezember 1904.

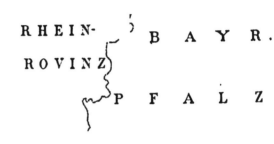

RHEIN-
ROVINZ
BAYR.
PFALZ

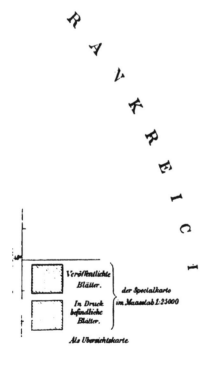

FRANKREICH

BADEN

Veröffentlichte
Blätter.

In Druck
befindliche
Blätter.

der Specialkarte
im Maasstab 1:25000

Als Übersichtskarte

XLVIII

BAYR.

PFALZ

Landau. *160.*

M

mit südlichem Th

Solgne. *167.*

Markirch. *1*

.*177.*

Oeb

eiburg i. Brg. *185.*

Übersichtsblatt
der geologischen Karte
von
ELSASS - LOTHRINGEN,
im Maßstabe 1:200000.

Die kleinen Zahlen geben die Nummer
der Blätter der geologischen
karte an.

Pfirt. *191.*

Oltingen. *192.*

SCHWEIZ

Mittheilungen

über

das Gneiss- und Granitgebiet nördlich von Markirch.

Von W. Bruhns.

———

Der Gneiss tritt nördlich des Leberthales zwischen Eckkirch und Leberau auf in einer ca. 1—3 km breiten Zone, deren nördliche Grenze durch die grösstentheils dem Leberthal ungefähr parallel laufende von Bücking (Jahresbericht für 1896 pp. LXXXII ff.) und mir (Jahresbericht für 1897 p. CLX) bereits erwähnte Verwerfung gebildet wird. Das Streichen des Gneisses ist, soweit Aufschlüsse und Gesteinsbeschaffenheit eine Bestimmung zulassen, im Allgemeinen nordöstlich, das Fallen ziemlich steil nordwestlich, doch kommen hie und da untergeordnete Abweichungen vor. Nicht selten sind Stauchungen und Knickungen, welche bis zu vollständiger Zertrümmerung des Gesteins geführt haben. Beispiele davon sind u. A. im Holzapfelthal gut zu beobachten, sodass, wie im Granit (vgl. Bruhns, a. a. O. p. CLXI), auch an Stellen, welche nicht in der die Hauptverwerfung begleitenden Quetschzone liegen, klastische Gesteine auftreten. Die Ausdehnung solcher Partieen ist im Allgemeinen in dem untersuchten Gebiet nicht sehr gross. Zahlreiche Klüfte durchziehen den Gneiss nach verschiedenen Richtungen, von denen sich keine als besonders vorherrschend zu erkennen giebt.

Die petrographische Beschaffenheit der Gneissgesteine ist, wie schon aus Groth's Darstellung hervorgeht, eine ziemlich wechselnde. Derselbe unterscheidet hier, ausser «Leberauer Grau-

wacke», älteren und jüngeren Gneiss, welch' letzterer besonders
zahlreiche Varietäten aufweist (GROTH, Gneissgebiet von Markirch
p. 415). Es hat sich ergeben, dass trotz des wirklich vorhandenen
Wechsels im Gesteinscharakter diese Unterscheidung nicht haltbar
ist (vgl. auch BÜCKING, a. a. O.). Die «Leberauer Grauwacke»
gehört theils zum Granit, theils zum Gneiss, und die Trennung
zwischen älterem und jüngerem Gneiss lässt sich weder auf Grund
der Lagerungsverhältnisse noch der Gesteinsbeschaffenheit durchführen.

Die Gneissmasse am linken Ufer des Leberbaches besteht
in der Hauptsache aus mehr oder weniger granatreichem Biotitgneiss, der mit ziemlich gleichbleibender petrographischer Beschaffenheit und einheitlicher geologischer Lagerung (Streichen
ungefähr nordöstlich, Fallen nordwestlich) ansteht von Eckkirch
bis in die Nähe von Leberau. Als untergeordnete linsen- oder
bankförmige Einlagerungen treten in ihm auf glimmerarme
Gneisse (sog. Leptinite), Augitgneiss, Hornblendegneiss,
Muscovitgneiss (meist turmalinführend). Quarzitische, klastische
Gesteine finden sich stellenweise in der Nähe der Granitgrenze,
pegmatitische, oft turmalinreiche Gesteine sind als Kluftausfüllungen sehr verbreitet.

Als zweites Hauptgestein von allerdings wesentlich geringerer
Verbreitung würde der bei Leberau anstehende Gneissgranit zu
nennen sein.

Ausserdem tritt nun im Gebiete des Gneisses in mehreren
ziemlich ausgedehnten Massen ein Gestein auf, welches man
seinem Ansehen nach an manchen Stellen als Augengneiss oder
porphyrischer Gneiss bezeichnen kann, und welches von
GROTH auch zum «älteren» Gneiss gerechnet wurde. Es ist indessen höchst wahrscheinlich nichts Anderes, als ein durch Druck
stellenweise schiefrig gewordener Kammgranit.

Der Vollständigkeit halber sei an dieser Stelle noch des
schon früher beschriebenen (Jahresber. für 1896 u. 1897) Vorkommens von Gängen von Quarzporphyr im Gneissgebiet gedacht.

Wenden wir uns nach dieser allgemeinen Uebersicht zur
speziellen Beschreibung der Gesteine der Gneisszone, so erscheint

es zweckmässig, einzelne Haupttypen von bestimmten Oertlich-
keiten zu betrachten. Daran lässt sich dann die Darstellung ab-
weichender Varietäten sowie die Erörterung der speziellen Ver-
bandsverhältnisse leicht anschliessen.

Der Biotitgneiss ist in der Hauptsache ein ziemlich dünn-
und ebenschiefriges Gestein von einer je nach der Menge des
Biotites wechselnden dunkleren bis hellen Farbe. Sehr allgemein
verbreitet, obwohl in recht verschiedenen Mengenverhältnissen, ist
Granat, weshalb dieser Gneiss auch als Granatgneiss bezeichnet
werden kann. Graphit betheiligt sich nur in geringer Menge an
der Zusammensetzung des Gesteins, fehlt aber selten ganz.

Am Eichköpfel[1], der Höhe, welche zwischen der Vorstadt
Brifosse und der Strasse Markirch-Eckkirch sich erhebt, ist der
granatführende Biotitgneiss in dem Steinbruch an der Eckkircher
Strasse gut aufgeschlossen. Es ist ein röthlichgraues, deutlich
schiefriges Gestein, welches aus abwechselnden Lagen dunklen
Glimmers und einer weissen, körnigen Quarz-Feldspathmasse
besteht. Granat ist reichlich vorhanden, aber in sehr wechselnden
Grössenverhältnissen. Gewöhnlich tritt er in kleinen, mit der Lupe
kaum erkennbaren, hellröthlichen Körnern auf, mitunter jedoch
erreichen dieselben eine Grösse von über 0,5 cm Durchmesser
und das Gestein zeigt dann, besonders in verwitterten Stücken
gut erkennbar, einen flaserigen Habitus. Graphit findet sich
spärlich in makroskopisch sichtbaren, grauen, metallglänzenden
Schüppchen. U. d. M. zeigt der Quarz vielfach undulöse Auslöschung, der Feldspath ist gänzlich zu aggregatpolarisirenden
Massen zersetzt, Plagioklas scheint, wenn überhaupt, nur in sehr
geringer Menge vorhanden gewesen zu sein. Der Glimmer ist
dunkelbrauner, hie und da gebleichter Biotit und etwas secundärer
Muscovit. Der blassrothe Granat enthält, wo er in grösseren Indi-

---

1. Der Name ist in der Gegend allgemein gebräuchlich und auch auf den
Haussen'schen Karten (Das Bergbaugebiet von Markirch, Markirch 1893 und Excursions-
karte zum Vogesenclubfest 1892) eingetragen. Auf dem Messtischblatt steht statt dessen
« La fonderie ». Am Ostabhang des Eichköpfels erhebt sich jetzt der Thurm der städtischen
Wasserleitung. Der auf dem Messtischblatt aufgezeichnete und in den Berichten des
Vogesenclubs erwähnte Aussichtsthurm existirt nicht mehr.

viduen auftritt, sehr viele Einschlüsse von Quarz, Feldspath, opaken
Erzen, Rutil und, besonders reichlich, farblosen, gut ausgebildeten
Krystallen von Zirkon. In einzelnen Stücken findet sich Sillimanit
in quergegliederten, auffallend grossen Prismen. Von Erzen ist
Magnetit, Magnetkies und Schwefelkies zu erwähnen.

Ganz ähnliche Gesteine, nur mit weniger grossen Granaten,
finden sich das ganze Leberthal abwärts bis an den Anfang
(«Baraques du Haut») von Leberau. Zu bemerken wäre, dass der
Gneiss vom Kreuzberg bei Markirch etwas mehr Plagioklas und
stellenweise Feldspath in dickeren Lagen oder grösseren Krystallen
enthält. Das hierhergehörige Gestein vom Prinzenwald[1] ist im
Allgemeinen etwas glimmerärmer. Der Granat zeigt hier mitunter
eine Umwandlung in faserige, grüne Hornblende. Der Biotit ist
grösstentheils gebleicht unter reichlicher Sagenitbildung, Muscovit
ist in ziemlicher Menge vorhanden. Der Quarz enthält mitunter
viele, nicht näher bestimmbare, feine dunkle Nadeln als Einschlüsse.
Bei Goutte Martin, Ostgehänge des Gross-Rumbacher Thals, tritt
dünnschiefriger, granatfreier aber sillimanitführender Gneiss auf.

Durch die Verwitterung wird im Allgemeinen der Biotit
gebleicht, sodass hellfarbige, fast weisse Gesteine entstehen, welche
z. B. an den Hängen des Gross-Rumbacher Thals häufig zu
beobachten sind. Oft tritt auch der Glimmer zurück, dann wird
die Schieferung weniger in die Augen fallend und man kann an
manchen Stellen, z. B. im Holzapfelthal, in der Nähe von Goutte
Martin im Gross-Rumbacher Thal, in der Gegend von Osières bei
Chambrette etc. Handstücke schlagen, welche fast massigen Habitus
besitzen. In diesen glimmerarmen Gesteinen fehlt auch häufig der
Granat und so entstehen die mehr oder weniger deutlich geschieferten
hellen Quarz-Feldspathgesteine, welche als Leptinite bezeichnet
worden sind. Sie finden sich z. B. am Prinzenwald und bei
Steinbach.

Augitgneiss wurde an zwei Stellen in dem untersuchten
Gebiet aufgefunden. An dem Zickzackweg, welcher von St. Kreuz

---

1. Prinzenwald heisst die Höhe zwischen der Strasse Markirch—St. Kreuz und
dem Thal von Klein-Rumbach.

am Eingang in das Klein-Rumbacher Thal nach der Ferme Berbuche hinaufführt, tritt — soweit der sehr mangelhafte Aufschluss erkennen lässt, dem Biotitgneiss concordant eingelagert — eine wenig mächtige (vielleicht flach linsenförmige) Partie von Augitgneiss auf, welcher etwas an das von Cohen (Das obere Weilerthal p. 151) beschriebene Vorkommen erinnert. Es ist ein undeutlich schiefriges, helles Gestein, welches im Wesentlichen aus Quarz-Feldspathmasse besteht, der reihenweise angeordnete grüne Körner eingelagert sind. U. d. M. erkennt man neben Quarz und, bis auf einige Plagioklase ganz zersetztem Feldspath unregelmässig begrenzte Körner eines blassgrünen, sehr wenig pleochroitischen Augites, der meist gute Spaltbarkeit zeigt. Accessorisch ist Rutil in grosser Menge vorhanden. Ferner kamen in dem Steinbruch am Eichköpfel zwischen der Strasse Markirch-Eckkirch und der Vorstadt Brifosse im Sommer 1898 durch neue Sprengungen Gesteine zum Vorschein, welche durch ihre grüne Farbe die Aufmerksamkeit auf sich lenkten. Sie treten in unregelmässigen, man möchte fast sagen schlierenartigen Massen in dem röthlichgrauen, granatführenden Biotitgneiss auf. Nähere Untersuchung zeigte, dass sie zum Theil aus Augitgneiss, zum Theil aus Hornblendegneiss bestehen. Der Erstere stellt sich dem unbewaffneten Auge dar als ein ziemlich feinkörniges, hellgrünes Gestein, in dem Bänder von weissem Feldspath, Putzen von rothem Granat, Adern von Feldspath und strahlsteinartiger Hornblende und stellenweise viel Magnetkies zu erkennen sind. U. d. M. liegen in einer ganz zersetzten trüben Feldspathmasse, in der sich nur selten einzelne Individuen mit Zwillingsstreifung erkennen lassen, massenhaft rundliche, selten Krystallumgrenzung zeigende Augitkörner, welche sehr hell gefärbt sind und im Längsschnitt eine diallagähnliche Streifung aufweisen. Im Querschnitt ist jedoch nur die prismatische Spaltbarkeit zu sehen. Hellrother Granat ist stellenweise angehäuft, Quarz und Biotit ist wenig, Apatit sehr reichlich vorhanden. Vereinzelt kommt eine braune, gut spaltbare Hornblende vor, auch grüne, vielleicht secundäre Hornblende findet sich an einzelnen Stellen. Ausser reichlichem Magnetkies und wenigen farblosen, meist gerundeten Zirkonprismen wäre noch ein Mineral zu nennen,

welches in wenigen kleinen, rundlichen, braunen Körnern auftritt,
die starke Lichtbrechung, deutlichen aber nicht sehr starken
Pleochroismus (hellbraun-dunkelbraun) und ziemlich lebhafte Polari-
sationsfarben zeigen. Man könnte vielleicht an Orthit denken. Mit
diesem Augitgneiss zusammen tritt Hornblendegneiss auf, welcher in dem untersuchten Gebiet nur an dieser Stelle gefunden
wurde. Es ist ein dunkelgrünes, ziemlich biotitreiches, manchmal
etwas schiefriges Gestein, in welchem rother Granat stellenweise
angehäuft ist und helle Feldspathbänder auftreten. Bemerkenswerth
erscheint, dass in diesem Gestein manchmal Partieen von körnigem
Kalkspath vorkommen, die nicht aussehen, als ob sie secundär
wären. In diesem Kalkspath sitzen reichlich Körner von grüner
Hornblende, welche abgerundete Kanten und ein ähnliches Aussehen, wie der Pargasit von Pargas haben. U. d. M. zeigt sich
neben der grünen Hornblende ziemlich reichlich Plagioklas, der
nach seiner Auslöschung in die Labradorreihe gehört, brauner
Biotit, viel Apatit und verhältnissmässig wenig Quarz. Erze erscheinen sehr untergeordnet.

   Deutlich schiefriger Muscovitgneiss ist dem Biotitgneiss
an vielen Stellen concordant eingelagert. Die Mächtigkeit der
Bänke schwankt zwischen wenigen Centimetern bis über mehrere
Meter. Gewöhnlich tritt der Muscovit in kleinen Blättchen auf,
mitunter erreichen dieselben jedoch eine ziemlich beträchtliche
Grösse (1 cm Durchmesser). Im letzteren Falle wird die Schiefer-
structur undeutlich, und sehr häufig lässt sich bei den meist mangelhaften Aufschlüssen dann nicht entscheiden, ob Muscovitgneiss
oder eines der gleich zu besprechenden pegmatitischen Mineralaggregate vorliegt. Turmalin ist sehr verbreitet in kleinen bis
centimetergrossen Krystallen. Am Prinzenwald sammelte ich eine
Stufe eines ziemlich grobkörnigen Gesteins, welche einen gebogenen
Turmalinkrystall von über einem Centimeter Länge enthält. U. d. M.
tritt immer sehr deutliche Kataklasstructur auf, Plagioklas ist selten.

   Sehr verbreitet sind nicht schiefrige, meist ziemlich grob-
körnige pegmatitische Mineralaggregate, wie solche auch
von Cohen (a. a. O. p. 155) aus dem Gneiss von Urbeis beschrieben
wurden. Sie treten nicht nur auf als dem Gneiss eingelagerte

Linsen, deren ich mehrere beobachten konnte, sondern auch, und
wohl vorwiegend, als gangähnliche Spaltenausfüllungen, die den
Gneiss nach verschiedenen Richtungen durchsetzen. Sie enthalten
nicht immer Turmalin, auch Muscovit fehlt häufig. U. d. M. zeigen
sie meist Kataklasstructur bezw. Druckwirkungen. Durch besonders grosse Turmalinkrystalle zeichnet sich ein Vorkommniss
vom Eichköpfel aus. Im Gegensatz zu gewissen weiter zu besprechenden Turmalingesteinen scheinen diese Pegmatite durchweg
granatfrei zu sein.

Hier möchte ich noch die Beschreibung eines sehr eigenthümlichen Mineralgemenges, welches ich nur einmal aufgefunden habe,
anschliessen. Am östlichen Gehänge des Gross-Rumbacher Thales, ca.
400 Meter von der Granitgrenze entfernt, tritt in dem nordöstlich
streichenden Biotitgneiss gangähnlich mit nordwestlichem Streichen
ein Gestein auf, welches sich makroskopisch als ein grossblättriges
Aggregat von tombakbraunem Glimmer darstellt. U. d. M. zeigt der
Biotit starken Pleochroismus zwischen rothbraun und hellgelb, und
sehr kleinen Axenwinkel. Die Lamellen sind oft gebogen. Daneben
findet sich reichlich ziemlich frischer Feldspath, oft mit Zwillingsstreifung, mitunter mit gebogenen Lamellen in ziemlich grossen,
unregelmässig begrenzten Partien, sowie Quarz in Körnern und
fast farblose Hornblende. Accessorisch treten auf reichlicher Apatit,
Magnetit, Zirkon, Leukoxenartige Massen und wenig Rutil. Die
Structur ist granitisch körnig. Das Gestein hat grosse Aehnlichkeit mit manchen basischen Ausscheidungen im Kammgranit.

Die quarzitischen, klastischen Gesteine finden sich
fast überall in und neben der Verwerfungsspalte. Besonders ausgedehnt treten sie auf im Bezirk Brifosse und im Fenarupt und
hier ist ihr Zusammenhang bezw. Uebergang in normalen Gneiss
einerseits und Granittrümmergesteine andererseits gut zu beobachten.
Wenn nun auch mit genügender Klarheit erkannt werden kann,
dass diese klastischen Gesteine nicht zur Sedimentärformation gehören, sondern ihre Entstehung bezw. jetzige Ausbildungsweise den
die Gebirgsbewegung begleitenden Reibungen und Quetschungen
verdanken, so lässt sich — wie ja auch leicht zu verstehen ist —
doch nicht immer für jedes einzelne Handstück mit voller Sicher-

heit angeben, aus welchem ursprünglichem Gestein sich dasselbe
gebildet hat. Nur an einzelnen Stellen ist der ursprüngliche
Charakter dieser klastischen Gesteine (als Granit, Gneiss, Porphyr
vgl. BRUHNS, Jahresbericht für 1897) deutlich erkennbar.

Eine ähnliche Bewandtniss hat es mit den Gesteinen, welche
ich als Gneissgranit bezeichnet habe. Derselbe hat seine Haupt-
verbreitung bei Leberau und findet sich auch stellenweise nordwestlich Nangigoutte und im Fenaruptthal. Es sind die «fleischrothen
Gesteine», welche GROTH (a. a. O. 481) als Leberauer Grauwacke
beschreibt. Wir haben es hier ganz augenscheinlich mit druck-
schiefrigen Graniten, die von dem Biotitgneiss wohl durch eine
Verwerfung getrennt sind, zu thun, und, indem ich auf die Ausführungen BÜCKINGS (a. a. O. LXXXIX) über die Leberauer
Grauwacke verweise, möchte ich nur noch erwähnen, dass der allmähliche Uebergang dieser gneissähnlichen Gesteine in normalen
Granit, welcher bei Leberau nicht zu sehen ist, an der Strasse
im Fenaruptthal sehr deutlich erkannt werden kann.

Eine ausführlichere Besprechung verdient der im Gneissgebiet
auftretende sog. «Augengneiss». Das Gestein zieht sich in einem
ungefähr nordöstlich streichenden Zuge vom Prinzenwald bis auf
die Höhe nordwestlich Müsloch hin. Einzelne gangähnliche Massen
von geringerer Ausdehnung finden sich noch in der Gegend von
Osières, sowie südlich Berbuche und an der Kapelle St. Antoine
im Klein-Rumbacher Thal. Auch im Gneissgranit bei Leberau
tritt das Gestein an verschiedenen Stellen auf. Lose fand ich ein
Stück auf der zweiten Halde oberhalb der Grube Samson im
Holzapfelthal.

Das Gestein ähnelt in seinem Aussehen stellenweise so sehr dem
Kammgranit, dass besonders in losen Blöcken eine Unterscheidung
oft nicht möglich ist. In einer meist zurücktretenden, dunklen,
körnigen, im Wesentlichen aus Glimmer und Quarz mit unterge-
ordneter Hornblende bestehenden Grundmasse treten grosse über ein
Centimeter lange, oft nach dem Karlsbader Gesetz verzwillingte,
nach dem Klinopinakoid dick tafelförmige Orthoklaskrystalle hervor. Durch parallele Anordnung der Orthoklase und Glimmerblätter
entsteht oft eine ausgezeichnete Flaser- oder Augengneissstructur.

Besonders deutlich ist dieselbe an den Grenzen gegen den Biotitgneiss, während sie in der Mitte der mächtigeren Massen fast
gänzlich verschwindet, — was am westlichen Gehänge des Gross-
Rumbacher Thales ausserordentlich gut zu beobachten ist. Die
Richtung der Schieferung (wie die Längserstreckung der Gesteinsmassen überhaupt) ist in der Hauptsache parallel dem Streichen des
Biotitgneisses. U. d. M. erweist sich der Orthoklas als ziemlich frisch,
schwach undulöse Auslöschung ist mitunter vorhanden. Plagioklas ist
nicht sehr häufig. Quarz, Biotit und ziemlich hellgrüne Hornblende
sind die übrigen wesentlichen Gemengtheile. Fast farbloser Augit in
unregelmässig begrenzten Körnern, welche im gewöhnlichen Lichte
hellem Granat etwas ähnlich sind, tritt stellenweise auf. Accessorisch
sind ferner Apatit und Zirkon. Kataklasstructur ist ziemlich verbreitet. Von basischen Ausscheidungen habe ich nur zwei ganz
gleiche Vorkommnisse gefunden, eins am Prinzenwald, das andere
in der Gegend von Osières. Das Letztere stellt eine reichlich faust-
grosse rundliche, körnige Masse dar, die aus röthlich braunem
Biotit, Hornblende, Orthoklas und Quarz und ziemlich viel acces-
sorischem Apatit besteht. Sehr zahlreich sind dagegen in dem
«Augengneiss» gangartige Massen heller, meist ziemlich grobkörniger
Feldspath-Quarz-Gemenge, welche den oben beschriebenen Pegma-
titen sehr ähnlich sind. Ihre Mächtigkeit schwankt von wenigen
Centimetern (Klein-Rumbacher Thal) bis zu mehreren Metern (oberhalb Goutte Martin im Gross-Rumbacher Thal). Das Streichen ist
bei allen, die ich beobachtete, constant parallel der Schieferung,
also im Wesentlichen nordöstlich. Am westlichen Gehänge des Gross-
Rumbacher Thales, oberhalb des Kioskes, tritt ein 8—10 Centimeter
mächtiges, nordöstlich streichendes Trum eines etwas abweichenden
hellen Gesteins auf. Dasselbe ist ziemlich feinkörnig und zeigt
eine feine Bänderung, die dem Saalband parallel ist. Es besteht
aus einem, lagenweis parallel struiertem Gemenge von Quarz und
Feldspath mit reichlich eingestreuten Nadeln von Turmalin und
Körnern von hellrothem Granat; Muscovit fehlt. Ein ganz ähnliches nur etwas grobkörnigeres und weniger deutlich parallel
struiertes Gestein fand ich in losen Blöcken auf der Höhe des
Prinzenwaldes in der Nähe des dort im Biotitgneiss auftretenden

«Augengneisses». Da sonst die turmalinführenden Pegmatite
granatfrei zu sein scheinen (vgl. oben p. 7), so ist wohl anzunehmen,
dass diese losen Blöcke einem analogen Vorkommen entstammen.
Begleitet wird der «Augengneiss» vorwiegend von den helleren
Gneissgesteinen, doch lässt sich eine Gesetzmässigkeit noch nicht
ableiten. Wenn man die Eigenschaften unseres[1]) «Augengneisses»
überblickt, das Fehlen der Schieferung in der Mitte sowie die
petrographische Beschaffenheit, insbesondere das Auftreten von
Hornblende und das Vorkommen basischer Ausscheidungen, so
wird man sich der Ueberzeugung nicht verschliessen können, dass
die sog. «Augengneisse» nichts Anderes sind als Apophysen des
Kammgranits, die randlich infolge des Gebirgsdruckes eine Schiefer-
structur angenommen haben. Die parallele Anordnung auch der
sauren Ausscheidungen, als welche wohl die hellen Gesteine anzusehen sind, legt die Vermuthung nahe, dass dieses Schiefrig-
werden noch vor der vollständigen Verfestigung des Gesteins
erfolgt ist, wobei natürlich nicht ausgeschlossen ist, dass auch nachher noch Gebirgsdruck wirksam war und sich in theilweiser Zertrümmerung der Gesteinsgemengtheile äusserte.

Im Gebiete des Granites ist bemerkenswerth ein ziemlich
ausgedehntes Vorkommen von Baryt. Etwa 400 m südlich
Belhengoutte, nördlich von Deutsch-Rumbach, tritt ein nordwestlich
streichender Schwerspathgang zu Tage, der eine Mächtigkeit von
$1/2$—1 m besitzt und sich auf ca. 250 m Längserstreckung verfolgen lässt. Das Gangmineral ist grobspäthiger Baryt, daneben
tritt Quarz — stellenweise in Pseudomorphosen nach Baryt — und
etwas Rotheisenerz bezw. Eisenglanz auf. Oberhalb dieses Ganges
finden sich noch mehrere ähnliche Vorkommen von geringerer
Ausdehnung.

---

1. Aehnliche Gesteine kommen auch südlich der Leber (vergl. Groth, a. a. O.
p. 403 unter «älterer Gneiss») und im Gebiete des Gneisses von Urbeis (vergl.
Cohen, a. a. O. p. 150) vor.

Ueber die Gestalt und den geologischen Aufbau der unterelsässischen Rheinfläche.

Von Landesgeologe Dr. **E. Schumacher.**

———

Mit 8 Zeichnungen im Text.

————

Während der letzten beiden Sommer habe ich im Auftrage der Direction für die geologische Landesuntersuchung von Elsass-Lothringen neben anderen Arbeiten die geologisch-agronomische Kartirung des Messtischblattes Strassburg ausgeführt. Hierbei ergaben sich so viele neue Gesichtspunkte hinsichtlich der Auffassung der morphologisch-geologischen wie auch der agronomisch-geologischen Verhältnisse der Niederungsgebiete, dass eine etwas nähere Besprechung der gewonnenen Ergebnisse angezeigt erscheint, zumal sich hierbei die Gelegenheit bietet, mannigfache Hinweise auf die zweckmässigste Art der Weiterführung der Aufnahmen in diesen Gebieten anzuknüpfen.

Die Strassburger Gegend ist schon einmal im Maassstabe von 1:25000 geologisch dargestellt worden, nämlich auf der 1883 veröffentlichten geologischen Karte der Umgegend von Strassburg (mit Berücksichtigung der agronomischen Verhältnisse)[1]. Diese, auf einer noch sehr lückenhaften, theilweise auch recht ungenauen topographischen Grundlage entworfene Karte greift zwar weit über die Nordgrenze und auch etwas über die Westgrenze des Messtischblattes Strassburg hinüber, dagegen umfasst sie nicht mehr den südlichsten Theil desselben. Sie reicht vielmehr südwärts nur bis an eine durch Grafenstaden gehende Linie.

————

1. Geologische Aufnahme nebst Erläuterungen von 67 Seiten von E. Schumacher, herausgegeben von der damaligen Kommission für die geol. Landesuntersuchung von Elsass-Lothringen.

Die im Süden der genannten Ortschaft sich ausdehnenden, von
der Ill bespülten Landschaften, sowie die östlich und nordöstlich
sich anschliessenden Flächen der Rheinwaldungen, zumal in der
Umgebung des Oberjägerhofes, sind es aber gerade, welche für
mancherlei sowohl morphologisch wie geologisch bemerkenswerthe,
augenscheinlich allgemein wiederkehrende Erscheinungen treffliche
Beispiele darbieten. Hier durfte man daher am ehesten hoffen, durch
eine genaue Untersuchung aller einschlägigen Verhältnisse zu
befriedigenden und mehr oder weniger allgemein anwendbaren
Erklärungen für jene bislang noch wenig beachteten und untersuchten Erscheinungen zu gelangen. Die den darzulegenden Ergebnissen zu Grunde liegenden Beobachtungen sind denn auch
vorzugsweise in diesen Gegenden angestellt.

Für die nachfolgenden Besprechungen ergiebt es sich als
ganz naturgemäss, zunächst die Gestaltungsverhältnisse (den
äusseren Bau) der in Betracht kommenden Flächen und sodann
die Lagerungsbeziehungen der dieselben zusammensetzenden
Massen (den inneren Bau) ins Auge zu fassen. Wir werden uns
also in anderen Worten zuerst mit der Morphologie der fraglichen
Niederungsgebiete etwas eingehender zu beschäftigen und hiernach
in eine Erörterung der wesentlichsten Züge des geologischen Auf-
baus derselben einzutreten haben. Aus beiden Verhältnissen
zusammen, also der morphologischen Gliederung einerseits und
der geologischen anderseits, wird sich dann offenbar, wofern sie
selbst richtig aufgefasst sind, auch ein in den Hauptzügen richtiges
und klares Bild der Vorgänge, welchen die Flächen ihre Entstehung verdanken, ergeben müssen. Die beigefügten schematischen
Profile, Fig. 3, 4 u. 6, deren näherer Besprechung ein wesentlicher
Theil dieser Arbeit gewidmet sein soll, dürften auch die in dieser
Richtung gewonnenen Anschauungen übersichtlich zum Ausdruck
zu bringen im Stande sein (Vergl. Seite 37 u. 43).

Es liegt indessen in der Natur der zu erörternden Verhältnisse, dass sich die rein morphologischen und die eigentlich
geologischen Betrachtungen in der Darstellung nicht wohl getrennt
halten lassen.

So werden mancherlei Bemerkungen über Altersbeziehungen

sowie über die ursächlichen Verhältnisse einer Reihe morpho-
logischer Einzelheiten am naturgemässesten im unmittelbaren Anschluss an die Schilderung der betreffenden Erscheinungen selbst,
also im morphologischen Theil unserer Ausführungen ihre Stelle
finden, und anderseits wieder wird auf bestimmte morphologische
Verhältnisse, welche sich nur an der Hand von Profilzeichnungen
vollkommen anschaulich machen lassen, erst im geologischen Theil
der Darstellung, bei Gelegenheit der Erläuterung der Profile,
genauer eingegangen werden können.

　　Da die Niederungsgebiete überall im Elsass, soweit sich bis
jetzt übersehen lässt, wesentlich den gleichen Charakter zeigen,
so ist unbedenklich anzunehmen, dass die im Nachfolgenden darzulegenden Auffassungen, obwohl sie sich ja zunächst nur auf die
Gegend um Strassburg sowie einige mehr oder weniger benachbarte Gebiete beziehen, dennoch im wesentlichen für das ganze
Unter-Elsass Giltigkeiten besitzen.

A. Morphologie der Rheinfläche.

　　Gewöhnlich wird in den Beschreibungen die Niederung,
welche Rhein und Ill ehedem mit schier zahllosen, vielfach in
einander laufenden Verzweigungen durchströmten und unter
allmählich, zum grossen Theil künstlich veränderten Verhältnissen
noch jetzt durchströmen, kurz als Rheinfläche oder Rheinniederung bezeichnet. Im Thalquerschnitt lässt diese ausgedehnte
Fläche stellenweise ähnliche terrassenförmige Abstufungen
erkennen, wie die viel weniger breite Fläche des bei Strassburg
von Westen her in die Rheinniederung mündenden Breusch-Schuttkegels. Wie bei letzterem, dessen wesentlichste Verhältnisse bereits
im 4. Bande dieser Mittheilungen, Seite CX—CXIV, geschildert
wurden, so sind auch hier die Stufen als Erosions-Terrassen
zu deuten, d. h. als Auswaschungsflächen innerhalb der mächtigen
Geröll- und Sandauffüllung der Rheinniederung. Aufschüttung hat
auf diesen Flächen nach ihrer Bildung nur insoweit stattgefunden,
als sie bei dem früher so häufigen Austreten von Rhein und Ill

2

in Folge von Hochwasser durch die im allgemeinen feinen Absätze
der Ueberschwemmungswasser nachträglich wieder um einen gewissen Betrag erhöht worden sind.

Innerhalb des Breusch-Schuttkegels hatten sich drei derartige
Erosionsflächen von verschiedener Höhenlage und Breite längs der
ganzen Strecke des Breuschlaufes vom Gebirgsrande bis gegen
Strassburg, wenn auch stellenweise mit einigen Schwierigkeiten,
auf der Karte ausscheiden lassen (Diese Mittheil. Bd. IV, H. 5, 1898,
S. CXI u. ff., CXXVII—CXXVIII). Auf diese Weise konnte also
hier der Verlauf der Erosion, mit welchem dann wiederum
mancherlei geologisch-agronomische Verhältnisse zusammenhängen,
in den Hauptumrissen zur Darstellung gelangen. Im Gebiet der
Rheinfläche erwies sich eine ähnliche Gliederung in Erosionsstufen
nur in soweit durchführbar, als auch hier eine jüngste, tief gelegene, oft recht schmale Fläche ausgeschieden werden konnte,
welche den Windungen der grösseren Läufe folgt und sich so
genau wie möglich der untersten, im allgemeinen nicht mehr als
1 $\frac{1}{2}$ m über das Flussniveau ansteigenden Stufe des Breusch-
Schuttkegels anschliesst. Diese Fläche ist also in entsprechender
Weise als jüngste Erosionsstufe (Jungalluvialstufe) zu bezeichnen. Das über derselben gelegene Gelände stuft sich zwar
stellenweise noch ein oder mehrere Male deutlich terassenförmig
ab, doch lassen sich hier die Terassenränder immer nur auf eine
kürzere Strecke gut verfolgen, um sich alsbald unmerklich ganz
zu verlieren. Der Versuch, von solchen Stellen mit ausgesprochenen
oder wenigstens angedeuteten Terassenrändern aus die Grenze
zwischen einer niedriegeren und einer höheren, beiläufig der
mittleren und oberen Stufe des Breusch-Schuttkegels entsprechenden
Erosionsfläche lediglich nach den Höhenverhältnissen der Oberfläche weiter zu construiren, wie es streckenweise auch innerhalb
der Breuschebene hatte geschehen müssen, erwies sich bei der
ausserordentlichen Ausdehnung der in Betracht kommenden Flächen
und bei den im Vergleich dazu sehr geringen Höhenunterschieden,
um die es sich dabei handelt, als undurchführbar. An die Durchführung einer solchen Gliederung wäre höchstens zu denken,
wenn die topographische Grundlage sehr zahlreiche Höhenangaben

enthielte, wodurch wenigstens ein ganz allgemeiner Ueberblick über die Höhenverhältnisse auf den Thalquerschnitten gegeben wäre, was jedoch nicht zutrifft.

Bereits recht schwierig und daher teilweise etwas unsicher ist die Ausscheidung selbst der jüngsten Stufe (des Jungalluviums) an solchen Stellen, wie beispielsweise an der Einmündung des Breusch-Schuttkegels in die Rheinfläche, wo Rhein, Ill und Breusch zusammen und nach einander an der Ausgestaltung des gegenwärtigen Zustandes der letzteren gearbeitet haben, oder wie in dem Gebiet, welches sich südwärts von der Linie Bahnhof Geispolsheim—Grafenstaden zu beiden Seiten des Ill-Laufes erstreckt. Hier schneiden sich augenscheinlich, wie noch in anderen, ähnlichen Fällen, eine ganze Reihe von im Alter nahe nach einander folgenden Erosionsflächen unter verschiedenen Winkeln und unter den mannigfachsten Verschlingungen. Als Ergebniss eines solchen Verhaltens liegen daher naturgemäss Flächen vor, welche sich mehr oder weniger unmerklich und gleichmässig gegen den Flusslauf sowie dessen zahlreiche ehemalige Verzweigungen abdachen und sich nach ihren Höhenlagen nur sehr schwer mit einander vergleichen, mithin auch gegen einander abgrenzen lassen. Im Gebiet der Rheinwaldungen, welche in der Strassburger Gegend sehr ausgedehnt sind, hört überdies jede Orientirung über diese und ähnliche Verhältnisse vielfach fast vollständig auf, so dass man sich darauf angewiesen sieht, das Kartenbild nach den aus der französischen Zeit stammenden Stromkarten[1] zu ergänzen.

Oberhalb und unterhalb von Strassburg liegen, soweit sich bis jetzt übersehen lässt, die Verhältnisse nicht wesentlich anders als bei Strassburg selbst. Man wird sich daher auch bei den späteren Aufnahmen im Gebiet der Rheinniederung mit der Ausscheidung einer jungalluvialen Fläche, innerhalb deren natürlich wieder die hier sehr häufigen lehmigen oder humosen Bildungen

---

1. Situation du cours du Rhin et des ouvrages existants à la fin du mois de mai 1855, Carte dressée pour le service des travaux du Rhin, 1 : 20 000. — Für die Strassburger Gegend kommen in Betracht: Arrondissement du Centre, feuille n° 11—12, Arrondissement du Nord, f. 12—13.

(sandiger bis lehmiger Moorboden, Torf und dergl.) zu berücksichtigen sind, begnügen, von einer Gliederung der höher gelegenen Flächen in Altersstufen aber Abstand nehmen müssen.
Soweit sich hier noch Terassenränder in einiger Deutlichkeit verfolgen lassen, wird es zweckmässig sein, sie auf der geologischen
Karte in ähnlicher Weise anzudeuten, wie etwa auf den soeben
erschienenen oberelsässischen Blättern der geologischen Spezialkarte[1], oder wie es auf der 1883 für die Umgegend von Strassburg
herausgegebenen geologisch-agronomischen Karte[2] innerhalb des
Moorgebietes geschehen ist. Im übrigen aber werden sich auf den
über das Jungalluvium ansteigenden Flächen im allgemeinen, wie
auf Blatt Strassburg, nur noch geröllreiche Bildungen und Schlick-
ablagerungen trennen lassen. Die Darstellung, soweit sie rein
geologisch ist, wird sich also für das Gebiet der unterelsässischen
Rheinfläche sehr ähnlich gestalten wie auf der älteren, geologisch-
agronomischen Karte, nur dass sich die Trennungen auf der neuen
Grundlage wesentlich vollständiger durchführen lassen.

Die über dem Jungalluvium liegenden Flächen sind zum
grossen Theil von einem wahren Gewirr von Rinnen durchzogen, welche früheren Wasserläufen entsprechen. Sehr viele von
diesen Rinnen erscheinen noch jetzt mehr oder minder scharf und
tief ausgefurcht und bergen auch manchmal noch streckenweise
die eingeschrumpften, im Versumpfen begriffenen Reste des ehemaligen Wasserlaufs. Solche Rinnen sind offenbar erst in jüngster
Vergangenheit, zum Theil jedenfalls durch die allgemeine Senkung
des Wasserspiegels in der Rheinfläche in Folge der Stromregu-
lirungen, ganz oder nahezu trocken gelegt worden. Hinsichtlich
der Alterstellung entsprechen sie den jungalluvialen Flächen,
gleich welchen sie bei starkem Steigen des Stromes (des Rheins
oder der Ill) dem Eindringen des Wassers noch ausgesetzt sind
oder doch ohne die zahlreichen künstlichen Hindernisse ausgesetzt

---

1. Vergleiche Blatt Mülhausen Ost (Aufnahme von B. Fœrster), Farbenerklärung:
Terrassenränder in den jüngeren Rheinschottern.

2. Vergleiche die geognostischen Bezeichnungen am Rande: «Alte Uferlinien
im Moorgebiet».

sein würden. Eine Anzahl anderer Rinnen sind weniger deutlich ausgebildet, im Querschnitt meist flacher und häufig nur streckenweise verfolgbar. Diese dürften im allgemeinen etwas älter sein und sind offenbar theils durch künstliche Einebnung, theils durch natürliche Verlandung (nachträgliche Ausfüllung mit Hochwasserabsätzen, Schlick oder feinem Sand) undeutlich oder streckenweise ganz unkenntlich geworden. Da diejenigen der letzteren Art, deren Zahl, soweit sie überhaupt noch berücksichtigt werden können, nicht allzu gross ist, vielfach durch unmerkliche Uebergänge mit denen der ersteren Art verknüpft sind, so wäre eine naturgemässe Trennung beider beim Kartiren kaum durchzuführen. Es empfiehlt sich daher, die Trockenrinnen, soweit sie überhaupt zur Ausscheidung gebracht sind, insgesammt mit der für die jungalluvialen Flächen zu wählenden Grundfarbe anzulegen, zumal hierbei das Kartenbild, ohne sich wesentlich anders zu gestalten, an Uebersichtlichkeit eher gewinnen als verlieren dürfte.

Die Eintragung wenigstens eines Theils selbst der kleineren Trockenrinnen auf der geologischen Karte ist wegen ihres vielfachen Zusammenhanges mit grösseren Rinnen und bei dem allmählichen Uebergange dieser letzteren in breitere, unbedingt auszuscheidende Alluvialflächen nicht zu umgehen. Anderseits kann an eine allenthalben vollständige Einzeichnung auch nur der deutlich ausgesprochenen Trockenrinnen, wegen ihres ausserordentlich zahlreichen Auftretens in manchen Theilen der Rheinfläche, nicht gedacht werden, zumal die topographische Grundlage oft gar zu wenig Andeutungen in dieser Beziehung an die Hand giebt. Im vorliegenden Falle ist nur im Illgebiet südlich von Grafenstaden, wo die Erosionserscheinungen besonders bemerkenswerth und gut zu verfolgen sind, sowie im eigentlichen Rheingebiet zwischen Neuhof und Forsthaus Oberjägerhof einerseits, dem Krummen Rhein und dem Brunnenwasser anderseits der Versuch einer annähernd vollständigen Wiedergabe der alten Wasserrinnen gemacht worden, so dass für diese Theile die geologischen Verhältnisse der Rheinfläche so erschöpfend wie möglich zur Anschauung gebracht werden können.

Gewiss wäre es nicht ohne Interesse gewesen, die Unter-

suchungen in ähnlicher Weise über ein etwas grösseres Gebiet der
Rheinfläche, etwa das ganze Kartenblatt Strassburg auszudehnen,
da hierbei mancherlei erkennbare Gesetzmässigkeiten der Erosionsvorgänge vielleicht noch deutlicher zum Ausdruck gelangt sein
würden. Indessen hätte die Ausführung einer solchen Arbeit in
Folge der bereits angedeuteten, im besonderen für das Gebiet der
Rheinwaldungen als nahezu unüberwindlich zu bezeichnenden
Schwierigkeiten einen zu grossen Zeitaufwand erfordert, welcher
zu dem praktischen Ergebniss derselben in keinem rechten Verhältniss mehr stünde, während anderseits die bezüglich der Deutung der verschiedenen Erscheinungen bereits gewonnenen Anschauungen hierbei kaum noch wesentliche Aenderungen hätte
erfahren können.

Unter den mehr oder weniger ins Auge stechenden Verhältnissen verdient zunächst hervorgehoben zu werden, dass da,
wo eine höhere und eine niedere Fläche deutlich terassenförmig gegen einander abgesetzt erscheinen, vielfach, ja
beinahe regelmässig, genau auf der Grenze zwischen
beiden eine Rinne verläuft oder wenigstens angedeutet erscheint, welche jedoch häufig nur auf einen Theil der Erstreckung
des Terassenrandes verfolgt werden kann. Es ist dies eine Erscheinung, welche schon im Gebiet des Breusch-Schuttkegels
stellenweise beobachtet worden war und auf welche an späterer
Stelle noch näher zurückgekommen werden muss (siehe Seite 39).
— Auch der Rand der Lingolsheimer Sandlössterasse ist auf einen
grossen Theil seiner Erstreckung von jungalluvialen Rinnen begleitet, welche die Grenze zwischen der Lössfläche und der Rheinfläche genau bezeichnen, wie man in der Skizze Fig. 1, auf welche
sogleich noch näher einzugehen sein wird, bei A ersehen kann.

Fig. 1 sowie Fig. 2 sollen indessen in erster Linie eine
anderweitige, ebenso häufige wie auffallende Erscheinung zur
Anschauung bringen. Sie besteht darin, dass ein Theil der in
die Jungalluvialfläche mündenden, zuletzt stark verbreiterten
Rinnen — siehe als bezeichnendes Beispiel r_t in Fig. 1 — mit
ganz unmerklichen Anfängen inmitten der höheren,
ehedem oder noch jetzt von grossen Stromarmen umzogenen Fläche

entspringen. Es handelt sich hier mit anderen Worten um
rinnenförmige Depressionen, welche in der Richtung stromabwärts
deutlichst mit den jungalluvialen Flächen zusammenhängen, ja
häufig in Folge allmählich gesteigerter, vielfacher Zersplitterung
sich gleichsam unmerklich in diese auflösen, während hingegen
in der Richtung stromaufwärts eine durch irgendwelche rinnen-
artige Ausfurchung vermittelte Verbindung mit den weiter oberhalb zunächst gelegenen jungalluvialen Erosionsflächen, beziehentlich dem nächstbenachbarten Stromarm nicht erkennbar ist und
auch ohne Zweifel niemals bestanden hat. Solche Rinnenbildungen
errinnern daher in ihrer Gestalt sowie in ihren Beziehungen zu
den Haupt-Stromrinnen und Haupt-Alluvialebenen unwillkürlich
in höherem oder geringerem Grade an die sackartigen An-
hänge des Darmes vieler Thiere. Dementsprechend hat es denn
auch zunächst ganz den Anschein, wie wenn man es bei ihnen,
wenigstens bei den grösseren, nicht mit irgend einer Art von
Verzweigungen, etwa mit zeitweilig bestehenden Nebenrinnen des
Stromes aus früheren Zeiten (Altwassern des Rheins oder der
Ill), sondern vielmehr mit ehemaligen selbständigen, vom Strom
durch eine niedere Wasserscheide getrennten Wasserläufen zu
thun hätte. In Wirklichkeit kann jedoch letzteres, wenigstens für
gewöhnlich, ganz und gar nicht in Frage kommen, einmal wegen
der im Vergleich zu ihrer Länge unverhälnissmässigen Breite
mancher solcher Rinnen und sodann, weil die Entwickelung
selbständiger Wasserläufe innerhalb der Rheinfläche bei den hier
obwaltenden Verhälnissen im allgemeinen schon an und für sich
ausgeschlossen ist. Bildet doch sogar der ganze Lauf der Ill auf
unterelsässischem Gebiet in sofern kein selbständiges Flusssystem,
als die Ill hier innerhalb der Rheinaufschüttung fliesst und lediglich von alten Rheinläufen Besitz ergriffen hat.[1]

1. Geologische Karte der Umgegend von Strassburg, 1883. — Topographie der
Stadt Strassburg, 1885, 33 und 1889, 33 (HAMMERLE und KAIZER, Frühere Wasser-
läufe in und um Strassburg). — Oberrhein. Tiefland. Diese Mittheilungen II, 1890,
212—214. — Strassburg und seine Bauten, Strassburg 1894, 38—39.
Es giebt indessen im Gebiet der Rheinebene auch Wasserläufe, deren zum
Theil auffallend starke Quellen in der Rheinfläche selbst entspringen. DAUBRÉE führt in

Die Bildung der fraglichen Rinnen ist augenscheinlich auf die Weise vor sich gegangen, dass bei hohem
Wasserstand des benachbarten Stromlaufs das Wasser desselben
an einer entsprechenden Stelle über das Ufer stürzte und, zunächst
der allgemeinen Abdachung folgend, sich erst in einiger Entfernung von der betreffenden Uferstelle unter dem Einfluss bereits
vorhandener schwacher Depressionen, an denen es auf keiner
irgendwie entstandenen Fläche jemals ganz fehlt, oder auch
anderer Ursachen, derart zu sammeln vermochte, dass rinnenförmige Auswaschungen zu Stande kamen. Bei jedem neuen
Hochwasser wird sich eine solche einmal vom Wasser gerissene
Rinne naturgemäss um einen gewissen Betrag nach rückwärts, in
der Richtung nach der Ausbruchsstelle zu, verlängert haben.
Denkt man sich nun diesen Vorgang in entsprechend häufiger
Wiederholung, so musste dies offenbar allmählich zu einer Verlängerung des betreffenden Rinnsals bis an den benachbarten,
das Ueberschwemmungswasser liefernden Stromarm führen, und
hierdurch war dann endlich weiter eine dauernde Verbindung

seiner Description géologique et minéralogique du département du Bas-Rhin (1852,
p. 11 und 347—348) eine ganze Reihe solcher Fälle aus dem Unter-Elsass sowie der
Gegend von Colmar an, und Gruner und Thiem (Vorproject zu einer Wasserversorgung
von Strassburg, 1875, S. 57—59) erörtern dieselben Verhältnisse unter Hinweis auf
ähnliche Vorkommnisse der badischen Seite der Rheinebene. Daubrée führt all' die
betreffenden Bäche auf das Austreten von Grundwasser zurück, welches er sich von
Rhein und Ill her infiltrirt oder doch mit dem Wasser dieser Flüsse in Communication
denkt. Gruner und Thiem sind der Ansicht, dass diese Wasserläufe «Derivate des vom
Rheine unabhängigen Grundwassers sind». Wenn diese Modificirung der Daubrée'schen
Annahme auch für viele, ja vielleicht für die meisten Vorkommnisse zutreffend sein
mag, so dürften doch wenigstens in manchen Fällen Infiltrationen von benachbarten
Flussläufen oder selbst künstlichen Wasserstrassen her nicht auszuschliessen sein.
Dafür scheint wenigstens die von Daubrée im Sinne seiner Auffassung verwerthete
Thatsache zu sprechen, dass im Jahre 1849, als der Rhein-Rhone-Kanal trocken war,
einer der betreffenden Bäche vollständig versiegte.
      Wenn man die neuen 25 000 theiligen Karten zu Rathe zieht, so möchte man
vermuthen, dass manche der von Daubrée namhaft gemachten Wasserläufe sich in
alten, kleinen Nebenarmen des Rheins oder der Ill bewegen, deren oberster, vielleicht
sehr flach und etwas undeutlich entwickelter Theil in Folge von eingetretenen Strom-
verlegungen der Hauptarme versiegte, während die unteren Theile der betreffenden
Arme durch im ehemaligen Flussbett austretende Grundwasserquellen weiter gespeist
wurden und daher noch jetzt als Wasserläufe existiren. Indessen würde nur ein genaueres

mit letzterem in Folge der jetzt schnell fortschreitenden Vertiefung der Rinne eingeleitet.

Es kann keinem Zweifel unterliegen, dass die Entstehung zahlloser kleinerer und grösserer, vollständig entwickelter Rinnen im Gebiet der Rheinfläche thatsächlich auf Vorgänge wie die soeben angedeuteten, also auf ein rückläufiges Einschneiden von auf der Terrassenfläche gelegenen Stellen aus zurückzuführen ist, da sich in den verschiedensten Theilen des Gebietes alle nur möglichen Zwischenglieder zwischen unvermittelt beginnenden Rinnen einerseits und solchen, welche sowohl aufwärts wie abwärts mit erloschenen oder noch in Thätigkeit stehenden Flussarmen beziehentlich Alluvialrinnen in ununterbrochenem Zusammenhange stehen, also von einer zur anderen Alluvialfläche durchgehen, beobachten lassen.

Fassen wir diese Erscheinungen an der Hand der beigegebenen Skizzen noch etwas näher ins Auge, so bemerken wir zunächst in Fig. 1 eine ganze Reihe von kleineren Rinnenbildungen, welche im Stadium unfertiger Aus-

---

Verfolgen der betreffenden Läufe an Ort und Stelle mit Hilfe der Karten sicheren Aufschluss darüber geben können, ob diese mir sehr nahe liegend scheinende Annahme der Wirklichkeit entspricht.

Es sei auch hier noch daran erinnert, dass nach den Beobachtungen von GRUNER und THIEM das Brunnenwasser, welches sich aus der Gegend des Altenheimerhofes (südlich vom Oberjägerhof) bis zum Napoleons-Rhein in der Nähe des Kleinen Rheins hinzieht, Wasser führt, welches zum grösseren Theil als zu Tage getretenes Grundwasser zu deuten ist, und dass nach denselben Beobachtern auch der Napoleons-Rhein selbst, welcher etwas oberhalb von Kehl in den Kleinen Rhein mündet, zu gewissen Zeiten seine Wasserführung ausschliesslich dem sich in ihn ergiessenden Grundwasserstrom verdankt. (Vorproject, S. 52—57).

Ich habe geglaubt, der Vollständigkeit wegen hier auf diese Verhältnisse hinweisen zu müssen, weil durch dieselben immerhin die Frage nahegelegt erscheint, ob etwa bei den im Gelände blind auslaufenden Rinnen, welchen oben eine ausführliche Besprechung gewidmet ist, an ähnliche Entstehungsursachen zu denken wäre. Bei den meisten dieser Rinnen wird man an etwas derartiges nicht denken können, vor allem nicht bei denjenigen, mit deren Auftreten sich eine Terrassirung des Geländes, wie sie weiterhin näher zu besprechen sein wird, verknüpft zeigt. In manchen Fällen könnte indess immerhin aufquellendes Grundwasser oder selbst Infiltrationswasser die ersten Ansätze von Rinnenbildungen hervorgerufen haben, welche dann beim Eintritt der Hochwasser im Sinne der oben folgenden Ausführungen leicht tiefer eingerissen und allmählich weiter ausgebildet werden konnten.

bildung stehen geblieben sind, also in der gedachten Weise
frei im höheren Gelände auslaufen. Sieht man von diesen unbedeutenden Vorkommnissen, welche gleichwohl zum Theil recht
bemerkenswerthe, aber hier nicht im Einzelnen zu besprechende
Verhältnisse aufweisen, ab, so fallen neben der grösseren, blind
endigenden Rinne r_4, auf welche bereits hingewiesen wurde, in
der Hauptsache nur noch zwei weitere auf, nämlich r_2 und r_3,
welche ihrerseits in r_4 einmünden. Diese drei Rinnen vereinigen sich also in der Richtung stromabwärts mit
einander und sonach in letzter Linie mit der Alluvialfläche a, in welche r_4 nach vorhergegangener vielfacher Zer-
theilung schliesslich fast unmerklich verläuft, während sie
stromaufwärts alle drei in gleicher Weise blinddarm-
artig auslaufen. Man hat es hier also mit einer Vereinigung von
unfertigen Rinnen zu thun, welche sich mit der Zeit zu
einem durchgehenden, eine Alluvialfläche mit der anderen
(beziehentlich mit mehreren anderen) in Verbindung setzenden
Rinnensystem hätten ausbilden können und wahrscheinlich
auch ausgebildet hätten, deren Weiterentwickelung jedoch durch
die allgemeine Senkung des Wasserspiegels in der Rheinfläche
gehemmt und offenbar für immer zum Stillstand gebracht ist. Die
Gegend, wo etwa die mit r_4 bezeichnete Rinne durch rückläufige
Verlängerung voraussichtlich einmal den Ill-Lauf beziehentlich
dessen Alluvialebene erreicht haben würde, ist in der Figur mit
dem Buchstaben x bezeichnet. Für r_2 ist die Stelle, an welcher
sie sich mit A bei fortdauerndem Einschneiden hätten vereinigen
müssen, nicht zweifelhaft. Hier lässt sich die ursprünglich im
Entstehen begriffene Bildung einer solchen Verbindung noch
jetzt einigermassen erkennen, und zwar an dem Vorhandensein
einer in der Fortsetzung von r_2 verlaufenden schmalen, äusserst
seichten Depression, welche freilich in Folge des Schwindens
des Waldes in dieser Gegend und der Umwandlung des ehemaligen Waldgebietes in Ackerland binnen Kurzem vollständig
verwischt sein wird. Auf der 25 000 theiligen topographischen Karte,
Ausgabe von 1885, findet sich noch eine landschaftliche Andeutung dieser Depression in Gestalt einer auffälligen, den Wald

durchziehenden, schmalen und langgestreckten Wiesenfläche, welche seit jener Zeit verschwunden ist. Auf der Skizze Fig. 1 sollen die punktirten Linien in der Fortsetzung von r_2 ihre Lage bezeichnen. r_2 endlich würde sich durch Rückwärtseinschneiden am wahrscheinlichsten mit r_1, der sie sich allmählich nähert, vereinigt haben, so dass also mit der Zeit einerseits durch r_1 und r_2 eine durchgehende Verbindung zwischen den Jungalluvialflächen A 6 und a, anderseits durch r_3 und den unteren Theil von r_1 gleichzeitig eine ebensolche Verbindung zwischen A und a hätte entstehen können.

Ein ähnliches wie das soeben besprochene, aber noch etwas weiter vorgeschrittenes Stadium der Bildung einer durchgehenden Rinne durch Rückwärtseinschneiden ist es, welches die Skizze Fig. 2 vor allem veranschaulichen soll. Die hier mit r bezeichnete Rinne läuft nach Süden spitz und flach aus und tritt in dieser Richtung mit dem Brunnenwasser, einer Abzweigung des Krummen Rheins, aus welcher sie bei entsprechend hohem Wasserstand ihr Wasser ehedem erhielt oder gelegentlich noch erhält, durch ganz dünne und seichte, stellenweise kaum deutlich erkennbare Rinnsale schon in eine gewisse, wenn auch noch sehr unvollkommene Verbindung. Wesentlich die gleichen Verhältnisse zeigt in Fig. 1 das mit r_2 bezeichnete Vorkommen, wo die abwärts sich stark verbreitende kurze Rinne aufwärts ganz unmerklich in dünne, fadenähnliche Verzweigungen ausläuft. Letztere, deren Dicke in der Zeichnung der Deutlichkeit wegen schon etwas übertrieben werden musste, erreichen nicht ganz die thalaufwärts gelegene Alluvialfläche A_2; doch endigt der eine Zweig in fast unmittelbarer Nähe von deren Uferrand. Diese Beispiele leiten dann weiter zu solchen über, wie man sie in der Umgebung des Oberjägerhofes mehrfach beobachten kann. So endigt z. B. die schmälere, ungefähr süd-nördlich gerichtete Rinne, welche in Figur 2 bei der Zahl 113 in die schon besprochene breitere, mit r bezeichnete einmündet, aufwärts mit einem halbkreisförmigen, kesselähnlichen Abschluss unmittelbar am Uferrand einer ost-westlich verlaufenden, ziemlich breiten Trockenrinne r_3, ganz nahe an der Stelle, wo letztere in spitzem Winkel gegen das

Brunnenwasser stösst. — r_2 selbst dagegen würde den ausnahmsweisen Fall darstellen, dass eine Rinne in der Richtung thalabwärts unmittelbar vor der Einmündung in einen anderen, grösseren Lauf plötzlich mit breiter Fläche endigt. Thatsächlich hängt r_2 mit dem Brunnenwasser nur durch zwei schmale und sehr kurze (wenige m lange) Stiele zusammen, welche viel weniger tief eingeschnitten sind als r_2. Das Wasser kann daher erst dann anfangen, durch diese stielförmigen Verbindungen zu fluthen, wenn es in r_2 bereits sehr hoch gestiegen und die Rinne des Brunnenwassers längs des ganzen Uferrandes fast zum Ueberlaufen gefüllt ist. Bei der Ungewöhnlichkeit dieses Vorkommens vermag ich jedoch vorläufig noch nicht den Verdacht zu unterdrücken, dass hier künstliche Eingriffe mit im Spiele sein könnten.

Das letzte Stadium der Umbildung einer ursprünglich nicht durchgehenden in eine Durchgangsrinne oder richtiger gesagt das Stadium einer gerade vollständig gewordenen Durchgangsrinne stellt endlich r_4 in Fig. 1 dar. Bei b, also an der Abzweigung von A 4, ist nämlich diese Rinne erst ganz flach ausgewaschen, in der Gegend bei c aber bereits tief ausgefurcht, so dass sie hier noch die versumpfenden Reste der früheren Wasserbedeckung aufweist[1]. Dieser alte Lauf lässt also in seinen Querprofilen noch deutlich den Typus einer stromaufwärts ursprünglich blind endenden Rinne erkennen.

Gleichsam das Gegenstück zu r_4 bilden die kurzen, unscheinbaren Rinnen bei r_7 und nordwestlich davon in Fig. 1. Man hat es hier mit den ersten Anfängen der Rinnenbildung durch Rückwärts-Einschneiden von einer Alluvialfläche aus zu thun. An ihrer Einmündung in die Alluvialfläche A_4 schneiden sie scharf und tief (bis ins Niveau von A_4) in deren Uferrand ein, so dass sie hier als seitliche, sanft ansteigende Ausbuchtungen der Alluvialfläche selbst erscheinen; aber schon in ganz geringer Entfernung von A_4 verlieren sie sich, zunehmend seichter und schmäler werdend, fast spurlos in der Terrassenfläche.

---

1. Bei b ist die Depression so seicht (höchstens bis $^1/_5$ m tief), dass sie in Anbetracht ihrer verhältnissmässig grossen Breite bei flüchtiger Betrachtung der Oberfläche gar nicht ins Auge fallen würde, wenn sie nicht durch eine dem ehemaligen Wasserlauf folgende Wiesenfläche markirt wäre (vergl. die topographische Karte). Bei c erreicht sie, bis auf den Grund der noch vorhandenen Wasserflächen gerechnet, eine Tiefe von etwa 3 m.

Fig. 1.

Alte versiegte Stromläufe im Ill-Gebiet südlich von Grafenstaden mit zahlreichen, zum Theil unvollständig ausgearbeiteten Verbindungs. rinnen.

Maassstab 1 : 25000.

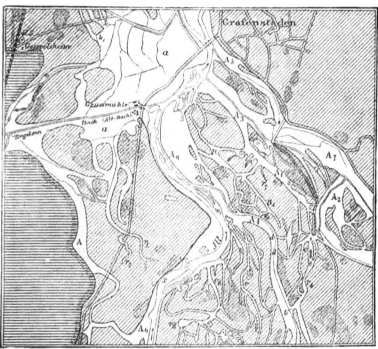

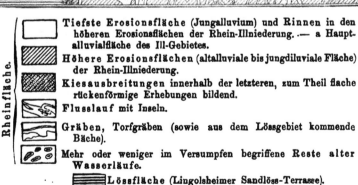

Rheinfläche. {

Tiefste Erosionsfläche (Jungalluvium) und Rinnen in den höheren Erosionsflächen der Rhein-Illniederung. .— a Haupt-alluvialfläche des Ill-Gebietes.

Höhere Erosionsflächen (altalluviale bis jungdiluviale Fläche) der Rhein-Illniederung.

Kiesausbreitungen innerhalb der letzteren, zum Theil flache rückenförmige Erhebungen bildend.

Flusslauf mit Inseln.

Gräben, Torfgräben (sowie aus dem Lössgebiet kommende Bäche).

Mehr oder weniger im Versumpfen begriffene Reste alter Wasserläufe.

Lössfläche (Lingolsheimer Sandlöss-Terrasse).

A Auf der Grenze der Rheinfläche gegen die Lössterrasse verlaufende Alluvialrinne, wie die übrigen grösseren Rinnen durch Moorboden, Torf, lehmigen Schlick u. s. w. (= Jungalluvium) ausgefüllt.

r_1—r_3 Stromaufwärts blind auslaufende Rinnen, welche nur bei hohem Wasserstande der Ill in Thätigkeit waren und alsdann von Südosten bis Süden her durch Ueberstürz-Wasser gespeist wurden. — Die Rinne r_1 zersplittert sich abwärts in eine ganze Reihe von Rinnen, welche sich meistens bald verflachen und ohne scharf zu bezeichnende Grenzen in die jungalluviale Fläche (a) verlieren. Aufwärts endigt die Rinne mit zwei sehr schmalen kurzen Aesten. Etwa in der mit dem Buchstaben x bezeichneten Gegend würde sich ohne die Senkung des Wasserspiegels der eine oder andere dieser Aeste durch allmähliches Rückwärtseinschneiden mit der Ill vereinigt haben. — Die in der Bildung begriffene Verbindung der Rinne r_2 mit A ist durch punktirte Grenzen angedeutet. — r_3 ist rückwärts fast bis zur benachbarten Alluvialfläche A_2 ausgewaschen.

Die durchgehende (A, mit A_2 bezüglich A_1 verbindende) Rinne r_4 ist bei b nur flach ausgewaschen, bei c dagegen tief ausgefurcht und birgt in dieser Gegend noch im Versumpfen begriffene Wasseransammlungen.

Wie verschiedenartige, zum Theil recht eigenthümliche Gestaltungen die Rinnen im Grundriss annehmen können, ist beispielsweise bei r_2 und r_4 in Fig. 1 zu ersehen. In Bezug auf ihren Querschnitt ist ferner zunächst hervorzuheben, dass im allgemeinen die Uferconcaven[1] durch ein steileres Ufer ausgezeichnet sind, während auf der Seite der Uferconvexen nicht

---

1. Unter Uferconcaven sind, wie dies im Namen liegt, die concaven Krümmungen eines Ufers zu verstehen, also die durch einen Wasserlauf oder eine Trockenrinne in dem begrenzenden Terrassenrande ausgehöhlten Buchten, welche naturgemäss den Flussconvexen, d. h. den convexen oder äusseren Bögen des Flusses selbst (oder der Trockenrinne) entsprechen. Den Uferconcaven liegen bei normaler, regelmässiger Entwickelung der Wasserrinnen die Uferconvexen, welche den Flussconcaven oder Innenbögen der Rinnen entsprechen, genau gegenüber; sie können bei starken, plötzlichen Krümmungen des Laufes die Form von schmalen, gewöhnlich flach auslaufenden Landzungen annehmen. — H. Grebenau, Der Rhein vor und nach seiner Regulirung auf der Strecke von der französisch-bayerischen Grenze bis Germersheim. Vortrag geh. zu Dürkheim, 11. September 1869. Jahresber. der Pollichia, Dürkheim a. d. H. 1870, 84—142, Taf. I u. II. — Hammerle u. Krieger in: Topographie der Stadt Strassburg, 1885 (S. 30) und 1889 (S. 31). — E. Schumacher, Die Bildung und der Aufbau des oberrheinischen Tieflandes. Diese Mittheil. Bd. II, 1890, 211—212. Derselbe in: Strassburg und seine Bauten, 1894, 36. — Vergleiche im besonderen auch die rechte Seite der Figuren 3 und 4, Seite 37, sowie Figuren 5 und 6, S. 42, 43 der vorliegenden Mittheilung.

selten ein ganz unmerkliches Ansteigen des Bodens der Rinnen
zum Niveau der Terrassenflächen, in welche sie eingesenkt sind,
stattfindet, so dass sich alsdann auf dieser Seite ein einigermassen
scharf ausgeprägter Uferrand gar nicht beobachten lässt. Diese
Bemerkung gilt naturgemäss nur für Rinnen mit mehr oder
weniger stark gewundenem Lauf. Besonders interessant
jedoch und für das Verständniss der Bildung der Flächen nicht
weniger wichtig ist eine manchmal sehr deutlich zu beobachtende

Fig. 2.

Alte, vom Brunnenwasser, einer Abzweigung des Krummen Rheins,
gespeiste Rinnen nordöstlich vom Forsthaus Oberjägerhof bei Neuhof.

Maassstab 1 : 25 000.

Die Bedeutung der Signaturen ist die gleiche wie in Fig. 1.

Hinsichtlich der Wasserführung des Brunnenwassers vergleiche die
Anmerkung auf Seite 19—21, vierter Absatz.

Die in einiger Entfernung vom Brunnenwasser breit und tief aus-
gewaschene Rinne r zeigt eine gegen dieses spitz und flach auslaufende
Verlängerung, welche sich in dünnen fadenförmigen, stellenweise gerade noch
erkennbaren, verzweigten Rinnsalen bis unmittelbar an das Ufer der Wasserrinne fortsetzt, ohne letzteres selbst anzuschneiden. Die rechts von der Zahl
113 in r einmündende schmälere Rinne endigt aufwärts unmittelbar am
Uferrand der breiteren Rinne r_2 mit einem halbkreisförmigen, kesselähnlichen
Abschluss. — r_2 selbst endigt ostwärts ganz plötzlich unmittelbar vor der
Vereinigung mit dem Brunnenwasser; zwei schmale und sehr kurze, stiel-
förmige Kanäle, welche weniger scharf und tief eingeschnitten sind als r_2,
stellen oder stellten bei sehr hohem Wasserstande die Verbindung mit dem
Brunnenwasser her.

gesetzmässige Aenderung des Querschnitts von ganz
eigener Art, welche bei Rinnen von mehr gestrecktem
Verlauf vorkommt und mit der Terrassirung des Geländes im innigsten Zusammenhange steht. Diese Verhältnisse lassen sich aber nur an der Hand von Profilen verständlich
erläutern, und es wird deshalb bei der Besprechung der an
späterer Stelle folgenden schematischen Profile durch die Rheinniederung (Seite 40) hierauf zurückzukommen sein.

Endlich ist noch der Vollständigkeit halber eine sehr
häufige Erscheinung zu erwähnen, für welche r_1 in Fig. 2 ein
passendes Beispiel darbietet. Es handelt sich hier um eine vollständig ausgebildete, zwischen zwei anderen durchgehende Rinne, welche gegen letztere beide (r_2 und die
nordwestliche Fortsetzung von r) scharf abgesetzt erscheint.
Das Abstossen der verbindenden Rinne r_1 an r_2 und r beruht
darauf, dass der Boden der ersteren, zum wenigsten an den beiden
Enden, höher liegt als derjenige der beiden anderen Rinnen. In
Folge dessen setzt sich die Bodenfläche von r_1 nicht unmittelbar
in die von r_2 und r fort, sondern es erscheint vielmehr nur der
Uferrand von r_2 an der Abzweigungsstelle, der von r aber an
der Einmündungsstelle der Verbindungsrinne r_1 bis zum Boden-
niveau der letzteren erniedrigt. Die nächstliegende Erklärung
für solche Erscheinungen ist naturgemäss, dass manche Rinnen
bereits aufgehört haben konnten sich weiter zu bilden, während
die Vertiefung anderer noch fortdauerte. So wird man, um bei
dem gewählten Beispiel zu bleiben, die Rinne r_1 im Vergleich
mit r_2 und r, wenigstens in gewissem Sinne, als etwas älter
ansprechen dürfen, nämlich in sofern, als allem Anschein nach
die Bildung der ersteren früher zum Abschluss gelangt war
als die der beiden letzteren. Anderseits ist es indessen noch
keineswegs ausgeschlossen, sondern sogar im Gegentheil sehr
wahrscheinlich, dass die Auswaschung der Rinne r_1 erst begonnen
hatte, als r_2 und r bereits bestanden. In diesem Sinne würde
dann also r_1 etwas jünger sein als r_2 und r. — Dass besonders
häufig auch nicht durchgehende Rinnen von durchgehenden
angeschnitten werden, kann nicht weiter befremden. Beispiele

hierfür sind in dem Gebiet südlich von Strassburg vielfach zu beobachten. Eine kleine und seichte, aufwärts blind endende Rinne, deren Bodenfläche an einer grösseren durchgehenden scharf absetzt, sieht man unter anderem bei r in Fig. 1. — Im übrigen kann man natürlich von vorn herein nicht anders erwarten, als dass zwischen Rinnen, welche von anderen deutlich angeschnitten werden und solchen, deren Grundfläche in diejenige von Nachbarrinnen, mit welchen sie sich vereinigen, ohne merklichen Absatz verläuft, die verschiedensten Uebergänge vorkommen. Bestimmte, etwa durch besondere Signaturen auf der geologischen Karte anzudeutende Altersunterschiede der verschiedenen Gruppen von Rinnensystemen würden sich also auch auf derartige Merkmale hin kaum aufstellen lassen. Wo es aber etwa wünschenswerth erscheinen mag, besonders deutliche Beispiele für das scharfe Abstossen von Rinnen an anderen auf der geologischen Karte kenntlich zu machen, lässt sich dies leicht in der Weise bewerkstelligen, wie in den soeben ausführlicher besprochenen Figuren, wo die Uferränder der anschneidenden Rinnen über die Einmündungsstellen der angeschnittenen Rinnen hinweg durchgezeichnet sind. (Siehe z. B. in Fig. 2 die Einmündungsstellen von r_1 und r_2 in r, sowie in Fig. 1 die mit r bezeichnete Stelle). Nur an den beiden, mit d bezeichneten Stellen in Fig. 1 hat man sich keine natürlichen Uferränder vorzustellen, sondern kleine Dämme, welche offenbar zu dem Zweck hergestellt worden waren, bei hohem Wasserstande den Eintritt des Wassers aus der Alluvialfläche A_4 in die Verbindungsrinnen zwischen A_4 und A_2 zu verhindern.

Die im Vorhergehenden geschilderten Verhältnisse und Vorgänge lassen nun noch manche weitere Vorkommnisse im Gebiet der Rheinniederung, welche man sich bislang nicht recht zu erklären vermochte, begreiflicher erscheinen, so z. B. das Vorhandensein weit ausgedehnter Moorflächen östlich von Vendenheim, für die bei den früheren Untersuchungen kein deutlicher Zusammenhang mit alten Rhein- oder Ill-Läufen, wie man ihn hätte erwarten sollen, nachzuweisen war. Man hat es hier offenbar mit Erscheinungen zu thun, welche wenigstens zu einem sehr wesent-

lichen Theile nach Analogie der blind endigenden Rinnen erklärt
werden müssen, und selbst im Lössgebiet bei Strassburg, welches
hier natürlich nicht näher in Betracht zu ziehen ist, werden
manche auffällige Züge der Oberflächengestaltung unter Zugrundelegung ähnlicher Anschauungen verständlicher[1].

B. Geologischer Aufbau der Rheinfläche.

1. Die Absätze der Rhein-Ill-Niederung.

Nachdem wir auf den vorhergehenden Seiten die Morphologie
der Rheinniederung ausführlich betrachtet haben, wird es sich
nun, entsprechend dem Eingangs entwickelten Plan, zunächst
darum handeln, die Ablagerungen, welche sich an der Zusammensetzung ihrer Oberfläche betheiligen, noch etwas näher ins Auge
zu fassen. Obwohl die allgemeinen Verhältnisse dieser Bildungen
bereits in früheren Darstellungen mehrfach behandelt worden sind,
so ist dies doch bisher noch nicht in einem solchen Zusammenhange geschehen, und es sind auch hier mancherlei Einzelheiten
von Belang nachzutragen, welche zu mehrfachen Bemerkungen
von theils praktischem, theils theoretischem Interesse Anlass geben.

Wie aus den Erläuterungen zur geologischen Karte der Umgegend von Strassburg zu ersehen ist, werden in dieser Gegend

1. Vergleiche hierzu das Riedgebiet nordöstlich von Reichstett bei Vendenheim
sowie das Lössgebiet der Lingolsheimer Terrasse auf der geologischen Karte der Umgegend von Strassburg, 1883. — Während die bisher erwähnten und zum Theil mehrfach besprochenen Rinnen, welche das Lössgebiet der Lingolsheimer Terrasse durch-
furchen, thalaufwärts (d. i. in der Richtung nach dem Gebirge, also westwärts) mit den
höheren Erosionsterrassen des Breuschthals zusammenhängen und sich dadurch unmittelbar als alte Breuschgabelungen zu erkennen geben (über die besonders augenfällige
alte Breuschniederung, welche gegenüber Colonie Ostwald in die Rheinfläche einmündet,
siehe: Diese Mittheilungen, Band II, 1890, S. 209 und Tafel VII, oder: Strassburg und
seine Bauten, Strassburg 1894, Tafel II und S. 38), stehen andere nur noch thalabwärts mit der jetzigen Breuschniederung in deutlicher Verbindung, während sie
thalaufwärts im Lössgebiet auslaufen. Ihrem ganzen sonstigen Verhalten nach liegt es
am nächsten, diese (nordwestlich von Station Holzheim und Bahnhof Lingolsheim zu
beobachtenden) Vorkommnisse gleichfalls als alte Breuschabzweigungen aufzufassen,
welche alsdann ein Gegenstück zu den beschriebenen, thalaufwärts blind endenden
Rinnen der Rheinfläche bilden würden.

die in der Rheinniederung abgelagerten mächtigen Massen von
Geröllen und geröllreichen Sanden, welche hauptsächlich die Auffüllung des Rheinthals bewirkt haben, gewöhnlich bedeckt von
einem kalkreichen Schlick bis feinen Schlicksand, welche
als ein Absatz der Ueberschwemmungswasser, also als
Hochwasserschlamm zu deuten sind und demgemäss im
allgemeinen mit scharfer Grenze dem Rheinkies auflagern. Im besonderen wurden die höheren (über dem Jungalluvium
liegenden) Flächen ursprünglich fast ganz von solchen Bildungen
eingenommen, zwischen welchen der unterlagernde Kies nur an
verhältnissmässig wenigen Punkten und, wie es scheint, in ziemlich beschränktem Umfange, also in kleinen inselförmigen Partien
unmittelbar zu Tage trat. Durch die Jahrhunderte lange Bebauung
der Flächen hat sich jedoch das ursprüngliche Bodenbild einigermassen, lokal sogar allem Anschein nach sehr stark verändert. An
den zahlreichen, wenn auch zum Theil wenig ausgedehnten Stellen
nämlich, wo die Schlickbildungen in einer Mächtigkeit von
höchstens etwa ¼ m zum Absatz gelangt waren (also naturgemäss
besonders auch in der näheren und weiteren Umgebung der ehemaligen Kiesinseln), sind die obersten Lagen der den Untergrund
bildenden Kies- und Sandmassen bei der Kultivirung des Geländes
durch Vermischung mit der dünnen Deckschicht im Ackerboden
aufgegangen. Man trifft daher jetzt an solchen Stellen mit ursprünglich schwacher Schlick- oder Schlicksandbedeckung je nach
der bezüglichen Dicke der einstmals vorhandenen (aber durch
Vermischung mit dem Kiesuntergrund allmählich zu einer geröllführenden Kulturschicht aufgearbeiteten) Deckschichten entweder
ausgesprochene Kiesböden oder wenigstens sehr geröllreiche Sand- und Schlickböden, oder auch endlich — nämlich da, wo der anstehende Kies im allgemeinen schon etwa 3 dm
tief liegt — schwach geröllführende schlickige Böden, welche sich
hinsichtlich des Grades der Kultivirbarkeit nicht mehr wesentlich
von den ganz kiesfreien Schlick- und Schlicksandböden unterscheiden.

Während also ursprünglich die Kiesablagerungen da, wo sie
zu Tage traten, von den sie umgebenden Schlickbildungen in

Folge der hervorgehobenen Lagerungsbeziehungen naturgemäss
ziemlich scharf getrennt sein mussten[1], sind gegenwärtig meistens
ganz allmähliche, wie man sieht, künstlich zu Stande gekommene
Uebergänge von den eigentlichen Geröllböden, innerhalb deren
Abgrenzung die ehemaligen Kiesinseln fallen, zu den reinen
Schlickböden zu beobachten, und es musste schon bei der früheren
Bearbeitung (1883) angezeigt erscheinen, die Trennung dieser
beiden Hauptbodengattungen thunlichst nach agronomischen Gesichtspunkten vorzunehmen. Bei den diesmaligen Aufnahmen in
der Strassburger Gegend ist nun den agronomischen Interessen in
dieser Beziehung noch mehr Rechnung getragen worden, und es
konnte dies um so eher geschehen, als es sich bald zeigte, dass
hierbei sogar noch eine Vereinfachung des Kartenbildes, und zwar
ohne Beeinträchtigung der Brauchbarkeit desselben für geologische
Betrachtungen, möglich war. Den dargelegten Grundsätzen entsprechend, sind auf dem nunmehr in der Neuaufnahme vorliegenden
Blatt Strassburg die eigentlichen Kiesböden und die nur stark
kieshaltigen Böden (letztere umfassend: geröllreichen, lehmigen
Sand oder sandigen Lehm und geröllreichen Schlick oder Schlicksand, unmittelbar unterlagert von Rheinkies) nicht mehr
getrennt gehalten, vielmehr sind als Geröll- bis geröllreiche
Böden solche Flächen ausgeschieden worden, auf welchen man
mit dem gewöhnlichen Handbohrer (Löffelbohrer) höchstens noch
stellenweise 3 dm tief oder auch ein wenig tiefer einzudringen
vermag, im allgemeinen aber schon bei höchstens $1/_4$ m
Tiefe auf Kies oder kiesreiche grobe Sande stösst. Diese Methode
der Trennung der Kiesböden von den schlickigen Böden bietet
in agronomischer Hinsicht gegenüber der etwas abweichenden, bei
der älteren Bearbeitung des Gebietes angewendeten den Vortheil,
dass die dabei erhaltenen Grenzen sich allem Anschein nach so
genau wie möglich mit denjenigen von Bodenklassen, wie sie von
Seiten der Praktiker unterschieden werden, decken, so dass es sich
schon aus diesem Grunde empfehlen dürfte, dieselbe auch für die

---

1. Auf weniger kultivirten Flächen, namentlich innerhalb des Waldgebietes,
findet sich dieses Verhältniss stellenweise noch jetzt erhalten.

späteren Aufnahmen im Niederungsgebiet festzuhalten. Ausserdem
aber sind auf diesem Wege für die Kiesflächen immerhin wesentlich schärfere und gleichmässigere Abgrenzungen zu erzielen als
bei dem früher eingehaltenen Verfahren[1]).

In Folge dieser schärferen Ausscheidung der Kiesausbreitungen sowie deren vollständigeren Verzeichnung, welche die
neuere topographische Grundlage ermöglichte, konnten nun auch
gewisse, bislang wenigstens nicht in dem Grade bemerkte Eigenthümlichkeiten in der Art des Auftretens derselben erkannt werden.
So ist es zunächst bezeichnend, dass die Kiesvorkommnisse gewöhnlich mehr oder minder langgestreckte Partieen bilden,
deren längere Axe alsdann zu dem allgemeinen Verlauf der
nächstbenachbarten Rinnen annähernd parallel gerichtet ist. Im
besonderen aber ist es bemerkenswerth, dass sie theilweise die
höchsten Stellen innerhalb der von den Trockenrinnen umzogenen
Flächen einnehmen, wobei sie sich vielfach als schwache, rückenähnliche Anschwellungen der Oberfläche deutlich von der
Umgebung abheben. Die Beachtung dieses letzteren Umstandes
erleichtert sehr wesentlich die Auffindung zahlreicher kleinerer,
im Felde zerstreuter Kiesvorkommnisse. Wo man in der Rhein-

---

1. Auf der alten geologisch-agronomischen Karte sind mit der für den eigentlichen
Kies verwendeten Signatur (grobe braune Punktirung auf lichtbraungrünem Untergrunde) in
der Hauptsache die damals in Betrieb stehenden sowie die bereits verlassenen «Kies-
gruben» ausgeschieden worden, da «anstehender Kies» genau genommen thatsächlich
a nur in diesen zu beobachten ist. Durch eine entsprechende, aber weitläufigere
Punktirung auf der für die Schlickbildungen gewählten Grundfarbe (lichtgrün) wurde
dann ferner angedeutet, wie weit in der Umgebung der betreffenden Stellen (also
wesentlich der Gruben) noch Gerölle aus dem Untergrunde in merklicher Menge als
Beimischung der aufgearbeiteten dünnen Schlickdecke bemerkt worden waren. Die
Schätzung der Geröllführung der Böden nach dem blossen Augenschein
ist jedoch eine sehr unsichere, da sie in hohem Grade durch mancherlei
wechselnde Umstände, wie beispielsweise die zur Zeit der Begehung gerade herrschende
Witterung und den dadurch bedingten nassen oder trockenen Zustand der Aecker beeinflusst wird. Die Trennung der mehr oder weniger kieshaltigen von den wesentlich
schlickigen Böden auf Grund blosser Besichtigung des Geländes wird daher für die
verschiedenen Einzelvorkommnisse immer nur ziemlich ungleichwerthige Abgrenzungen
liefern können. — Bei dem oben angegebenen Verfahren, welches nur wenig umständ-
licher und dabei unverhältnissmässig genauer ist, wird der subjectiven Auffassung nur
ein vergleichsweise sehr geringer Spielraum gelassen.

niederung bei Strassburg rückenähnliche Erhebungen im Felde
bemerkt, wird es sich in der Regel um Stellen handeln, an welchen
Geröllmassen unmittelbar zu Tage treten oder doch in Folge einer
nur äusserst dünnen ursprünglichen Bedeckung mit Schlick oder
Schlicksand an die Oberfläche gebracht sind.

Schreitet man von einer solchen Kieskuppe aus in der
Richtung gegen eine benachbarte Rinne vor, so macht sich in der
Regel zunächst eine starke Zunahme der Mächtigkeit der Schlickbedeckung, wobei jedoch zahlreiche Unregelmässigkeiten unterlaufen, bemerklich, während bei der Annäherung an die Rinne
die Mächtigkeit häufig in ähnlicher Weise wieder abnimmt.
Nicht selten tritt dann an den Rändern der Rinne wiederum der
unterlagernde Kies in einem schmalen, auf der Karte gewöhnlich
nicht mehr ausdrückbaren Streifen zu Tage. In den Rinnen selbst
endlich liegt der Kies, je nach der Tiefe, bis zu der sie ursprünglich ausgefurcht waren und, je nachdem sie nachträglich wieder
durch Schlick, feinen Sand oder auch humose Ablagerungen theilweise ausgefüllt wurden oder nicht, unmittelbar zu Tage oder bis
zu 1 m tief.

Wie man bereits aus diesen Angaben ersieht, wechselt die
Mächtigkeit der Deckschicht vielfach ausserordentlich
schnell. Selbst auf Flächen von sehr beschränktem Umfange
schwankt dieselbe, vor allem naturgemäss da, wo ein dichtes
Gewirr von Rinnen entwickelt ist, nicht selten innerhalb verhältnissmässig sehr weiter Grenzen. Bei alledem macht sich
gleichwohl eine gewisse Stetigkeit in diesen Verhältnissen in sofern
bemerklich, als die Mächtigkeit der Schlickabsätze nur ganz ausnahmsweise einen gewissen Betrag übersteigt, welchen man demgemäss als den normalen Maximalwerth bezeichnen könnte.

Fasst man nämlich die zwischen je einer Reihe bedeutenderer
Kiesvorkommnisse sich ausdehnenden Flächen einzeln ins Auge,
so ist zunächst zu bemerken, dass auf jede derselben von den
nach Tausenden zählenden kleinen Bohrungen, welche im ganzen
auf Blatt Strassburg ausgeführt sind, bereits eine etwas grössere
Anzahl, nämlich durchschnittlich etwa 25 entfallen. Zieht man
dann innerhalb einer jeden solchen Fläche die jeweils vorliegenden

Einzelbohrungen in Betracht, so zeigt es sich, dass die aus denselben sich ergebenden maximalen Mächtigkeiten der Schlickabsätze für die einzelnen Flächen auffallend nahe unter
einander übereinstimmen, nämlich durchwegs zwischen 10
und 13 dm liegen, wenn man von einigen durch lokale Verhältnisse bedingten Abweichungen absieht. Wurde also, um dies durch
ein Beispiel zu erläutern, in einem bestimmten, von isolirten Kiesrücken umzogenen Strich die Deckschicht ziemlich häufig etwa 1 m,
aber nicht darüber mächtig gefunden, so ergab sich für einen unmittelbar benachbarten, ähnlich umgrenzten Strich 11—12 dm,
für einen noch weiteren angrenzenden Strich aber etwa $1\frac{1}{4}$ m
als nur ganz lokal überschrittene Mächtigkeit dieser Schicht. Da
sich nun nach den bereits vorhergegangenen Ausführungen als
Minimalwerth für die Mächtigkeit der mit Geröllmaterial nicht
merklich gemischten Schlickböden ganz von selbst 3 dm (für die
unmittelbare Nachbarschaft der Kiesrücken giltig) ergiebt, so würde
man hiernach folgendes Profil:

$$\underline{\text{3—13 dm Schlick bis Schlicksand}}$$
$$\text{Kies oder Geröllsand}$$

als das normale Boden-Profil der Rheinniederung bei
Strassburg, soweit deren Oberfläche von schlickartigen Bildungen eingenommen ist, zu betrachten haben. Eine Mächtigkeit
der Schlickabsätze von $1\frac{1}{2}$ m kommt schon recht vereinzelt vor,
und Mächtigkeiten von 2 oder $2\frac{1}{2}$—3 m sind nur ganz lokal
beobachtet.

Wenn man den hervorgehobenen, oft ganz ausserordentlich
raschen Wechsel des Boden-Profils und den Maassstab der Messtischblätter in Betracht zieht, so ist leicht einzusehen, dass die
bereits bei der älteren Darstellung des Gebietes (1883) angewendeten agronomischen Symbole nicht sowohl geeignet sind, jenen
Wechsel auf der Karte im Einzelnen zur Anschauung zu bringen,
als vielmehr im allgemeinen nur dazu dienen können, eine gewisse
Uebersicht über die Mächtigkeitsgrenzen der Deckschichten
zu gewähren. Auch durch eine weitere beträchtliche Vermehrung
der Zahl der Bohrungen würde eine erschöpfende Behandlung in
dieser Richtung nicht zu erzielen sein.

Dagegen ist ersichtlich, dass wenigstens eine ganz allgemeine
Uebersicht über die einschlägigen Verhälnisse unter Beobachtung
gewisser, aus den hervorgehobenen Gesetzmässigkeiten leicht her-
zuleitender Regeln auch schon durch verhältnissmässig wenige
Bohrungen zu erreichen sein würde. Es entsteht daher ganz
naturgemäss die Frage, ob es nicht im Interesse einer wesentlichen
Vereinfachung der Aufnahmen angezeigt wäre, in Zukunft eine
erhebliche Beschränkung in der Anzahl der auszuführenden Bohrungen eintreten zu lassen. Diese Frage kann ohne Bedenken
bejaht werden. Es wird im allgemeinen genügen, nach voraus-
gegangener, thunlich vollständiger Ausscheidung der Geröllböden
(in dem vorhin erläuterten Sinn) auf jeder innerhalb einer Reihe
von Kiesvorkommnissen gelegenen Fläche je nach deren Umfang
einige wenige oder selbst nur eine einzige Bohrung auszuführen,
mit der Maassnahme, dass hierbei im allgemeinen Punkte von mehr
mittlerer als randlicher Lage gewählt und eingeebnete Rinnen
sowie die unmittelbare Nachbarschaft von deutlichen Rinnen ver-
mieden werden.

Für ein Gebiet wie dasjenige des Blattes Strassburg würde
sich z. B. bei Einhalten eines solchen, durch die gemachten Erfahrungen erst an die Hand gegebenen Verfahrens die Zahl der
Bohrungen auf höchstens wenige hundert, also auf etwa den fünften
bis zehnten Theil der thatsächlich ausgeführten ermässigt haben,
und es würde trotzdem eine zur allgemeinen Orientirung vollkommen ausreichende Uebersicht über den Wechsel der Bodenver-
hältnisse gewonnen worden sein.

2. Das geologische Profil der Rhein-Ill-Niederung.

Wie sich nun die im vorhergehenden näher geschilderten
oder auch nur kurz angedeuteten Verhältnisse neben einander im
Profil darstellen, werden uns die Figuren 3 und 4 verdeutlichen
können.

Durch diese, in welchen die bemerkenswerthesten Vorkommnisse schematisch combinirt sind, wird zunächst (vergleiche die
linke Seite der Figuren nebst Erklärungen) das Verhältniss der
Einlagerung der Ill-Alluvionen in die Rheinanschwemm-

Schematische Parallel-Profile durch einen Theil der Rheinfläche (Rhein-Ill-Niederung) südlich von Grafenstaden.

Maassstab der Länge = 1:8000, der Höhe = 1:400.

Fig. 3.

Fig. 4.

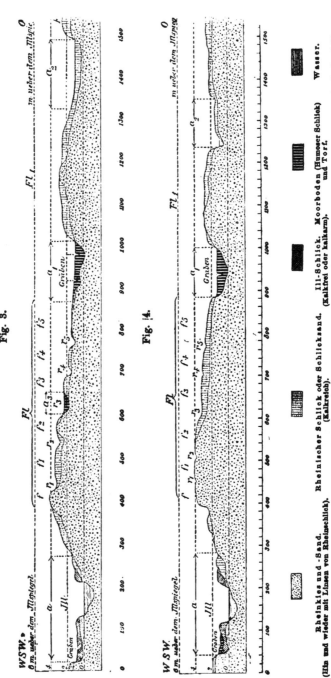

Rheinkies und -Sand.   Rheinischer Schlick oder Schlicksand.   Ill-Schlick.   Moorboden (Humoser Schlick)
(Hin und wieder mit Linsen von Rheinschlick).   (Kalkreich).   (Kalkfrei oder kalkarm).   und Torf.   Wasser.

Profil Fig. 4 ist etwa ½ km südlicher (also etwas weiter stromaufwärts) gezogen gedacht als Profil Fig. 3. — Die Rinnen r_1—r_5, entsprechen einander in den beiden
gleichen die Jungalluvialflächen s, s_1 und s_2, sowie die mit f, f_1 u. s. f. bezüglich Fl u. s. w. bezeichneten Flächen.

ungen, wie es bereits bei der früheren geologischen Bearbeitung
der Strassburger Gegend festgestellt worden war, erläutert. Ferner
können dieselben wenigstens eine ganz ungefähre Vorstellung von
der Art der Ausbreitung des Rheinschlicks sowie dem Auftreten
der Moorbildungen gegenüber den allenthalben die Unterlage
darstellenden Rheinkies-Massen vermitteln. Vor allen Dingen jedoch
kam es darauf an, durch die gewählte Art der Darstellung in
Parallel-Profilen den Vorgang der Terrassirung des Geländes in seinen wesentlichsten Einzelheiten so vollständig wie
möglich zur Anschauung zu bringen.

Diesem Hauptzweck entsprechend sind die Profillinien in
einem bestimmten, nicht zu grossen Abstand von einander gezogen
gedacht, derart dass in beiden Profilen nicht bloss dieselben
Wasserläufe, sondern auch dieselben Trockenrinnen durchschnitten
werden, und zwar in dem unteren Profil etwas mehr südlich, also
etwas weiter stromaufwärts, als in dem oberen Profil. Die morphologisch einander entsprechenden Theile sind in den Figuren
mit übereinstimmenden Buchstabenbezeichnungen versehen. Auf
diese Weise gelangen die im ersten Theil unserer Ausführungen
bereits andeutungsweise hervorgehobenen, bei der Entwickelung
der Oberflächenformen auseinander zu beobachtenden Gesetzmässigkeiten, um deren Erläuterung es sich hier handelt, übersichtlich zum Ausdruck.

Lassen sich auch hiernach die gegenseitigen Beziehungen
der einzelnen in Betracht kommenden Erscheinungen im wesentlichsten schon ohne weiteres aus der Vergleichung der beiden
Figuren ersehen, so erscheint doch eine nähere Erläuterung der
letzteren aus mehreren Gründen angezeigt. Einerseits nämlich
bildet eine solche Erläuterung, entsprechend den an einleitender
Stelle bereits gemachten Bemerkungen, die naturgemässe und
nothwendige Ergänzung zu der im ersten Theil der Arbeit ent-
worfenen morphologischen Charakteristik; anderseits geben manche
der dargestellten Verhältnisse noch zu besonderen Bemerkungen
und Ausführungen Anlass.

Fassen wir zuerst die zwischen den Jungalluvialebenen a
und a₁ sich ausdehnende Fläche ins Auge, so sehen wir, wie die-

selbe in Figur 3 sich fünf bis sechs Mal nach einander deutlich
terassenförmig gegen a_1 abstuft, und zwar findet die Abstufung
in der Weise statt, dass je zwei benachbarte Stufen, f und f_1,
f_1 und f_2 u. s. w. in einer deutlich ausgesprochenen Rinne (r_1—r_5)
an einander grenzen. Bei jeder Rinne ist der der Alluvialfläche
a_1 zugekehrte, also in der Richtung des allmählichen Rückzugs
der Gewässer liegende Uferrand um einen deutlich wahrnehmbaren Betrag niedriger als der entgegengesetzte — oder, wenn
wir die Bezeichnungen «näher» und «entfernter» auf a_1, d. i. allgemein gesprochen auf diejenige Alluvialfläche oder Wasserrinne,
nach welcher hin die stufenförmige Abdachung des Geländes
stattfindet, beziehen, so können wir auch sagen: Der «nähere»
Uferrand ist bei jeder Rinne merklich niedriger als der
«entfernere». Im Zusammenhange mit diesem Verhalten erniedrigt sich jedes Mal die ganze der Alluvialebene näher gelegene
Fläche um einen ungefähr entsprechenden Betrag gegen die angrenzende entferntere Fläche und erscheint eben in Folge dessen
terrassenartig gegen letztere abgesetzt. Der Unterschied in der
Höhe der Ufer beträgt in der Regel nur $^1/_4$ bis $^1/_2$ m, seltener
. 1—2 m (vergl. r_3 in Fig. 3 sowie die Rinne unmittelbar links
von f in Fig. 4).

Betrachten wir nun ferner den entsprechenden Abschnitt im
Profil Fig. 4, welches etwa $^1/_2$ km weiter stromaufwärts gezogen
gedacht ist, so finden wir hier nur erst leichte Andeutungen der
Rinnen r_1, r_2, r_4 und r_5 in Gestalt von äusserst seichten und
schmalen Depressionen, und die Flächen f, f_1 und f_2 erscheinen
ebenso wie f_3—f_5 nicht mehr terrassenförmig gegen einander abgesetzt. In Folge dessen bilden hier f—f_5 zusammen fast eine
ununterbrochene, einheitliche Fläche Fl, welche im allgemeinen
ganz allmählich gegen a_1 hin abfällt, an letzterer aber mit scharfem
Rand abstösst, während auf dem in Fig. 3 dargestellten Querschnitt
eine morphologische Grenze zwischen f_5 und a_1 nicht gegeben ist.

Aus der Vergleichung beider Profile erhellt also, dass die
Fläche Fl stromaufwärts sich in demselben Grade gegen die Alluvialebene a_1 heraushebt, wie sie gleichzeitig und im Zusammenhange damit allmählich ihrer Terrassirung verlustig geht. Mit

letzterer verliert sich aber in der Regel auch die Rinnenbildung·
Indessen kommt, wie man in Fig. 4 angedeutet sieht, sowohl der
Fall vor, dass sich die Rinnen stromaufwärts, wenn auch in der
Regel immer undeutlicher werdend, noch ein Stück weit über das
terrassirte Gelände hinaus fortsetzen, als auch der entgegengesetzte
Fall, dass ein Terrassenrand noch eine Strecke weit gut zu verfolgen ist, während sich an seinem Fusse kaum eine Andeutung
von Rinnenbildung mehr nachweisen lässt. So kann bei r_s in
Fig. 4 von einer eigentlichen Rinnenbildung nicht mehr die Rede
sein; doch ist hier noch ein sehr deutlicher stufenförmiger Anstieg
der Oberfläche vorhanden, welcher die Fortsetzung des Hochufers
der durch Moorbildungen aufgefüllten Rinne r_s in Fig. 3 bildet.
— Denkt man sich zur Ergänzung ein drittes Profil noch etwas
weiter stromaufwärts als Fig. 4 gelegt, so würde man für $Fl = f—f_s$
eine Fläche ohne alle hervorstehende Unebenheiten, ohne jegliche
morphologische Gliederung erhalten. Doch stellen sich, nachdem
eine annähernde oder auch vollkommene Ausgleichung der Unebenheiten in dieser Weise stattgefunden hat, in der Regel alsbald
wieder andere Rinnen oder ausgedehntere Alluvialflächen von ab-
weichendem Verlauf ein, welche wieder neue, bedeutendere Unebenheiten verursachen.

Die Rinnen r_1—r_s laufen also alle stromaufwärts unvermerkt
im Gelände aus und haben anfänglich meistens einen fast symmetrischen Querschnitt. In der Richtung stromabwärts dagegen
gestaltet sich mit der stärkeren Ausprägung der Rinnen deren
Querschnitt zunehmend unsymmetrischer, indem das von der betreffenden Alluvialfläche abgewendete Ufer beständig an Höhe
zunimmt und sich auf diese Weise allmählich zum deutlichen
Terrassenrand ausbildet.[1]

Die Terrassirung muss natürlich um so schärfer hervortreten, je
grösser sich die Abstände zwischen den der Alluvialfläche zugekehrten und den von ihr abgewendeten Uferhöhen gestalten, und es
werden daher, je nachdem man die Flächen etwas weiter ober- oder
unterhalb (auf das Gefälle der Rinnen bezogen) durchquert, alle
nur denkbaren Zwischenstufen zwischen den leisesten Andeutungen
von Terrassirung einerseits und auffallend markirter Abstufung

anderseits zur Wahrnehmung gelangen können. — Dass die einzelnen Abschnitte f—f$_t$ der Fläche Fl, welche stromaufwärts mehr oder minder in eine einheitliche Fläche zusammenfliessen, stromabwärts allmählich eine mehr und mehr windschiefe Lage zu einander erhalten, ergiebt sich aus dem Gesagten von selbst.

Im Grundriss kann daher der Charakter der Modellirung solcher Flächen in ganz naturgemässer und anschaulicher Weise nur durch Schattirungen, wie man sie bei günstiger Beleuchtung erhält, zum Ausdruck gebracht werden.

Während sich die soeben angestellten Betrachtungen, wie man sieht, auf etwas kleinere Rinnen von mehr gestrecktem Verlauf beziehen, soll uns die rechte Seite der Profile die Verhältnisse verdeutlichen, welche etwa an grösseren, mehr oder minder gewundenen Läufen auf verschiedenen Querschnitten hervortreten hönnen. In Fig. 4 liegt die durch das steilere Ufer gekennzeichnete Uferconcave links von der Alluvialfläche a$_t$. Nach dieser, welche sich beiderseits gegen die höheren Flächen deutlich absetzt, senkt sich das Gelände von rechts her in langsamer, fast unmerklicher Abstufung. In Profil Fig. 3 hingegen haben wir das durch das ehemalige Andrängen der Wassermassen gebildete Steilufer rechts, und das Gelände senkt sich gegen letzteres von links her in der Weise, dass eine natürliche Begrenzung der Alluvialfläche a$_2$ nach dieser Seite nicht gegeben ist. Sind in einem Falle, wie dem vorliegenden, innerhalb der Depression humose Bildungen entwickelt, so wird man beim Kartiren häufig so verfahren können, dass man die Grenze dieser letzteren als Grenze des «Alluviums» betrachtet. Ist jedoch die Depression mit Schlickbildungen von derselben Beschaffenheit wie diejenigen, welche die Abdachung zur Depression hin bekleiden, erfüllt, so wird man genöthigt sein, die Grenze der Alluvialfläche in einer bestimmten, den allgemeinen Erfahrungen entsprechenden Höhe durchzuziehen, also rein schematisch eine Grenze anzugeben, wo in der Wirklichkeit eine, sei es petrographisch-stratigraphische oder morphologisch-geologische Grenze gar nicht vorhanden ist.

Die Gesammtheit der Erscheinungen, welche längs eines
stark gewundenen grösseren Laufs auftreten können, lassen sich
wohl am übersichtlichsten in einer solchen Grundrissskizze, wie

Fig. 5.

Maassstab 1 : 25000.

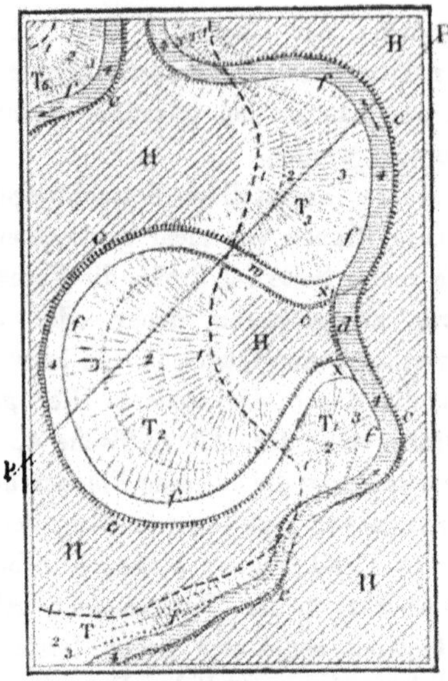

H = Nicht terrassirte, schwach undu-
    lirte Hochfläche.

T — T₄ Durch den Flusslauf terrassirte
    oder einfach abgeschrägte Flächen.

1 = Erster (ältester) Flusslauf.

2, 3 = Jüngere Läufe.

4 = Jetziger Lauf.

c = Steilufer der Uferconcaven.

f = Flachufer der Uferconvexen.

w = Wendepunkt der beiden Haupt-
    schlingen.

d = Nachträglicher, natürlicher oder
    künstlich hergestellter Durchbruch,
    welcher die mittlere grosse Fluss-
    schlinge grösstentheils trocken ge-
    legt und in derselben einen Ver
    moorungsprocess eingeleitet hat.

Wasserlauf.   Trockenrinne.

Schema der Entwickelung eines stark gewundenen Laufs zur Veranschaulichung der durch ihn bewirkten Terrassirung des Geländes.

sie die vorstehende Fig. 5 bietet, veranschaulichen. Einer Besprechung im Einzelnen bedarf diese Skizze nicht, da die beigegebenen Zeichenerklärungen die nöthigen Erläuterungen enthalten. Auch das Verhältniss dieser Grundriss-Darstellung zu den
bezüglichen Abschnitten der soeben besprochenen Profile ist leicht
zu ersehen. Die südlichere der beiden grossen kreisförmigen
Schlingen findet ihr Analogon in den Verhältnissen, welche in
Fig. 4, die nördlichere derselben in denen, welche in Fig. 3
rechts von der Hochfläche Fl₁ im Profil zur Darstellung gebracht
sind. Ein Durchschnitt durch die Fläche T₄ in der Richtung der
durch die Ziffern 4, 3, 2, 1 bezeichneten Linie würde im Prinzip

dasselbe Profil liefern wie die rechte Seite von Fig. 4, und ebenso
ein Durchschnitt nach der Linie 1, 2, 3, 4 in T_2 prinzipiell das
gleiche Profil wie die rechte Seite von Fig. 3, nur dass umgekehrt, wie in Fig. 5, in den schematischen Profilen auf Seite 37
der Lauf der südlicheren Schlinge (siehe a_2 in Fig. 4) stellenweise noch mit Wasseransammlungen erfüllt gedacht, derjenige
der nördlicheren Schlinge aber als bereits vollständig verlandet
angenommen ist.

Fig. 6.

Profil nach der Linie P—P$_1$ in Fig. 6.

Maassstab der Länge = 1 : 25 000, der Höhe = 1 : 500.

h = Horizontale.
n = Niveau des Wasserspiegels.
SG = Gerölle, mit Sand untermischt (Rheinkies).
a_3 = Aelterer Rheinschlick. Auf der Hochfläche ist derselbe in ursprünglicher Mächtigkeit
erhalten, innerhalb T_2 und T_3 durch die erodirende Thätigkeit des Flusses bei der
Terrassirung theils in seiner Mächtigkeit beträchtlich erniedrigt, theils (in den tieferen
Theilen der Terrassen, nebst den höheren Lagen des Kieses) ganz abgetragen.
a_1 = Jüngerer Schlick der Terrassen.
a = Jüngster Schlick und Schlicksand, Ausfüllung des jüngsten Laufs (4) innerhalb der T_2
umfassenden Schlinge nach deren Ausschaltung von der Erosionsthätigkeit durch den
Durchbruch (oder Durchstich) bei d.

Zu noch besserem Verständniss der Fig. 5 ist in Fig. 6 ein
Durchschnitt durch die Flächen T_2 und T_3 der ersteren nach
der Linie P-P$_1$ dargestellt. Die Profillinie ist genau durch den
Wendepunkt der beiden Schlingen, zu welchen die Flächen T_2
und T_3 gehören, gezogen. Die Wendepunkte sind aber die Schnitt-
punkte der Schlingen mit dem erstgebildeten Wasserlauf, durch
dessen allmähliche Verschiebungen die Terrassirung der von den
Schlingen umfassten Flächen zu Stande gekommen ist. Das Profil
P-P$_1$ soll nun erläutern, dass an den Wendepunkten der
Schlingen der Querschnitt der Rinnen symmetrisch ist,
während alle anderen Stellen eines secundär gebildeten
gewundenen Laufs mehr oder weniger unsymmetrische
Querschnitte liefern müssen. Je weiter von den Wendepunkten entfernt, desto unsymmetrischer gestaltet sich der Quer-

schnitt einer Rinne, soweit nicht eine ursprüngliche starke Un-
ebenheit der Hochfläche Unregelmässigkeiten im Einzelnen bedingt.
Durch die eingehende Untersuchung der Verhältnisse eines Laufs
in Bezug auf begleitende Terrassirung und Entwickelung des
Querschnitts muss sich also immer feststellen lassen, in wie weit
die Windungen desselben als wesentlich ursprüngliche oder aber
durch nachträgliche Umbildungen entstandene zu betrachten sind.
Es wird sich ferner auf diesem Wege die Lage des ersten Laufs
immer annähernd reconstruiren lassen. Wenigstens wird dies
überall da möglich sein, wo nicht etwa durch das Ineinandergreifen zweier verschiedener Systeme die normale Entwickelung
stark gestört ist.

Fig. 5 kann somit im besonderen dazu dienen, die Methode
der Construktion des ursprünglichen Laufs aus den Configurations-
verhältnissen eines gegenwärtigen Laufs für einen bestimmten
Fall zu veranschaulichen. Fig. 6 hinwiederum dient gleichzeitig
auch zur Ergänzung der Profile auf Seite 37. Sie verdeutlicht
zunächst, wie sich aus den auf der rechten Seite der Fig. 4 dargestellten Verhältnissen diejenigen in Fig. 3 rechts entwickeln.
Durch Einschaltung eines dritten Parallelprofils zwischen Profil 3
und 4 würde diese Entwickelung nicht so klar zum Ausdruck
kommen können. Wie man nämlich bei der Betrachtung von
Fig. 5 sofort ersieht, würde ein Durchschnitt parallel zu den
Linien 4, 3, 2, 1 in T_2 und 1, 2, 3, 4 in T_3 durch den Wendepunkt w kein recht bezeichnendes Profil für die Configurationsverhältnisse bei w selbst liefern. Ein solches erhält man nur auf
einer quer zum Lauf durch w gezogenen Linie, wie etwa P-P_1.
Dem Durchschnitt nach dieser Linie würde bezüglich der
Figuren 3 und 4 ein Profil entsprechen, welches von der Fläche Fl_1
in Fig. 4 nach Fl_2 in Fig. 3 gezogen zu denken wäre.

Ausserdem aber ergänzt Fig. 6 die Figuren 3 und 4 auch
noch in sofern, als sie das Ineinandergreifen von Erosion und
Neuauffüllung bei der Terrassirung, soweit dies nach der gewöhnlichen Darstellungsmethode überhaupt möglich ist, zur Anschauung
bringt. Während der Fluss sich seitlich verschiebt und dabei
zugleich allmählich einschneidet, hinterlässt er naturgemäss gegen

seinen Lauf geneigte Flächen, welche für gewöhnlich trocken liegen, aber in Folge periodischen Austretens des Laufs häufig theilweise oder ganz unter Wasser gesetzt werden. Hierbei finden dann die im Ueberschwemmungswasser schwebenden feinen Sand- und Schlammtheilchen Zeit, sich auf diesen Flächen, welche in der Regel nur ziemlich schwach geneigt sind und in sich wieder terrassenförmig abgestuft sein können, als Flussschlick oder Schlicksand niederzuschlagen. Demnach hat man sich die Bekleidung der Terrassenflächen mit Schlickbildungen nicht etwa in bestimmten, irgendwie scharf zu begrenzenden Phasen der Erosionsthätigkeit, sondern vielmehr während der ganzen Periode des allmählichen Zurückweichens des Flusslaufes, in gleichem Schritt mit diesem Vorgang selbst, zu Stande gekommen zu denken.

Es läuft also vom ersten Augenblick des Einschneidens des Flusses an neben dem Erosionsvorgang beständig ein Sedimentirungsvorgang auf den jeweilig entstandenen Erosionsflächen einher, und letzterer dauert auch nach dem Erlöschen des Laufs durch (natürliche oder künstliche) Senkung des Wasserspiegels noch längere oder kürzere Zeit in dem «Verlandungsprocess» fort. Anfänglich, so lange sich der Fuss noch nicht tief eingeschnitten hatte, wurden auch die höchsten Theile der Flächen noch häufig durch das Hochwasser überfluthet, und es werden Ueberfluthungen von solcher Wirkung mit abnehmender Häufigkeit auch noch in den verschiedensten späteren Erosionsphasen eingetreten sein. Der Absatz der oberflächlichsten Lagen der Schlickbedeckung wird daher auch in den höheren und höchsten Theilen der Terrassenflächen jüngeren und selbst jüngsten Datums sein können, und eine derartig scharfe Trennung der Schlickbildungen nach dem Alter, wie sie in Fig. 6 schematisch angedeutet ist, besteht daher natürlich in der Wirklichkeit auf keine Weise. Ferner ist es kaum nöthig besonders hervorzuheben, dass bei der Erosion der Flächen auch die ursprünglich abgesetzten (sog. diluvialen) Kiesmassen theilweise umgelagert werden mussten, und dass es auch hier im allgemeinen nicht möglich ist, zwischen älteren (diluvialen) und jüngeren (alluvialen) Kiesmassen genau zu unterscheiden und scharfe Grenzen zu ziehen.

Wenn man nun aber doch beim Kartiren die Altersunterschiede der in den Flussebenen lagernden fluvialen Sedimente
so gut es eben geht, andeuten, also etwa ein «Jungdiluvium» und
«Alluvium» oder auch Altalluvium und Jungalluvium trennen
will, so lässt sich dies eben auch nur in derselben schematischen
Weise, wie es in Fig. 6 geschehen ist, bewerkstelligen. Man
kartirt dann also genau genommen nach morphologischen Gesichtspunkten, indem man auf der Karte in erster Linie die morphologische Gliederung des Geländes zum Ausdruck bringt. Da aber
der letzteren die Altersbeziehungen der die Oberfläche bildenden
fluvialen Sedimente immerhin bis zu einem gewissen Grade entsprechen, so erhält man auf diese Weise allerdings gleichzeitig
ein Schema für die Altersunterschiede der oberflächlichen Ablagerungen. Doch wird man sich bei Betrachtung der Karten und
bei speziellen theoretischen oder praktischen Anwendungen
immer vergegenwärtigen müssen, dass naturgemäss ein solches
Schema für den einzelnen Fall oft nur ein mehr oder weniger
verzerrtes Bild der wirklichen Verhältnisse zu liefern im
Stande ist.

Zu Durchbrüchen, wie dem bei d in Figur 6 gezeichneten,
war im Urzustande der Flächen offenbar mannigfache Gelegenheit
geboten. Irgend welche Hindernisse im Fluss an der mit x bezeichneten Stelle, etwa hineingestürzte Bäume, konnten denselben
zwingen, das Ufer in der geraden Verlängerung der vor dem
Hinderniss herrschenden Stromrichtung anzubohren und so zunächst
eine entsprechende Ausbuchtung des Ufers in Gestalt eines kurzen
Kanals zu erzeugen. Das erste starke Hochwasser kann dann,
nach Analogie ähnlicher jetztzeitlicher Vorkommnisse, bereits im
Stande gewesen sein, jenen Kanal in der einmal vorgeschriebenen,
der Stossrichtung des Wassers entsprechenden Richtung so weit
zu verlängern, dass er die nächste Flussschlinge bei der mit x_1
bezeichneten Stelle erreichte und sich nun mit reissender Schnellig-
keit bis zum allgemeinen Niveau der Flussrinne vertiefte. Sobald
erst einmal dieser Zustand erreicht ist, muss die durch den Durch-
bruchskanal d abgeschnittene Flussschlinge fortan nothwendiger
Weise in der Weitervertiefung zurückbleiben, wodurch dann hier

der Verlandungs- und unter gegebenen Verhältnissen im Anschluss
an diesen der Vermoorungsprozess eingeleitet ist.

Aehnliche Vorgänge müssen in der Vorzeit, da der Rhein
als Wildstrom in zahllosen Verschlingungen die Urwaldungen der
Rhein-Illniederung durchbrauste, sozusagen an der Tagesordnung
gewesen sein. Dass aber schliesslich der Mensch vielfach einge-
griffen und die stellenweise unfertige Arbeit des Flusses vollendet
haben wird, ist nicht ausser Acht zu lassen, und es bedarf auch
keines besonderen Hinweises, dass natürliche und künstliche Veränderungen im Stromlauf nicht immer mit Sicherheit auseinander
zu halten sein werden, da sich in beiden Fällen die Erscheinungen
bis zum Verwechseln gleich gestalten können. Bei den Flussregu-
lirungen gelangt bekanntlich das Verfahren der «Durchstiche»
zum Zweck der «Streckung des Laufs» unter Abschneidung
der Schlingen in ausgedehntester Weise zur Anwendung.

Im übrigen braucht wohl kaum besonders betont zu werden,
dass nicht etwa alle bei Rinnenbildungen vorkommenden geschlossenen, kreisförmigen oder elliptischen Figuren in ähnlicher
Weise, wie bei dem in Fig. 5 dargestellten Fall, durch nachträgliche Durchbrüche oder auch Durchstiche entstanden zu denken
sind. Sehr häufig sind vielmehr kreisähnliche bis elliptische Formen
augenscheinlich ganz einfach auf ursprüngliche Gabelung eines
Laufs und Wiedervereinigung der so gebildeten Arme an einer
etwas weiter stromabwärts gelegenen Stelle zurückzuführen.

Unter Umständen werden aber auch ursprünglich getrennte
Gabelarme, in Folge von allmähligen Umbildungen, noch nachträglich mehr oder weniger unterhalb der Gabelungsstelle mit
einander in Verbindung treten und auf diese Weise wiederum
eine geschlossene Figur erzeugen können. Es wird dies dann
vorkommen, wenn sich die beiden Aeste einer Gabelung von der
Gabelungsstelle ab nicht gleich zu weit von einander entfernen
und gleichzeitig in der Nähe derselben einen von Haus aus etwas
gewundenen Lauf besitzen. In diesem Falle werden sich nämlich
die Krümmungen der beiden Gabelarme nach dem in Fig. 5 gegebenen Schema weiter entwickeln, d. h. immer mehr steigern müssen.
Dies kann dann, wie leicht einzusehen, dazu führen, dass zwei
einander zugekehrte Uferconcaven, von denen die eine dem einen,
die andere dem anderen Arm angehört, in Folge beständiger entgegengesetzter Verschiebung zuletzt einander berühren und an-

schneiden, so dass die Wassermassen der beiden Arme sich wieder
vereinigen können.

Die Schwierigkeit der Verfolgung mancher der geschilderten
Verhältnisse sowie der Erkennung ihres Zusammenhanges beruht
einerseits auf der vielfachen Vertheilung der einzelnen charakteristischen Erscheinungen über ein weit ausgedehntes Gelände,
andererseits auf den oft sehr unbedeutenden Höhenunterschieden
der einzelnen aneinander grenzenden Flächen. Um eine der Wirklichkeit einigermassen entsprechende Anschauung von den Höhenverhältnissen zu gewinnen, muss man sich beispielsweise die beiden
Profile Fig. 3 u. 4, da sie 20fach überhöht sind, auf etwa ³/₄ mm
erniedrigt denken. Dabei ist noch zu erwägen, dass sich in der
Gegend, auf welche sich diese Profile zunächst beziehen, die einzelnen morphologischen Erscheinungen in ausnehmend günstiger
Weise dicht aneinder drängen, sowie, dass diese Profile Sammel-
profile sind, in welchen, obschon sie der Wirklichkeit so genau
wie möglich angepasst sind, doch nur besonders deutliche Verhältnisse auf thunlich engem Raum mit einander combinirt sind. Für
manche benachbarte Theile der Rheinebene, wo die einzelnen
bezeichnenden Verhältnisse weniger nahe neben einander zu
beobachten sind, würde man sich, wenn der Charakter der Land-
schaft richtig wiedergegeben werden sollte, die Profile schon
beträchtlich in die Länge gezogen denken müssen. Für solche
Gebiete würde dann der Längenmaassstab der letzteren nur etwa
gleich ¹/₁₀₀₀₀ bis ¹/₂₀₀₀₀ der natürlichen Länge zu setzen sein, und
man müsste sich dementsprechend die Höhe der Profile hier sogar
auf etwa ¹/₂ bis ¹/₃ mm erniedrigt denken, um das richtige Bild
von den wirklichen Oberflächen-Formen zu erhalten. Es ist daher
ganz natürlich, dass man nur in solchen Gegenden, wie die hier
in erster Linie berücksichtigten, oder wie etwa im Gebiet der
alten Rheinläufe östlich von Erstein, wo sich die einzelnen Erscheinungen in durchaus ähnlicher Weise wie bei Grafenstaden
beobachten lassen, einen deutlichen Ueberblick über diese Verhältnisse bekommt, welche sich dann, erst einmal richtig erkannt,
auch leicht weiter verfolgen lassen.

Besonders günstige Standpunkte, um die morphologischen

Einzelheiten zu übersehen, bieten in der Gegend südlich von Grafenstaden unter Anderem: die Stelle, wo etwa die Rinne r, in Fig. 1 ihren Anfang nimmt und die Alluvialfläche A, nahezu berührt, ferner eine Stelle etwas südlich bis südwestlich von derjenigen, welche der Buchstabenbezeichnung r, in derselben Figur entspricht (innerhalb oder neben der dort verlaufenden Rinne R,), und endlich etwa noch der auffallende Terrassenrand, an dessen Fusse sich die Rinne r, hinzieht. Die Terrasse selbst, welche sich östlich von der soeben genannten Rinne ausdehnt, ist mehrfach von kurzen und schmalen Rinnen durchfurcht und besteht an ihrer Oberfläche aus Rheinkies; dadurch ist sie auf der Skizze Figur 1 kenntlich. Von den beiden erstgenannten Punkten aus kann man sehr deutlich die eigenthümliche Entwickelung der Rinnen in nordwestlicher Richtung im Zusammenhange mit dem terrassenförmigen Ansteigen der Oberfläche erkennen. Die schematische Darstellung in Figur 3 entspricht bis zur Mitte der mit Fl, bezeichneten Fläche im Prinzip einem Durchschnitt welcher von der Alluvialfläche A, nach A, in Figur 1 etwa durch die Stelle der Buchstabenbezeichnung r, und beiläufig in der Mitte zwischen den Buchstabenbezeichnungen A, und r, hindurch gezogen zu denken ist.

Fast genau das Profil der Fläche Fl in Fig. 3 sieht man im Kleinen an der in Fig. 2 mit T bezeichneten Stelle, wo die zur Orientirung in der Skizze eingezeichnete Schneise $\frac{111}{112}$ an das Brunnenwasser herantritt. Die Rinne, in welcher letzteres an der der Schneise gegenüberliegenden Seite fliesst, fällt in einer Reihe schmaler, aber sehr deutlich ausgeprägter Stufen gegen den Wasserlauf ab, und am Fusse fast jeder Stufe ist eine schmale Trockenrinne zu erkennen. Jenseits des Brunnenwassers erreicht die Oberfläche in dem senkrechten Ufer, welches den Wasserlauf nach Osten begrenzt, sofort wieder genau die Höhenlage, welche sie an der Stelle, wo die Schneise an die Rinne herantritt, innehat (etwa $1^1/_2$—2 m über dem Spiegel des Brunnenwassers).

Als ein Beispiel, welches in grossem Maassstabe eine ähnliche Modellirung wie diejenige der Fläche Fl in Fig. 3 aufweist, kann die grosse oberelsässische Rheinkiesterrasse zwischen Basel und

Mülhausen, welche sich in der Literatur bereits so vielfach besprochen findet[1]), genannt werden. Hier hat sich der Strom andauernd in derselben Richtung, nach der badischen Seite zu, verschoben, in ganz ähnlicher Weise, wie innerhalb des jungdiluvialen Schuttkegels der Breusch die Gewässer im ganzen und grossen allmählich von Süden nach Norden zurückgewichen sind. In solchen Fällen gestalten sich die Erosionserscheinungen viel einfacher und sind verhältnissmässig leicht zu übersehen.

Fig. 7.

Terrassirung des Geländes zwischen dem Rheindamm und dem Rhein südöstlich von Krafft bei Erstein (Blatt Plobsheim).

Maassstab 1 : 25 000.

In der schon erwähnten Ersteiner Gegend bietet unter anderem das Gelände im Südosten der Ortschaft Kraft mannigfache Erosionserscheinungen dar. Besonders zwischen dem grossen Rheindamm und dem elsässischen Rheinufer, in der Nähe der Südgrenze des Messtischblattes Plobsheim, ist die Modellirung der Oberfläche durch die alten Rheinverzweigungen an manchen

---

1. Vergleiche z. B. A. Daubrée, Observations sur les alluvions anciennes et modernes d'une partie du bassin du Rhin, 1850. Mémoires de la Soc. d'histoire nat. de Strasbourg, IV, I. 117—144, pl. I—III (Taf. II u. Tafel III, Fig. 6). — E. Schumacher, Uebersicht über die Gliederung des elsässischen Diluviums. Diese Mittheilungen III, 1892, Bericht für 1891, XXI—XL (XXXI—XXXII). — B. Förster, Blätter Mülhausen Ost und Homburg der geologischen Specialkarte von Elsass-Lothringen, aufgenommen 1895. Erläuterungen dazu, Strassburg 1898.

Stellen in sehr klarer Weise ausgesprochen. Die beistehende Skizze Fig. 7 giebt einen die genannte Gegend umfassenden Ausschnitt aus Blatt Plobsheim der 25 000 theiligen Karte. Die uns hier interessirenden Configurationsverhältnisse sind indessen auf dieser Karte, wie es bei deren Zweck auch kaum anders erwartet werden kann, nur in sehr lückenhafter Weise angedeutet. Es wurden daher in der vorliegenden Skizze einige besonders in Betracht kommende topographische Einzelheiten nachgetragen, welche die Orientirung in dieser Richtung bereits wesentlich erleichtern dürften. Um den Charakter der Flächen noch genauer anzudeuten, sind ferner stellenweise kleine Pfeile eingezeichnet, welche die Richtung der jeweiligen Abdachung des Geländes angeben. Die mit p_1—p_4 bezeichneten Stellen sollen endlich diejenigen Standpunkte bezeichnen, von denen aus der Bau der einzelnen, verschieden gegen einander geneigten Flächen am leichtesten zu übersehen ist. Von p_4 überblickt man am besten das Verhalten der beiden Flächen f und f_1, von welchen die erstere die letztere nebst den in ihr entwickelten Läufen scharf anschneidet. Bei p_3 und p_4 dagegen kann man sehr schön sehen, wie der die Fläche f_4 nach Nordwesten begrenzende, gegenwärtig trockene Lauf allmählich seine Rinne in dieser Richtung verlegt hat. — Die Flächen f_1 und f_2, welche einander zufallen, gehen etwa in der Gegend von Punkt p_2 völlig unmerklich in einander über. f_1 ist, um sie gegen die angrenzenden Flächen besser zu markiren, leicht schraffirt.

Bezüglich der an stark gewundenen Läufen hervortretenden Verhältnisse wird es genügen, einige wenige Beispiele, für welche bereits die topographische Grundlage der später erscheinenden geologischen Karte (Messtischblatt Strassburg) kaum zu übersehende Andeutungen enthält, besonders nahmhaft zu machen. Die auffallend unsymmetrische Ausbildung der Ufer innerhalb einer halbkreisförmigen Schlinge und die damit zusammenhängende eigenthümliche Abschrägung der Oberfläche in der Richtung nach der Uferconcave hin ist unter anderem sehr schön an einer linksseitigen Abzweigung des Krummen Rheins südlich von Neudorf—Strassburg zu beobachten. Der betreffende, gegenwärtig bis auf zwei kleine, versumpfende Wasserflächen trocken gelegte Lauf zweigt sich gegenüber dem Nordende von Neuhof von der Alluvialfläche des Krummen Rheins ab und zieht in weitem, nach Südwesten gerichteten Bogen um das Gut Meinau (oder Entenfang) herum. Er ist sowohl auf der topographischen Grundlage der älteren geologischen Karte (1883) als auch auf der neueren Generalstabskarte durch einen Wiesenstreifen von entsprechender Lage angedeutet. Die Verhältnisse, welche er darbietet, sind durchaus ähnlich denen, welche in Fig. 5—6 innerhalb T_2 zum Ausdruck gebracht sind. Auf der die Schlinge umgebenden Hochfläche sind die Absätze von Schlick und feinem Flusssand im allgemeinen 1—1$^1/_2$ m, auf der sich langsam nach Südwesten senkenden Terrassenfläche innerhalb der Schlinge dagegen viel weniger, und zwar im besonderen in der Nähe der ehemaligen Wasserrinne nur $^1/_8$—$^1/_2$ m mächtig. Dieser Umstand hat zu einem ausgedehnten Kiesgrubenbau, welcher hier anscheinend schon seit langem betrieben wird, Veranlassung gegeben und in Folge dessen bereits zu einer förmlichen Durchwühlung eines grossen Theils des Geländes geführt. — Das landzungenartige Auslaufen einer Uferconvexe lässt sich besonders ausgeprägt im Illkircher Wald westlich von Neuhof, zwischen dem Krummen Rhein und dem hier in diesen mündenden Schwarzwasser (gegenüber dem Forsthaus Fasanengarten und der nordwestlich davon gelegenen Leimfabrik) beobachten. Das niedrige, von theilweise feuchten Rinnen durchzogene Gelände dieses Theils des Illkircher Waldes ist jedoch unbequem zu begehen, und bei dem Charakter des Waldes, welcher vielfach stark von Gestrüpp durchsetzt ist, lassen sich die Verhältnisse hier wie in sehr vielen anderen Theilen der Rheinwaldungen sehr schwer verfolgen. — Kreisförmig oder elliptisch geschlossene Schlingen, nach dem Schema der durch den Durchbruch d abgeschnittenen Schlinge in Fig. 5, oder nach ähnlichen Schemen, trifft man auf Blatt Strassburg weiter südwärts längs des Laufes des Krummen Rheins, in der Umgebung von Ganzau und Lichtenberg, entwickelt. — Auf dem südlich angrenzenden Blatt Plobsheim sind zahlreiche geschlossene Figuren augenscheinlich durch die Anlage künstlicher Wassergräben («Hanfrösten»; — es wurde ehedem in dieser Gegend ein sehr lebhafter Hanfbau betrieben) im Anschluss an vorhandene gewundene Läufe von natürlicher Entstehung zu Stande gekommen.

Weiter rheinabwärts bieten schöne Beispiele für die Gestaltung des Geländes durch Flusserosion, nach den topographischen Kartenblättern zu urtheilen, die grossen alten Rheinschlingen zwischen Auenheim bei Röschwoog und Selz, welche jetzt theilweise von den Unterläufen der aus den Vogesen kommenden Zuflüsse eingenommen werden. Endlich scheint in Bezug auf Configurationsverhältnisse besonders interessant zu sein die Gegend zwischen Drusenheim und Dalhunden, woselbst die topographische Karte (Blatt Bischweiler) in dieser Hinsicht genauere Anhaltspunkte an die Hand giebt als gewöhnlich. Diese Gegend ist schon bemerkenswerth durch die bekannte, von DAUBRÉE in seiner Description géologique du Bas-Rhin 1852 (p. 254) berichtete, zu Anfang dieses Jahrhunderts stattgehabte Verlegung des Rheinbetts, durch welche der Unterlauf der Moder um $9^1/_2$ km verlängert wurde. Eine bildliche Darstellung dieses Beispiels einer bedeutenden Stromverlegung aus historischer Zeit findet sich in der KRIEGER'schen Topographie der Stadt Strassburg (1885, S. 32 und 1889, S. 33) und ist auch wiedergegeben in diesen Mittheilungen, Bd. II (Oberrhein. Tiefland, S. 213) sowie in «Strassburg und seine Bauten» (1894, S. 37).

C. Die verschiedenen Landschaftstypen der Rheinfläche.

Dass die unterelsässische Rheinniederung nicht überall den gleichen Anblick gewährt, ergiebt sich aus den vorhergehenden Darlegungen schon von selbst. Es lassen sich drei verschiedene Landschaftstypen in derselben unterscheiden.

Ueber weite Flächen besitzt sie, wie z. B. zwischen Grafenstaden und dem Illkircher Wald bei Neuhof, den Charakter einer schwach undulirten oder unmerklich terrassirten Hochfläche, welche einige Meter über den mittleren Wasserstand ansteigt und von einzelnen grösseren sowie zahlreicheren, aber meist undeutlichen kleineren Rinnen durchfurcht wird. Diesen Typus erhält man etwa, wenn man sich in den Figuren 3 und 4 die Flächen Fl₁ oder Fl₂ stark ausgedehnt denkt.

Andere Theile des Niederungsgebietes stellen sich als ausgedehnte, ununterbrochene oder fast ununterbrochene Alluvialflächen dar, welche eben wegen ihrer bedeutenden Erstreckung eine selbständige topographische Stellung beanspruchen können. Dies sind die durch mehr oder weniger humose Beschaffenheit ihrer Böden ausgezeichneten Riedflächen, gegen welche sich die Hochfläche vielfach so unmerklich abdacht, dass die Grenze zwischen beiden nur sehr schwer zu ziehen ist. Die Verhältnisse, welche für die unterelsässischen Riedflächen bezeichnend zu sein pflegen, mag ein Profil veranschaulichen, welches ich seiner Zeit auf Grund der Vorarbeiten zur Meliorirung des Andlau-Rieds zu entwerfen Gelegenheit gehabt hatte, und welches schon einmal in einer früheren Arbeit mitgetheilt wurde. (Vergl. diese Mittheilungen, Bd. II, 1890, Seite 309, Fig. 24). In diesem Profil, Fig. 8, ist die Oberfläche des Rieds als so gut wie vollkommen eben angenommen, eine Annahme, welche zwar nicht genau der Wirklichkeit entspricht, jedoch bei den geringen, in Betracht kommenden Höhenunterschieden ohne Ausführung eines besonderen Nivellements durch keine bessere zu ersetzen gewesen wäre.

Nur verhältnissmässig selten ist der gemischte Typus, wie ihn die Figuren 3 und 4 schematisch veranschaulichen. Weniger ausgedehnte Hochflächen mit terrassenförmiger Abstufung, schmälere Alluvialrinnen und breitere, riedartige Alluvialflächen treten hier, vielfach miteinander abwechselnd, nahe neben einander auf.

Während der Typus der Hochfläche, welche vorzugsweise dem Getreidebau dient, sowie der Ried-Typus landschaftlich eine bemerkenswerthe Einförmigkeit aufweisen, entbehren die Gegenden des gemischten Typus in Folge des Wechsels von üppigen Grasfluren, fruchtbaren Getreidefeldern und zerstreuten Auwäldchen mit unfruchtbaren Kiesrücken und moorigen Senken wenigstens in der schönen Jahreszeit nicht eines gewissen landschaftlichen Reizes.

Fig. 8.

Querprofil durch das Andlau-Ried.

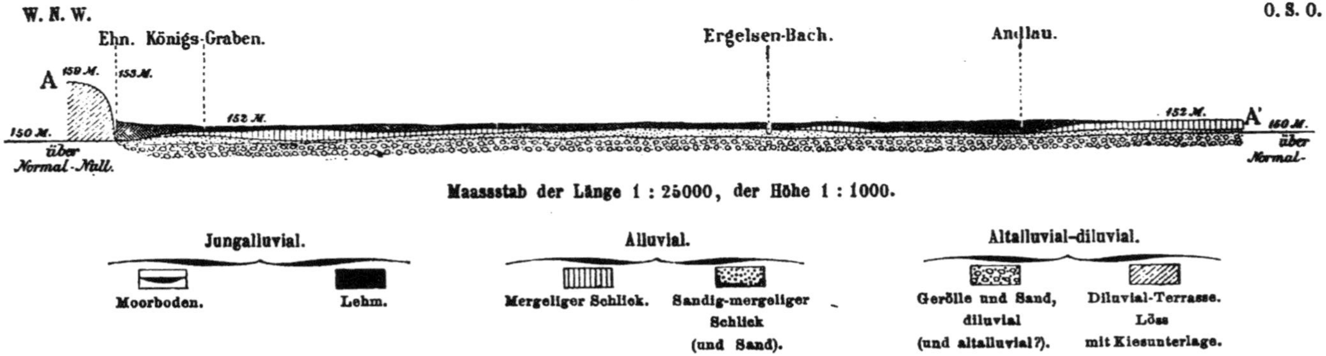

O. S. O.

W. N. W.

Ehm. Königs-Graben.

Ergelsen-Bach.

Andlau.

A 159 M.
über
Normal. Mull.

155 M.

152 M.

150 M.
über
Normal. Mull.

152 M.

153 M.

A' 160 M.
über
Normal.

Maassstab der Länge 1 : 25000, der Höhe 1 : 1000.

Jungalluvial.

Moorboden.   Lehm.

Alluvial.

Mergeliger Schlick.   Sandig-mergeliger Schlick (und Sand).

Altalluvial-diluvial.

Gerölle und Sand, diluvial (und altalluvial?).   Diluvial-Terrasse. Löss mit Kiesunterlage.

Jüngerer Löss auf der Niederterrasse.

Von **B. Förster** in Mülhausen i. E.

Mit 2 Profilen im Text.

Gelegentlich einer von der Gemeinde Wittenheim, nördlich von Kingersheim bei Mülhausen, im Herbst 1898 vorgenommenen Bonitierung, zu welcher ich als Geologe hinzugezogen worden war[1], wurden auf der Terrasse zwischen Kingersheim und dem Hohröderhübel bei Schönensteinbach, auf den ich wegen eines bemerkenswerthen Lössaufschlusses schon früher[2] aufmerksam gemacht habe, eine grosse Anzahl von Schurflöchern hergestellt. Das Profil war in allen dasselbe, oben Lehm, darunter Löss und unter diesem Vogesenschotter. Die Mächtigkeiten schwankten für den Löss zwischen 0,10 und 1,80 m, für den Lehm, der durch Verwitterung aus ersterem hervorgegangen ist, zwischen 0,20 und 1 m. Die grösste Gesammtmächtigkeit der Löss- und Lehmablagerung betrug in der Nähe von Wittenheim 2,60 m. Die Kiesoberfläche zeigte sich eben und schwach gegen Wittenheim, also dem Rhein zu, geneigt (vergl. Prof. I, 50 fach überhöht).

Der Löss dieser Ablagerung ist ein typischer, hellgelber, kalkreicher Löss. Er enthält an Fossilien *Succinea oblonga, Helix*

---

1. Bericht der Direktion der geologischen Landes-Untersuchung von Elsass-Lothringen für das Jahr 1898. — Mittheilungen der geologischen Landesanstalt von Elsass-Lothringen. Bd. V. S. V.

2. FÖRSTER, Uebersicht über die Gliederung der Geröll- und Lössablagerungen des Sundgaus. — Mittheilungen der geologischen Landesanstalt von Elsass-Lothringen. Bd. III, Heft 2, S. 128. — 1892.

sericea und *Pupa muscorum*. Auch sein Schlämmrückstand ist der
des typischen Lösses; er besteht aus ganz feinem Sand, kleinen
Lösspuppen, wenigen feinen Kalkröhrchen und abgerundeten
Kalkspathkörnern. Von den Arten, welche in den zur Alluvialzeit
umgeschwemmten Lössablagerungen der Gegend von Mülhausen
gefunden werden (*Pisidium* sp. und *Bythinia tentaculata* L. sp.)[1],
kam keine zur Beobachtung. Nach der Beschaffenheit und Fossilführung haben wir keinen Grund, daran zu zweifeln, dass wir es
mit einer echten Lössablagerung zu thun haben.

Das Gebiet, in welchem diese Verhältnisse erkannt wurden,
umfasst über 4 qkm. Nach vorläufigen Begehungen erstreckt sich
aber diese Ablagerung von Löss über terrassenartig gelagerten
Schottern noch über 1 km weit nach Osten, ebenso noch weiter
nach Norden. Auf ein hierhergehöriges Vorkommen bei Kingersheim[2] habe ich schon früher aufmerksam gemacht. Ferner ist es
sehr wahrscheinlich, dass die Lössablagerungen nordwestlich von
Feldkirch unweit Bollweiler, wo ich ebenfalls eine Auflagerung
von 3 m jüngerem Löss auf Vogesenschotter beobachtet habe und
welche sich von Bollweiler über Ungersheim nach Regisheim und
Ensisheim erstrecken, mit denjenigen von Wittenheim eine
zusammenhängende Ablagerung gebildet haben oder noch bilden,
was erst die Kartierung der Blätter Sennheim und Ensisheim
ergeben wird. Jedenfalls haben wir es hier mit einer weit ausgedehnten Ablagerung zu thun.

Am Hohröderhübel kann man unterscheiden jüngeren Lehm,
hervorgegangen aus jüngerem Löss mit *Succinea oblonga*, *Helix
sericea*, *Pupa muscorum*, älteren Lösslehm (L in dem früher l. c.
S. 128 gegebenen Profil) und unter diesem oder unmittelbar von
jüngerem Löss überlagert, älteren Löss mit grossen Lösskindchen.
Nach der von mir in den genannten Erläuterungen zu den Blättern

---

1. Förster, Geologischer Führer für die Umgegend von Mülhausen i. E. —
Mittheilungen der geologischen Landesanstalt von Elsass-Lothringen. Bd. III. 1892,
S. 285—286 oder S. 87 und 88 des Separatabdruckes.

2. Erläuterungen zu den Blättern Mülhausen West, Mülhausen Ost und Homburg
der geologischen Specialkarte von Elsass-Lothringen. Strassburg. 1898. S. 10.

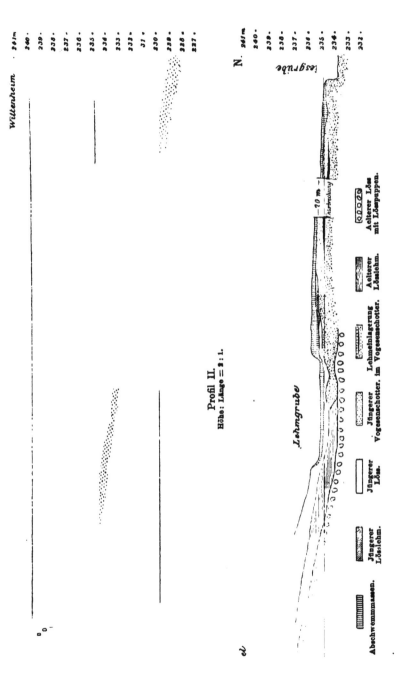

Profil II.
Höhe: Länge = 2:1.

Abschwemmmassen.   Jüngerer   Jüngerer   Lehmeinlagerung   Aelterer   Aelterer Löss
                    Lössiehm.   Löss.   im Vogesenschotter. Lösslehm. mit Lösspuppen.
                                Jüngerer
                                Vogesenschotter.

Wittenheim

Mülhausen und Homburg gegebenen Gliederung der Diluvial-
ablagerungen musste ich nun annehmen, dass der Löss, welcher
auf der Terrasse zwischen dem Hohröderhübel und Wittenheim
durch die Schurflöcher aufgeschlossen worden war und der jüngere
Löss des Hohröderhübels zusammenhängen und einer einzigen
Ablagerung angehören. Eine Reihe von Gruben, welche Herr
Katasterfeldmesser Schneck auf meine Veranlassung von der
Terrasse bis zur Spitze des Hübels ausheben liess, erwiesen in
der That die Richtigkeit meiner Annahme. Der Löss über den
Schottern der Terrasse bei Wittenheim ist, ebenso wie
der obere Löss am Hohröderhübel, als «jüngerer Löss»
zu deuten.

Es erschien nun auch auf Grund früherer Bohrungen[1]
zweifellos, dass die Schotter, welche den jüngern Löss unter-
lagern, den ältern Löss überlagern, obgleich dieses Lagerungs-
verhältniss nicht unmittelbar zu beobachten war. Da eine
Bestätigung dieser Annahme für die Festlegung der Gliederung
des Diluviums von grösster Wichtigkeit war, so veranlasste Herr
Professor Benecke gelegentlich der Besichtigung der erwähnten
Probegruben die Aushebung eines Grabens von einer nördlich vom
Hohröderhübel gelegenen Kiesgrube bis zum Löss. An der Be-
sichtigung betheiligten sich ausser Herrn Professor Benecke und
dem Verfasser die Landesgeologen Dr. L. van Werveke und
Dr. E. Schumacher, ferner die Herren Professor Dr. Osann und
Dr. Hess. Die in diesem Graben beobachteten Verhältnisse sind in
Profil II wiedergegeben.

Die Einschaltung der Schotter zwischen älterem Löss bezw.
Lösslehm und jüngerem Löss war dadurch unzweifelhaft erwiesen.

Die Schotter gehören dem ausgedehnten Delta der Thur
und Doller an, welches einerseits ins Gebirge hinein bis an die
Endmoränen verfolgt werden kann, andererseits mit der Niederterrasse der Rheinschotter, welche ich von Basel bis über Mülhausen hinaus genau verfolgt habe, in einem solchen Zusammen-

---

1. Förster, Uebersicht, S. 128; Geologischer Führer, S. 276.

hang steht, dass an der gleichen geologischen Stellung beider nicht zu zweifeln ist.

Es ist also durch die genannten Aufschlüsse der bestimmte Nachweis erbracht, dass, wie ich, ebenso Schumacher[2]) und van Werveke[3]) schon früher angenommen haben, die Schotter der Niederterrasse von einer echten Lössablagerung, dem jüngeren Löss, überdeckt sind.

---

2. Ueber das erste Auftreten des Menschen im Elsass. — Mittheilungen der Philomathischen Gesellschaft in Elsass-Lothringen. Jahrgang 1897, S. 101 und die dort genannte Literatur.

3. Zeitschrift der Deutschen geologischen Gesellschaft, XLV, 549—553 und Mittheilungen der geologischen Landesanstalt von Elsass-Lothringen. Bd. IV, S. LXXV.

62

Veröffentlichungen

der Direction der geologischen Landes-Untersuchung

von Elsass-Lothringen.

———

a. Verlag der Strassburger Druckerei u. Verlagsanstalt.

**A. Abhandlungen zur geologischen Specialkarte
von Elsass-Lothringen.**

b. Verlag der Simon Schropp'schen Hof-Landkarten-Handlung
(J. H. Neumann) Berlin.

A. Geologische Specialkarte von Elsass-Lothringen im Maasstab 1 : 25000.

Mit Erläuterungen.

(Der Preis jedes Blattes mit Erläuterungen beträgt ℳ 2.)

Blätter: Monneren, Gelmingen, Sierck, Merzig, Gross-Hemmersdorf, Busendorf, Bolchen, Lubeln, Forbach, Rohrbach, Bitsch, Ludweiler, Bliesbrücken, Wolmünster, Roppweiler, Saarbrücken, Lembach, Weissenburg, Weissenburg Ost, St. Avold, Stürzelbronn, Saareinsberg, Saargemünd, Rémilly, Falkenberg (mit Deckblatt), Niederbronn, Mülhausen
Ost, Mülhausen West, Homburg.

B. Sonstige Kartenwerke.

	ℳ
Geologische Uebersichtskarte des westlichen Deutsch-Lothringen, im Maasstab 1 : 80000. Mit Erläuterungen. 1886—87	5,00
Uebersichtskarte der Eisenerzfelder des westlichen Deutsch-Lothringen. Mit Verzeichniss der Erzfelder. 3. Aufl. 1899 . . .	2,00
Geologische Uebersichtskarte der südlichen Hälfte des Grossher-zogthums Luxemburg, Maasstab 1 : 80000. Mit Erläuterungen	4,00
Geologische Uebersichtskarte von Els.-Lothr., im Maasstab 1 : 500000.	1,00

FRANKREICH

B

Fertig aufgenommene Blätter.	
In Bearbeitung befindliche Blätter.	} der Specialkarte im Maasstab 1: 25 000.
Als Übersichtskarte im Maasstab 1: 80 000 veröffentlicht.	
Geologisch-agronomische Karte der Umgegend von Strassburg 1: 25 000.	

Die mit voller starken Linien umgrenzten Blätter
sind bereits erschienen, die gerissen umrandeten Blätter,
befinden sich im Druck.

Mittheilungen

der

Geologischen Landesanstalt

von

Elsass-Lothringen.

Herausgegeben

von der

Direction der geologischen Landes-Untersuchung von Elsass-Lothringen.

Band V, Heft II.

STRASSBURG i/E.

Strassburger Druckerei und Verlagsanstalt,

vormals R. Schultz u. Comp.

1900.

Preis des Heftes: ℳ 0,80.

Chemische und mikroskopische Untersuchung
von dolomitischen Gesteinen des lothringischen Muschelkalks.

Von **J. Schaller** in Strassburg i. E.

Mit 1 Profilzeichnung im Text.

I. Einleitung.

In den beiden letzten Jahrzehnten ist der Muschelkalk Deutsch-Lothringens, namentlich aus Anlass der im Gange befindlichen geologischen Spezialaufnahmen, von verschiedenen Seiten zum Gegenstand eingehender stratigraphischer Untersuchungen gemacht worden.

Nachdem E. W. BENECKE in seiner Abhandlung: «Ueber die Trias in Elsass-Lothringen und Luxemburg»[1], im Anschluss an die Arbeiten von E. WEISS über das benachbarte preussische Gebiet, und vielfach zurückgreifend auf die Beobachtungen und Anschauungen älterer französischer Forscher, die allgemeinen Verhältnisse in Rücksicht auf den Vergleich mit anderen deutschen Gebieten ausführlich dargelegt hatte, handelte es sich darum, die Gliederung so viel wie möglich ins Einzelne weiter zu verfolgen und sicherer zu begründen.

Durch die bis jetzt ausgeführten geologischen Spezialaufnahmen dürfte diese Aufgabe in der Hauptsache bereits gelöst sein. Die Erläuterungen zu den betreffenden Blättern der geologischen Spezialkarte, sowie einige besondere, im Anschluss an die Aufnahmen erschienene Mittheilungen enthalten eine weitgehende Gliederung der ganzen Schichtenfolge in natürliche Schichten-

---

[1]. Abhandlungen zur geologischen Spezialkarte von Elsass-Lothringen, 1877, Band I, Heft 4.

gruppen und einzelne hervorstechende Bänke, so dass spätere Beobachtungen in dieser Beziehung kaum noch wesentliche Vervollständigungen werden ergeben können.[1]

Während so, wie wir sehen, die Schichtenfolge des Muschelkalks in Deutsch-Lothringen bereits sehr ausführlich bekannt ist, fehlt es dagegen bis jetzt fast noch ganz an genaueren petrographischen, zumal quantitativ - chemischen Untersuchungen der einzelnen Gesteine, wie sie allein schon im Interesse einer grösseren Sicherheit und Gleichmässigkeit der Gesteinsbezeichnung wünschenswerth erscheinen müssen. Eine quantitative Untersuchung sämmtlicher Gesteinstypen des Muschelkalks würde jedoch bei deren Mannichfaltigkeit eine sehr umfangreiche, zeitraubende Arbeit bedeuten, da für eine erschöpfende, dem heutigen Stande der Petrographie entsprechende Kennzeichnung der Gesteinszusammensetzung neben der makroskopischen und chemischen Untersuchung die Anwendung mikroskopischer Unterscheidungs- und mechanischer Trennungsmethoden unerlässlich ist.

Besonderes Interesse beanspruchen unter den Sedimentär-Gesteinen die Dolomite, deren stoffliche Natur sowie Entstehungsweise schon vielfach von Geologen und Petrographen behandelt worden sind. Da nun dolomitische Gesteine eine nicht unbedeutende Rolle im lothringischen Muschelkalk spielen, so musste man naturgemäss daran denken, zunächst einmal diese einer genaueren chemisch-mikroskopischen Untersuchung zu unterziehen.

---

1. Die hier in Betracht kommenden Blätter der geologischen Spezialkarte sind, nebst zugehörigen Erläuterungen, im Wesentlichen von L. van Werveke und E. Schumacher bearbeitet. Es sind dies im Besonderen die Blätter: Wolmünster, Bliesbrücken, Rohrbach, Saargemünd, Forbach, St. Avold, Ludweiler, Busendorf, Lubeln, Bolchen, Rémilly, Falkenberg.

Von zusammenfassenden, auf die Kartirungsergebnisse sich stützenden Arbeiten und sonstigen zu berücksichtigenden Mittheilungen über einzelne Schichtencomplexe sind ausserdem zu nennen:

E. Schumacher, Zur Kenntniss des unteren Muschelkalks im nordöstlichen Deutsch-Lothringen. — Mittheilungen der geologischen Landesanstalt von Elsass-Lothringen. Band II, 1889, S. 121—182, Taf. V, Tabelle 1 und 2.

L. van Werveke, Profil durch die bunten Mergel und mittleren Dolomite mit *Myophoria Goldfussi* (Bunte Mergel der Lettenkohle). — Mittheilungen der geologischen Landes-Anstalt von Els.-Lothr., 1893, Bd. IV, Heft 2, S. X—XIII. Vergleiche Anmerkung 1 auf Seite 102.

Die vorliegende Arbeit beschäftigt sich dementsprechend hauptsächlich mit den mehr oder weniger stark dolomitischen Gesteins-Vorkommnissen des lothringischen Muschelkalks. Reine oder fast reine Kalkgesteine sind nur in beschränkter Anzahl zur Untersuchung gelangt, und zwar lediglich, insofern sie, mit dolomitischen Bänken wechsellagernd oder als Einschaltungen in Dolomitmassen auftretend, für die nähere Charakterisirung bestimmter dolomitischer Zonen in Betracht kommen. Anderseits konnten dolomitische Gesteine, welche nur ganz untergeordnet in ausgesprochenen Kalk- und Kalk-Mergelcomplexen auftreten oder keine allgemeine Verbreitung besitzen, vor der Hand unberücksichtigt bleiben.

Das zu den Analysen und mikroskopischen Untersuchungen verwendete Material stammt aus der geologischen Landes-Sammlung in Strassburg. Es wurden hierzu nur solche Handstücke ausgewählt, für welche das geologische Niveau, aus welchem sie stammen, so genau wie möglich bezeichnet werden kann, und welche gleichzeitig für die Ausbildungsweise des betreffenden Schichtengliedes oder für die betreffende einzelne Bank besonders bezeichnend sind.

Um sich die Lage der einzelnen in Betracht kommenden Horizonte zu einander besser vergegenwärtigen zu können, ist auf Seite 66 eine Profilzeichnung beigegeben, welche die in den betreffenden Erläuterungen und sonstigen Mittheilungen enthaltenen und zum Theil schon graphisch dargestellten Einzelprofile zu einem Gesammtdurchschnitt durch den Muschelkalk vereinigt.

Hier muss jedoch sogleich bemerkt werden, dass die Entwickelung des Muschelkalks nicht überall in Deutsch-Lothringen genau dieselbe ist, und dass daher für's Erste nur die Gebiete typischer Entwickelung ins Auge gefasst werden konnten. Diese sind es, auf welche die Profilzeichnung zu beziehen ist, und aus welchen auch im Allgemeinen die zu behandelnden Gesteine stammen.

Was zunächst den unteren Muschelkalk betrifft, so ist dieser am vollständigsten und mächtigsten in der Gegend zwischen Wolmünster, Rohrbach und Saargemünd entwickelt. Hier haben sich eine ganze Reihe petrographisch wohl unterschiedener

Oberer Muschelkalk 84m	**Lettenkohle** Schichten mit ... 30m		Obere Dolomite 2m	Grenzdolomit 1 m	Dolomit u Sandstein 3,0m
			Bunte Mergel und mittlere Dolomite 17m	Fossilreiche Bank 0.3m — Flammendolomit 1.1m	Bunte Mergel mit Dolomitbänken 17,0m
			Untere Dolomite und Kalke 10m	Flaserkalkbank 0.1 m — "Bonebed?" — Trigonodus-Bank 0.8 m	Dolomitische Region 10,0m
	Haupt-Muschelkalk (Oberer Muschelkalk der Karten) 54m 42m	Obere Abteilung 42m	Obere Sem.-Sch. (Terebratel-Schsm 3m) — Untere Semipartitus-Sch	Obere Terebratelbank 0.5m — Untere Terebratelbank 1.1m	Mergel und Kalke mit
			Schichten mit Ceratites nodosus 32 m	Lima striata und Terebratula — Bm.Rhizocorallium u Nucula — Bank mit Rhizocorallium — Bank mit Lima striata u Terebratula — Bank mit Lima lineata — Bank mit Dentalium — Bänke mit Rhizocorallium — Bank mit Ceratites nodosus	Ceratites nodosus und Cer. semipartitus 42,0 m
		Untere Abteilung 12m	Trochiten-Kalk 12 m	Cubische Bank 1 m — Spiriferinabank 1.3m	Trochiten Kalk 12,0 m
Mittlerer Muschelkalk 40m (min) 50m (max) marinum 100m Durchschnitt 50m		Obere Abteilung 10 m	Lingula-Dolomit u Zellenkalk 10 m	Bank mit Diplopora latharingica	Plattige Dolomite u Zellenkalk mit Quarz u Chalcedon 10,0m
		Untere Abteilung 30 m	Bunte Mergel mit Gyps 30 m		Bunte Mergel (mit Gyps) 30,0 m
Unterer Muschelkalk Wellenkalkgruppe Fische Färbungen fehlen, endlich unterworfen 62m		Obere Abteilung 18.5 m	Orbicularis-Sch 4.5 m — Schaumkalk-Zone 5.7 m — Wellendolomit 8.3 m	Knochenbank 0.5 m — Bank mit Myoph. orbic 0.2 m — Pentacrinus-Schichten — Pentacrinusbank 1 m — Bank mit Lingula 0.2 m	Dichte Dolomite 4.5m — Dolomitisch-kalkige Schichten 14,0m
		Mittlere Abteilung 15 m	Wellenmergel 6 m — Eigentliche Terebratel Zone 9.0 m	terebrula Myaciten bank 0 m — Obere Terebratelbank 0 m — 6 l m (?) — Haupt Terebratelbank 0.5 m	Mergelig-dolomitische Schichten 15,0m
		Untere Abteilung 22.5 m	Region der Myaciten bänke 15 m — Trochitenzone 7.5 m	Myacitenbank 0.2 m — Myacitenbank u Niveau der Terebratula Edis 0.3 m — Obere Trochitenbank 0.1 m — Untere Trochitenbank 0 m	Mergelige Schichten 15,0m — Sandig-thonige Schichten (Muschelsandstein) 7.5m

Erklärungen zur Zeichnung auf Seite 66.

I. Sandige Schichten.

Feinkörniger (theilweise dolomitischer) Thonsandstein vorwaltend, untergeordnet Thon.

Schieferthonartiger bis sandiger Thon und feinkörniger Thonsandstein etwa im Gleichgewicht.

II. Thonige bis mergelige Schichten.

Graue, weiche Mergel und schieferthonähnliche Mergelschiefer vorwaltend, untergeordnet Sandstein, dolomitischer Sandstein und mehr oder weniger sandiger Dolomit.

Mergel und Thone, im mittleren Muschelkalk und in der mittleren Lettenkohle zum Theil bunt, mit untergeordneten dünnen Kalk- (oder dolomitischen) Lagen.

III. Mergelige und thonige Schichten mit Kalk- oder Dolomitbänken.

Mergel oder Thone mit Dolomitbänken wechsellagernd.

Mergel oder Thone mit zahlreichen dünnen, theilweise dolomitischen Kalkplatten wechsellagernd.

IV. Dolomitische Schichten.

Dolomitischer Sandstein bis sandiger Dolomit mit oft reichlichen Versteinerungen.

Körniger Dolomit in einzelnen, meist Fossilhorizonte bildenden Bänken.

Körniger Dolomit in mächtigeren Massen.

Körniger Dolomit mit untergeordneten Kalkplatten.

Dolomitische Wellenmergel.

Wellenmergelbank mit *Lingula*.

Wellendolomit (körniger Dolomit mit Wellenfurchen, Wellenstreifen u. s. w. in geschlossenen Massen).

Vorwaltend dünnplattiger (thoniger), dichter Dolomit bis dolomitischer Mergelschiefer mit Versteinerungen.

Poröser gescheckter Dolomit (feinkörnig oder dicht) mit *Myophoria orbicularis*.

Dichter Dolomit (thonig), im allgemeinen versteinerungsfrei.

V. Kalkige Schichten.

Dichter (thoniger) Wellenkalk vorwaltend.

Feinkörniger bis dichter (thoniger) Kalk. — Fein schraffirt = Trochitenbänke.

Dolomitischer Kalk (Kalk mit eingeschalteten, mehr oder minder dolomitreichen Bänken.)

VI. Einlagerungen.

Gyps im mittleren Muschelkalk.

Quarz-Chalcedon- (Calcit-) Knauer sowie Hornsteinlagen im mittleren Muschelkalk.

Chalcedon-Knollen im Trochitenkalk.

Austernstöcke in den Semipartitus-Schichten.

Zonen nachweisen lassen, welche gleichzeitig auch palaeontologisch gut gekennzeichnet sind und in Folge dessen genauere Vergleiche selbst noch mit weit entfernten mitteldeutschen Gebieten gestatten. In den übrigen Theilen Lothringens und des Reichslandes überhaupt herrscht dagegen grössten Theils eine viel weniger vollständige, petrographisch einförmigere Entwickelung. Das Profil gibt daher für diese Abtheilung die Schichtenfolge, welche von Schumacher für die Gegend zwischen Wolmünster, Rohrbach und Bliesbrücken festgestellt wurde, wieder.

Im mittleren und oberen Muschelkalk sind die Verhältnisse im Allgemeinen viel gleichmässiger. Hier trifft man, nach den vorliegenden Spezialaufnahmen, in dem ganzen Gebiete von Wolmünster—Rohrbach westwärts über Saargemünd hinaus bis in die Gegend von Falkenberg, Lubeln, Bolchen und Busendorf eine wesentlich gleichartige Entwickelung, sowohl hinsichtlich des petrographischen Charakters als auch der Mächtigkeit der einzelnen Zonen. Für die entsprechenden Abschnitte des Profils sind die über dieses Gebiet in den Erläuterungen zu den einzelnen Kartenblättern vorliegenden Angaben benutzt.

Wie beim unteren Muschelkalk, so ist auch hier mit einer einzigen, später zu begründenden Ausnahme, überall die mittlere Mächtigkeit der einzelnen Schichten, welche sich von den jeweils beobachteten maximalen und minimalen Mächtigkeiten fast stets nur wenig entfernt, in Anrechnung gebracht worden. Die soeben erwähnte Ausnahme betrifft die untere Abtheilung des mittleren Muschelkalks. Doch sind in diesem Falle am Rande des Profils ergänzende Bemerkungen beigefügt.

Endlich dürfte es zweckmässig sein, schon an dieser Stelle darauf hinzuweisen, dass die Schichten der Lettenkohle, obwohl sie auf den Karten mit den Keuperschichten vereinigt zu werden pflegen, entsprechend der gegenwärtig vielfach angenommenen, für Lothringen im Besonderen nicht unnatürlichen Auffassung, zum Muschelkalk gezogen sind.

Der dargestellte Schichtendurchschnitt gibt uns somit ein in erster Linie für die Gegend etwas östlich von Saargemünd giltiges Normal-Profil der typischen Entwickelung des Muschelkalks in

Deutsch-Lothringen unter Zurechnung der Lettenkohle zum oberen Muschelkalk.

Auf die einzelnen Abschnitte dieses Profils wird später, bei der Besprechung der jeweiligen zu untersuchenden Gesteinsgruppen, soweit dies anders der Zweck der Arbeit erfordert, etwas näher einzugehen sein. Trotzdem wird es sich empfehlen, um zunächst eine vorläufige Uebersicht zu gewinnen, bereits an dieser Stelle in Kürze die allgemeinsten Verhältnisse der gesammten Schichtenfolge an der Hand der Zeichnung zu erläutern.

Bei einem flüchtigen Blick auf die Tafel werden zunächst wohl nur das Vorwiegen von Thon- und Mergelgesteinen sowie der vielfache Wechsel von sandigen, thonigen und mergeligen, kalkigen und dolomitischen Gesteinen, welche unser Muschelkalkprofil kennzeichnen, ins Auge fallen können. Bei etwas genauerem Zusehen bemerkt man jedoch, dass in den einzelnen Hauptabtheilungen, in welche das ganze Profil gegliedert ist, mit ziemlicher Regelmässigkeit bestimmte petrographische Analogieen wiederkehren. Diese bestehen besonders darin, dass jeweils die tieferen und mittleren Theile der Hauptcomplexe im Allgemeinen mehr oder minder ausgesprochen thonig (bezüglich mergelig) entwickelt sind, während sich nach oben mehr und mehr eine kalkige oder dolomitische Ausbildung einzustellen pflegt.

So besteht der ganze ältere Theil des unteren Muschelkalks, entsprechend unterer und mittlerer Abtheilung bei der allgemein üblichen Dreigliederung des unteren Muschelkalks, zu einem überwiegenden Theil seiner Gesammtmächtigkeit aus weichen Mergel- oder Thon-Gesteinen. Die untere Abtheilung des mittleren Muschelkalks ferner umfasst, wie schon ihr Name andeutet, beinahe ausschliesslich «bunte Mergel» und Thone, und im eigentlichen oberen oder Haupt-Muschelkalk überwiegen Mergel und Thone zusammen wenigstens immer noch etwas über die Kalke.

Wie das oberste Glied des unteren Muschelkalks eine auffallende, leicht wiederzuerkennende Schichtenfolge von dichten, thonigen Dolomiten mit eigenthümlicher, ärmlicher Fauna darstellt, so schliesst auch der mittlere Muschelkalk mit einer petrographisch wie faunistisch durchaus ähnlichen Dolomitbildung ab. Die «Orbi-

cularis-Dolomite» des unteren und die «Lingula-Dolomite» des
mittleren Muschelkalks weisen in der That so viele äusserliche
Aehnlichkeit auf, dass es nahe liegt, auch für ihre Entstehungs-
weise in hohem Grade ähnliche Verhältnisse vorauszusetzen. Im
Haupt-Muschelkalk treten gleichfalls an der oberen Grenze der
Ablagerung geschlossenere Massen von Carbonat-Gesteinen auf.
Hier sind es aber in der Regel Kalke, nur untergeordnet dolo-
mitische oder eigentliche Dolomit-Gesteine (Terebratel-Kalke und
Terebratel-Dolomite). Eine grössere Rolle spielen die Dolomite
erst wieder in der Lettenkohle, worauf schon Benennungen wie
«Dolomitische Region» und «Grenzdolomit» hinweisen. Wenn man
also die Lettenkohle noch zum Muschelkalk zieht, so hat man auch
im oberen Muschelkalk die Hauptentwickelung der dolomitischen
Ausbildung wieder im obersten Theil der Abtheilung.

In der Regel stellen sich nun auch schon ganz zu unterst
in den einzelnen Haupt-Abtheilungen des Muschelkalkprofils geschlossenere Massen von festen Gesteinen ein: in der unteren Abtheilung die Sandsteinmassen des sogenannten «Muschelsandsteins»,
im oberen Muschelkalk der «Trochitenkalk», und wenn man die
Lettenkohle nicht als «Unterabtheilung des oberen Muschelkalks»,
sondern vielmehr als eine besondere, dem Hauptmuschelkalk wie
dem mittleren und unteren Muschelkalk gleichwerthige «Hauptabtheilung des ganzen Muschelkalkprofils» auffassen will, so hat
man auch nahe an der Basis dieser Hauptabtheilung eine geschlossenere Masse von festen Gesteinen, die «Trigonodus-Schichten».

Den Abschluss der Lettenkohle, also des ganzen Muschelkalks in der hier gewählten Auffassung, nach oben bildet wiederum
ein dolomitischer Horizont, der «Grenzdolomit».

Im tiefsten Theil des unteren Muschelkalks macht sich petrographisch noch der Buntsandstein-Charakter sehr deutlich bemerkbar in dem häufigen Auftreten von Thonsandsteinen, welche sich
erst in der Nähe der mittleren Abtheilung des unteren Muschelkalks allmählich verlieren. Anderseits treffen wir im obersten
Theil des Muschelkalks, in den Schichten der Lettenkohle, über
der sogenannten dolomitischen Region (= untere Dolomite), bereits
mancherlei petrographische Anklänge an die Entwickelung des
eigentlichen Keupers.

II. Untersuchungsmethoden.

a) Chemische Untersuchung und mechanische Trennungsversuche.

Die Methoden der chemischen Untersuchung waren die allgemein üblichen. Die bei 110° getrocknete Substanz wurde mit verdünnter Salzsäure erst in der Kälte, dann in der Siedehitze behandelt. Der unlösliche Rückstand — meist Quarzsand oder Thon, manchmal noch mit geringen Beimengungen von organischer Substanz, einmal auch Pyrit (siehe Nr. 32) — wurde abfiltrirt, geglüht und gewogen. Aus der salzsauren oxydirten Lösung wurden Eisenoxyd und Thonerde mit Ammoniak gefällt, und dann Kalk und Magnesia in bekannter Weise unter sorgfältigster Beobachtung aller Vorsichtsmassregeln getrennt und bestimmt (siehe FRESENIUS, Quantitative Analyse, I, S. 240).

Die Kohlensäure wurde bei den ersten 10 Analysen nach BUNSEN's Methode ermittelt; da sich aber im Laufe der Untersuchung und auf Grund mehrerer Control-Versuche herausstellte, dass die Bestimmung durch Glühverlust ebenso richtige Resultate ergab, so wurden alle weiteren Kohlensäure-Bestimmungen auf diese bequemere und einfachere Weise ausgeführt.

Nur für einen kleinen Theil der Gesteine ergab die Analyse dasjenige Verhältniss zwischen kohlensaurem Kalk und kohlensaurer Magnesia, welches der Zusammensetzung des normalen Dolomits (ein Molekül Calciumcarbonat auf ein Molekül Magnesiumcarbonat) entspricht. Bei den meisten ist das Verhältniss des Kalkes zur Magnesia — ganz abgesehen natürlich von den wenigen Gesteinen, welche sich als fast ganz reine Kalke erwiesen — ein anderes, und zwar zeigt sich in diesen Fällen immer der Kalk im Ueberschuss.

Es handelte sich nun darum, festzustellen, ob diese dolomitischen Kalksteine oder kalkhaltigen Dolomite Gemenge von normalem Dolomitspath und Kalkspath darstellen, oder ob und wie weit man es bei ihnen etwa mit einfachen Gesteinen zu thun hat, gebildet aus Individuen eines Minerals, welches in seiner Zusammensetzung zwischen Dolomitspath und Kalkspath steht. Die

Ermittelung dieser Verhältnisse wurde auf verschiedenen Wegen versucht.

Die Anwendung schwerer Lösungen zur Trennung der Bestandtheile nach dem spezifischen Gewicht erwies sich in den meisten Fällen wegen des feinen Kornes der Gesteine von vornherein als unthunlich. Trotzdem wurden in einigen Fällen Versuche in dieser Richtung ausgeführt, so mit Gestein Nr. 5.

Für dieses Dolomitgestein war durch die Analyse ein merklicher Kalküberschuss ermittelt worden. Ein nach LEMBERG'scher Methode vorgenommener Färbeversuch hatte ferner ergeben, dass dieser Kalküberschuss von eingeschlossenen Fossilresten herrührt. Eine Probe des Gesteins wurde nun in etwa 0,4 mm grossen Körnern mit THOULET'scher Lösung behandelt. Es gelang jedoch nicht, auf diesem Wege die dolomitischen Bestandtheile von den kalkigen zu trennen.

Das Gestein Nr. 12 wurde in etwa 0,3 mm grossen Körnern in THOULET'sche Lösung gebracht und durch deren stufenweise Verdünnung in mehrere Produkte von verschiedenem spezifischen Gewichte zerlegt. Nur der kleinste Theil der Körner fiel bei einem spezifischen Gewicht der Lösung von 2,83 aus, ein grösserer Theil hatte das spezifische Gewicht von 2,83 bis 2,72, und der Rest von 2,72 bis 2,70. Weder die Produkte von mehr als 2,83 oder weniger als 2,72 spezifisches Gewicht, noch auch die Körner, deren Gewicht zwischen diesen Grenzen lag, ergaben bei der chemischen Untersuchung eine Zusammensetzung, welche einem Doppelcarbonat nach bestimmten, einfachen Mischungsverhältnissen, beziehungsweise einem normalen Dolomit entsprochen hätte.

Weitere Versuche, Kalk von Dolomit zu trennen, wurden mit Essigsäure vorgenommen. Bekanntlich wird von verschiedenen Autoren dieses Verfahren anempfohlen. So wurde das Gestein Nr. 30 mit siebenprozentiger kalter Essigsäure behandelt, wobei Kalk und Magnesia in Lösung gingen. Der nicht gelöste Theil wurde alsdann mit fünfprozentiger kalter Säure behandelt, und wieder zeigte sich, dass Kalk und Magnesia in Lösung gegangen waren. Der hierbei gebliebene Rückstand wurde nun der Einwirkung von zehnprozentiger kalter Essigsäure unterworfen; Kalk

und Magnesia gingen in grosser Menge, ausserdem aber noch
Eisen und Thonerde in Lösung. Endlich wurde der so erhaltene
Rückstand mit Salzsäure behandelt und ergab folgende Zusammen-
setzung:

$$Ca\ CO_3\ \ldots\ldots\ldots\ldots\ 58{,}32\ \%$$
$$Mg\ CO_3\ \ldots\ldots\ldots\ldots\ 40{,}34$$
$$\underline{Fe_2\ O_3,\ Al_2\ O_3,\ unlöslich.\ .\ \ 1{,}44}$$
$$100{,}10$$

Dieses würde entsprechen einem Gemenge von

$$Normal\text{-}Dolomit\ \ldots\ldots\ 89{,}48\ \%$$
$$Ca\ CO_3\ \ldots\ldots\ldots\ldots\ 10{,}52$$

Für das Gestein selbst berechnet sich dagegen aus dem Resultate der Bausch-Analyse nach Abzug der geringen Mengen un-
wesentlicher Gemengtheile (Sand, Thon, Eisenoxyd u. s. w.) fol
gende Zusammensetzung:

$$Normal\text{-}Dolomit\ \ldots\ldots\ 64{,}00\ \%$$
$$Ca\ CO_3\ \ldots\ldots\ldots\ldots\ 36{,}00$$

Dies wäre also die prozentische Zusammensetzung des ursprünglichen Carbonatgemenges, und es hätte somit durch die
Einwirkung der Essigsäure eine Anreicherung des Dolomits stattgefunden.

Gestein Nr. 28 ferner wurde 24 Stunden lang mit zehnprozentiger Essigsäure in der Kälte stehen gelassen, der Rückstand
gewaschen und in Salzsäure gelöst. Die Analyse des Rückstandes
ergab:

$$Ca\ CO_3\ \ldots\ldots\ldots\ldots\ 55{,}32\ \%$$
$$Mg\ CO_3\ \ldots\ldots\ldots\ldots\ 38{,}34$$
$$\underline{F_2\ O_3,\ unlöslich\ \ldots\ldots\ \ 6{,}27}$$
$$99{,}93$$

Dies entspricht einem Gemenge von:

$$Normal\text{-}Dolomit\ \ldots\ldots\ 89{,}59\ \%$$
$$Ca\ CO_3\ \ldots\ldots\ldots\ldots\ 10{,}41$$

Aus dem Ergebniss der Analyse des Gesteins selbst berechnet sich hingegen folgende Zusammensetzung des ursprünglichen Carbonat-Gemenges:

$$\text{Normal-Dolomit} \ldots \ldots 66,\text{\tiny 39} \%$$
$$\text{Ca CO}_3 \ldots \ldots \ldots \ldots 33,\text{\tiny 61}$$

Es hat also auch hier die Einwirkung der Essigsäure eine Anreicherung an Dolomit hervorgerufen, und zwar fast genau in demselben Verhältnisse, wie bei dem vorhergehenden Versuche. Eine vollständige Trennung von Kalk und Dolomit war aber in beiden Fällen nicht zu erreichen.

Auch ein Versuch, mit Hülfe der Einwirkung von ganz verdünnter Salzsäure (spez. Gewicht = 1.oss) eine Trennung der genannten Carbonate zu bewerkstelligen, scheiterte, denn es löste sich gleich aller Kalk und alle Magnesia. Dies liefert also wieder einen Beweis dafür, dass die in Lehrbüchern so oft wiederholte Angabe, wonach Dolomit von kalter, verdünnter Salzsäure nicht angegriffen werden soll, nicht unter allen Umständen zutrifft.

b) Mikroskopische Untersuchung.

Nachdem die mechanischen Trennungsmethoden keine befriedigenden Resultate geliefert hatten, wurde zur mikroskopischen Untersuchung geschritten. Diese bestätigte, wie vorweg bemerkt werden mag, ganz die Resultate, welche, wie wir später sehen werden, wenigstens für einen grossen Theil der Gesteine bereits aus dem Vergleich der makroskopischen mit den analytischen Befunden abgeleitet werden können.

Der in Säuren unlösliche Theil der Gesteine besteht im Wesentlichen aus Quarzkörnern. Bei einigen Gesteinen, wie zum Beispiel bei Nr. 1, ist ziemlich viel weisser Glimmer vorhanden, auch vereinzelte zersetzte Feldspäthe finden sich hie und da. Im Uebrigen haben die Dünnschliffe das bekannte Aussehen der mehr oder weniger feinkörnigen Carbonat-Gesteine. Die Dünnschliffe der oolithischen Gesteine lassen recht genau die von Frantzen[1] an Schliffen der Oolithbänke α und β von Elters in der Rhön wahrgenommenen Strukturverhältnisse erkennen, nur fehlen die dunklen Erze.

---

1. Jahrb. preuss. geol. Landesanstalt 1887, S. 87.

Was die Natur des Carbonats angeht, so lässt sich bei den vorliegenden Gesteinen, insofern sie nicht überhaupt zu feinkörnig sind, Dolomit und Kalkspath durch das Mikroskop allein nicht unterscheiden. Die von VOGT[1] angegebenen Merkmale sind in unserem Falle nicht maassgebend, da in verschiedenen Dolomiten die einzelnen Körner recht stark gezackte Umrisse zeigen. Man erkennt zwar in den reinen Kalksteinen das Fehlen der Krystall-ausbildung ganz deutlich, doch haben nur wenige Dolomite den von VOGT für sie als charakteristisch angegebenen Habitus. Zwillingsstreifung ist in den reinen Kalksteinen auffallend selten.

Gute Resultate ergab dagegen die von LEMBERG[2] angegebene, kürzlich auch von PHILIPPI[3] wieder mit Erfolg angewandte Färbe-methode[4]. Mit ihrer Hülfe liess sich feststellen, dass bei allen den-jenigen magnesiahaltigen Gesteinen, deren chemische Zusammen-setzung nicht dem Normal-Dolomit entspricht, der Ueberschuss an kohlensaurem Kalk in Form von Kalkspath vorhanden ist. Die Fossilreste sowie die Oolithkörner bestehen aus verhältnissmässig grobkrystallinem Kalkspath, der manchmal das Grundrhomboëder R (Krystallumriss parallel der Spaltbarkeit) recht gut ausgebildet zeigt (Nr. 27). Die Grundmasse ist dann normaler Dolomit.

Ferner tritt der Kalkspath auf in Trümern und Adern, die offenbar als sekundäre Kluftausfüllungen den Dolomit durchziehen.

Wir sehen also, dass die «gemischten» Gesteine normale Dolomite sind, welchen mehr oder weniger Kalkspath in Form von Fossilresten oder sekundären Infiltrationen beigemengt ist.

III. Besprechung der einzelnen Gesteinsgruppen.

Im Nachfolgenden sollen die untersuchten Gesteine zur grösseren Uebersichtlichkeit in drei, den Haupt-Abtheilungen des Muschelkalks entsprechenden Gruppen gesondert besprochen

---

1. Zeitschr. f. prakt. Geologie, 1898, Heft 1, S. 12—14.
2. Zeitschr. d. d. geol. Gesellschaft, 1888, S. 357—359.
3. Neues Jahrbuch 1899, S. 41—42.
4. Auch BLEICHER hat diese Methode angewendet. Vgl. Associat. franç. pour l'avancement des sciences. Paris, séance du 5 août 1895.

werden. Den Einzelbeschreibungen der zu jeder Gruppe gehörigen
Gesteine wird, wie schon in der Einleitung bedeutet wurde, eine
etwas nähere Erläuterung des jeweiligen entsprechenden Profil-
abschnitts an der Hand der Profilzeichnung voranzustellen sein.

Bei der Beschreibung der untersuchten Gesteine selbst sind
in Bezug auf die Bezeichnung der Abstufungen nach der Korngrösse sowie nach dem Gehalt an einzelnen Gemengtheilen folgende Grundsätze in Anwendung gebracht worden:

«Dicht» wurde ein Gestein genannt, wenn das Korn
mit blossem Auge nicht mehr zu unterscheiden ist,

« feinkörnig», wenn die Korngrösse bis zu $^1/_2$ mm,

«kleinkörnig», wenn sie bis 2 mm Durchmesser (etwa
bis zur Grösse eines Hirsekornes) geht,

«mittelkörnig» bedeutet eine Korngrösse von 2—4 mm,

«grobkörnig» endlich entspricht einem Korne von
mehr als 4 mm Durchmesser (von mehr als Erbsengrösse).

Ein Gestein, welches zwischen 6 und 12 % Sand, Thon,
Kalk oder Dolomit enthält, soll schwach (etwas) sandig, thonig,
kalkhaltig oder dolomithaltig (dolomitisch) genannt werden. Mit
12—25 % der entsprechenden Beimengung wird es als sandig,
thonig, kalkhaltig, dolomithaltig (dolomitisch), und mit 25 bis
nahezu 50 %, des betreffenden Bestandtheiles als stark (sehr)
sandig, thonig, u. s. w. oder auch als sandreich, kalkreich u. s. w.
bezeichnet.

Wenn Sand und Dolomitgehalt einander ungefähr gleich
kommen, wenden wir die Bezeichnung «Dolomitsandstein» an,
um so durch die Verbindung der beiden Hauptworte das nahezu
gleiche Anrecht beider Gemengtheile an der Benennung zum
Ausdruck zu bringen.

Um die angewendete Bezeichnungsweise kurz an der Hand
eines Beispiels näher zu erläutern, würde also ein Gestein mit
45 % Sandgehalt und 55 % Dolomitgehalt noch als stark sandiger,
sandreicher Dolomit oder ähnlich zu bezeichnen sein, während ein
aus 48 % Dolomit und 52 % Sandstein bestehendes Gestein ebenso
gut als dolomitreicher Sandstein wie als Dolomitsandstein bezeichnet
werden könnte.

a) Gesteine des unteren Muschelkalks.

Die typische Entwickelung des unteren Muschelkalks findet sich bereits in den Arbeiten von E. SCHUMACHER durch ausführliche graphische Profile erläutert. In seiner Arbeit über den unteren Muschelkalk im nordöstlichen Deutsch-Lothringen gibt er auf Tafel V ein Profil durch diese Abtheilung, welches auch die topographische Ausprägung der Schichten zum Ausdruck bringt, und in den Erläuterungen zu Blatt Wolmünster der geologischen Spezialkarte sind auf Seite 18 dieselben Schichten in der gewöhnlichen Art der Profilzeichnung dargestellt. Für unseren Zweck war die letztere Darstellung verwendbar. Es sind daran nur ganz vereinzelte, auf die petrographische Entwickelung der Schichten bezügliche Ergänzungen vorgenommen und ausserdem mancherlei rein formelle Aenderungen getroffen worden. Der den unteren Muschelkalk darstellende Abschnitt der Profilzeichnung ist also im Wesentlichen eine unveränderte Wiedergabe des SCHUMACHER'schen Profils.

Wenn die Entwickelung, für welche dieses Profil gilt, in Lothringen fast nur auf die weitere Umgebung von Wolmünster beschränkt ist, so kehrt sie jedoch in südöstlicher Richtung jenseits der Vogesen, im Rheinthal, wieder, nämlich in der Gegend zwischen Lembach und Niederbronn[1], im oberen Theile der Schichten sogar noch bei Zabern und etwas weiter südlich[2]. Aus diesen Gründen konnte unsere Untersuchung auch auf einige Gesteinstypen des unteren Muschelkalks aus diesen Gebieten, da sie eben der normalen Entwickelung entsprechen, ausgedehnt werden. Es sind die Gesteine Nr. 12, 15 und 18, auf welche sich das Gesagte bezieht.

Die tiefsten Schichten des unteren Muschelkalks zeigen, wie schon bei der Orientirung über den allgemeinen

---

1. SCHUMACHER. Zur Kenntniss des unteren Muschelkalks im nordöstlichen Deutsch-Lothringen, S. 152—160.
BENECKE, Erläuterungen zu Blatt Lembach, 1882, S. 34—40.
L. VAN WERVEKE, Erläuterungen zu Blatt Niederbronn, 1897, S. 20—30.
2. Nach mündlicher Mittheilung von Herrn Dr. SCHUMACHER.

Charakter der Schichten bemerkt wurde, noch vielfache Beziehungen zum obersten Buntsandstein, dem sogenannten Voltzien-
sandstein, dem sie unmittelbar auflagern. Sie bestehen nämlich
wesentlich aus Thonsandsteinen mit eingeschalteten Thonen. Auf
sie kann im Gebiete der typischen Entwickelung die in den
Beschreibungen der Bequemlichkeit halber mit Vorliebe gebrauchte
Bezeichnung «Muschelsandstein» allein Anwendung finden, da
hier schon in der nächst höheren Zone die Sandsteine mehr und
mehr im Profile zurücktreten[1]. Auf Grund des Umstandes, dass
unter den oft sehr reichlichen Versteinerungen grössere und
kleinere *Encrinus*-Glieder (Trochiten) eine besonders bezeichnende
Rolle spielen, hat man diese durchschnittlich 7,5 m mächtigen,
sandig-thonigen Schichten als **Trochitenzone** zusammengefasst.
Innerhalb derselben unterscheidet man dann noch weiter im Einzelnen einen unteren Complex mit einer **unteren** und einer
oberen Trochitenbank, welche durch dünne, wechsellagernde
Schichten von Sandstein und Thon getrennt werden, sowie einen
höheren, an Trochiten und Versteinerungen überhaupt ärmeren
Complex von Sandsteinen und Thonen.

Es folgt hierauf, wie wir aus dem Profile ersehen, die etwa
15 m mächtige **Region der Myacitenbänke**, welche sich wesentlich
aus **wenig festen Mergeln**, nur untergeordnet aus Sandsteinen
und sandig-dolomitischen Bänken zusammensetzt. Von Versteinerungen treten nur Myaciten in manchen Lagen sehr zahlreich
auf. Im Uebrigen ist der palæontologische Charakter dieser Zone,
welche mit der vorhergehenden zusammen eine natürliche untere
Abtheilung des unteren Muschelkalks bildet, ein sehr dürftiger
und einförmiger.

---

1. Verfolgt man die Entwickelung aus der Gegend von Wolmünster—Rohrbach
über Saargemünd hinaus in nordwestlicher Richtung, so sieht man die sandige Ausbildung alsbald in immer höhere Schichtenglieder des unteren Muschelkalks hinaufgreifen, so dass zunächst die untere Abtheilung desselben, weiter hin die untere und
mittlere Abtheilung zusammen als sandige bis sandig-thonige Schichten entwickelt
erscheinen und zuletzt sogar der ganze untere Muschelkalk petrographisch die Bezeichnung «Muschelsandstein» verdient. In ähnlicher Weise ändert sich die Schichten-
Ausbildung in südwestlicher Richtung von Rohrbach aus.

Das Hauptglied der mittleren Abtheilung des unteren Muschelkalks bilden die 9 m mächtigen Schichten, welche als **Terebratelzone** im engeren Sinne ausgeschieden werden. Diese und die darauffolgenden, 6 m mächtigen Wellenmergel sind petrographisch als mergelig-dolomitische Schichten (Mergel mit eingeschalteten Dolomitbänken) zu bezeichnen und werden, da sie selbst in Aufschlüssen gewöhnlich nicht scharf genug auseinander zu halten sind, auch als «Terebratelzone im weiteren Sinne» zusammengefasst. Als Haupt-Terebratelbank ist die unterste fossilreiche Dolomitbank, welche die Basis der ganzen Abtheilung überhaupt bildet, benannt worden. Etwa 6 m darüber findet sich eine obere Terebratelbank, oder es stellen sich zwischen 4 und 7 m über der unteren Grenze der Abtheilung eine ganze Reihe von «oberen Terebratelbänken» ein.

Die **Wellenmergel** sind ziemlich versteinerungsarm. Ausser einer vielfach zu beobachtenden, ganz zu unterst liegenden Gervillien-Myaciten-Bank, welche auch als «obere Grenzbank der Terebratelzone im engeren Sinne» betrachtet werden kann, wäre etwa noch eine *Lingula*-Bank hervorzuheben, welche ihr Lager in der Nähe der nächstfolgenden Abtheilung hat. Mit dem Beginn der Wellenmergel verschwindet die mehr oder minder sandige Ausbildung der festen Bänke, welche im Niveau der oberen Terebratelbänke noch häufig zu beobachten ist, in dem hier zunächst in Betracht kommenden Gebiete anscheinend vollständig.

Die obere Abtheilung des unteren Muschelkalks beginnt mit dem etwa 8 m mächtigen, sogenannten **Wellenkalk**, welcher gleich dem darüberliegenden, bis zu 6 m mächtigen **Schaumkalke** palæontologisch besonders durch das Auftreten von zahlreichen *Pentacrinus*-Gliedern in manchen Bänken ausgezeichnet ist. Die obersten Bänke der Schaumkalkzone zeigen gegenüber den tieferen fast immer eine auffallend abweichende, dabei aber sehr wechselnde Ausbildung. Sie sind gewöhnlich besonders feinkörnig, theilweise selbst dicht, zugleich vielfach stark bituminös oder porös, manchmal auch etwas oolithisch und führen bereits *Myophoria orbicularis*, das eigentliche Leitfossil der nächst höheren, obersten Zone des ganzen unteren Muschelkalks.

Letztere setzt sich wesentlich aus dichten Dolomiten zusammen, welche etwa 4,5 m mächtig sind und nach der soeben genannten Leitversteinerung gewöhnlich kurz als **Orbicularis-Schichten** bezeichnet werden. Weniger auf Grund ihrer Ausbildung als nach dem Vorkommen oder Fehlen von Versteinerungen lassen sich diese Schichten in einen unteren und einen oberen Complex zerlegen. Ungefähr in der Mitte der ganzen Zone stellen sich nämlich mit grosser Regelmässigkeit dichte bis feinkörnige Dolomitlagen ein, welche sich durch Porosität, braune oder grüne Flecken oder sonstige auffallende Beschaffenheit bemerklich machen und nach dem nicht gerade seltenen Vorkommen von Knochenresten als «Knochenbank» zusammengefasst werden. Die Knochenbank führt nun gleich den dichten Gesteinen im Liegenden *Myophoria orbicularis,* während aus den dichten Dolomiten über der Knochenbank bislang überhaupt noch keine Versteinerungen bekannt geworden sind. Man hat daher die über dem Schaumkalk folgenden Schichten bis zur Knochenbank einschliesslich als «untere dichte Dolomite» zusammengefasst und den zwischen der Knochenbank und den Mergeln des mittleren Muschelkalks lagernden Schichten, welche als «obere dichte Dolomite» bezeichnet werden, gegenübergestellt.

Die dichten Dolomite unter der Knochenbank neigen sehr zu dünnplattiger Ausbildung und können in thonreiche, schieferige dolomitische Gesteine übergehen, welche man wohl schon als dolomitische Mergelschiefer bezeichnen muss.

Die Gesammtmächtigkeit des unteren Muschelkalks beträgt hiernach in der Gegend von Wolmünster (und den angrenzenden pfälzischen Gebieten, wo die Entwickelung genau dieselbe ist) etwa 55—60 m.

Nachdem wir nun die verschiedenen Unterabtheilungen des unteren Muschelkalkes kennen gelernt haben, können wir zu den Einzelbeschreibungen der aus dieser Abtheilung zur Untersuchung gelangten Gesteine mit jeweiliger Beifügung des Ergebnisses der chemischen Analyse übergehen. Im Anschluss daran gibt Tabelle I eine vergleichende Uebersicht über die chemischen Verhältnisse dieser ganzen Gesteinsgruppe.

1. **Untere Trochitenbank**. Grosse Klamm nördlich von den «Aebtissin-Büschen» bei Wolmünster. (456)[1].

Das scharfkantig brechende Gestein ist ein feinkörniger, durch viele kleine Steinkerne von flach gedrückten Versteinerungen etwas schiefriger, stark sandiger Dolomit. Die Grundfarbe ist ein helles Ockergelb, in welchem sich die Steinkerne durch Mangananflüge als braune Flecken abheben. Auf den Spaltungsflächen sind zerstreute Schüppchen von lichtem Glimmer sichtbar.

Die Bausch-Analyse ergab:

$$Ca\,CO_3 \dots\dots\dots 36{,}38\,\%$$
$$Mg\,CO_3 \dots\dots\dots 25{,}57$$
$$Fe_2O_3 + Al_2O_3 \dots\dots 2{,}61$$
$$Mn \dots\dots\dots\dots Spuren$$
$$Unlöslich \dots\dots\dots \underline{35{,}41}$$
$$99{,}97$$

2. **Obere Trochitenbank**. Ueber dem Sandsteinbruch von Weisskirchen bei Wolmünster (203.)

Sandiger Dolomit, sehr feinkörnig bis dicht, undeutlich schiefrig, lichtockergelb, braun gefleckt. — Das Gestein ist ziemlich zähe und führt neben deutlich erkennbaren Trochiten sehr spärliche, feine Glimmerschüppchen. Es besitzt im Aussehen einige Aehnlichkeit mit Nr. 1, doch ist die undeutliche Schieferung mehr durch Einlagerung von feinen, lichtgrünlichgelben, thonigen Häuten als durch kleine Versteinerungen bedingt.

Die Analyse ergab folgende Zusammensetzung:

$$Ca\,CO_3 \dots\dots\dots 47{,}83\,\%$$
$$Mg\,CO_3 \dots\dots\dots 33{,}41$$
$$Fe_2O_3 + Al_2O_3 \dots\dots 2{,}58$$
$$Unlöslich \dots\dots\dots \underline{16{,}33}$$
$$100{,}15$$

3. **Myacitenbank**. Schlanglinger Klamm bei Wolmünster. (747.)

---

1. Die hier sowohl als in der Tabelle in Klammern beigefügten Zahlen beziehen sich auf die Numerirung der Stücke in der geologischen Landes-Sammlung.

Feinkörniger bis sehr feinkörniger, stark dolomitischer Sandstein von ockergelber Färbung. Zahlreiche Schüppchen von lichtem Glimmer, die wegen ihrer Feinheit auf dem Querbruch nicht sichtbar sind, bedingen ein schiefriges Gefüge. — Das Gestein bildet eine etwa 1 dcm mächtige Bank, deren Schichtflächen mit zahlreichen Abdrücken von Muscheln (*Myacites mactroides*) bedeckt und durch fest anhaftende Mergelmasse hellgraugrün gefärbt sind.

Das Resultat der Bausch-Analyse ist folgendes:

$CaCO_3$ . . . . 21,36 %
$MgCO_3$ 12,11
$Fe_2O_3 + Al_2O_3$ 4,47
Unlöslich 61,96
———
99,90

4. **Bank aus der Myacitenregion, wenige Meter unter der Haupt-Terebratelbank. Eschweiler bei Wolmünster. (745.)**

Das Gestein ist ein hellrauchgrauer bis ockergelber, feinkörniger, etwas kalkhaltiger und sandiger Dolomit. — Es ist sehr fest und zeigt unregelmässigen Bruch. Bis auf einzelne, etwas grössere weissliche Körnchen mit stark glänzenden Spaltungsflächen kann es als homogen bezeichnet werden.

Die Analyse ergab:

$CaCO_3$ . . . . 51,40 %
$MgCO_3$ 38,53
$Fe_2O_3 + Al_2O_3$ 3,02
Unlöslich 7,22
———
100,17

5. **Haupt-Terebratelbank. NNO Hottweiler bei Bitsch. (457.)**

Feinkörniger, etwas schiefriger Dolomit, gelblichgrau. Das ziemlich zähe Gestein zeigt unregelmässigen Bruch. Es enthält Trochiten-Bruchstücke im Durchmesser von einem bis zu mehreren Millimetern und ist von rostfleckigen Poren durchsetzt.

Ca CO₃ . . . . 53,58 %
Mg CO₃ 42,41
Fe₂O₃ + Al₂O₃ 1,87
Unlöslich 2,49
                          ─────
                          100,35

6. Terebrateln führende Bank, 3 m über der Haupt-Terebratelbank. Wasserriss N. Pifferberg bei Wolmünster. (202.)

Sehr feinkörniger Dolomitsandstein von hellockergelber Farbe, stellenweise mit feinen rostfleckigen Poren. Das Gestein ist ziemlich spröde und bricht unregelmässig.

Die Zusammensetzung ist:

Ca CO₃ . . . . 25,82 %
Mg CO₃ 19,25
Fe₂O₃ + Al₂O₃ 2,04
Unlöslich 52,81
                          ─────
                          99,92

7. Pentacrinus-Bank, unterste Bank der Wellenkalkzone (Spiriferinen-Bank SANDBERGER). N. Felsenhof bei Rohrbach. (204.)

Kleinkörniger Dolomit, bläulichgrau, etwas von gelblicher Mergelmasse durchsetzt.

Vereinzelt eingesprengt sieht man weissliche spätige Körner — wohl Kalkspat — und Trochiten. Ausserdem sind zerstreute, mit Kalkspat ausgekleidete Drusenräume zu beobachten. Das Gestein ist zähe und zeigt unregelmässigen Bruch.

Ca CO₃ . . . . 50,36 %
Mg CO₃ 38,68
Fe₂O₃ + Al₂O₃ 2,03
Unlöslich 9,06
                          ─────
                          100,08

8. Wellenkalk aus dem Profil oberhalb der Schlanglinger Klamm bei Wolmünster. (739.)

Dieses Gestein ist der Typus des «wulstigen Wellenkalkes» der bisherigen Beschreibungen. Es ist ein feinkörniger, zäher Dolomit von hellgrauer Farbe, der durch feine, lichtgrünlichgraue, unregelmässig gebogene Mergelhäute wulstig erscheint. In Folge dessen zerfällt das Gestein beim Verwittern oder Anschlagen in unregelmässige Wülste.

Die Bausch-Analyse lieferte folgendes Resultat:

$$
\begin{aligned}
Ca\,CO_3 &\ldots\ldots\ldots\ldots\ 50{,}67\ \% \\
Mg\,CO_3 &\ldots\ldots\ldots\ldots\ 37{,}50 \\
Fe_2O_3 + Al_2O_3 &\ldots\ldots\ 1{,}31 \\
Unlöslich &\ldots\ldots\ldots\ 10{,}27 \\
\hline
& \qquad\quad 99{,}75
\end{aligned}
$$

9. **Wellenkalk. Klein-Rederchingen bei Rohrbach. (742.)**

Das Gestein ist der Typus des «feingerieften Wellenkalks» der bisherigen Beschreibungen.

Es ist ein feinkörniger, grauer Dolomit, welcher durch feine, grünlichgraue Mergelhäute in dünne, mehrere Millimeter bis mehrere Centimeter starke Lagen gespalten erscheint. Die Trennungsflächen dieser Lagen sind gerieft und zeigen in Folge der fest anhaftenden Mergelmasse ein mattes Aussehen.

Ziemlich sprödes Gestein von unregelmässigem Bruch.

$$
\begin{aligned}
Ca\,CO_3 &\ldots\ldots\ldots\ldots\ 50{,}74\ \% \\
Mg\,CO_3 &\ldots\ldots\ldots\ldots\ 37{,}86 \\
Fe_2O_3 + Al_2O_3 &\ldots\ldots\ 2{,}12 \\
Unlöslich &\ldots\ldots\ldots\ 9{,}47 \\
\hline
& \qquad\quad 100{,}19
\end{aligned}
$$

10. **Wellenkalk. Wolmünster. (740.)**

Das Gestein entspricht dem «stengligen Wellenkalk» der bisherigen Beschreibungen. Es ist ein feinkörniger, auf frischer Bruchfläche hellgrauer Dolomit. Die Stengel, in welche das Gestein zerfällt, sind durch feine gelbliche Mergelhäute getrennt.

Es ist ziemlich spröde und bricht unregelmässig.

Die Bausch-Analyse ergab:

$$
\begin{aligned}
Ca\,CO_3 &\ldots\ldots\ldots\ldots\ 50{,}48\ \% \\
Mg\,CO_3 &\ldots\ldots\ldots\ldots\ 38{,}09 \\
Fe_2O_3 + Al_2O_3 &\ldots\ldots\ 2{,}11 \\
Unlöslich &\ldots\ldots\ldots\ 9{,}37 \\
\hline
& \qquad\quad 100{,}05
\end{aligned}
$$

11. **Dichter Wellenkalk.** Tieferer Theil der Schaumkalkzone δ. Breidenbach, Blatt Wolmünster, Schurf W Höh-Wäldchen.
(741.)

Das Gestein, ein dichter, thoniger Kalk von mattgrauer
Färbung, bricht sehr ebenflächig in dünnen Platten. Die Trennungsflächen der mehrere mm dicken Lagen sind mit feinen, durchschnittlich $^1/_2$ mm von einander abstehenden Riefen (Wellenstreifen)
bedeckt.

$$Ca\,CO_3 \ldots\ldots\ldots\ldots 87,62\,\%$$
$$Mg\,CO_3 \ldots\ldots\ldots\ldots 0,67$$
$$Fe_2O_3 + Al_2O_3 \ldots\ldots 1,23$$
$$Unlöslich \ldots\ldots\ldots 10,29$$
$$\overline{99,81}$$

12. **Gestein aus dem oberen Theil des Schaumkalks δ.**
Gemeindewald Lembach, Sohle des Hunzenbach unterhalb der
Zieglermatt. (455.)

Das zähe Gestein ist ein kleinkörniger, vollkrystalliner dolomitischer Kalk von grauer Färbung, welcher auf dem zum Theil
undeutlich muschligen Bruch Fettglanz zeigt. (Ausnehmend frisches
Gestein.)

Als Zusammensetzung ergab die Analyse:

$$Ca\,CO_3 \ldots\ldots\ldots\ldots 92,40\,\%$$
$$Mg\,CO_3 \ldots\ldots\ldots\ldots 5,04$$
$$Fe_2O_3 + Al_2O_3 \ldots\ldots 0,95$$
$$Unlöslich \ldots\ldots\ldots 1,51$$
$$\overline{99,90}$$

13. **Gestein aus den oberen Bänken der Schaumkalkzone δ.** Bruch O. Rohrbach. (752.)

Feinkörniger, blau- bis rauchgrauer, zäher Dolomit, stark
durchsetzt mit unregelmässigen, linsenförmig auskeilenden Lagen
von lichtgraugrüner, fast dichter thoniger Masse.

Das Gestein enthält stellenweise mit der Schichtung parallel
angeordnete feine Adern von Kalkspat. Ausserdem bemerkt man
zerstreute Drusenräume mit Kalkspat-Ausscheidungen und, spärlich

eingestreut, Bruchstücke von kleinen Crinoiden-Gliedern. (Sehr frisches Gestein.)

$$
\begin{array}{ll}
\text{Ca CO}_3 \dots \dots \dots \dots & 44{,}69 \% \\
\text{Mg CO}_3 \dots \dots \dots \dots & 35{,}76 \\
\text{Fe}_2\text{O}_3 + \text{Al}_2\text{O}_3 \dots \dots \dots & 1{,}45 \\
\text{Unlöslich} \dots \dots \dots \dots & \underline{18{,}37} \\
& 100{,}27
\end{array}
$$

14. **Oberste Bank der Schaumkalkzone δ.** Brunnengrabung unmittelbar östlich vom Bahnhof Klein-Rederchingen bei Rohrbach. (746.)

Feinkörniger, etwas schiefriger, schwach sandig-thoniger Dolomit von lichtrauchgrauer Färbung. Das Gestein, welches von zäher Beschaffenheit ist, enthält in grosser Zahl «*Myophoria orbicularis*», deren Schalen weggeführt und nur theilweise durch drusige, weissliche Kalkspat-Ausscheidungen ersetzt sind. In Folge dessen zeigt das Gestein eine eigenthümlich schaumige Beschaffenheit.

$$
\begin{array}{ll}
\text{Ca CO}_3 \dots \dots \dots \dots & 52{,}12 \% \\
\text{Mg CO}_3 \dots \dots \dots \dots & 39{,}62 \\
\text{Fe}_2\text{O}_3 + \text{Al}_2\text{O}_3 \dots \dots \dots & 2{,}73 \\
\text{Unlöslich} \dots \dots \dots \dots & \underline{6{,}25} \\
& 100{,}72
\end{array}
$$

15. **Bank aus dem obersten Theile des Schaumkalks δ.** Schwebweiler, zwischen Zabern und Wasselnheim. (744.)

Feinkörniger Dolomit von hellrauchgrauer bis lichtockergelber Farbe, der durch braune bis braungelbe thonige Häute schiefrig erscheint. Das Gestein ist zähe und bricht unregelmässig.

Eingesprengt findet sich derber Bleiglanz in 1—5 mm grossen Körnern.

Die Analyse ergab:

$$
\begin{array}{ll}
\text{Ca CO}_3 \dots \dots \dots \dots & 48{,}55 \% \\
\text{Mg CO}_3 \dots \dots \dots \dots & 38{,}01 \\
\text{Fe}_2\text{O}_3 + \text{Al}_2\text{O}_3 \dots \dots \dots & 2{,}04 \\
\text{Unlöslich} \dots \dots \dots \dots & \underline{11{,}78} \\
& 100{,}38
\end{array}
$$

16. Bank aus dem obersten Theil der Schaumkalk-zone δ. Rohrbach. (743.)

Feinkörniger, bräunlichgrauer Dolomit, undeutlich schiefrig und etwas porös.

Auf den Schieferungsflächen erscheint das Gestein, welches ziemlich zähe ist, unregelmässig rostfleckig.

Zusammensetzung:

$$\begin{array}{ll}
CaCO_3 \ldots\ldots\ldots\ldots & 52,\text{\tiny 23} \% \\
MgCO_3 \ldots\ldots\ldots\ldots & 41,\text{\tiny 74} \\
Fe_2O_3 + Al_2O_3 \ldots\ldots & 1,\text{\tiny 34} \\
\text{Unlöslich} \ldots\ldots\ldots & 5,\text{\tiny 03} \\
\hline
& 100,\text{\tiny 34}
\end{array}$$

17. Bank aus der unteren Abtheilung der Orbicularis-Schichten. Rohrbach. (751.)

Dichter, lichtgelbgrauer thoniger Dolomit von sehr homogenem Aussehen.

Das Gestein ist wenig fest und spaltet in dünnen Platten.

Die Bausch-Analyse ergab:

$$\begin{array}{ll}
CaCO_3 \ldots\ldots\ldots\ldots & 44,\text{\tiny 39} \% \\
MgCO_3 \ldots\ldots\ldots\ldots & 37,\text{\tiny 10} \\
Fe_2O_3 + Al_2O_3 \ldots\ldots & 2,\text{\tiny 30} \\
\text{Unlöslich} \ldots\ldots\ldots & 16,\text{\tiny 46} \\
\hline
& 100,\text{\tiny 15}
\end{array}$$

18. Bank aus der oberen Abtheilung der Orbicularis-Schichten. Südostende von Niederbronn. (750.)

Aeusserst feinkörniger und homogener schwach thoniger Dolomit von gelbgrauer Farbe.

Das Gestein ist ziemlich spröde und zeigt undeutlich muschligen Bruch.

Die Bausch-Analyse ergab folgende Zusammensetzung:

$$\begin{array}{ll}
CaCO_3 \ldots\ldots\ldots\ldots & 49,\text{\tiny 63} \% \\
MgCO_3 \ldots\ldots\ldots\ldots & 40,\text{\tiny 46} \\
Fe_2O_3 + Al_2O_3 \ldots\ldots & 1,\text{\tiny 68} \\
\text{Unlöslich} \ldots\ldots\ldots & 8,\text{\tiny 22} \\
\hline
& 99,\text{\tiny 99}
\end{array}$$

Tabelle I.

Unterer Muschelkalk.

Zone oder geologischer Horizont.	Fundort.		Kurze Kennzeichnung der Gesteinsbeschaffenheit.	a. Procentische Zusammensetzung des Gesteins			b. Procentische Zusammensetzung des Carbonatgemenges
				Normal-Dolomit.	Kalk.	Sand, Thon.u.w.	
Orbicularis-Schichten. — Obere Abtheilung.	Niederbronn.	18.	Fast dichter, gelbgrauer schwach thoniger Dolomit. (750.)	88,58	1,53	9,90	98,32	1,68
Untere Abtheilung.	Rohrbach.	17.	Dichter, lichtgraugelber thoniger Dolomit, dünnplattig. (751.)	81,31	0,38	18,66	99,66	0,34
Schaumkalk-Zone. — Oberster Theil der Schaumkalkzone δ.	Rohrbach.	16.	Feinkörniger, bräunlichgrauer Dolomit. (743.)	91,06	2,61	6,37	97,33	2,77
	Schwebweiler, zw. Zabern u. Wasselnheim.	15.	Feinkörniger, hellrauchgrauer bis lichtockergelber Dolomit, durch Thonhäute schiefrig. (744.)	83,30	3,36	13,89	96,13	3,87
	Bhf. Kl. Rederchingen b. Rohrbach	14.	Feinkörniger, lichtrauchgrauer Dolomit, schaumig, mit Myophoria orbicularis. (746.)	86,73	5,02	8,98	94,54	5,46
Höhere Bänke des Schaumkalks.	Bruch O. Rohrbach.	13.	Feinkörniger, blau- bis rauchgrauer Dolomit, mit unregelmässig linsenförmigen thonigen Lagen. (752.)	78,22	2,15	19,60	97,33	2,67
	Sohle des	12.	Kleinkörniger, grauer dolomiti-	11,00	86,41	2,49	11,42	88,67

Zone	Bank	Ort	Nr.	Beschreibung					
Schaumkalk-Zone.				… spaltend. (741.)					
Wellenkalk-Zone.	Stengeliger Wellenkalk.	Wolmünster.	10.	Feinkörniger, hellgrauer Dolomit, durch feine Mergelhäute stenglig abgesondert. (740.)	83,37	5,30	11,48	94,14	5,66
	Gerleßer Wellenkalk.	Kl. Rederchingen bei Rohrbach.	9.	Feinkörniger, grauer Dolomit, durch feine Mergelhäute mit geriefter Oberfläche gespalten. (742.)	82,87	5,73	11,59	93,53	6,47
	Wulstiger Wellenkalk.	Schlanglinger Klamm bei Wolmünster.	8.	Feinkörniger, hellgrauer Dolomit, durch feine Mergelhäute wulstig abgesondert. (739.)	82,06	6,09	11,48	93,12	6,88
	Pentacrinus-Bank.	N. Felsenhof bei Rohrbach.	7.	Kleinkörniger, bläulich-grauer Dolomit, etwas mergelig. (204.)	84,67	4,37	11,09	95,19	4,81
Terebratel-Zone.	3 m über der Haupt-Terebratelbank.	Pißerberg bei Wolmünster.	6.	Sehr feinkörniger, hellockergelber Dolomitsandstein. (202.)	42,13	2,94	54,85	93,34	6,66
	Haupt-Terebratelbank.	Hottweiler b. Bitsch.	5.	Feinkörniger, gelblichgrauer Dolomit. (457.)	92,83	3,16	4,36	96,73	3,97
Myaciten-Region.	Wenige m unter der Haupt-Terebratelbank.	Eschweiler bei Wolmünster.	4.	Feinkörniger, hellrauchgrauer bis ockergelber Dolomit, etwas sandig. (745.)	84,34	5,59	10,34	93,79	6,31
	Myaciten-Bank.	Schlanglinger Klamm bei Wolmünster.	3.	Feinkörniger bis sehr feinkörniger, ockergelber, stark dolomitischer Sandstein. (747.)	26,53	6,95	66,43	79,23	20,76
Trochiten-Zone.	Obere Trochitenbank.	Weiskirchen bei Wolmünster.	2.	Sehr feinkörniger bis dichter, lichtockergelber sandiger Dolomit. (203.)	73,13	8,11	18,91	90,01	9,99
	Untere Trochitenbank.	Aebtissin-Busche bei Wolmünster.	1.	Feinkörniger, hellockerfarbener, stark sandiger Dolomit. (456.)	55,97	5,98	38,92	89,50	10,50

In der vorstehenden Tabelle gibt Rubrik *a* die procentische Zusammensetzung der Gesteine, wie man sie erhält, wenn alles Magnesium-Carbonat als in normalem Dolomit vorhanden angenommen, und der ermittelte Kalkgehalt dementsprechend verrechnet wird. In Reihe 1 der Rubrik *a* ist der so gefundene Gehalt an Dolomit angegeben, in Reihe 2 der Kalkgehalt, welcher bei dieser Berechnung als nicht an Magnesium-Carbonat gebunden übrig bleibt und dementsprechend als Calcit vorhanden anzusehen wäre. Reihe 3 gibt die Summe der klastischen Bestandtheile zuzüglich der vorhandenen geringen Mengen von Eisenoxyd und Thonerde.

Ueberblickt man die Zahlen der Rubrik, so fällt es in die Augen, dass sämmtliche Gesteine der Tabelle, wenn man von dem wechselnden Gehalt an klastischen Bestandtheilen absieht und Nr. 11 und 12, welche Kalkgesteine darstellen, ausschaltet, entweder Dolomite oder doch sehr stark dolomitische Gesteine sind. Die für den überschüssigen Kalkgehalt dieser Dolomitgesteine berechneten Zahlen entsprechen recht gut dem jeweiligen Verhältniss, in welchem sich bei der Prüfung der gefärbten Schliffe (vergl. S. 73) Kalkspat als in Gestalt von Fossilresten (oder Sekretionen) vorhanden hatte erkennen lassen. Es ist daher nicht zu bezweifeln, dass der in der Tabelle berechnete Kalkgehalt der dolomitischen Gesteine thatsächlich als spätiger Kalk vorhanden und im Wesentlichen auf eingeschlossene Fossilreste zu beziehen ist.

Bei den meisten dieser Gesteine macht der Kalkgehalt nur einige Procent der gesammten Gesteinmasse aus, nur bei einem einzigen (Nr. 2) steigt er bis 8 Procent. Sie können daher, wofern man zunächst den Gehalt an klastischen Gemengtheilen nicht berücksichtigt, fast alle noch schlechtweg als Dolomite bezeichnet werden.

In welcher Weise nun das gegenseitige Verhältniss von Dolomit- und Kalk-Substanz in den einzelnen Gesteinen verschieden ist, lässt sich naturgemäss nur übersehen, wenn man jeweils die Summe der durch die Analyse gefundenen Carbonate durch Umrechnung auf 100 bringt, also mit anderen Worten die procentische Zusammensetzung der Gesteine nach Abzug der klastischen Bestandtheile und der unwesentlichen Beimengungen berechnet. Das

Ergebniss dieser Berechnung, welche wiederum unter der Voraussetzung, dass alles Magnesium-Carbonat in Normal-Dolomit vorhanden ist, ausgeführt wurde, enthält die Rubrik *b* der Tabelle.

Wirft man einen Blick auf die beiden Zahlenreihen dieser Rubrik und denkt sich natürlich wieder die Gesteine Nr. 11 und 12, welche hier nicht in Betracht kommen, ausgeschaltet, so bemerkt man sofort, dass der Kalküberschuss des Carbonat-Gemenges (dessen berechneter Dolomit-Gehalt fast ausnahmslos über 90%, zum grossen Theil sogar sehr weit darüber, beträgt) im Allgemeinen von unten nach oben abnimmt. In ganz entsprechender Weise nimmt aber auch im Allgemeinen die Versteinerungsführung der Schichten ab. Diejenigen Bänke, welche ganz besonders versteinerungsreich zu sein pflegen, wie die Trochitenbänke und die Myacitenbank, weisen auch den grössten Kalküberschuss auf.

Auch diese Verhältnisse würden also schon ganz im Allgemeinen darauf hindeuten, dass der höhere oder niedrigere Kalkgehalt der untersuchten Dolomit-Gesteine wesentlich von der Versteinerungsführung abhängt und nicht etwa durch eine verschiedene Zusammensetzung des dolomitischen Bestandtheils selbst bedingt ist. Der Kalkgehalt der untersuchten Dolomite wäre also mehr als eine unwesentliche, zufällige Beimengung denn als ein wesentlicher, nothwendiger Gesteinsbestandtheil anzusehen.

Aus dem Gesagten geht hervor, dass die Unterschiede in der Zusammensetzung der dolomitischen Gesteine des unteren Muschelkalks, wenn auch nicht ausschliesslich, so doch in der Hauptsache durch den wechselnden Gehalt an klastischen Bestandtheilen, also an feinem Sand, Thon, Glimmerschüppchen und dergleichen bedingt sind.

Die sandigen Beimengungen machen sich, entsprechend der allgemeinen, in der Profilzeichnung zum Ausdruck kommenden Entwickelung der Schichten, nur bei den dolomitischen Gesteinen des tieferen Theils der gesammten Schichtenfolge auffällig bemerklich, während die Dolomitbänke der höheren Schichten vielfach zu thoniger Ausbildung neigen.

Als mehr oder weniger stark sandige Dolomite bezüglich dolomitische Sandsteine haben sich in Uebereinstimmung mit den von den Landesgeologen gelegentlich der Ausarbeitung der Kartenerläuterungen angestellten qualitativen Versuchen insbesondere die beiden Trochitenbänke (Nr. 1 und 2 der Tabelle), die Myacitenbank (3) und das Gestein aus dem Niveau der oberen Terebratelbänke (6) ergeben.

Wo die oberen Terebratelbänke, deren Ausbildung eine ziemlich wechselnde ist (vergl. die Erläuterungen zu Blatt Wolmünster u. s. w.), nicht sandig entwickelt sind, wird ihre Zusammensetzung jedenfalls nahezu derjenigen der Haupt-Terebratelbank entsprechen, welche als ein ziemlich reiner Dolomit, das heisst als ein Normal-Dolomit mit geringem Kalk- und gleichfalls nicht bedeutendem Sand- oder Thon-Gehalt zu bezeichnen ist. Als Gesteine von ebensolcher Zusammensetzung erweisen sich auch manche Bänke des Schaumkalks δ. (14, 16.)

Die übrigen zur Untersuchung gelangten Gesteine des unteren Muschelkalks sind, soweit nicht Kalke vorliegen, mehr oder weniger thonige Dolomite. Zu diesen gehören auch im Besonderen die Gesteinstypen der Wellenkalkzone, welche als mässig thonige Dolomite zu bezeichnen sind und, wie die Tabelle zeigt, eine geradezu auffällige Uebereinstimmung in ihrer Zusammensetzung aufweisen. Sie enthalten alle etwas mehr oder weniger als 5 % Kalk im Ueberschuss, also etwa 5 % Calcit, und daneben zwischen 11 und 12 % im Allgemeinen als thonig (bezüglich feinsandig-thonig) zu bezeichnende Beimengungen. Die thonigen Bestandtheile sind bei der Pentacrinus-Bank mehr gleichmässig in der ganzen Masse des Gesteins vertheilt; bei den Wellenkalken dagegen sind sie in den feinen «Mergelhäuten» enthalten, welche (vergl. die Einzelbeschreibungen) die Absonderung der Gesteine in wulstige bis stenglige Gebilde oder in dünne Platten mit geriefter Oberfläche hervorrufen und dadurch die verschiedenen, entsprechend bezeichneten, in der Tabelle unter einander stehenden Typen des Wellenkalks erzeugen. Ein irgend wesentlicher petrographischer Unterschied besteht also zwischen den massiger ausgebildeten und den durch wellige Structur ausgezeichneten Bänken des Wellenkalks auch nach diesen Untersuchungen nicht.

Wesentlich dieselbe Zusammensetzung, wie die Pentacrinus-Bank und die Gesteine der Wellenkalkzone überhaupt, besitzen nach ihrem äusseren Habitus ohne Zweifel auch die «Schaumkalkbank» an der Basis der Schaumkalkzone sowie die «körnigen Wellenkalke»[1] dieser Zone.

Die thonreichsten Dolomite trifft man, wie auch die Resultate der Analysen näher darthun, in den oberen Schichten der Schaumkalkzone, wo manche Bänke, wie zum Beispiel das Gestein von Schwebweiler (Nr. 15) sich auch in ihrem äusseren Habitus bereits sehr den dichten Dolomiten der Orbicularis-Zone nähern, und sodann vor Allem in der Orbicularis-Zone selbst.

Wenn man von dem Thongehalt absieht, so stellen die Gesteine der Orbicularis-Schichten die reinsten Dolomitgesteine des unteren Muschelkalks dar. Bei ihnen ist fast gar kein oder nur sehr wenig freies Kalkcarbonat neben dem Dolomit vorhanden.

Die sandreichsten Dolomitgesteine sind auch die relativ kalkreichsten, die dichtesten und gleichzeitig im Allgemeinen thonreichsten Dolomite (Orbicularis-Schichten) sind die kalkärmsten.

Kalkgesteine, wozu Nr. 11 und 12 unserer Tabelle gehören, sind nur in der Schaumkalkzone vorhanden. Im Besonderen haben sich die dem unteren Theil dieser Zone angehörigen «dichten Wellenkalke», welche in Gestein 11 typisch vertreten sind, entsprechend den bisher allein vorliegenden qualitativen Versuchen, abgesehen von ihrem Thongehalt als fast reine Kalke erwiesen. Ganz ähnliche dichte Platten wie diese Wellenkalke, nur ohne Wellenstreifen, kommen auch zwischen den körnigen Dolomit- und Kalk-Bänken des oberen Theils der Schaumkalkzone eingeschaltet vor. Sie haben infolge des Fehlens der Streifung manchmal eine zum Verwechseln grosse Aehnlichkeit mit den dünnen Kalkplatten der Schichten des *Ceratites nodosus* und *semipartitus*. Es

1. SCHUMACHER, Zur Kenntniss u. s. w., S. 139 — 146. Erl. z. Bl. Wolmünster S. 49 u. s. w.

ist anzunehmen, dass diese dichten Kalke im oberen Schaumkalk
wesentlich die gleiche Zusammensetzung haben wie die dichten
Wellenkalke des unteren Schaumkalks.

Wenn in den bisherigen Erläuterungen zu den geologischen
Spezial-Karten der Reichslande die zwischen der Terebratelzone
und der Schaumkalkzone lagernden Gesteinsmassen, obschon ihre
dolomitische Natur durch qualitative Versuche im Allgemeinen
schon erkannt war, als «Wellenkalk» bezeichnet wurden, so
sollte diese vorläufige Bezeichnung hauptsächlich die geologische
Gleichstellung dieser Schichten mit ebenso benannten Gesteins-
complexen anderer deutscher Gebiete ausdrücken. Nachdem die
quantitativ-chemische und mikroskopische Untersuchung ergeben
hat, dass hier bis auf einen nur geringen, durch Fossilreste ver-
ursachten Kalkgehalt durchweg ganz normale Dolomite vorliegen,
so dürfte es sich empfehlen, für die als «Wellenkalk» bezeichnete
Zone des reichsländischen Muschelkalks fortan die Bezeichnung
«Wellendolomit» zu gebrauchen, da sie petrographisch richtiger
ist. Für die Schaumkalkzone, deren Benennung gleichfalls
hauptsächlich vom geologischen Standpunkte aus geschah[1], bleibt
es dagegen immer noch schwer, eine auch petrographisch zweck-
mässige Bezeichnung einzuführen. Da in dieser, neben den dolomitischen Gesteinen (gewöhnlichen körnigen Dolomiten, sog.
Schaumkalken, und Wellendolomiten, sog. Wellenkalken), wie wir
soeben sahen, auch Kalke eine wesentliche Rolle spielen, und
zwar sowohl im unteren Theil der Zone (dichte Wellenkalke), als
auch im oberen Theile derselben, so ist die Bezeichnung «Schaumkalkzone» wohl am Besten bis auf Weiteres beizubehalten.

b) Gesteine des mittleren Muschelkalks.

Der mittlere Muschelkalk besteht zum grössten Theil aus
bunten Mergeln, welche mit ihren zerstreut auftretenden, lager-
oder stockförmigen Einschaltungen von nutzbaren Mineralmassen
die untere Abtheilung bilden. Die grossen Schwankungen,
welche diese Schichten in ihrer Mächtigkeit aufweisen, haben

1. Schumacher, Zur Kenntniss u. s. w., S. 139. Erl. z. Bl. Wolmünster, S. 50.

jedenfalls wenigstens zum Theil ihren Grund in dem Fehlen oder Vorhandensein von solchen Einlagerungen, besonders von Gyps-stöcken.

Die obere Abtheilung, die sich von den Mergeln nicht scharf trennen lässt, hat eine Durchschnittsmächtigkeit von 10 m. Sie besteht hauptsächlich aus mehr oder weniger thonigen, weiss-lich gefärbten, plattigen oder auch bankigen Dolomiten, welche unregelmässig rundliche Knollen oder kuchenförmig abgeplattete Gebilde aus weisser bis grauer Chalcedon-Quarzmasse sowie Lager von grauem bis schwarzem Hornstein einschliessen. Die Quarz-Chalcedonmasse der Knollen ist oft von Kalkspat durchwachsen und erscheint gewöhnlich stark porös bis kleinzellig. Sehr häufig treten neben den plattigen Dolomiten auch typische Zellenkalke auf.

Ein versteinerungsreicher Horizont hat sich erst in neuester Zeit nicht tief unter der Grenze gegen den oberen Muschelkalk nachweisen lassen, und zwar einerseits bei Falkenberg in Loth-ringen, anderseits im Rheinthal bei Zabern; man kann daher annehmen, dass dieser Horizont auch in den östlich von Falken-berg liegenden Theilen des lothringischen Plateaus nicht fehlen wird, zumal Andeutungen hierfür in einzelnen Funden vorliegen. Da die betreffende Bank, auf welche sich Analyse Nr. 21 bezieht, bei Falkenberg neben zahlreichen kleinen Zweischalern und Gastro-poden als besonders bemerkenswerthes Versteinerungsvorkommen eine Kalkalge, *Diplopora lotharingica* BEN., enthält, so ist sie im Profil der Kürze halber als «Bank mit *Diplopora lotharingica*» ausgeschieden worden. Im Uebrigen trifft man in den plattigen Dolomiten des mittleren Muschelkalks nur ab und zu einige Schalen von *Lingula*, worauf die Bezeichnung der Abtheilung als **Lingula-Dolomit** beruht.

Die Eintragungen für den betreffenden Abschnitt des Profils gründen sich in erster Linie auf die Angaben in den Erläuterungen zu den Blättern Saargemünd und Falkenberg sowie zu einigen angrenzenden Blättern der geologischen Spezial-Karte (Aufnahmen von L. VAN WERVEKE und E. SCHUMACHER). Während sonst für die Profilzeichnung durchweg die mittleren Mächtigkeiten der Schichten in Anrechnung gebracht sind, wurde für die untere

3

Abtheilung des mittleren Muschelkalks die geringste vorkommende
Mächtigkeit, die etwa 30 m beträgt, benutzt. Es geschah dieses
lediglich aus der praktischen Rücksicht, um dem Profil keine
zu grosse Ausdehnung in die Höhe zu geben. Indessen ist, wie
schon Eingangs angedeutet, zur Ergänzung am Rande einerseits
die grösste beobachtete, anderseits die der mittleren entsprechende,
gewöhnlich vorkommende Mächtigkeit beigefügt. Auf diese Weise
gewährt also das Profil doch eine vollständige Uebersicht über die
normale Mächtigkeit aller einzelnen Schichten.

Da die untere Abtheilung des mittleren Muschelkalks fast
nur aus Thonen und Mergeln besteht, so gelangten naturgemäss
nur einige Gesteine aus der oberen Abtheilung desselben zur Untersuchung. Es sind dies Nr. 19—21, für welche nun die petrographischen Beschreibungen nebst den zugehörigen Analysen-
Resultaten in der für die Gesteine des unteren Muschelkalks durch-
geführten Weise folgen.

19. Lingula-Dolomit aus dem tieferen bis mittleren
Theil der Zone. Baumbiedersdorf-Lubeln (749.)

Das wenig feste Gestein ist als dichter, thoniger Dolomit
zu bezeichnen. Es ist dünnplattig bis schiefrig ausgebildet und
von weisslicher Farbe. Die Schieferungsflächen sind sehr eben.

Die Bausch-Analyse ergab:

$$
\begin{array}{ll}
CaCO_3 \ldots\ldots\ldots\ldots & 40_{,44}\,°/_0 \\
MgCO_3 \ldots\ldots\ldots\ldots & 33_{,22} \\
Fe_2O_3 + Al_2O_3 \ldots\ldots & 3_{,86} \\
\underline{\text{Unlöslich} \ldots\ldots\ldots & 22_{,19}} \\
& 99_{,71}
\end{array}
$$

20. Lingula-Dolomit aus dem unteren bis mittleren
Theil der Zone. Hilbringen bei Merzig (Rheinprovinz) (748.)

Wir haben es hier mit einem sehr feinkörnigen bis dichten,
merklich kalkhaltigen thonigen Dolomit von weissgelber
Farbe zu thun. Er ist wenig fest, etwas schiefrig und enthält
zahlreiche Abdrücke von kleinen Zweischalern.

Die Bausch-Analyse ergab folgende Zusammensetzung:

$$
\begin{array}{ll}
\text{Ca CO}_3 \ldots\ldots\ldots\ldots & 48{,}78 \ \% \\
\text{Mg CO}_3 \ldots\ldots\ldots\ldots & 31{,}94 \\
\text{Fe}_2\text{O}_3 + \text{Al}_2\text{O}_3 \ldots\ldots & 2{,}87 \\
\text{Unlöslich} \ldots\ldots\ldots & \underline{16{,}42} \\
& 100{,}01
\end{array}
$$

21. **Versteinerungsführende Bank mit** *Diplopora lotharingica*, dicht unter dem Trochitenkalk. Gänglingen, Blatt Falkenberg, Strasse nach Nieder-Fillen, gegenüber Neue Mühle (754.)

Das dichte, weissgelbe Gestein ist ein zum Theil oolithisch ausgebildeter und stellenweise feinporiger Dolomit. Es ist zähe und zeigt unregelmässigen Bruch.

Die Zusammensetzung ist:

$$
\begin{array}{ll}
\text{Ca CO}_3 \ldots\ldots\ldots\ldots & 54{,}26 \ \% \\
\text{Mg CO}_3 \ldots\ldots\ldots\ldots & 43{,}97 \\
\text{Fe}_2\text{O}_3 + \text{Al}_2\text{O}_3 \ldots\ldots & 0{,}60 \\
\text{Unlöslich} \ldots\ldots\ldots & \underline{1{,}16} \\
& 99{,}99
\end{array}
$$

Zu den vorstehenden Gesteinen, deren Zusammensetzung entsprechend ihrer äusseren Beschaffenheit eine sehr ähnliche ist, braucht wenig bemerkt zu werden. Nr. 19 und 21 sind, von dem Thongehalt des ersteren abgesehen, fast reine, normale Dolomite, ähnlich denen der *Orbicularis*-Schichten. Nur die Analyse Nr. 20 weist einen erheblichen Kalküberschuss auf. Berücksichtigt man, dass bereits der makroskopische Befund das Vorhandensein zahlreicher kleiner Zweischaler ergibt, so würde man schon nach dem bei der Untersuchung der Gesteine des unteren Muschelkalks gewonnenen Ergebnisse geneigt sein müssen, zu vermuthen, dass auch hier wieder der Kalküberschuss mit der Versteinerungsführung zusammenhängt, was dann auch die Betrachtung des Dünnschliffes bei Anwendung der Lemberg'schen Färbemethode bestätigte.

Bei der petrographisch ausserordentlich eintönigen Ausbildung der Lingula-Dolomite genügte die Untersuchung weniger Gesteinstypen. Die Behandlung einer grösseren Anzahl von Hand-

Tabelle 2.
Mittlerer Muschelkalk,
obere Abtheilung.

Zone oder geologischer Horizont	Fundort	Kurze Kennzeichnung der Gesteins-beschaffenheit.	a. Procentische Zusammensetzung des Gesteins.			b. Procentische Zusammensetzung des Carbonatgemenges.	
			Normal-Dolomit.	Kalk.	Sand, Thon u. s. w.	Normal-Dolomit.	Kalk.
Lingula-Dolomit. Bank mit *Diplopora lotharingica* dicht unter dem Trochitenkalk.	Ganglingen, Blatt Falkenberg.	21. Dichter, zum Theil oolithähnlicher, weissgelber Dolomit. Das analysirte Handstück enthält keine mikroskopisch erkennbaren Versteinerungen. (754.)	96,25	1,98	1,76	98,00	2,00
Tieferer bis mittlerer Theil des Lingula-Dolomits.	Hilbringen bei Merzig (Rheinprovinz).	20. Sehr feinkörniger bis dichter, weiss-gelber thoniger Dolomit, kalkhaltig; etwas schiefrig, mit zahlreichen kleinen Zwei-schalern. (748.)	69,91	10,51	19,59	86,61	13,39
	Baumholdersdorf?— Lubeln.	19. Dichter, weisslicher, thoniger Dolomit, dünnplattig bis schief-rig. (749.)	72,71	0,95	26,05	98,73	1,27

stücken würde das gewonnene Ergebniss wohl kaum wesentlich vervollständigt haben. Wir können nach dem Gesagten die Lingula-Dolomite als fast reine bis mehr oder weniger thonige Dolomite mit nur ausnahmsweise erheblichem Kalküberschuss bezeichnen.

c) Gesteine des oberen Muschelkalks.

Das unterste Glied des oberen Muschelkalks bildet der **Trochitenkalk**, eine mehr oder weniger geschlossene, das heisst nur wenig durch mergelige Zwischenmittel unterbrochene Ablagerung meist dicker Kalkbänke, deren manche ausserordentlich zahlreiche Glieder von *Encrinus liliiformis*, sogenannte Trochiten, führen. Hauptsächlich, wie es scheint, im unteren Theil der Schichten wird eine oolithische und stellenweise auch glaukonitische Ausbildung der Kalkbänke beobachtet. Hier fällt häufig auch eine Bank mit zahlreichen Gastropoden auf, während an Terebrateln reiche Bänke eine etwas höhere Lage zu haben scheinen. An der oberen Grenze vermittelt eine Bank mit *Ceratites nodosus* den Uebergang zu den nächst höheren Schichten, welche die genannte Versteinerung als Hauptleitfossil führen. Die bekannten feuerstein-ähnlichen Chalcedonknollen treten in verschiedenen Niveaus auf.

Die **Schichten mit Ceratites nodosus und Ceratites semipartitus**, welche die nächst höhere Unterabtheilung des oberen Muschelkalks bilden, zerfallen weniger nach der petrographischen Entwickelung als nach der Versteinerungsführung in einen unteren und oberen Complex. Im unteren kommt *Ceratites nodosus* allein, im oberen daneben noch *Ceratites semipartitus* vor, und zwar häufiger als *Ceratites nodosus*.

Die durchschnittlich etwa 32 m mächtigen Schichten mit *Ceratites nodosus*, welche auf den Trochitenkalk zunächst folgen, zeigen einen eintönigen Wechsel von meist dünnen Kalk- und mächtigeren Mergel- oder Thon-Bänken, wobei sich die Gesammtmächtigkeit des Mergels und Thons zu der des Kalkes etwa wie 1 : 0.6 verhält. Einige fossilführende Bänke, welche etwas reicher

sind an bestimmbaren Versteinerungen, bringen nur wenig
Abwechselung in die einformige Schichtenfolge.

Die untere Hälfte der etwa 10 m mächtigen Semipartitus-
Schichten ist petrographisch durchaus ähnlich den Nodosus-Schichten
entwickelt und lässt sich daher von diesen nicht scharf trennen.
Dagegen ist die obere Hälfte petrographisch reicher gegliedert
und gleichzeitig auch durch das massenhafte Auftreten bestimmter
Versteinerungen gut gekennzeichnet.

Die hervorstechenden Glieder der oberen Semipartitus-
Schichten bilden mehr oder weniger geschlossene Kalkmassen,
welche gewöhnlich massenhaft *Terebratula vulgaris* führen, wonach
die ganze Schichtengruppe passender Weise auch als «Terebratel-
Schichten» oder «Terebratel-Kalke» bezeichnet wird. Besonders
auffallend ist die gewöhnlich ganz compacte, 2 bis 3 m mächtige
«untere Terebratelbank». Neben dem Vorkommen der Terebrateln
ist noch das massenhafte Auftreten von kleinen Austern, deren
zusammengeballte Schalen vielfach mächtige Klötze bilden, besonders bemerkenswerth. Local sind die Terebratelbänke auch als
Dolomite entwickelt, so dass man dann von Terebratel-Dolomiten
sprechen muss. Im Uebrigen bilden dolomitische Gesteine nur
ganz untergeordnete Lagen in diesen Schichten.

Mit den Semipartitus-Schichten wird gewöhnlich der obere
oder «Haupt-Muschelkalk», welcher nach dem Profil eine
normale Mächtigkeit von 54 m hat, abgeschlossen, und diese
Auffassung ist auch auf den geologischen Spezial-Karten des
Reichslandes mit Rücksicht auf den Anschluss an die Nachbar-
gebiete zum Ausdruck gebracht. Indessen hatte schon Benecke
in seiner Abhandlung über die Trias in Elsass-Lothringen und
Luxemburg[1] die Schichten der dolomitischen Region an den
Muschelkalk angeschlossen, und van Werveke[2] rechnete später
auf Grund der Fauna die ganze Lettenkohle als «Schichten mit
Myophoria Goldfussi» zum Muschelkalk, fast zu gleicher Zeit als

---

1. Seite 612.
2. L. van Werveke, Bericht, geognostische Untersuchung und Vorprojekt, betreffend die Wasserversorgung in Rappoltsweiler. Rappoltsweiler 1887. Geognostische
Untersuchung der Umgegend von Rappoltsweiler mit Rücksicht auf die Wasserversorgung
der Stadt. Mittheil. der geol. Landesanstalt, 1888, Bd. I, 188 und 191—192.

BLEICHER[1] für das benachbarte französische Gebiet dieselbe
Zusammenfassung und Bezeichnungsweise der betreffenden Schichten
vorschlug. Ganz neuerdings endlich hat auch BENECKE[2], hauptsächlich in Anbetracht der Fauna, der Zurechnung der gesammten Lettenkohle zum Muschelkalk das Wort geredet. Wie
viel naturgemässer sich die Lettenkohle in Lothringen auch topographisch an den Muschelkalk als an den Keuper anschliesst, wie
viel bequemer und vortheilhafter also die Zuziehung der Letten-
kohlen-Schichten zum Muschelkalk im Besonderen für die Darstellung und Erläuterung der geologischen Karten sein würde,
geht am Besten aus den Ausführungen SCHUMACHER'S im einlei-
tenden Theil der Erläuterungen zu Blatt Falkenberg[3] hervor. —
Dies dürften Gründe genug sein, um die im Profil zum Ausdruck
gebrachte Auffassung der näheren Zugehörigkeit der Lettenkohle
zum Muschelkalk zu rechtfertigen.

Innerhalb der etwa 30 m mächtigen Lettenkohle lässt sich
wieder ungezwungen eine Dreitheilung durchführen, nämlich in

   1) «Dolomitische Region» (oder: «untere Kalke und
    Dolomite»),
   2) «Bunte Mergel und mittlere Dolomite»,
   3) «Obere Dolomite».

Die dolomitische Region zeigt unter den 3 Abtheilungen
der Lettenkohle die mannichfaltigste petrographische Entwickelung.
Sie baut sich wesentlich aus feinkörnigen, auch dichten thonigen
Kalken, dolomitischen Kalken und mehr oder minder kalkreichen
Dolomiten auf, welche sich mehrfach zu mächtigeren Complexen
zusammenschliessen und mit theilweise ebenfalls ziemlich mäch-
tigen Thon- und Mergel-Bänken wechsellagern. Die dolomitischen
Lagen besitzen vorzugsweise eine gelbliche Färbung und dichtes
Gefüge. Am auffallendsten bemerklich macht sich innerhalb dieser
Schichtenfolge eine in der Nähe der unteren Grenze auftretende,
mehrere Meter mächtige geschlossene Masse von dolomitischen

1. BLEICHER, Guide du géologue en Lorraine, Paris 1887, 38.
2. E. W. BENECKE, Lettenkohlengruppe und Lunzer Sandstein. — Berichte der
naturforsch. Gesellsch. zu Freiburg in B., Bd. X, H. 2, 109—151.
3. Seite 2—3.

Kalken, in welchen die Trigonodus-Bank liegt. Es ist die Zone,
welche im Profil als «Trigonodus-Schichten» bezeichnet ist. Einen
weiteren, etwas genauer festgelegten und weit verbreiteten Fossil-
horizont bildet das wenig mächtige Bonebed im oberen Theil der
Abtheilung, welches Schumacher mit Rücksicht auf das sehr
bezeichnende Aussehen der Bank im Querbruch als «Flaserkalkbank» bezeichnet.

Die soeben gegebene kurze Schilderung der dolomitischen
Region entspricht der gewöhnlich in Lothringen zu beobachtenden
und, wie sogleich hinzugesetzt werden mag, im Unter-Elsass
herrschenden Entwickelung der Schichten.

Neben dieser kommt jedoch in Lothringen noch eine andere
Ausbildungsweise vor, welche mit Rücksicht auf die untersuchten,
zum Theil dieser abweichenden Entwickelung angehörigen Gesteine
ebenfalls erwähnt werden muss.

Im südwestlichen Theil des Buschborner Sattels (Gegend
zwischen Rémilly und Lubeln) kommen nämlich im oberen Theil
der dolomitischen Region einige Gesteinsarten vor, welche nur
auf verhältnissmässig kleinem Gebiete in dieser Abtheilung bekannt
sind. Es sind dies die Kalke von Silbernachen (Servigny), die
Oolithe von Bruchen und die Stinksteine.

Der Kalk von Silbernachen, welcher einen geringen
Magnesiagehalt besitzt, besteht aus zusammengekitteten, meist bis
zur Unkenntlichkeit verdrückten Versteinerungen (*Gervillia, Myophoria*, u. s. w.) und zeigt auf dem Bruche in einer hellgrauen
Grundmasse runde, durchschnittlich 2 cm im Durchmesser haltende
dunkelgraue Flecken.

Der Oolith von Bruchen, welcher gleich dem Kalk von
Silbernachen als Werkstein gebrochen wird, ist ein gelber, oolithischer, poröser Dolomit mit Steinkernen von *Myophoria Goldfussi*.

Unter dem Stinkstein endlich haben wir uns einen grauen,
bituminösen, von Adern und Drusen eines weissen Kalkspats durchsetzten Kalk vorzustellen, welcher beim Anschlagen mit dem
Hammer einen starken, bituminösen Geruch entwickelt.

Diese drei Gesteinsarten hat man sich in Form von ausgedehnten, flachen Linsen den normalen Gesteinen der dolo-

mitischen Region eingelagert zu denken. Die Linsen des Silbernachener Kalks und des Ooliths von Bruchen vertreten sich gegenseitig, letzterer kann aber auch stellenweise höher hinaufgreifen. Die Linsen der Stinkkalke liegen überall höher als die Gesteine der beiden anderen Kalkarten. (L. van Werveke, Erl. z. Bl. Rémilly, S. 12.)

Ueber dem Kalk von Silbernachen lagern, ebenso wie über dem Oolith von Bruchen, bis zu den Mergeln der Lettenkohle noch etwa 2.75 m gelbliche Dolomite und graue bis gelbe Dolomitmergel. Hierbei ist jedoch der gewöhnlich nur etwa 0.8 m mächtige, aber bis gegen 2 m anschwellende Stinkstein, welcher zunächst über dem Oolith folgt (und in den Brüchen von Silbernachen nicht entwickelt ist), mit eingerechnet.

Man kann sich mithin die abnormale Entwickelung der oberen Schichten der dolomitischen Region zwischen Silbernachen und Bruchen durch folgendes Normal-Schema verdeutlichen:

Bunte Mergel der Lettenkohle.

2.7 m gelbe Dolomite und graue bis gelbe Dolomitmergel.	2.3—0.7 gelbliche Dolomite. 0.5—2.0 Stinkkalk.
2.0 m Kalk von Silbernachen.	2.0 m Oolith von Bruchen.

Die mittlere Abtheilung der Lettenkohle umfasst wesentlich bunte Mergel mit eingeschalteten Dolomitbänken (den sogenannten mittleren Dolomiten). Letztere besitzen im Gegensatz zu den dolomitischen Gesteinen der vorigen Schichtengruppe in der Regel eine mehr weissliche bis lichtgraue Färbung und mehr körniges Gefüge. Sie scheinen, wenn auch nicht ausschliesslich, so doch ganz besonders oft in einem bestimmten Niveau einzusetzen. Ausser diesen Dolomiten treten in den Mergeln eingeschaltet vielfach noch mehr oder minder dolomitische Sandsteine auf. Zu diesen gehören auch die bekannten, buntgefärbten «Flammendolomite».

Im Unter-Elsass, wo die Entwickelung der Lettenkohle

wesentlich dieselbe ist, wie in Lothringen, scheint in der mittleren
Abtheilung derselben eine fossilreiche Bank, welche mit dem
«Grenzdolomit» der nächsten Zone viele Aehnlichkeit hat, sehr
verbreitet zu sein. Das Niveau dieser Bank (Nr. 35 der untersuchten Gesteine), welche wohl auch in Lothringen nicht fehlen
wird, hat jedoch bis jetzt nur in einem Profil bei Dossenheim,
Kreis Zabern, festgestellt werden können. Sie tritt danach etwa
zwischen 7 und 8 m über der Unterkante der bunten Mergel auf.

Die oberen Dolomite endlich bestehen aus dolomitischen
Thonsandsteinen und Dolomiten. Eine Dolomitbank in diesen
Schichten fällt überall durch die grosse Menge von Zweischalern,
welche sie einschliesst (darunter besonders *Myophoria Goldfussi*),
auf. Dies ist der «Grenzdolomit», — eine Bezeichnung, welche
auch auf die ganze, nur bis wenige Meter mächtig werdende Zone
angewendet wird.

Als Durchschnittsmächtigkeit ergiebt sich, wenn man die für
die Profilzeichnung verwendeten Maasse zu Grunde legt, für das
ganze Muschelkalkprofil einschliesslich der Lettenkohle 180 m,
mithin, wenn die normale Mächtigkeit des mittleren Muschelkalks
gleich 50 m angenommen wird, 190 m.

Für den Entwurf des betreffenden Abschnitts des Profils
waren hauptsächlich maassgebend die Angaben und Profilzeichnungen in den Erläuterungen zu den Blättern Rohrbach, Saargemünd, Falkenberg und ¦Rémilly. Ausserdem ist benutzt, und
zwar für die Darstellung der Gliederung der mittleren Lettenkohle, die Mittheilung von L. van Werveke in Band IV, Heft 2
der Mittheilungen der geologischen Landes-Anstalt, S. X—XIII[1].

Im Nachfolgenden sind nur Gesteine der Lettenkohle besprochen, da die übrigen Schichten des Muschelkalks, wie wir
soeben sahen, nur wenige dolomitische Gesteine enthalten und
daher für unsere Aufgabe im Allgemeinen nicht viel Interesse zu

---

1. Vergleiche Seite 64, Anm. 1 unter L. van Werveke. — Diese Mittheilung
bezieht sich zwar auf ein unterelsässisches Profil (Dossenheim); doch konnte das letztere
hier mit Vortheil verwendet werden, da es am genauesten ausgemessen ist und die
Ausbildung der unterelsässischen Lettenkohle wesentlich mit derjenigen Lothringens
übereinstimmt.

bieten vermögen. Die meisten der untersuchten Gesteine stammen aus Deutsch-Lothringen, einzelne aus dem Elsass (Nr. 31 und 35), ein Stück aus Französisch-Lothringen (Nr. 24).

22. Gestein aus der dolomitischen Region. Silbernachen (Servigny). (363.)

Dasselbe zeigt eine sehr eigenthümliche Ausbildung. Es besteht vorwaltend aus einer klein- bis mittelkörnigen, rauchgrauen Kalkmasse mit fettglänzendem Bruch, in welcher deutlich bis 3 mm grosse Skalenoëder von Kalkspat (auch Zwillinge) zu erkennen sind. Diese körnige Masse, welche sich wie eine Grundmasse verhält, ist durchsetzt von unregelmässig, zum Theil eckig begrenzten Partieen einer dichten, bräunlichgrauen Kalkmasse, wodurch das ganze Gestein ein deutlich breccienartiges Aussehen erhält. Bei der Verwitterung lösen sich zuerst die dichten Partieen auf, und das Gestein zeigt in Folge dessen auf den Verwitterungsflächen ein sehr eigenthümliches, zellig-zerfressenes Aussehen.

Die Bausch-Analyse ergab:

$$
\begin{aligned}
&CaCO_3 \dots\dots\dots\dots \quad 95{,}60 \;\% \\
&MgCO_3 \dots\dots\dots\dots \quad 0{,}25 \\
&Fe_2O_3 + Al_2O_3 \dots\dots \quad 2{,}88 \\
&\text{Unlöslich} \dots\dots\dots \quad 1{,}33 \\
&\hphantom{xxxxxxxxxxxxxxx} \overline{100{,}06}
\end{aligned}
$$

23. Gestein aus der dolomitischen Region. Silbernachen. (476.)

Dieses Gestein ist ein dichter, porös-schiefriger Kalk von weissgrauer Färbung; es zeigt bei einer gewissen Sprödigkeit unregelmässigen Bruch.

Die Analyse ergab:

$$
\begin{aligned}
&CaCO_3 \dots\dots\dots\dots \quad 97{,}87 \;\% \\
&MgCO_3 \dots\dots\dots\dots \quad 0{,}88 \\
&Fe_2O_3 + Al_2O_3 \dots\dots \quad 0{,}55 \\
&\text{Unlöslich} \dots\dots\dots \quad 0{,}62 \\
&\hphantom{xxxxxxxxxxxxxxx} \overline{99{,}90}
\end{aligned}
$$

24. Gestein aus der dolomitischen Region. Blainville-la-Grande bei Lunéville. (479.)

Dieses Gestein ist ein äusserst feinkörniger, grauweisser Kalk, der ziemlich spröde ist und unregelmässigen Bruch zeigt. Feine braune, etwas wellig gebogene Häute von Eisenhydroxyd in paralleler Anordnung bedingen, zusammen mit ebenso gestalteten Poren, ein porös-schiefriges Aussehen.

Ganz zerstreut treten kleine Linsen von hellockergelber dichter Masse auf.

Die Zusammensetzung ist:

$$
\begin{array}{lr}
Ca\,CO_3 & 95{,}12\ \% \\
Mg\,CO_3 & 0{,}75 \\
Fe_2O_3 + Al_2O_3 & 3{,}37 \\
Unlöslich & 0{,}62 \\
\hline
& 99{,}86
\end{array}
$$

25. Gestein aus der dolomitischen Region. Silbernachen. (478.)

Dasselbe ist ein dichter, kalkreicher Dolomit von gelblich- bis graulichweisser Färbung und mit etwas muschligem Bruch.

Es enthält zahlreiche kleine, stellenweise auch grössere Drusen von grauem bis wasserhellem, spätigem Kalk.

Die Analyse zeigte an:

$$
\begin{array}{lr}
Ca\,CO_3 & 66{,}55\ \% \\
Mg\,CO_3 & 24{,}73 \\
Fe_2O_3 + Al_2O_3 & 2{,}88 \\
Unlöslich & 5{,}68 \\
\hline
& 99{,}84
\end{array}
$$

26. Gestein aus der dolomitischen Region. Berlize, zwischen Rémilly und Pange. (477.)

Nach der chemisch-mikroskopischen Untersuchung des ziemlich zähen, feinkörnigen bis sehr feinkörnigen Gesteins haben wir es hier mit einem kalkreichen Dolomit zu thun. Der Bruch ist fettglänzend, die Farbe im Allgemeinen rauchgrau, doch bedingen bis 3 mm breite, bräunliche Lagen eine Art Bänderung.

Parallel zu dieser Bänderung sind 1—3 mm dicke und 5—10 mm lange Linsen von lichtockergelber, dichter Dolomitmasse eingelagert.

Zu erwähnen sind auch Einsprenglinge von Bleiglanz in kleinen, bis 2 mm dicken Körnern, sowie kleine Bruchstücke von Zähnen und Knochen.

$$
\begin{aligned}
Ca\,CO_3 &\ldots\ldots\ldots\ldots & 65,05\,\% \\
Mg\,CO_3 &\ldots\ldots\ldots\ldots & 30,83 \\
Fe_2O_3 + Al_2O_3 &\ldots\ldots & 1,83 \\
\text{Unlöslich} &\ldots\ldots\ldots & 2,37 \\
\hline
& & 100,07
\end{aligned}
$$

27. Oolith aus der dolomitischen Region. Denting—Momersdorf. (475.)

Es liegt hier ein gelblicher, kalkreicher Dolomit von ziemlich zäher Beschaffenheit vor. Das Gestein hat ein ausgeprägt oolithisches Aussehen dadurch, dass in einer dichten, lichtholzfarbenen Grundmasse zahlreiche lichtgraue bis honiggelbe spätige Körner von meist kreisrundem, sehr oft auch kurz- bis langovalem Durchschnitt eingelagert sind.

Ausserdem sieht man auf dem Bruche dünne, sichelförmige Gebilde von grauer, spätiger Masse (Schalendurchschnitte) und ganz feine bis 1 mm breite Kluftausfüllungen von ebensolcher Masse.

Die Bausch-Analyse ergab folgende Zusammensetzung:

$$
\begin{aligned}
Ca\,CO_3 &\ldots\ldots\ldots\ldots & 67,10\,\% \\
Mg\,CO_3 &\ldots\ldots\ldots\ldots & 28,39 \\
Fe_2O_3 + Al_2O_3 &\ldots\ldots & 2,06 \\
\text{Unlöslich} &\ldots\ldots\ldots & 2,74 \\
\hline
& & 100,29
\end{aligned}
$$

Bei dem an einem Schliff des Gesteins vorgenommenen Färbungsversuch hatte sich die spätige Masse der oolithischen Körner sowie der erwähnten Schalendurchschnitte als Kalk erwiesen. Der hohe Dolomitgehalt konnte also nur in der dichten, durchaus einheitlichen Grundmasse enthalten sein, und es erschien von

Interesse, den Versuch zu machen, diese Grundmasse zu isoliren, um sie für sich chemisch prüfen zu können. Da sich die dichte Masse in dem Gestein sehr scharf von den spätigen Gebilden abhebt, so konnte der Versuch in der Weise ausgeführt werden, dass erstere mit einem Messer herausgekratzt und nach Möglichkeit von den etwa mitgerissenen körnigen Theilen befreit wurde. Die Analyse des gewonnenen Materials ergab:

$$Ca\,CO_3 \ldots \ldots \ldots \ldots \ 60{,}54\,\%$$
$$Mg\,CO_3 \ldots \ldots \ldots \ldots \ 39{,}46.$$

Diese Zusammensetzung nähert sich bedeutend derjenigen eines Normal-Dolomits und weicht von der Bausch-Zusammensetzung der Carbonate, wie sie sich aus der Bausch-Analyse des Gesteins ergibt, bereits sehr wesentlich ab. Aus letzterer berechnet sich nämlich das Verhältniss von Calciumcarbonat zu Magnesiumcarbonat wie folgt:

$$Ca\,CO_3 \ldots \ldots \ldots \ldots \ 70{,}76\,\%$$
$$Mg\,CO_3 \ldots \ldots \ldots \ldots \ 29{,}24.$$

Es ist jedenfalls anzunehmen, dass, wenn die dichte Grundmasse ganz frei von körnigen Beimengungen erhalten worden wäre, ihre Zusammensetzung derjenigen des Normal-Dolomits so nahe wie möglich entsprochen haben würde.

28. Oolith aus der dolomitischen Region. Denting—Momersdorf. (780.)

Dieser oolithische, gelblichgraue, kalkreiche Dolomit zeigt wesentlich dieselbe Structur wie der vorhergehende. Er unterscheidet sich nämlich von Nr. 27 lediglich durch frischere Beschaffenheit. Die Farbe der dichten Grundmasse ist dementsprechend mehr grau, und die oolithischen Körner lassen einen deutlich schaligen Aufbau erkennen.

Die Anayse ergab:

$$Ca\,CO_3 \ldots \ldots \ldots \ldots \ 67{,}82\,\%$$
$$Mg\,CO_3 \ldots \ldots \ldots \ldots \ 29{,}52$$
$$Fe_2O_3 + Al_2O_3 \ldots \ldots \ 0{,}87$$
$$\text{Unlöslich} \ldots \ldots \ldots \ 1{,}88$$
$$\overline{100{,}09}$$

29. Oolith aus der dolomitischen Region. Werksteinbrüche von Bruchen (Blatt Lubeln[1]). (480.)

Ein sehr feinkörniger bis dichter, hellgelblicher kalkhaltiger Dolomit. Das Gestein ist ziemlich spröde und bricht unregelmässig. Bei genauerer Betrachtung erkennt man eine unregelmässig schiefrige Structur, welche durch die Einlagerung einer mehr körnigen, graulichen Masse in einer dichteren, weisslichgelben Grundmasse bedingt ist. — An einer etwas stärker verwitterten Stelle zeigt das Gestein genau dieselbe oolithische Structur wie Nr. 27.

Die Bausch-Analyse ergab:

$CaCO_3$ . . . . 59,28 %
$MgCO_3$ 38,47
$Fe_2O_3 + Al_2O_3$ 1,64
Unlöslich 0,23
                              99,62

30. Oolith unter dem Stinkstein. Dolomitische Region. Bruchen (Blatt Lubeln, siehe Anmerkung zu Nr. 29). (644.)

Das gelblich gefärbte, zähe Gestein ist als ein oolithisch ausgebildeter, stark kalkhaltiger Dolomit zu bezeichnen. Es zeigt fast genau dieselbe Beschaffenheit wie Nr. 27, also eine Mischung von dichter und krystalliner Masse. Auf dem Bruch unterscheidet es sich von jenem nur durch etwas reichlicheres Auftreten von dünnen, stäbchen- bis sichelförmigen Gebilden (Durchschnitten von Schalen und Schalenbruchstücken).

Die Zusammensetzung ist:

$CaCO_3$ . . . . 69,01 %
$MgCO_3$ 28,51
$Fe_2O_3 + Al_2O_3$ 1,43
Unlöslich 1,10
                             100,05

31. Gestein aus der dolomitischen Region. Strasseneinschnitt ostsüdöstlich von Ernolsheim bei Zabern, Elsass. (361.)

---

1. Die Brüche selbst liegen auf Blatt Bolchen.

Das sehr zähe Gestein ist als ein sehr feinkörniger, dolomithaltiger Kalk zu bezeichnen. Es lässt scharf getrennt eine
rauchgraue Grundmasse und darin eingelagert etwas geschieferte,
unregelmässige Partieen von lichtockergelber Farbe erkennen.
Letztere werden ein bis mehrere Millimeter dick und bis etwa
1 cm breit.

Die Analyse ergab:

$$Ca\,CO_3 \dots\dots\dots\dots\ 88{,}30\ \%$$
$$Mg\,CO_3 \dots\dots\dots\dots\ 8{,}74$$
$$Fe_2O_3 + Al_2O_3 \dots\dots\ 1{,}15$$
$$Unlöslich \dots\dots\dots\ 1{,}72$$
$$\overline{}$$
$$99{,}91$$

32. Gestein aus der dolomitischen Region. Kuhmen,
Blatt Lubeln. (779.)

Wir haben hier einen sehr feinkörnigen bis dichten, stark
dolomithaltigen Kalk von rauchgrauer, in manchen Lagen
gelblichgrauer Farbe vor uns. Letztere Lagen sind stellenweise
grob porös, was durch kleine, mit bräunlichen Rhomboëdern ausgekleidete Drusenräume hervorgerufen wird. An ganz vereinzelten
Stellen bemerkt man schon mit blossem Auge etwas Eisenkies
eingesprengt.

Das Gestein enthält zahlreiche kleine Versteinerungen, unter
denen makroskopisch nur *Myophoria Goldfussi* bestimmbar ist.

Die Zusammensetzung ist:

$$Ca\,CO_3 \dots\dots\dots\dots\ 83{,}21\ \%$$
$$Mg\,CO_3 \dots\dots\dots\dots\ 14{,}93$$
$$Fe_2O_3 + Al_2O_3 \dots\dots\ 1{,}11$$
$$Unlöslich \dots\dots\dots\ 1{,}28$$
$$\overline{}$$
$$100{,}53$$

Die dunkle Färbung des Gesteins und der makroskopische
Befund legten von vornherein die Vermuthung nahe, dass dasselbe
Pyrit in äusserst feiner Vertheilung eingesprengt enthalte und in
Folge dieser Einlagerungen die dunkle Färbung aufweise, da

L. van Werveke[1] und E. Schumacher[2] in ganz ähnlichen Fällen mikroskopisch feine Partikelchen dieses Erzes als Träger der Färbung hatten nachweisen können.

Es wurde daher ein grösseres Stück des Gesteins in verdünnter Salzsäure gelöst und der Rückstand näher untersucht. Hierbei bestätigte sich jene Vermuthung; der Rückstand bestand wesentlich aus Pyrit. Nicht nur liessen sich bei der Betrachtung des Rückstandes mit der Lupe deutlich ringsum ausgebildete Pyrit-Krystalle erkennen, sondern es konnte auch durch die chemische Untersuchung einer Lösung des Rückstandes in Salpetersäure die Anwesenheit von Eisen und Schwefelsäure, also das ursprüngliche Vorhandensein von Schwefeleisen, nachgewiesen werden.

33. Flaserkalkbank (Bonebed) der dolomitischen Region. Elwingen bei Falkenberg. (362.)

Kleinkörniger, dolomithaltiger Kalk. Dünne, linsenförmig auskeilende, oft etwas wellig gebogene Lagen von dunkelblaugrauem, kleinkörnigem Kalk mit fettglänzendem Bruch sind von noch dünneren, lichtbräunlichgrauen, unreineren Kalklagen mit mattem Bruch umflossen. Das Gestein führt zahlreiche Schuppen und Zähne, stellenweise auch Koprolithen. In Folge der hervorgehobenen, für ein Muschelkalkgestein auffallenden Anordnung der Gemengtheile sowie der eingeschlossenen Wirbelthiere erscheint es eigenthümlich gescheckt und zeigt auf dem Querbruch ein flaseriges, auf den Schichtflächen ein breccienartiges Gefüge. Das Aussehen auf dem Bruch erinnert an dasjenige eines Flasergneisses.

Die Zusammensetzung ist:

Ca CO$_3$ . . . . 82,64 %

Mg CO$_3$ 11,44

Fe$_2$O$_3$ + Al$_2$O$_3$ 2,69

Unlöslich 2,83

P$_2$O$_5$ 0,63

100,23

1. Erläuterungen zur geologischen Uebersichtskarte der südlichen Hälfte des Grossherzogthums Luxemburg, Strassburg 1887, S. 24 und 62.

2. Zur Kenntniss des unteren Muschelkalks u. s. w. Seite 123. — Auch ein blaugrauer Kalk von Kuhmen mit 10, 27 % Dolomitgehalt enthält nach Untersuchungen von Schumacher (mündliche Mittheilung desselben) rund 2 % Pyrit als färbenden Bestandtheil (neben kohligen Substanzen).

4

Tabelle 8.

Lettenkohle.

Zone oder geologischer Horizont.	Fundort.	Kurze Kennzeichnung der Gesteins-beschaffenheit.		a. Procentische Zusammensetzung des Gesteins.	b. Procentische Zusammensetzung des Carbonatgemenges.
Grenz-Dolomit.	Wald von Rémilly.	Dichter weissgrauer Dolomit. Ganz zerstreut treten kleine feinkörnige Partieen auf. (755.)	36.		
Versteinerungs-reiche Bank der mittleren Dolomite.	F. H. Heidenkopf bei Niederbronn.	Sehr feinkörniger bis dichter, licht-ockergelber kalkhaltiger Dolomit. Enthält zahlreiche Zweischaler. (753.)	35.		
Bonebed aus den mittleren Dolomiten.	Hemilly, Blatt Falkenberg.	Sehr feinkörniger, fast dichter, weisslich-grauer schwach thoniger Dolomit. (364.)	34.		
Blank (Bonebed).	Elwingen bei Falkenberg.	Kleinkörniger, dolomitischer Kalk. Dünne linsenförmige Lagen von hellblaugrauem, kleinkörnigem Kalk sind umflossen von noch dünneren, lichtbräunlichgrauen unreineren Kalklagen. (362.)	33.		
	Kuhmen.	Sehr feinkörniger bis dichter, rauchgrauer, in manchen Lagen gelblichgrauer, stark dolomitischer Kalk. Zahlreiche Versteinerungen. (779.)	32.		
	Ernolsheim bei Zabern.	Fastdichter, dolomitischer Kalk. Hauchgraue Grundmasse mit un-	31.		

Bunte Mergel und mittlere Dolomite.

Gruppe: **Untere Dolomite und Kalke.** — Untergruppe: **Dolomitische Region.**

Klassifikation	Fundort	Nr.	Beschreibung					
Oolith.			genau wie bei 27. Schalen anscheinend noch reichlicher vorhanden. (644.)					
Oolith.	Bruchen.	29.	Sehr feinkörniger bis dichter, gelblicher kalkhaltiger Dolomit. Angewittert deutlich oolithisch wie 27. (480.)	84,31	13,54	1,87	86,15	13,85
Oolith.	Denting—Momersdorf.	28.	Oolithischer, gelblichgrauer, kalkhaltiger Dolomit. Grundmasse dicht, Oolithe schalig, sonst durchaus ähnlich 27. (780.)	64,61	32,73	2,75	66,39	33,61
Oolith.	Denting—Momersdorf.	27.	Oolithischer, gelblicher, kalkreicher Dolomit. Grundmasse dicht, lichtholzfarben. Oolithe spätig, lichtgrau bis honiggelb. Spätige Schalendurchschnitte. (475.)	62,14	33,85	4,80	64,97	35,03
	Berlize, zw. Rémilly und Pange.	26.	Feinkörnige bis sehr feinkörnige Grundmasse, rauchgrau, mit Linsen von lichtockergelber dichter Masse. Kalkreicher Dolomit. (477)	67,46	28,41	4,80	70,35	29,65
	Silbernachen (Servigny).	25.	Dichter, gelblich- bis graulichweisser, etwas thoniger Dolomit, kalkhaltig, mit zahlreichen kleinen Kalkspatdrusen. (478.)	54,18	37,15	8,56	59,32	40,68
Unter dem «Calcaire de Servigny».	Blainville-la-Grande bei Lunéville.	24.	Aeusserst feinkörniger, grauweisser Kalk, porös-schiefrig. (479.)	1,64	94,23	3,99	1,70	98,30
	Silbernachen (Servigny).	23.	Dichter, weissgrauer Kalk, porösschiefrig. (476.)	1,92	96,88	1,15	1,94	98,06
	Silbernachen (Servigny).	22.	Klein- bis mittelkörniger, rauchgrauer Kalk, breccienartig durchsetzt von dichter, bräunlichgrauer Kalkmasse. (363.)	0,54	95,31	4,21	0,56	99,44

Der durch die Analyse nachgewiesene Phosphorsäure-Gehalt ist naturgemäss auf die organischen Einschlüsse zurückzuführen.

34. Bonebed aus den «mittleren Dolomiten» der Lettenkohle. SO Hemilly, Blatt Falkenberg. (364.)

Das Gestein ist ein sehr feinkörniger, fast dichter, weisslich-grauer Dolomit. Es zeigt infolge von sehr unregelmässig vertheilten, äusserst feinen thonigen Häuten wulstige Absonderung. Lagenweise ist es schiefrig; auf den Schieferungsflächen sind alsdann glaukonitische Flecken sowie Knochen- und Zahnreste sichtbar.

Auch hier zeigt die Analyse einen geringen Gehalt an Phosphorsäure, der offenbar seinen Grund in dem Vorhandensein von Knochen und Zähnen hat.

Die Zusammensetzung ist:

$$CaCO_3 \ldots \ldots \ldots \ldots \quad 49{,}98\ \%$$
$$MgCO_3 \ldots \ldots \ldots \ldots \quad 40{,}63$$
$$Fe_2O_3 + Al_2O_3 \ldots \ldots \quad 0{,}79$$
$$\text{Unlöslich} \ldots \ldots \ldots \quad 8{,}14$$
$$P_2O_5 \ldots \ldots \ldots \ldots \quad 0{,}15$$
$$\overline{99{,}69}$$

35. Versteinerungsreiche Bank aus den «mittleren Dolomiten» der Lettenkohle. Forsthaus Heidenkopf bei Niederbronn, Elsass. (753.)

Dieses Gestein ist ein dichter bis sehr feinkörniger, kalkhaltiger Dolomit von lichtockergelber Färbung. Es enthält zahlreiche Versteinerungen von Zweischalern.

An die Stelle der aufgelösten Schalen ist sehr oft weisslich-graue, feinkörnige Kalkspatmasse getreten. Ausserdem zeigt sich das Gestein noch vielfach von weissen, kleinkörnigen Kalkspatadern durchzogen.

Die Analyse ergab:

$$CaCO_3 \ldots \ldots \ldots \ldots \quad 59{,}25\ \%$$
$$MgCO_3 \ldots \ldots \ldots \ldots \quad 35{,}04$$
$$Fe_2O_3 + Al_2O_3 \ldots \ldots \quad 3{,}78$$
$$\text{Unlöslich} \ldots \ldots \ldots \quad 1{,}42$$
$$\overline{99{,}49}$$

36. Grenzdolomit. Faux-en-Forêt, Wald von Rémilly. (755.)

Das Gestein ist ein dichter Dolomit von weissgrauer Färbung. Es führt zahlreiche Zweischaler (namentlich *Myophoria Goldfussi*), deren Schalen jedoch meistens vollständig aufgelöst sind und entsprechende Hohlräume zurück gelassen haben.

Ganz zerstreut bemerkt man etwas wasserhelle bis weissliche Masse von feinkörniger Beschaffenheit und kleine Drusenräume, mit Kalkspatkryställchen.

Die Bausch-Analyse ergab folgende Zusammensetzung:

$$
\begin{array}{lr}
Ca\,CO_2 \dots\dots\dots\dots & 55{,}39\ \%/_0 \\
Mg\,CO_2 \dots\dots\dots\dots & 43{,}13 \\
Fe_2\,O_3 + Al_2\,O_3 \dots\dots & 0{,}93 \\
Unlöslich \dots\dots\dots & \underline{0{,}65} \\
& 100{,}10
\end{array}
$$

Fassen wir auf Grund der in Tabelle 3 gegebenen Uebersicht zunächst die Gesteine der unteren Lettenkohle oder «dolomitischen Region» ins Auge, so tritt uns hier in Nr. 22—24 eine kleine Gruppe entgegen, welche nur fast reine Kalke enthält. Hinsichtlich ihrer äusseren Beschaffenheit zeichnen sich die hierher gehörigen Gesteine durch eine im Allgemeinen feinkörnige Structur sowie eine mehr oder weniger ausgesprochene graue Färbung aus.

Eine zweite kleine Gruppe umfasst die Gesteine Nr. 31—33, welche neben einem sehr hohen Kalkgehalt noch einen nennenswerthen Gehalt an Magnesium-Carbonat aufweisen. Man hat es also hier mit mehr oder minder stark dolomitischen Kalken zu thun. Das Verhältniss des Dolomitgehalts zum Kalk ersieht man aus der Rubrik *a*, deren Zahlen gleich denjenigen der Rubrib *b* wieder unter der Annahme, dass das Magnesium-Carbonat in Form von Normal-Dolomit vorhanden ist, berechnet sind. Kennzeichnend für die Gesteine dieser Gruppe gegenüber denen der vorigen ist ihr inhomogenes Aussehen. Es lässt sich nämlich an ihnen neben einer mehr g r a u e n und im Allgemeinen deutlicher k ö r n i g e n Masse noch eine mehr g e l b l i c h e, im Allgemeinen d i c h t e r e und anscheinend auch etwas thonigere Masse unterscheiden. Die

graue Masse wiegt stark vor und spielt gleichsam die Rolle einer
Grundmasse, in welcher die gelbliche Masse unregelmässig eingelagert erscheint (Nr. 31). Da nun die Gesteine der ersten Gruppe,
welche sich als Kalke mit höchstens wenigen Procenten Dolomit-
gehaltes erwiesen haben, im Allgemeinen feinkörnig und von
grauer Färbung sind, so erscheint schon hier der Schluss nahe
gelegt, dass bei den inhomogenen Gesteinen die dolomitischen
Bestandtheile in den unregelmässig vertheilten oder lagenweise
auftretenden gelblichen Partieen enthalten sein mögen. Diese Verhältnisse treten jedoch noch viel schärfer bei der nächsten Gesteinsgruppe hervor, weshalb sie erst hier etwas näher erörtert werden
sollen.

Die Gesteine der dritten Gruppe, Nr. 25—30, haben nach
den Analysen einen so hohen Magnesia-Gehalt, dass bei ihnen der
grösste Theil der Carbonate als dolomitische Verbindung vorhanden sein muss, auf alle Fälle aber noch ein erheblicher Rest
von Kalkcarbonat übrig bleibt, welcher nicht an Magnesiumcarbonat
gebunden sein kann. Sie sind daher als mehr oder weniger stark
kalkhaltige Dolomite zu bezeichnen. In den Handstücken erkennt man noch viel deutlicher als bei denen der soeben besprochenen Gruppe zweierlei Gesteinsmassen nebeneinander, nämlich eine lichtgelbe dichte und eine mehr graue feinkörnige
Masse. Das Verhältniss der beiden Massen zu einander ist jedoch
entgegengesetzt demjenigen in den Gesteinen der vorigen Gruppe,
indem die gelbliche Masse gegenüber der grauen vorherrscht.
Erstere, also die dichte Masse, verhält sich hier zur letzteren, also
der körnigen Masse, durchschnittlich etwa wie 2:1. Ganz dasselbe
Verhältniss besteht aber, wie man aus Rubrik b der Tabelle
ersieht, zwischen dem Dolomit- und Kalk-Gehalt der betreffenden
Gesteine, wenn die ermittelten Mengen an Magnesium-Carbonat
auf Normal-Dolomit berechnet werden.

Besonders bemerkenswerth sind auch in dieser Beziehung
die Gesteine Nr. 27—30. Hier setzt die körnige Masse vor Allem.
die im Querschnitt kreisrunden bis lang elliptischen Körperchen
zusammen, welche den Gesteinen die oolithische Structur verleihen. Ausserdem bestehen aus spätiger Masse, abgesehen von

feinen Kluftausfüllungen, nur noch scharf begrenzte Gebilde,
welche nach den Umrissen ihrer Querschnitte auf Schalen kleiner
Muscheln oder ähnliche organische Körper zu beziehen sind. (Man
vergleiche besonders die petrographische Charakteristik von Nr. 27,
S. 105.) Alle diese Gebilde, sowohl die Oolithkörner als auch die
Schalen, Trümer u. s. w. heben sich zufolge der körnigen Ausbildungsweise sowie der gewöhnlich abweichenden Färbung ihrer
Masse meistens ausserordentlich deutlich von der dichten Grundmasse, in welcher sie eingebettet liegen, ab. Es lässt sich daher
schon an den Handstücken, noch besser aber wohl an den gegen
das Licht gehaltenen Dünnschliffen das Mengenverhältniss aller
dieser Einlagerungen zur Grundmasse, also das Verhältniss zwischen
der körnigen und dichten Substanz, wenn auch selbstverständlich
nur ganz beiläufig, mit einiger Sicherheit abschätzen. Man sieht
sofort, dass in keinem dieser Gesteine die Masse der körnigen
Substanz auch nur annähernd derjenigen der dichten Substanz
gleichkommt, dass vielmehr das Volumen und somit auch das
Gewicht der ersteren nur etwa die Hälfte von dem der letzteren
oder etwas mehr betragen kann und in einem Falle (Nr. 29) viel
weniger betragen muss. Diese schätzungsweise ermittelten Beträge
der Mengen-Verhältnisse von körniger und dichter Substanz stimmen
nun in so augenfälliger Weise mit dem jeweiligen Verhältniss der
entsprechenden beiden Zahlen in Rubrik *b* der Tabelle überein,
dass die Deutung der Analysen-Ergebnisse hiernach nicht mehr
zweifelhaft sein kann.

Es liegt vielmehr, nachdem sich durchweg, und im Besonderen
bei den Gesteinen 27—30, ergeben hat, dass die Menge der
körnigen, beziehungsweise grauen Substanz, soweit dies abzuschätzen
möglich ist, stets auf's Beste dem bei entsprechender Berechnung
aus der Analyse sich herleitenden Kalküberschuss entspricht, auf
der Hand, dass diese körnige, graugefärbte Substanz nur als Kalkspat gedeutet werden kann. Die daneben fast immer in merklicher,
bei den Gesteinen Nr. 25—30 in bedeutender Menge vorhandene
dolomitische Substanz kann somit nur in der dicht ausgebildeten,
gelblichen Gesteinsmasse enthalten sein, und letztere muss die
Zusammensetzung eines normalen Dolomits haben.

Der bei Gestein Nr. 27 an der dichten Grundmasse vorgenommene Isolirungsversuch und das Ergebniss der mit der isolirten Substanz ausgeführten Analyse sprechen jedenfalls auch sehr zu Gunsten dieser Auffassung, obschon jener Isolirungsversuch noch nicht als vollständig gelungen bezeichnet werden musste.

. Eine direkte und vollkommene Bestätigung des aus den makroskopischen und analytischen Befunden hergeleiteten Ergebnisses erbrachten dagegen, wie schon an einleitender Stelle vorweg bemerkt worden ist, die an den Dünnschliffen vorgenommenen Färbungsversuche. Bei denselben verhielt sich nur die graue, körnige Substanz wie Kalkspat. Da nun diese bei den mehr oder weniger dolomitischen Gesteinen, abgesehen von den Sekretionen in Drusenräumen und auf feinen Klüften, hauptsächlich die Schalen der Versteinerungen oder die oolithischen Körper zusammensetzt, so lässt sich also sagen:

Die untersuchten Gesteine der dolomitischen Region, soweit sie sich als stark dolomitisch erwiesen haben, stellen an sich normale Dolomite dar, welche aber in Folge von eingeschlossenen Versteinerungen, Oolithkörnern, Kalkspat-Sekretionen auf Drusenräumen oder Klüften und dergleichen einen mehr oder weniger hohen, manchmal sehr bedeutenden Kalkgehalt aufweisen.

Bei Gestein Nr. 25 hängt der beträchtliche Kalkgehalt hauptsächlich mit den in zahlreichen Drusenräumen vorhandenen Kalkspatausscheidungen zusammen. — Gestein Nr. 32 muss seiner Zusammensetzung nach zu den Kalken gerechnet werden, da es etwa doppelt so viel Kalk wie Dolomit enthält. Trotzdem ist die eigentliche Gesteinsmasse ein normaler Dolomit, da der so hohe Kalkgehalt von den massenhaften Versteinerungen herrührt, welche durch die Dolomitmasse nur gerade verkittet werden.

Was die beiden Gesteine aus den «mittleren Dolomiten» der Lettenkohle, Nr. 34 und 35, betrifft, so beruht der sehr merkliche Kalküberschuss der Zweischaler-Bank (35) eben nur auf der reichlichen Versteinerungsführung; im Uebrigen liegen normale, etwas thonige Dolomite vor. Im Thongehalt kommt dem Bonebed aus den mittleren Dolomiten (34) unter den analysirten Gesteinen der dolomitischen Region nur das eine Gestein von Silbernachen (25) sehr, und das Bonebed Nr. 33 ziemlich nahe.

Wenn sich endlich der «Grenzdolomit» trotz der zahlreichen Einschlüsse von Zweischalern als ein fast reiner, nur wenige Procente Kalk enthaltender Dolomit ergeben hat, so hängt dies damit zusammen, dass die Schalen der Muscheln, wie es für diese Bank bezeichnend ist, fast ganz ausgelaugt sind. Wäre dies nicht der Fall, so hätte sich ohne Zweifel ein sehr beträchtlich höherer Kalkgehalt ergeben.

An einem Gestein der dolomitischen Region (32) liess sich entsprechend den von anderen Seiten bereits gemachten Beobachtungen nachweisen, dass die dunkelgraue Färbung mancher Gesteine auch auf fein vertheiltem Pyrit beruhen kann und nicht immer auf organische Substanz zurückgeführt zu werden braucht.

IV. Zusammenfassung der wesentlichsten Ergebnisse.

1. Von den zur Untersuchung gelangten Carbonat-Gesteinen des Muschelkalks (einschliesslich der Lettenkohle) haben sich diejenigen, welche einen nennenswerthen Magnesium-Gehalt besitzen, hinsichtlich ihres dolomitischen Bestandtheils durchweg als normale Dolomite erwiesen. Für die meisten derselben ergab zwar die chemische Analyse einen höheren, zum Theil sogar sehr viel höheren Kalkgehalt als die jeweils gefundene Menge von MgO zur Bildung von Normal-Dolomit erforderte; doch liess sich in allen diesen Fällen neben dem dolomitischen Gemengtheil stets Kalkspat in einer dem gefundenen Kalküberschuss augenscheinlich entsprechenden Menge nachweisen.

Am klarsten und leichtesten waren diese Verhältnisse an einer durch inhomogene Beschaffenheit ausgezeichneten Gesteinsgruppe aus der unteren Lettenkohle (dolomitische Region) zu verfolgen. Die betreffenden Gesteinstypen liessen, zum Theil scharf gegen einander abgegrenzt, zweierlei Gesteinsmasse neben einander erkennen: eine im Allgemeinen sehr deutlich körnige, grau gefärbte einerseits und eine dichte oder äusserst feinkörnige, meist gelblich

gefärbte anderseits. Für alle diese Gesteine ergab die Analyse
bei der Berechnung der gefundenen Magnesia-Mengen auf Normal-
Dolomit einen Kalk-Ueberschuss, und dieser fiel um so höher aus,
je mehr in dem betreffenden, analysirten Handstück von der
körnigen Substanz wahrzunehmen war. In den einzelnen Handstücken aber entsprach die Menge der wahrnehmbaren körnigen,
beziehungsweise grauen Substanz, soweit dies abschätzbar ist, recht
gut dem aus den Analysen, wie angegeben, berechneten Procent-
gehalt an überschüssigem Kalk-Carbonat. Hierdurch war bereits
mit ziemlicher Sicherheit die richtige Deutung der Gesteine an
die Hand gegeben. Die körnige, graue Substanz konnte un-
gezwungener Weise nur als Kalkspat, die dichte, gelbliche
nur als normaler Dolomit gedeutet werden. Die Untersuchung
der Dünnschliffe bestätigte diese Anschauung, indem sich in denselben nur die körnige Substanz als Kalkspat erwies.

Auch für die dolomitischen Gesteine des unteren und mittleren
Muschelkalks sowie der höheren Schichten der Lettenkohle, deren
Analysen in Betracht kommende Kalküberschüsse ergeben hatten,
konnte durch Untersuchung der Dünnschliffe das Vorhandensein
entsprechender Mengen von spätigem Kalk nachgewiesen werden.

Die inhomogenen Gesteine sind also rein mechanische Mischungen von normalem Dolomit mit Kalk in
wechselnden Verhältnissen.

Sowohl im unteren, als auch im mittleren und oberen Muschelkalk erwiesen sich die vollkommen oder fast vollkommen homo-
genen, dichten bis äusserst feinkörnigen Gesteine von
gelblicher oder weisslicher Färbung auch mikroskopisch ebenso
homogen und ihrer chemischen Zusammensetzung nach, von den
in Säuren unlöslichen, klastischen Beimengungen abgesehen, als
reine oder nahezu reine Normal-Dolomite.

2. Eine sichere Unterscheidung von Kalk und Dolomit im Dünnschliff war mit Hilfe der von Lemberg angegebenen Färbe-Methode möglich. Die sonstigen, von anderen
Beobachtern in anderen Fällen mit Erfolg angewendeten Unter-
scheidungsmethoden versagten bei den vorliegenden Gesteinen. Im
Besonderen liessen sich Dolomit und Kalkspat nach den Umrissen

der Körner nicht unterscheiden, so dass die betreffenden Merkmale nicht als allgemein zutreffend und maassgebend zu betrachten sind.

3. Durch Behandlung von Proben kalkhaltiger Dolomite mit verdünnter Essigsäure oder Salzsäure in der Kälte war keine vollständige Isolirung des dolomitischen Bestandtheils zu erreichen, doch fand dabei, entsprechend den Befunden anderer Beobachter, eine bedeutende Anreicherung des Dolomit-Gemengtheils statt.

4. Bei den untersuchten kalkhaltigen Dolomiten rührt der Kalküberschuss wesentlich von Versteinerungen und bei den oolithischen Gesteinen ausserdem von den oolithischen Körnern her. Nebenbei ist der Kalk in der spätigen Ausfüllungsmasse von Drusenräumen oder feinen Trümern enthalten. Bei einer Reihe von Gesteinen aus der Lettenkohle erkennt man auf dem Bruch schon mit blossem Auge, dass die als Kalkspat zu deutende körnige Substanz entweder die Durchschnitte von Schalen und Oolithkörnern zusammensetzt oder aber die Ausfüllungsmasse von feinen Klüften und dergleichen bildet.

5. Die Untersuchung an einem geeigneten Handstück hat in Uebereinstimmung mit den von anderen Seiten gemachten einschlägigen Beobachtungen ergeben, dass eine dunkle, graue Gesteinsfärbung nicht durch bituminöse oder dergleichen Substanzen bedingt sein muss, sondern von fein vertheiltem Schwefeleisen herrühren kann.

6. Als geologisch-praktische Ergebnisse können endlich noch angeführt werden:

a) dass viele Gesteinstypen des Muschelkalks von dolomitischkalkiger Natur sich nunmehr nach dem blossen Aussehen auf ihren chemischen und mineralischen Bestand annährend richtig taxiren lassen;

b) dass die für eine Zone des reichsländischen unteren Muschelkalks bisher gebrauchte, mehr im geologischen Sinne angewendete Bezeichnung «Wellenkalk» besser durch die ebenso kurze, aber petrographisch richtigere Bezeichnung «Wellendolomit» zu ersetzen ist.

122

Veröffentlichungen

der Direction der geologischen Landes-Untersuchung
von Elsass-Lothringen.

———

a. Verlag der Strassburger Druckerei u. Verlagsanstalt.

A. Abhandlungen zur geologischen Specialkarte von Elsass-Lothringen.

b. Verlag der SIMON SCHROPP'schen Hof-Landkarten-Handlung
(J. H. NEUMANN) Berlin.

A. Geologische Specialkarte von Elsass-Lothringen im Maasstab 1 : 25000.

Mit Erläuterungen.

(Der Preis jedes Blattes mit Erläuterungen beträgt ℳ 2.)

Blätter: Monneren, Gelmingen, Sierck, Merzig, Gross-Hemmersdorf, Busendorf, Bolchen, Lubeln, Forbach, Rohrbach, Bitsch, Ludweiler, Bliesbrücken, Wolmünster, Roppweiler, Saarbrücken, Lembach, Weissenburg, Weissenburg Ost, St. Avold, Stürzelbronn, Saareinsberg, Saargemünd, Rémilly, Falkenberg (mit Deckblatt), Niederbronn, Mülhausen Ost, Mülhausen West, Homburg.

B. Sonstige Kartenwerke.

	ℳ
Geologische Uebersichtskarte des westlichen Deutsch-Lothringen, im Maasstab 1:80000. Mit Erläuterungen. 1886—87.	5,00
Uebersichtskarte der Eisenerzfelder des westlichen Deutsch-Lothringen. Mit Verzeichniss der Erzfelder. 3. Aufl. 1899 . . .	2,00
Geologische Uebersichtskarte der südlichen Hälfte des Grossherzogthums Luxemburg, Maasstab 1:80000. Mit Erläuterungen	4,00
Geologische Uebersichtskarte von Els.-Lothr., im Maasstab 1:500000.	1,00

Inhalt.

---

ittheilungen

Geologischen Landesanstalt

Elsass-Lothringen.

Herausgegeben

von der

geologischen Landes-Untersuchung von

Band V, Heft III.

Mit Tafel I—X.

STRASSBURG ¹/E.

Strassburger Druckerei und Verlagsanstalt,
vormals R. Schultz u. Comp.

Preis des Heftes: Mark 2,50.

Die im Jahre 1900 aufgedeckten Glacialerscheinungen am Schwarzen See.

Von Prof. Dr. **A. TORNQUIST**.

Mit Tafel I bis V.

Die Hochseen der südlichen Vogesen besitzen als Wasserreservoire für die industriellen Anlagen in den unter ihnen gelegenen Thälern eine besondere praktische Bedeutung. Man hat diese Bedeutung im verflossenen Jahrhundert und auch schon im 18. Jahrhundert dadurch vielfach zu erhöhen gewusst, dass man durch das Aufführen von künstlichen Abschlussdämmen und von Schleusenvorrichtungen den Wassergehalt der Seen so vergrösserte, dass man aus ihnen das reichlich zufliessende Wasser nicht nur im Frühjahr und im Herbst sondern auch während der trockenen Sommermonate entnehmen konnte.

Eine solche Arbeit wurde im verflossenen Jahre am Schwarzen See oberhalb Urbeis vorgenommen. Die Kaiserliche Meliorations-Bauinspektion zu Colmar liess eine neue, grosse Aufdämmung am Ausflusse des Schwarzen Sees ausführen. Im Verlauf dieser Erdarbeiten in grossem Maassstabe wurde das Wasser des Sees soweit abgelassen, wie wohl nie zuvor. Die Folge davon war, dass grosse, früher unter dem Spiegel des Sees gelegene Ufertheile nunmehr trocken gelegt wurden. Der Entstehung des Sees als Gletschersee entsprechend zeigten dieses Ufergelände und die grossen Aufschlüsse, welche durch die Erdarbeiten sichtbar wurden, eine Anzahl typischer Glacialphänomene, welche im Folgenden, auf Veranlassung des Direktors der Geolog. Landesanstalt, Herrn Professor Dr. BENECKE's, in Wort und Bild geschildert werden sollen — werden diese ausnahmsweise günstigen Aufschlüsse doch bald nicht mehr der Beobachtung zugänglich sein.

1. Die Gestalt des Seebeckens und die Abdämmungsarbeiten im Jahre 1900.

Der Schwarze See liegt in einer Höhe von 950 m fast unmittelbar unter dem dort im Durchschnitt 1300 m hohen Vogesenkamm; er besitzt eine Grösse von 14 ha und eine grösste Tiefe von 38,7 m unter dem bisherigen normalen Wasserstande. Seine Gestalt ist diejenige eines rechtwinkeligen Dreiecks, in welchem die Hypothenuse von N nach S, parallel dem Vogesenkamm gerichtet ist. Die Katheten sind dabei nicht gleich lang; die sich von NW nach SO erstreckende Uferlinie ist erheblich länger als die von SW nach NO verlaufende. Im rechten Winkel liegt der Ausfluss des Sees. Wegen der Grösse des Sees erweckt derselbe aber beim Anblick vom Ufer aus den Eindruck eines kreisrunden Beckens.

Der Ausfluss ist ein enges Thälchen, welches zwischen den beträchtlichen Höhen, die den See umgeben, steil nach O, nach dem Gehöft Noirrupt (740 m) zu, hinabfällt, von wo das dem See entströmende Wässerchen in einem schnell breiter werdenden Thale über Pairies, Fonderies bis oberhalb Urbeis fliesst und dort den Weiss-Fluss erreicht.

Der steilste Abfall zu dem See ist im N von der Höhe des Reisberges (1272,2 m) herab vorhanden; im S und O wird der See durch zwei vom Ausfluss an schnell ansteigende Berglehnen abgeschlossen. Nach W zu ist sein Abschluss ein complicirterer. Hier legt sich zwischen den See und den Vogesenkamm noch eine etwa 30 m höhere Terrasse, welche die Form einer ganz flachen Wanne besitzt; im N, W und O ist sie von steilen, felsigen Abstürzen begrenzt, nach dem See zu ist eine Felsstufe ausgebildet. In Form von drei isolirten Felspartien, welche fast steil in den See abfallen und zwischen sich nur drei niedrige Felsriegel freilassen, fällt das Gelände zum See hinab. Wir wollen diese Wanne das obere Becken und den Seeboden des Schwarzen Sees das untere Becken benennen.

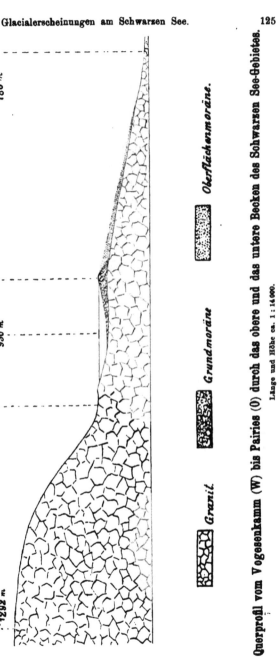

Querprofil vom Vogesenkamm (W) bis Pairies (0) durch das obere und das untere Becken des Schwarzen See-Gebietes.

Länge und Höhe ca. 1 : 14000.

Zur allgemeinen Orientirung sei auf die beigegebenen Profile und auf die Tafeln verwiesen. Auf Tafel I ist der Blick auf den abgelassenen See vom Südufer nach dem Abfluss zu und auf Tafel III der Blick von dem Nordende des Sees nach dem Westufer, auf den nördlichsten Felsen des oberen Beckens zu, wiedergegeben. Hinter diesem Felsen befindet sich das obere Becken und im Hintergrunde ist der Vogesenkamm — zugleich die deutschfranzösische Grenze — sichtbar.

Das Gebiet des Sees liegt durchaus im Bereiche des Kammgranits. Der Abfall zu den beiden Becken im W, N und z. Th. im S ist anstehender Granit, ebenso der Boden des oberen Beckens und die Felsabstürze zwischen diesem und dem unteren Becken. Alleine im O und S und zwar fast in der ganzen Länge der Katheten des Sees ist kein anstehender Fels sichtbar; hier bestehen die Höhen aus Blockanhäufungen und Schottermassen, welche, wie die jetzigen Aufschlüsse deutlich erkennen lassen, Moränen wälle sind. Diese Aufschüttungsmassen sind nicht leicht von dem anstehenden und oft verwitterten Granit abzutrennen. Sie beginnen aber an dem Abfall vom Reisberg nach S etwa dort, wo der Fusspfad, welcher vom Weissen See herüber führt, sich auf einer deutlichen Terrasse in einer Höhe von 1060 m endgültig dem dem Schwarzen See zugekehrten Gehänge zuwendet. Am Abfall der südlichen Höhe von Les Hêtres findet die Anund Auflagerung der Moräne auf den Granit vom Südwestzipfel des Sees aus in einer schräg den Berg hinauflaufenden Linie bis zu einer entsprechenden Höhe von ca. 1060 m statt.

Vordem wir auf die Glacialerscheinungen am Schwarzen See speciell eingehen, wollen wir noch einen Blick auf die am See z. Z. ausgeführten Abdämmungsarbeiten werfen, welche uns einerseits zum Verständniss der dort entstandenen Aufschlüsse von Interesse sind, die andererseits aber auch in späteren Jahren noch die unmittelbare Ursache von Veränderungen, welche im Gebiete des Sees eintreten würden, sein könnten.

Nach den freundlichen Mittheilungen des Herrn Bauinspektor Bühler in Colmar, dem ich hiermit noch besten Dank für die mir gewährte Auskunft ausspreche, befand sich am Ausfluss des

Sees bereits ein vor 30—40 Jahren aufgeschütteter Staudamm mit
einer Kronenhöhe von ca. 10 m vor[1]. Dieser Damm erwies sich
bald als sehr undicht, schon bei einer Anstauungshöhe des Wassers
von 4 m trat reichlich Wasser durch den Damm hindurch. Die
Undichtigkeit des künstlichen Dammes wurde nun neuerdings
durch die Aufführung einer festen Betonmauer an der nach dem
See zugekehrten Flanke des alten, künstlichen Dammes behoben,
und es wurde ein übriges gethan, indem man diese Mauer noch
unter den Fuss des Dammes an der Flanke der Absperrungs-
moräne hinabbrachte. Auf Tafel I ist der im Juli fertig gestellt
gewesene Theil dieser Betonmauer (a) sichtbar. Da die Mauerarbeit
nur im Trockenen ausgeführt werden konnte, so wurde der See zunächst mittelst eines Heberohres von 250—300 mm Weite bis auf
18,5 m unter der Dammkrone entleert; dabei wurden die Hänge
des Sees um 8,5 m unter dem normalen Wasserstand entblösst
und bei dieser Gelegenheit das später Beschriebene beobachtet.
Es wurde zugleich in 12,5 m Tiefe ein neuer Rohrdurchlass durch
den Moränenwall gezogen, der später den tiefsten Wasserstand,
bis zu dem der See abgelassen werden kann, darstellt; dieser
Wasserstand würde also 6 m über dem Wasserstand, welcher auf
dem Lichtdruck Tafeln I und II dargestellt ist, liegen. Eine An-
stauung des Sees könnte dann von dem Rohre bis zur Dammkrone, also um 12,5 m erfolgen[2].

Die Sandmassen für die Herstellung des Beton wurden z. Th.
dem Moränenwall am Ausfluss des Sees direkt entnommen, so
dass dort hierdurch grössere Partien des Walles angeschnitten
worden sind, wie es ebenfalls auf der Tafel I unterhalb des
Waldes zu sehen ist. Gleichfalls wurde in weiter Erstreckung

---

1. Eine Beschreibung dieses Dammes ist von Grad gegeben: Annuaire du club
alpin français für 1877. p. 499.

2. Es sei hier nur am Rande angeführt, dass ein absolut wasserdichter Abschluss des Sees selbst durch die Ausführung der Betonmauer nicht erreicht werden
kann; durch die tieferen Theile der Moräne sickert immer etwas Wasser hindurch, das
sich selbst im Juli d. J. bei dem künstlich herbeigeführten tiefsten Wasserstande weit
unter die auszuführende Mauer auf ca. 20—30 Sekundenliter belief.

bis zum tiefsten Seespiegel hinab die Flanke des Moränenwalles
zum See herab für die Aufführung der Mauer entblösst.

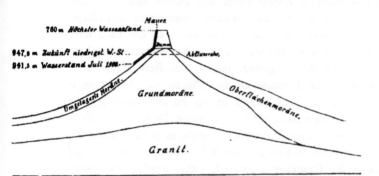

Schematischer Durchschnitt durch den Moränenwall, seine Unterlage und den künstlichen
Abflussdamm.

2. Die Glacialerscheinungen am Schwarzen See.

Dass die äussere Gestaltung der beiden Becken des Schwarzen
Sees auf die Wirkung diluvialer Gletscher zurückzuführen sei,
wurde im Jahre 1869 zum ersten Mal bestimmt von Ch. Grad[1]
ausgesprochen, dem speziell die grosse Uebereinstimmung in der
Gestalt des nördlich gelegenen Weissen Sees und auch des
Schwarzen Sees mit schweizerischen Hochseen, wie dem Lungeren-
See zwischen Alpach und Meiringen, aufgefallen war. Allerdings
nachdem schon sehr lange vorher, bereits in den Jahren 1837
und 1839 von Leblanc[2] und Renoir[3] auf das Vorhandensein
von Gletscherspuren in den Vogesen hingewiesen worden war
und besonders Hogard und Collomb in einer grossen Anzahl

1. Bull. de la soc. géol. de France. XXVI. p. 677. ff.
2. Ebenda. (1) X. p. 377 und XII. p. 132.
3. Ebenda. (1) XI. p. 57.

von Schriften auf die südlich vom Münsterthal vorhandenen zahlreichen Gletscherspuren der Südvogesen aufmerksam gemacht hatten. CH. GRAD[1] war es auch, welcher zuerst im Jahre 1873 den Moränenwall am Ausfluss des Sees als solchen erkannte.

Von andern Erklärungsversuchen der Entstehung des Sees sind die beiden folgenden hervorzuheben. E. DE BEAUMONT[2] wollte das Seebecken als ein Einsturzbecken erkennen: «qu'ils résultent d'écroulement qui ont eu lieu dans des cavités situées dans l'intérieur des montagnes, à l'occasion des dernières secousses qui s'y sont fait sentir et peut-être à l'époque des éruptions volcaniques qui ont produit à leur pied, dans la plaine du Rhin, le massif du Kaiserstuhl et les petits ilôts basaltiques de Riquewir et de Gundershofen.» Das Vorkommen von Glacialerscheinungen wurde dann neuerdings im Jahre 1884 von GERLAND[3] bestritten. GERLAND glaubte die orographische Beschaffenheit des Geländes nicht auf die Wirkung eines Gletschers zurückführen zu sollen; nach ihm ist die Endmoräne ein grosses Blocklager, welches durch direkte Umwandelung des anstehenden Gesteins entstanden ist. Das Vorkommen von geglätteten Blöcken in diesen Blocklagern, welches schon GRAD beobachtet hatte und das Auftreten von Granitgrus und von Sanden in ihnen, ist GERLAND entgangen.

Diese Anschauungen hatten aber keinen allgemeinen Anklang gefunden und dürften vollends jetzt durch die neuentstandenen Aufschlüsse widerlegt sein.

Am Schwarzen See wurde alsdann im Jahre 1892 von VAN WERVEKE[4] zuerst das Vorhandensein von geglätteten und geschliffenen Felsen beobachtet; und zwar an der nämlichen Stelle, welche im folgenden beschrieben werden wird, am Fusse des nördlichsten der drei Felsen zwischen dem oberen und dem unteren Becken. VAN WERVEKE spricht sogar von einer Schrammung

1. Ebenda. (1) l. p. 113.
2. Explication de la Carte géologique de la France. 1841. t. I. p. 275 und 432.
3. Verhandl. des IV. Deutsch. Geographentages zu München. 1884. p. 22. f.
4. Diese Mitth. III. p. 135.

der unter dem damaligen Wasserspiegel gelegenen Felsen. In
demselben Jahre erwähnen auch Hergesell, Langenbeck und
Rudolph[1] aus dem anstehenden Granit «überall abgerundete
Flächen, die viele Aehnlichkeit mit den Schliffflächen zeigen,
wie sie die Wirkung des Eises auf hartem Fels hervorbringt.»

An die ältere Beobachtung anknüpfend, wollen wir zunächst
die im Juli 1900 am Schwarzen See sichtbar gewesenen Gletscherschliffe betrachten.

a. Die Gletscherschliffe auf der Granitoberfläche.

Wie oben gesagt, ist anstehender Fels am See alleine an
dem Westufer des Sees vorhanden, wo die Stufe des oberen
Beckens steil zum Wasserspiegel und unter denselben hinabfällt.
Eine bemerkenswerthe Felspartie befindet sich hier besonders
am nördlichen Ende des Seeufers. Diese Felspartie ist auf
Tafel III wiedergegeben. Der Steilabfall nach dem See zu besteht
aus nach allen Richtungen zerklüftetem und zersprungenem Granit;
die Geröllmassen und Halden an seinem Fusse bis zum früheren
Spiegel des Sees zeigen, dass der Zerfall des Granites hier ein
sehr junger ist, von der Granitoberfläche zur Zeit der Eisbedeckung ist an diesem Steilabfall kaum heut zu Tage noch etwas
vorhanden.

Anders ist aber der sanft geneigte Fuss dieses Felsens beschaffen; an ihm erkennt man eine grössere, von N nach S und
zum See geneigte, geschliffene Oberfläche, von welcher ein Theil
auf der Taf. IV wiedergegeben ist. Die Oberfläche beginnt etwas
oberhalb des früheren Wasserspiegels und zieht sich, ohne dass
die frühere Wasserhöhe irgendwie aus der Ausbildung dieser geneigten Fläche zu erkennen wäre, in gleichmässiger Neigung
durch die frühere Uferlinie zum jetzigen Wasserniveau
und unter dasselbe hinab. Ist die frühere Wasserhöhe überall
sonst am See deutlich in Form einer Terrasse kenntlich, so ist

---

1. Geograph. Abhandlungen aus den Reichslanden Els.-Lothr. I. p. 136. 4.

sie hier auf dieser Felsplatte in keiner Weise markirt. Man kann
der Wasserbewegung also keine nennenswerthe Ufererosion oder
gar eine besondere Glättung auf diesem Felsen zuschreiben.

Die typische Rundhöckerbildung, wie sie auf Tafel IV sichtbar ist, zeigt einen stark undulirten, mit seichten, langen, ungefähr von NW nach SO gerichteten Rillen versehenen, typischen
Gletscherboden. Die starke Undulirung, bei der gelegentlich
auch kleine trogförmige Becken entstehen, in denen sich das
Regenwasser sammelt, ist besonders deutlich am Nordrande dieses
«Glattfelsens» zu erkennen, wo sich rechts von den mit c bezeichneten Stellen auf Taf. III ein kleiner Abfall befindet, unter welchem
bei d in ganz geringer Entfernung ein weiterer Theil eines Rund-
höckers in wesentlich tieferer Lage auftritt. Dabei zeigt die
Oberfläche nirgends eine glaciale Kritzung; und es verdient hier
hervorgehoben zu werden, dass eine solche Kritzung in kleinem
Maassstabe auch an den übrigen Seen und Glattfelsen der Vogesen
in den reinen Granit-Gebieten niemals — ebensowenig wie
im Schwarzwalde — nachgewiesen werden konnte. Es scheint
diese bei der leichteren oberflächlichen Verwitterung des Granits
bald zerstört zu werden. Alle Gletscherschrammen, die aus den
Vogesen im anstehenden Fels wie an Geröllen nachgewiesen
worden sind, treten nur auf harter Grauwacke und Schiefern (wie
am Belchen See[1] und bei Wesserling[2] auf, oder sind auf Porphyren beobachtet worden. Auf letzteren besonders im Schwarzwald, wo STEINMANN[3] auch schon auf das Fehlen von Gletscherschrammen in Granit- und Gneis-Gebieten im Gegensatz zu
der Häufigkeit derselben in gehärteten Thonschiefern hingewiesen hat.

---

1. Man vergl. die schönen Gletscherschliffe, welche VAN WERVEKE von dort
mitgetheilt hat. (Mitth. d. Geol. L.-A. von Els.-Lothr. III. p. 137. Taf. III, IV.)

2. Als letzte Mittheilung über dieses Vorkommen, vergl. Ztschr. d. D. geol.
Ges. XLIV. p. 592.

3. Die Spuren der letzten Eiszeit im hohen Schwarzwald. Freiburger Univer-
sitäts-Festprogramm zum siebzigsten Geburtstag seiner Kgl. Hoh: des Grossherzogs
Friedrich. 1896. p. 192.

Die Oberfläche des Granits ist dabei nicht glatt, sondern
rauh, so dass man auf ihr trotz der theilweise starken Neigung
bequem Halt findet; sie ist leicht angewittert, und besonders die
grossen Felsspäthe wurzeln dort, wo die kleinen Mineralbestand-
theile herausgefallen sind, noch fest im Gestein. Diese Ober-
flächenbeschaffenheit ist auf eine leichte Anwitterung des Felsens
zurückzuführen. Der Granit ist zuerst geschliffen und dann leicht
angewittert.

Eine andere auffallende Erscheinung der geschliffenen Oberfläche sind zahlreiche Sprünge (Taf. IV d.); z. Th. ist die Oberfläche
vollkommen zersprengt. An diesen nach allen Himmelsrichtungen
weisenden Sprüngen haben sich auch Splitter oder gar Blöcke
herausgelöst und haben frische, unregelmässig zur Oberfläche geneigte Flächen blosgelegt. Dieser Zerfall des Granits in poly-
gonale Blöcke zeigt sich besonders am nördlichen Ende der geschliffenen Felsplatte (oberhalb d auf Tafel III) gut, an dem der
Rand der Granitplatte sich in eine Packung von polygonalen
Granitblöcken auflöst. An anderer Stelle, wie bei d, ist der Felsen
so zersprungen, dass man die noch mosaikartig locker neben-
einanderliegenden Brocken, welche noch die Form eines Rund-
höckers zeigen, mit der Hand auseinander nehmen kann. Auch
die Zersprengung des Granits muss eine jüngere sein.

Die zahlreichen kleinen Klüfte im Granitboden des oberen
Becken sind schon seit langer Zeit bekannt, kürzlich hat Salomon[1]
auf sie hingewiesen. Die horizontalen und vertikalen Ablösungs-
flächen des Granites sind hier sehr deutlich zu erkennen, und
kann man in dem Herausbrechen von Granitwürfeln auf Flächen,
welche z. Th. parallel der jetzigen Oberfläche des Granits verlaufen, mit Recht — wie Salomon es thut — einen deutlichen
Beweis erblicken, dass die glaciale Oberfläche des Granites dort
an einigen Stellen zuerst eine Ablösungsfläche war, von der
Granitplatten durch Eisdruck unter dem Gletscher abgehoben und
forttransportirt wurden und dass dann erst eine Glättung der Ablösungsfläche durch den Gletscher mit einer Grundmoräne erfolgte.

_____

1. Neues Jahrb. für Min. etc. 1900. II. p. 137. ff.

Man muss bei alledem aber im Auge behalten, dass die grösste
Anzahl der Sprünge, welche heute auf der Granitoberfläche vorhanden sind, erheblich jünger sind. Der bei d vorhandene, oben
erwähnte kleine Rundhöcker würde schon durch den minimalsten
Eisdruck vollkommen auseinander gedrückt worden sein; und an
dem Steilabfall des Granites an der Felspartie a (Tafel III) ist
der Granit seither an den Klüften abgestürzt. Die direkten Nach-
weise, welche durch FINSTERWALDER und BLÜMCKE erbracht worden
sind, dass durch Druckschwankungen am Gletschergrunde ein ab-
wechselndes Anfrieren und Aufthauen des Gletschers am Felsen-
grund stattfindet und dass durch die Temperaturschwankungen
zugleich eine mechanische Verwitterung, d. h. Zerklüftung, stattfindet, hat das Bestehen einer derartigen Wirkung in einem gewissen Maasse ausser Zweifel gesetzt. Man wird also diesen Beobachtungen von FINSTERWALDER und BLÜMCKE gerade in solchen
Granitgebieten, in denen eine Zerklüftung eine grosse Rolle spielt,
jedenfalls eine grosse Bedeutung einräumen müssen.

Auf der Tafel III ist ersichtlich, dass die geschliffene Granitoberfläche in ihrer Verlängerung in das Thälchen e, welches zum
oberen Becken hinaufführt, hinansteigt, es scheint dadurch, dass
die Glättung am Schlusse der Vereisung, vornehmlich in einem
Stadium entstand, als eine Gletscherzunge durch dieses Thälchen
aus dem oberen Becken herabhing, während die höhere Felspartie a schon vom Eise frei war.

b. Der Moränen-Riegel.

Die Ansicht, dass der Abschluss des Sees durch einen Zug
verwitterten Granits gebildet wird, ist durch die grossen jetzigen
Aufschlüsse endgültig widerlegt worden. Auf der Tafel I zeigt
der unter dem Walde sichtbare Einschnitt eine deutliche Moräne.
Auf der Tafel II ist dieser Einschnitt aus der Nähe wiedergegeben.

Die ganze rechts gelegene Partie (a) des Aufschlusses
besteht aus einer sehr fest gepackten Ablagerung von Granit-
material von allen Grössenverhältnissen von Blöcken von 1 Cubik-

meter (b) an abwärts. Diese Packung ist so fest, dass die Ab-
tragung nur mittelst der Hacke (e) erfolgen kann. Die Blöcke
dieser Moräne sind kantig, nicht gerundet; die Kanten sind nur
wenig abgestumpft. Es ist das Bild einer alten, festgepackten
Grundmoräne.

Der linke Theil des Aufschlusses (c) besteht aus sehr viel
lockererem Material, das mit der Schaufel abgetragen und sofort
gesiebt werden kann. Es ist ein feiner, lockerer Granitgrus und
Sand, in dem nur vereinzelte Blöcke in Schichten eingelagert
sind. Im Gegensatz zu der Grundmoräne ist hier überall eine
deutliche Schichtung vorhanden, die schräg abwärts zum See gerichtet ist. Es besteht diese Ablagerung aus einer Umlagerung
der Moräne, welche am ganzen Abfall des Moränenwalles nach
dem See zu auftritt und auch überall dort, wo die Mauer
(Taf. I, a.) aufgeführt wird, aufgeschlossen worden ist. Das schräge
Einfallen nach dem See zu lässt diese Ablagerung als eine durch
die Brandung des Sees umgelagerte Bildung erkennen.

Während die Grundmoräne bis fast 100 m über den Seespiegel aufwärts verfolgt werden kann, tritt die lockere, sandige
Ablagerung nur bis wenig über dem Wasserspiegel des Sees auf.

Nicht ohne weiteres sichtbar ist naturgemäss, ob der Grundmoränenwall bis zu der Tiefe des Seebeckens herabsteigt. Es
kann nur hervorgehoben werden, dass keine Beobachtung der
Annahme entgegensteht, dass beim Schwarzen See der Moränenwall bis 30 m unter den Wasserspiegel herabreicht und dass der
See alleine durch Abstauung zustande kommt und nicht etwa ein
tief im Granit eingesenktes Becken darstellt, wie sie sonst ja nicht
selten auftreten. Dass keine Granitschwelle von erheblicher Höhe
den See abschliesst, geht alleine aus der Thatsache hervor, dass
das Wasser des Sees auch dann noch durch den Wall sickerte,
als der niedrigste Wasserstand im Jahre 1900 erreicht war, der
nur 30 m über der grössten Tiefe des Sees lag. Es liegt auch
ferner kein Beweis für die bisherige allgemein vorgenommene Darstellung vor, dass das Seewasser direkt auf dem Granitboden steht.
Am Grunde des Sees, werden wohl einzelne höhere, geglättete Granitfelsen frei sein von einer weiteren Ablagerung; im allgemeinen

wird aber besonders das Abtragungsprodukt des Moränenwalles
bis zum Seeboden hinabgeführt sein und werden wohl ausserdem
ansehnliche Massen von Granitgrus, die aus dem oberen Becken
stammen, den Boden des Sees bedecken, wie sie sich auch besonders am Westufer als Auflage des Granitbodens gezeigt haben.
In der Gestalt des oberen Beckens haben wir ein ungefähres Bild,
wie wir uns den Boden des Sees zu denken haben, deutlich vor
Augen; er mag am Besten als eine flache, nur unbedeutend zur
Ausdehnung vertiefte Wanne anzusehen sein, wie es in hypo-
thetischer Form in der obenstehenden Abbildung (Seite 125) ausgeführt ist.

Wesentlich anders wie die nach dem See zu gekehrte Flanke
des Moränen-Riegels ist die nach dem Thale zu gerichtete Seite.
Hier breitet sich fast alleine ein mächtiges Blockmeer aus, welches
bisher allgemein als das Verwitterungsprodukt der Grundmoräne
angesehen wurde. Die sehr grosse Menge an grossen Blöcken,
ihre ausserordentlich lockere Packung, welche beim Ueberklettern
dieser Abhänge eine schaukelnde Bewegung derselben erfolgen
lässt, lässt mich in ihnen aber eine Erscheinung erkennen, die
bei alpinen Gletschern keine Seltenheit ist[1] und dort stets auftritt,
wo eine reichliche Oberflächenmoräne (wie sie sich bei Nischen-
gletschern stets reichlich bildet) über den Endmoränenwall hinüber-
geschoben wird und an dem äusseren Abfall der letzteren hinab-
rollt. Diese charakteristische, stets thalabwärts auftretende Blockpackung dürfte auch am Gehänge des Moränen-Riegels des Schwarzen
Sees in erster Linie als Oberflächen-Moräne anzusehen sein.

c. Die Seeterrasse.

Besonders auf der Taf. III ist die ausgesprochene Uferlinie
des Sees, welche den früheren normalen Wasserstand desselben

---

1. Ich lernte sie einst besonders typisch in Begleitung von Herrn Professor
PESCHUEL-LÖSCHE an dem östlichen kleinen Nischengletscher, dem Kargletscher an der
Croda rossa bei Schluderbach in Südtirol kennen; diese kleinen, unseren Gletschern
recht ähnlichen Kargletscher sind auf Tafel V dieser Abhandlung wiedergegeben.

darstellt, in Form einer hellen Zone auf dem anstehenden Felsen und in Form einer Terrasse auf dem Geröll deutlich erkennbar.

An dieser Brandungslinie ist der helle Granitfels nackt ohne irgend eine Bedeckung; über dieser Linie sind die Felsen mit meist nur sehr dünnen Ueberzügen von Flechten und Moosen oder ihren kohligen Ueberresten bedeckt; unter dieser Linie sind die Felsen dagegen mit mehr oder minder dicken Ueberzügen von Raseneisenstein versehen. An der Zone der einstigen Brandung sind die Felsen ganz nackt geblieben. In der Photographie ist die Uferlinie ganz besonders deutlich herausgekommen.

Der Ueberzug von Brauneisenerz auf dem mit Wasser bedeckt gewesenen Felsen ist am ganzen Seeufer zu bemerken und tritt derselbe auch auf den losen Blöcken unter dem Wasserspiegel überall auf. Eine ziemlich erhebliche Bildung von Raseneisenerz geht auch in den sumpfigen Theilen des oberen Beckens vor sich. Diese Bildung erfolgt ohne dass das Wasser gerade besonders an Eisensalzen angereichert wäre durch die Vermittlung von Bacterien. Winogradsky's[1] und Molisch's Untersuchungen haben bestimmt ergeben, dass Lebewesen bei diesen Ablagerungen eine wesentliche Rolle spielen. Wir müssen nach Molisch annehmen, «dass die Entstehung der Raseneisenerze dabei nicht ursächlich an die Thätigkeit von Eisenbacterien geknüpft ist, sondern dass dieselbe in der Regel ohne Intervention der genannten Organismen von Statten geht, dass sich aber diese unter Umständen an der Entstehung und Zusammensetzung der Raseneisenerze betheiligen, ja daran sogar hervorragenden Antheil nehmen können». Bei den Verhältnissen in dem grossen Wasserbecken des Schwarzen Sees dürfte aber ausser der Thätigkeit der Eisenbacterien kaum ein weiterer Grund für die Ablagerung der Eisenerze vorhanden sein.

Die gelben, in dickeren Schichten braunen, Raseneisenerz-Ueberzüge nehmen hie und da auch eine schwarze Färbung an.

---

1. Ueber Eisenbacterien. Botan. Zeitung 1888. S. 261. Man vergleiche auch, H. Molisch. Die Pflanze in ihren Beziehungen zum Eisen. Jena. 1892, eine Arbeit, auf welche mich mein College, Herr Professor Jost, freundlichst aufmerksam machte.

Die Vermuthung, dass diese Färbung auf das Hinzutreten von Manganit zurückzuführen wäre, wurde durch die chemische Untersuchung nicht bestätigt. Es konnte keine Spur von Mangan nachgewiesen werden, auch der schwarze Absatz löste sich ohne erkennbaren Rest in Salzsäure auf.

Die Strandlinie des Sees lässt sich, wie oben schon gesagt wurde, nicht nur in Form einer weissen Zone über die anstehenden Felsen, sondern auch in Form einer z. Th. sehr breiten Terrasse besonders an der Nordseite des Sees verfolgen. Auf Tafel III ist ein Stück dieser Terrasse erkennbar. Sie zieht sich von dem geschliffenen Felsen um das Nordende des Sees herum bis nahe an die Ausflussstelle des Sees hin. Am Nordende erreicht sie ihre Hauptentwicklung.

Die horizontale Oberfläche der Terrasse war früher bei normalem Wasserstande des Sees gerade unter dem Wasserspiegel gelegen. Die Oberfläche besteht dabei aus einer engen Packung von grossen, eckigen Granitblöcken, welche fast ausnahmslos einen Ueberzug von Raseneisenerz besitzen. Diese grossen Blöcke bilden das Residuum einer einst am Nordende des Sees den Felsenabfall bekleidenden Grundmoräne, wie sie am ganzen Nordostufer des Sees vorhanden ist und dort ebenfalls die Terrasse trägt. Aus dieser Moräne ist das gesammte feinere Material herausgeführt worden, so dass die Moräne, welche einst erheblich über dem Wasserstande die Felsen bedeckte, bis zu demselben herabgesunken ist, indem gleichzeitig an der Wasserstandslinie eine Anhäufung der grossen Blöcke als Residuum stattfand, die zugleich eine weitere Abwaschung der Ablagerung durch das leicht brandende Uferwasser verhinderte.

Ueber das Vorhandensein einer Moräne am Nordostufer des Sees, wo sie deutlich zu sehen ist, braucht hier kein Wort weiter verloren zu werden; dass eine solche Moräne aber auch am nördlichen Westufer vorhanden war, stimmt sowohl mit der tiefen Lage der geschliffenen Granitoberfläche dort (Tafel III, d) als auch mit der Annahme, zu der wir geführt wurden, dass aus dem Thälchen, nördlich des Glattfelsens noch in der letzten Phase der Vereisung aus dem oberen Becken eine kleine Gletscherzunge herabgereicht und Material an seinem Fusse abgelagert hat.

Zugleich liefern diese Reste der einstigen Moräne — und zwar sowohl einer Grund- als auch der Oberflächen-Moräne — aus der allerletzten Phase der Vergletscherung einen weiteren Beleg dafür, dass der Seeboden wohl nur zu ganz geringem Theil anstehender Fels sein wird, sondern der Hauptsache nach aus Grundmoräne des Abflusswalles und der letzten Phase sowie aus Oberflächenmoräne dieser letzten Phase, vor allem aber auch aus Abwaschungsmaterial der das Seebecken umgebenden Moränen bestehen mag. Auf dem Profil auf Seite 125 sind diese Abwaschungsmassen fortgelassen, auch wird dort die letzte, aus dem nördlichen Thälchen in das Seebecken gekommene Moräne nicht geschnitten.

Zur Veranschaulichung eines unseren Vogesengletschern ähnlichen, noch vorhandenen, alpinen Gletschervorkommens ist als Tafel V eine Abbildung der kleinen Nischengletscher der Croda rossa hinzugefügt.

Ueberblick über die palaeontologische Gliederung der Eisenerzformation in Deutsch-Lothringen und Luxemburg.[1]

Von

E. W. BENECKE.

Eine vielfach gebrochene Triasplatte, von den niederen Vogesen oder Hardt und dem nördlichen Theil des lothringischen Hochlandes gebildet, trennt die Juraablagerungen des Elsass von denen Lothringens. Es ist eine heute geläufige Vorstellung, dass eine solche trennende Schranke zur Jurazeit nicht vorhanden war, dass vielmehr ein Meer über die triadische Unterlage fluthete und diese mit Sedimenten bedeckte. In der That besteht zwischen manchen Stufen des elsässischen und lothringischen Jura eine solche Uebereinstimmung bis in's Einzelne, dass für diese die Annahme eines direkten Zusammenhanges der Bildungsräume nahe gelegt wird. Andere Stufen zeigen aber recht grosse Verschiedenheit.

Die wechselvolle Rhätzeit, in der Land und Meer um die Herrschaft kämpften, schliesst im Rheinthal wie in Lothringen mit einer wenige Meter mächtigen Bildung rother Thone. Mit den

---

1. Der vorliegende Ueberblick wurde zur Orientirung für die Theilnehmer an der Versammlung des oberrheinischen geologischen Vereins in Diedenhofen im April 1901 verfasst. Er trägt den Charakter einer vorläufigen Mittheilung. Eine umfassendere Arbeit über denselben Gegenstand soll nach vollendeter Durcharbeitung des in unseren Sammlungen liegenden Materials von Versteinerungen erscheinen.

untersten kalkigen Bänken des Lias, die durch *Psiloceras pla-*
norbis bezeichnet sind, beginnt die ausschliesliche Herrschaft des
Meeres. Diese und die nächst jüngeren Schichten mit *Schlothei-*
mia angulata sowie der Gryphitenkalk deuten auf sehr ähnliche
Verhältnisse in beiden Gebieten, wenn wir von der lokalen sandigen Facies des Hettinger und Luxemburger Sandstein am alten
Ardennenufer absehen. Grössere Verschiedenheiten treten hingegen
in den Ablagerungen vom Gryphitenkalk bis zu den Posidonomyenschiefern in Beziehung auf Gesteinsbeschaffenheit, Mächtigkeit und Fossilführung hervor. Um so auffallender ist dann wieder
die ganz gleichartige Beschaffenheit der eigentlichen Posidonomyenschiefer, nicht nur für die südwestdeutschen Gebiete, sondern für
den ganzen mitteleuropäischen Jura. Die grössten Verschiedenheiten
zeigen wiederum die Grenzbildungen von Lias und Dogger. So abweichend sind dieselben in den Gebieten östlich und westlich von den
Vogesen entwickelt, dass ihre Parallelisirung bis in die neueste Zeit
Schwierigkeiten gemacht hat. Seit d'ORBIGNY in seinem Cours élémentaire de Paléontologie seinen 9* étage: Toarcien, aufstellte und
denselben nach den Aufschlüssen bei Thouars nach oben mit Kalken
und Thonen mit *Ammonites jurensis* und *Belemnites tripartitus* ab-
schloss, gleichzeitig aber die beträchtlich höher liegenden Schichten von Gundershofen mit *Ammonites opalinus* und *Trigonia navis*
noch in das Toarcien einbezog, hat der Streit über die Grenze
zwischen Toarcien und Bajocien oder Lias und Dogger nicht auf-
aufgehört.

Gerade in diesen, bald zum Lias, bald zum Dogger gerech-
neten Schichten liegen die lothringischen Eisenerze, deren Besichtigung Hauptzweck der diesjährigen Versammlung des oberrheinischen geologischen Vereins ist.

Die petrographische Beschaffenheit der die Erze umschliessenden Gesteine ist z. Th. durch die Nähe des alten Ardennen-
ufers bedingt, trägt also einen lokalen Charakter. In ihrer palaeontologischen Entwickelung weisen sie mehr nach Frankreich als
nach dem Elsass. In letzterem Gebiete findet aber eine ganz auffallende Uebereinstimmung der Faunen des oberen Lias und des
Doggers mit Langenbrücken und Schwaben statt, so dass wir hier

zwei recht verschiedene Typen einander nahe gerückt, nur durch
die Erhebung der niederen Vogesen getrennt sehen.

Allen Versuchen, eine Erklärung für diese und ähnliche
mehrfach wiederkehrende Erscheinungen zu finden, tritt der Umstand hindernd in den Weg, dass uns heute in unserem Gebiete
nur durch ihre geschützte Lage der Abwaschung entgangene
Reste der Jurabildungen vorliegen. Deren Vorkommen und Verbreitung ist aber durch Einbrüche in der Terziärzeit bedingt,
welche die jetzige Gestaltung der Erdoberfläche in ihren wesentlichsten Zügen vorzeichneten. Von den Erhebungen des Schwarzwaldes und der Vogesen mit dem zwischen beiden tief einge-
senkten Rheinthal müssen wir für die Jurazeit ganz absehen.

Während wir in der Entwicklung des obersten Lias und
untersten Dogger eine beträchtliche Verschiedenheit der petrographischen und palaeontologischen Facies zwischen Lothringen und dem
Elsass zu Tage treten sehen, die auch in den im Elsass fehlenden
Korallenbildungen des mittleren Dogger sich noch weiter bemerkbar
macht, stimmt der obere Dogger (Bathonien), durch Herrschen der
Oolithbildung ausgezeichnet, in beiden Gebieten auffallend überein. Dagegen verhalten sich die Niederschläge derselben Zeit im
Rheinthal und Schwaben wieder ganz verschieden. Die Facies
greifen also bald nach Westen, bald nach Osten an den Stellen
der heutigen Gebirge über, die Grenzen zweier Entwicklungen
verschieben sich bald nach der einen, bald nach der anderen
Richtung. Wollten wir eine jurassische Schwarzwald- und Vogesen-
erhebung annehmen, gleichviel ob wir eine über das Meeresniveau
sich erhebende Insel oder nur eine submarine Anschwellung vor-
aussetzten, so könnte diese unmöglich für längere Zeit dieselbe
Rolle gespielt haben, da wir die Senke zwischen beiden mit
Bildungen bald von lothringischem, bald von schwäbischem Typus
erfüllt sehen. Karten der einstigen Verbreitung des Jurameeres,
mit zwei in der Richtung von Schwarzwald und Vogesen sich
erstreckenden Inseln, wie LAPPARENT solche in der neuesten Auflage seines Traité de Géologie entwirft, scheinen mir immer noch
zu sehr den heutigen Verhältnissen angepasst, wenn sie auch der
Wahrheit näher kommen mögen wie die älterer Autoren, z. B.

Heer's in der Urwelt der Schweiz mit dem langen, schmalen aus der Gegend von Basel bis nach Frankfurt in ein mitteldeutsches Inselland eindringenden Golf.

Die weite Verbreitung mariner Rhätbildungen über dem Keuper beweist eine Senkung der triadischen Gebiete. Dieselbe setzte sich im Lias mit ungleichmässiger Intensität fort, wie das für den Ardennenrand von Gosselet nachgewiesen wurde. In der Richtung von Luxemburg nach Hirson greift nämlich der untere Lias bis zu den Schichten mit *Belemnites acutus* immer weiter über, dann erfolgte ein allmähliges Zurückweichen, so dass die Schichten mit *Ammonites opalinus* sich von der Mosel aus nur noch bis Longwy verfolgen lassen.

Der Meeresboden entfernter vom Ufer scheint zur Zeit des Lias mitunter noch recht gleichartig gewesen zu sein, wie das die gleichbleibende Beschaffenheit der eben genannten Gryphitenkalke und der Posidonomyenschiefer beweist. Die schon im mittleren Lias beginnende Differenzirung steigert sich dann in immer auffallenderer Weise je mehr wir uns in der Reihe der Schichten erheben.

Das mitteleuropäische Jurameer hatte im allgemeinen eine geringe Tiefe. Abyssische Bildungen scheinen zu fehlen. In einigen Gebieten haben wir Anzeichen von Küstenablagerungen, so am Rande der Ardennen und des alten armorikanischen Landes. Wenn wir in diesen Gebieten den unteren Lias als theilweise geröllführenden Kalksandstein entwickelt sehen, während er auf beiden Seiten der Vogesen und des Schwarzwaldes die gewöhnliche, auf weite Erstreckung wiederkehrende thonig-kalkige Beschaffenheit zeigt, so liegt kein Grund vor, gerade für diese letztere Gegend die unmittelbare Nähe eines Ufers anzunehmen. Vielmehr wird ein von Frankreich bis nach Schwaben sich gleichartig erstreckendes Meer vorauszusetzen sein. Die vielfachen Differenzirungen der späteren Ablagerungen sind aber auf verschiedene Tiefe des Meeres zurückzuführen. Deutet schon die Entwickelung von Korallenriffen für einzelne Striche das Vorhandensein von submarinen Schwellen mit geringer Wasserbedeckung an, so ist auch gelegentliche Trockenlegung in beschränktem Umfange nicht unwahrscheinlich. In ganz geringer Entfernung können aber Tiefen

von einigen hundert Metern vorhanden gewesen sein. Ein solcher
Wechsel des Untergrundes musste aber die Sedimentation und die
Ansiedelung der Faunen ganz wesentlich beeinflussen. Die Annahme einer submarinen Anschwellung zwischen Lothringen und
dem Elsass zur Zeit des unteren Dogger würde genügen, die
Verschiedenheit der Ablagerungen, deren Reste wir heute zu beiden
Seiten der Vogesen sehen, zu erklären. Diese Anschwellung
hätte in der Gegend des heutigen Gebirges gelegen, aber sie
wäre nicht einzig in ihrer Art gewesen, andere hätten sich ihr in
südwestlicher Richtung angereiht. Darauf deutet wenigstens der
lange Zug mächtiger Thonbildungen der sogenannten Zonen des
Ammonites torulosus und *Ammonites opalinus* (Deutscher Typus
OPPEL's) vom Unterelsass über das Oberelsass, die Gegend von
Belfort, Salins bis nach dem südwestlichen Frankreich, dem gegen
Westen anders geartete Bildungen gegenüberstehen. Ein sehr
unebener Untergrund des jurassischen Meeres darf zweifellos für das
Vogesen- und Schwarzwaldgebiet angenommen werden, aber nicht
nur für dieses, sondern auch für die in westlicher und südwestlicher Richtung sich anschliessenden Gebiete. Mag man sich nun
mit der Annahme submariner Schwellen und Rinnen begnügen,
oder gelegentliche insulare Erhebungen annehmen, gleichartige
Verhältnisse müssen zur Jurazeit im südwestlichen Deutschland
und weit nach Frankreich hinein bestanden haben, eine Sonder-
stellung für ersteres mit einer Vogesen- und Schwarzwaldinsel anzunehmen, scheint mir nicht nothwendig.

Die erste eingehende Gliederung des lothringischen oberen
Lias und unteren Dogger verdanken wir BRANCO. Die von ihm
und später in etwas anderer Fassung von STEINMANN angenommenen Abtheilungen erkennt man bei einem Besuch des Gebietes
leicht als den natürlichen Verhältnissen entsprechend. Wenn wir
bei dem Vergleich mit der üblichen Gliederung der Juraformation
heute etwas anders zu parallelisiren genöthigt sind, als BRANCO
vorschlug, so ist dies nur eine Folge neuer Aufschlüsse, die uns
früher unbekannte Faunen lieferten, oder eine andere, als die
von BRANCO angenommene vertikale Verbreitung mancher Formen
erkennen liessen.

Schwaben.	BRANCO 1878. Lothringen.	BENECKE 1901 Lothringen.		Schwaben.
Grenzschicht β-γ. Subzone des Amm. Sauzei.	Sch. mit Harpoc.Sow-erbyi u. Gryphaea sublobata. Kalke od. Mergel. Kalke mit einge-sprengtenKörnern von Eisenerz.	Mergel mit Knollen.		Zone des Amm. Sowerbyi.
Brauner Jura β. Zone des Amm. Murchisonae.	Sch. m. Harpoc.Mur-chisonae und Phola-domya reticulata. Oberregion: Mergel. Unterregion: Eisenerz. Sand-stein vom Stürzen-berg z. Th.	Sch. m. Harpoc. Mur-chisonae.	Roth-sand. Lager.	Zone des Amm. Murchisonae.
Brauner Jura α pars. Zone der Trigonia navis.	Sch. mit Gryphaea ferruginea u. Trig. navis. Oberregion: Oberste Flötze des Eisenerzes. Sand-stein vom Stürzen-berg z. Th. Unterregion: Sandstein.	Sch. mit Dumort. subundulata und Lioc. opalinum. Sch. m. Dumort. Le-vesquei.	Roth-haltige Lager. Rothes Lager (Ober-korn). Gelbe Lager und graues Lager (Deutsch Oth, Esch). Schwarzes Lager (Oberkorn)	Zonen der Trig. navis und des Amm. toru-losus.
? Fossilarme Thone über den Torulosus-Sch. Brauner Jura α pars. Zone des Amm. torulosus.	Sch. m. Harpoc. stria-tulum. Oberregion: Thone. Unterregion: Thone.	Sch. m. Harpoc.fallo-ciosum. Sch. m. Harpoc. stria-tulum.	Nach oben sandige Mergel. Nach unten Knollen.	Zone des[1] Amm. jurensis.
Lias ζ. Zone des Amm. jurensis.	Meist fossilarme Thone.			
Lias ε.	Gelber sandiger Kalk. Thon mit Kalk-knollen. Bituminöse Schiefer.	Sch. mit Posidono-mya Bronni.	Nach oben Knollen.	Zone der Posid. Bronni.
Lias δ pars. Zone des Amm. sphinc-tus.	Sch. mit Amm. sphinc-tus.	Schichten mit Am. sphinctus.	Bituminöse Schiefer unten.	Zone des Amm. sphinctus.

Dogger.   Lias.

[1] Der Vergleich mit Schwaben ist nicht scharf durchzuführen, da in den dortigen wenig mächtigen Jurensis-Schichten sowohl Dumortierien als auch Harpoc. striatulum vorkommen.

Die vorstehende Tabelle enthält die Gliederung BRANCO's aus dem Jahre 1898 und die dem heutigen Standpunkt unserer Kenntnisse entsprechende für die Schichten vom mittleren Lias an aufwärts bis zu den sogenannten Sowerbyi-Schichten. Die beiden ersten Kolumnen wurden ohne Aenderung von BRANCO übernommen, soweit es sich um das nördliche Deutsch-Lothringen handelt. Die Angaben über das südliche Deutsch-Lothringen konnten weggelassen werden, da die unten folgenden Bemerkungen sich in erster Linie auf den nördlichen Landestheil beziehen. Die Bezeichnung Signalberg wurde durch die heute allgemein angewendete Stürzenberg ersetzt.

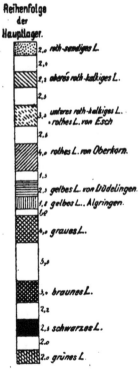

Reihenfolge der Hauptlager.

2,₀ roth-sandiges L.
2,₉
2,₈ oberes roth-kalkiges L.
2,₇
3,₂ unteres roth-kalkiges L. = rothes L. von Esch
2,₆
4,₀ rothes L. von Oberkorn.
1,₅
2,₃ gelbes L. von Düdelingen.
1,₈ gelbes L.. Algringen.
1,₀
4,₀ graues L.
5,₃
3,₀ braunes L.
2,₂
2,₁ schwarzes L.
2,₀
2,₀ grünes L.

In der dritten Kolumne stehen die jetzt unterschiedenen Abtheilungen. Sie wurden nach einzelnen für dieselben in unserem Gebiet bezeichnenden Versteinerungen benannt. Es sind dies z. Th. solche, die die Beziehungen des lothringischen Jura zu dem französischen leichter erkennen lassen, als zu dem schwäbischen. Die Erzlager wurden in der durch den Bergbau festgestellten Reihenfolge eingetragen.

Es sei hier bemerkt, dass die Erzlager für sich keine paläontologischen Horizonte darstellen. Nur gelegentlich sind sie reich an Versteinerungen, meist arm oder auch ganz fossilleer, während unter und über denselben liegende Schichten oft förmliche Lumachellen darstellen. Die Erzlager sind eben lokale Bildungen, die nicht einmal durch unser eng begrenztes Gebiet gleichartig anhalten. Zuweilen sind sie durch unbauwürdige Anhäufungen von Eisenoolithen angedeutet, zuweilen fehlt jede Spur derselben. Sorgfältige Feststellung ihrer Lagerung in den einzelnen Abbauen

und der Vergleich benachbarter Aufschlüsse gestattete aber doch
Herrn van Werveke, das auf der vorhergehenden Seite stehende
Idealprofil der Gesammtfolge der Hauptlager aufzustellen.

Abgesehen von dem tiefsten (dem schwarzen) und dem
höchsten (dem sandigen oder kieseligen) abgebauten Lager
fallen alle in eine einzige der gewöhnlich unterschiedenen
palaeontologischen Zonen (Zone der *Trigonia navis* oder des *Ammonites opalinus*). Man darf also von vorn herein keine grossen
faunistischen Unterschiede erwarten. Die Zweischaler z. B. gehen
in einer ganzen Anzahl von Formen von unten bis oben in
gleicher Association hindurch, ja man begegnet manchen derselben noch in den über der Erzformation folgenden Sowerbyi-Schichten. Empfindlicher sind die Ammoniten. Sie ändern, wenigstens z. Th., nicht unbeträchtlich ab und leisten für eine weitere
Gliederung der Erzformation noch die besten Dienste.

Wenn wir der Kürze wegen von der Fauna des schwarzen,
des braunen oder irgend eines andern Lagers reden, so verstehen
wir darunter die Fauna eines Schichtenkomplexes, in dem ein
Lager von einer bestimmten petrographischen Beschaffenheit auftritt, nicht etwa die Fauna nur dieses einen Lagers. Das Lager
selbst hat mit der Versteinerungsführung nichts zu thun, wir bedienen uns desselben nur als einer Marke in der Reihe der ihrer
Gesteinsbeschaffenheit nach schwer oder gar nicht zu unterscheidenden Schichten.

Dass unter solchen Verhältnissen von scharfen, durch vollständigen Wechsel der Faunen bezeichneten Grenzen nicht die
Rede sein kann, liegt auf der Hand.

Ohne den Bergbau würden wir weder in die Lagerungsverhältnisse, noch in die Fossilführung der Erzformation einen Einblick gewonnen haben. Es darf aber nicht ausser Acht gelassen
werden, dass trotz der Ausdehnung der Tagebaue und der Grubenanlagen die Aufschlüsse, besonders auf reichsländischem Gebiet,
noch ziemlich vereinzelt sind. Reichere Aufsammlungen von Versteinerungen können, sobald unterirdischer Abbau stattfindet, beinahe nur bei Stollen- und Schachtanlagen gemacht werden, weil
bei diesen alles durchfahrene Gestein gefördert und auf die Halde

gestürzt wird. Beim Abbau der Lager wird nur das Erz gewonnen, dies ist aber im Allgemeinen arm an Versteinerungen. Das Dach der Lager, oft sehr reich an Versteinerungen, bleibt stehen oder wird in der Grube versetzt. Trotz dieser der geologischen und paläontologischen Untersuchung hinderlichen Verhältnisse dürfte doch die oben aufgestellte Gliederung zutreffend sein. Sie wird im Einzelnen, besonders in palaeontologischer Richtung, noch weiter ausgestaltet werden können, wird aber schwerlich wesentliche Aenderungen erleiden.

Zur Erläuterung der Tabelle mögen die folgenden Bemerkungen dienen. Die erste und wesentlichste Aenderung der von BRANCO befürworteten Altersbestimmung seiner Abtheilungen wurde durch die Entdeckung einer Fauna von oberliasischem Charakter in der Unterregion seiner «Schichten mit *Gryphaea ferruginea* und *Trigonia navis*» nöthig. Formen wie *Harpoceras fallaciosum*, *Hammatoceras insigne* und *Lytoceras jurense* bewiesen die Gleichalterigkeit der betreffenden Schichten mit der obersten Stufe des elsässischen und schwäbischen Lias, den sogenannten Jurensis-Schichten. Die dunklen Thone mit *Harpoceras striatulum*, von BRANCO in den unteren Dogger gestellt, rücken nun in den oberen Lias und zwar an die Stelle, wo sie in Frankreich und England liegen, nämlich über die bituminösen Schiefer mit «*Posidonomya Bronni*» und unter die Jurensis-Schichten.

Einige häufigere Versteinerungen[1] dieser

1. Fallaciosus-Schichten,

wie ich für unser Gebiet sagen möchte, sind:

Discina reflexa SOW.
Pecten disciformis SCHBL.
Oxytoma Münsteri BR. sp.
Pinna opalina QU.

1. Einige Nachträge zu meiner früheren Arbeit (Abhandl. z. geolog. Spezialkarte v. Els.- Lothr. N. F. 1) und die Beschreibung der Versteinerungen der Erzformation sollen in einem der nächsten Hefte der genannten Abhandlungen erscheinen. Des leichteren Verständnisses wegen habe ich hier Versteinerungen mehrfach unter bisher üblicher Bezeichnung angeführt, die später zu ändern sein wird.

Astarte excavata Sow.

Gresslya major Ag.

Pholadomya fidicula Sow.

Belemnites irregularis Schl.

>   »   *meta* Blainv.

>   »   *conoideus* Opp.

>   »   *breviformis* Voltz.

>   »   *tripartitus* Schl.

>   »   *acuarius* Schl.

Hammatoceras insigne Schl. sp.

Harpoceras fallaciosum Bayle sp.

>   »   *dispansum* Lyc. sp.

Lytoceras jurense Ziet. sp.

Harpoceras fallaciosum ist der häufigste Ammonit. Die Belemniten fallen durch Massenhaftigkeit des Vorkommens und Mannigfaltigkeit der Gestaltung auf. *Belemnites irregularis* und *Bel. meta* sind besonders bezeichnend. Unter den Zweischalern befinden sich Formen, die man sonst gewohnt ist erst im Dogger anzutreffen.

Mit den oben genannten Formen habe ich früher auch einen *Ammonites striatulo-costatus* Qu. angeführt. Die Auffindung reicheren Materials und der Vergleich mit verwandten französischen Ammoniten veranlasst mich, diese Form jetzt *Ammonites (Dumortieria) Levesquei* Orb. zu benennen. Sie nimmt ein besonderes und zwar etwas höheres Lager als *Harp. fallaciosum* ein.

Die Fallaciosus-Schichten bestehen aus sandigen, grauen und grünlichen Mergeln, mit einzelnen eingelagerten festeren Bänken. Letztere enthalten strichweise Anhäufungen gelb gefärbter Körner eines chamositartigen Minerals. Auch die fleckige und flammige Zeichnung einiger Bänke ist bezeichnend.

An genügend aufgeschlossenen Punkten, wie in dem Eisenbahneinschnitt von Hayingen, sieht man nun, dass *Dumortieria Levesquei* in dicken, auf die Fallaciosus-Schichten folgenden Bänken eines glimmerreichen, in frischem Zustande graublauen, nach eingetretener Verwitterung gelben Sandsteins liegt, die nur hier und da von Mergellagen unterbrochen werden. Die chamositartigen Körner fehlen demselben.

In diesen

2. Levesquei-Schichten

wie ich sie nennen will, da Dumortierien auch noch in jüngeren Schichten häufig sind, kommen folgende Formen vor[1].

Gryphaea ferruginea Terq.

Gervillia Hartmanni Gldf.

» *subtortuosa* Opp.

Pinna opalina Qu.

Oxytoma Münsteri Br. sp.

Pholadomya reticulata Ag.

» *fidicula* Sow.

Trigonia formosa Lyc.

» *navis* Lmck.

Ceromya aalensis Qu. sp.

Gresslya major Ag.

Pleuromya unioides Roem. sp.

Belemnites rhenanus Opp.

» *tripartitus* Schl.

» *breviformis* Voltz.

Dumortieria Levesquei Orb. sp.

Harpoceras dispansum Lyc. sp.

Hammatoceras subinsigne Opp. sp.[2]

Ammoniten und Belemniten sind zwar häufig, aber weniger mannigfaltig als in den Fallaciosus-Schichten.

Wenn die Aufschlüsse ungenügend sind, ist die Unterscheidung der Fallaciosus- und Levesquei-Schichten schwierig, mitunter nicht scharf durchführbar. Das steile Ansteigen der geschlossenen Levesquei-Sandsteine giebt zwar meist einen Anhalt, aber schliesslich zerfallen auch die Sandsteine, und Gesteinsbrocken und Versteinerungen mischen sich an den Gehängen.

---

1. Ich nenne hier und weiterhin nur einige entweder häufige oder in irgend einer Beziehung — z. B. wegen der vertikalen Verbreitung — wichtige Arten.

2. Die Form ist nicht allzu selten, doch habe ich sie noch nicht selbst gefunden. Ich muss die Frage noch offen lassen, ob sie nicht über die Levesquei-Schichten nach oben hinauf geht.

Auf einen Umstand, der bei der Bestimmung der Ammoniten irre führen kann, möchte ich hier aufmerksam machen. In den sandig-mergeligen Gesteinen sind die inneren Windungen meist zerdrückt und nur die Wohnkammern erhalten. Letztere reichen aber zur sicheren Bestimmung nicht aus, besonders dann, wenn sie ebenfalls durch Druck etwas gelitten haben. Wohnkammern von *Dum. Levesquei* sind sehr häufig, Dunstkammern bekommt man selten zu sehen. Den ganz gleichen Erhaltungszustand zeigt nun *Harpoc. striatulum*. Wohnkammern desselben gehören zu den häufigsten Vorkommen, die inneren Windungen trifft man beinahe nur beim Zerschlagen von Knollen. Es ist mir sehr wahrscheinlich, dass die, zudem nur durch die wenig mächtigen Fallaciosus-Schichten getrennten Striatulus- und Dumortieria-Horizonte in Folge der Aehnlichkeit dieser Wohnkammern früher mitunter verwechselt sind.

Mit dem Auftreten der Dumortierien fällt die Entwicklung abbauwürdiger Erzlager zusammen. Das tiefste derselben ist, wenn wir von dem noch wenig bekannten grünen Lager absehen, das schwarze. Bei Oberkorn kommt *Dum. Levesquei* unter und über dem schwarzen Lager vor. An dem Eisenbahneinschnitt bei Hayingen ist das schwarze Lager nur durch Eisenscherben angedeutet, diese liegen aber mitten in Sandsteinen, welche *Dum. Levesquei* führen. *Harpoceras dispansum* kommt bereits in den Fallaciosus-Schichten vor, ich kenne ihn mit *Dumortieria Levesquei* zusammen unter, in und über dem schwarzen Lager.

Wo sollen wir nun die Grenze zwischen Lias und Dogger ziehen? In unserem Gebiet sind die Dumortierien eingewandert, sie fehlen in den Fallaciosus-Schichten vollständig. Wenn auch die petrographische Grenze zwischen Fallaciosus-Schichten und Levesquei-Schichten nicht immer leicht zu ziehen ist, so können wir doch nach diesem palaeontologischen Moment hier einen Schnitt machen. Haug hat das schon früher befürwortet.

Im Elsass und in Schwaben kommen aber *Harp. dispansum* und die der *Dumortieria Levesquei* nahe stehende *Dum. striatulocostata* Qu. sp. p. p. in den obersten Lagen der Jurensis-Schichten mit *Hammat. insigne* vor. Wollte man nun in diesen Gebieten ebenso verfahren, wie in Lothringen, so müsste man die Grenze zwischen Lias und Dogger noch in die grauen Mergel der Jurensis-Schichten legen. Das wäre praktisch nicht durchführbar. Wir werden später sehen, dass ein anderer Ammonit, *Harpoc. aälense*, den man in Schwaben als eine bezeichnende Form des obersten Lias ansieht, bei uns bis unmittelbar unter die Schichten mit *Ludwigia Murchisonae* hinaufgeht. Es giebt 'eben keine allgemein gültigen palaeontologischen Grenzen.

Die von 'mir unlängst gemachte Angabe, dass das Erz in Lothringen nicht, wie früher angenommen, erst im Dogger, sondern bereits im Lias auftrete, war richtig, so lange Fallaciosus- und Levesquei-Schichten zusammen in den Lias gestellt wurden. Rechnet man, wie in unserer Tabelle geschehen, die Levesquei-Schichten zum Dogger, so kommt auch unser unterstes abbauwürdiges Lager, das schwarze, in den Dogger. Da aber in den Fallaciosus-Schichten Anreicherungen von Eisenerzkörnern vorkommen und weiter südlich bei la Verpillière Eisenstein in den Bifrons- und Insignis-Schichten abgebaut wurde, so ist damit jedenfalls bewiesen, dass die Eisensteinslager hier im Westen so wenig wie anderswo an bestimmte Horizonte gebunden sind.

Unter schwarzem Lager habe ich in den vorstehenden Auseinandersetzungen das tiefste Lager von Oberkorn, Differdingen u. s. w. verstanden. Es wird auch ein schwarzes Lager bei Maringen westlich von Maizières bei Metz unterschieden. Es ist mir nicht unwahrscheinlich, dass dasselbe etwas höher liegt, als die genannten luxemburgischen Lager. In letzteren habe ich niemals Formen wie *Harpoc. subcomptum* BRCO. gesehen, die in höheren Horizonten nicht selten sind. Sie kommen aber in der Region des schwarzen Maringer Lagers vor. Daneben finden sich daselbst *Belemnites incurvatus* Z., *irregularis* SCHL., *rhenanus* OPP. in riesigen Exemplaren, *subgiganteus* BRCO. und eine Anzahl Zweischaler. *Dum. Levesquei* und *Harp. dispansum* scheinen ganz zu fehlen.

Der Gesteinsbeschaffenheit nach würde man das Maringer (unterste) Lager als schwarzes bezeichnen können. Nun fehlt aber darüber das weitverbreitete graue Lager und es folgt sofort das gelbe, paläontologisch mit dem grauen anderer Punkte überein-

stimmende. Die Lagerungsfolge stimmt also jedenfalls nicht mit
der anderer Punkte und es kann immerhin sein, dass das schwarze
Maringer Lager einem etwas höheren Horizonte angehört als das
schwarze von Oberkorn u. s. w.

BRANCO unterschied zwei Gruppen von Erzlagern oder Flötzen,
untere und obere, und vertheilte sie in seine Schichten mit *Gryphaea ferruginea* und *Trigonia navis* einer- mit *Harpoceras Murchisonae* und *Pholadomya reticulata* andererseits in der Weise, dass
er die besprochenen schwarzen (damals noch wenig bekannten),
das braune und graue der unteren, die rothen der oberen Gruppe
zurechnete.

Wir müssen jetzt etwas anders gruppiren und dabei die
einzelnen Lager schärfer trennen. In der von VAN WERVEKE
gegebenen Uebersicht der Hauptlager (siehe Seite 145) folgen über
dem schwarzen das braune und das graue Lager. Beide führen
nicht mehr *Dum. Levesquei,* dafür andere Dumortierien, die man
als Nachkommen von ersterer ansehen kann, daneben andere den
tieferen Schichten nach fehlende Ammoniten. Jedes dieser Lager
hat seine palaeontologischen Eigenthümlichkeiten, die aber nicht
so durchgreifend sind, dass man nach denselben besondere Abtheilungen aufstellen kann. *Dumortieria subundulata,* im weitesten
Sinne, als Bezeichnung für eine ganze Anzahl von Formen, ist
in erster Linie leitend, dazu tritt, besonders im grauen Lager,
nicht selten *Lioceras opalinum.* Das gelbe Lager von Algringen
hat palaeontologisch ganz denselben Character wie das graue. Handstücke der Zweischalerbänke aus dem Hangenden der beiden
Lager enthalten dieselben Formen in so gleicher Erhaltung, dass
eine Unterscheidung ganz unmöglich ist. Aus einem zweiten gelben
Lager (nach dem Vorkommen bei Düdelingen auf der Uebersicht
von VAN WERVEKE bezeichnet) liegen nur wenige Versteinerungen
vor. Es gehört aber zweifellos in diese Abtheilung, da derselben
auch noch höher folgende Lager zufallen.

Bei dem rothen Lager ist der Zusatz «von Oberkorn» nothwendig, weil die Bezeichnung Rothes Lager auch für ein anderes
Lager angewendet worden ist, welches demselben nicht gleich
gestellt werden darf, z. B. in den Tagebauen von Esch. Dies

Oberkorner rothe Lager führt nun auch noch *Dum. subundulata*, kann also mit den nächst tieferen Lagern in eine Abtheilung gestellt werden.

Die noch übrigen Lager stellte BRANCO in seine Schichten mit *Harpoceras Murchisonae* und *Pholadomya reticulata*. Es sind dies die beiden rothkalkigen Lager (zum Unterschied von dem besprochenen rothen) und das rothsandige Lager, das oberste aller Lager.

Die palaeontologische Charakteristik dieser oberen Flötze ist noch ungenügend und zwar in erster Linie wegen der schlechten Erhaltung der Versteinerungen. In dem grauen Flötz und den dasselbe umschliessenden Schichten sind die aus weissem Kalkspath bestehenden Schalen von einer schützenden Rinde eines grünen Eisenoxydulsilikates umgeben. Sie haben sich daher vortrefflich erhalten, und wenn das Gestein einige Jahre auf der Halde gelegen hat, wittern die Schalen frei heraus oder lassen sich herauspräpariren. In den rothkalkigen und den rothsandigen Lagern, besonders in den das Hangende derselben bildenden Lumachellen, sind die Schalen (mit Ausnahme der Austern) aufgelöst. Man hat es also mit Steinkernen zu thun, die vielfach nur eine unsichere Bestimmung zulassen. Die Häufigkeit der Versteinerungen, wenigstens der Zweischaler, ist aber nicht geringer als in tieferen Lagern und soweit man nach vereinzelten Fällen besserer Erhaltung erkennen kann, bleibt der Character der Zweischalerfauna derselbe. Die Ammoniten scheinen aber weniger mannigfaltig und von lokalen Anhäufungen einzelner vertikal verbreiteter Formen, wie des *Harp. aalense* abgesehen, seltener zu sein. Stellenweise trifft man die Schalen noch erhalten, dann aber mit dem kalkigen Gestein so innig verwachsen, dass ein Herauspräpariren unmöglich ist. Die Atmosphärilien kommen dem Palaeontologen hier nicht zu Hülfe, da Gestein und Schalen von denselben aufgelöst werden. Es fehlt eben der in den tieferen Schichten das Zerfallen zu mürben Massen bedingende Thon- und Sandgehalt. Etwas günstiger liegen die Verhältnisse in dem rothsandigen Lager und dessen Umgebung, wo die Sandkörner einen auflockernden Einfluss ausüben und in manchen Bänken, wie dem Conglomerat des Katzenberges bei Esch, ein Präpariren ermöglichen.

Es hat sich nun niemals in den beiden, wie es scheint nach jeder Richtung ganz gleichartig entwickelten rothkalkigen Lagern eine Spur von *Ludw. Murchisonae* gefunden. Wenn diese Form aus denselben angeführt wurde, so lag eine Verwechslung mit grobrippigem *Harp. aalense* vor.

Branco war aber ganz im Recht, wenn er *Amm. Murchisonae* aus seinen oberen Flötzen anführte. Nur ist das Vorkommen nach dem mir zur Verfügung stehendem Material auf das rothsandige Lager und über demselben liegende merglige Sandsteine beschränkt.

Da nun *Harpoc. aalense* in der Region des rothkalkigen Lagers noch sehr häufig ist, höheren Schichten aber fehlt, da ferner in den rothkalkigen Lagern einige Ammoniten gefunden wurden, die mit *Lioc. opalinum* übereinstimmen oder dieser Form sehr nahe stehen, so habe ich einen Abschnitt zwischen dem rothkalkigen und dem rothsandigen Lager angenommen. Vielleicht werden spätere Versteinerungsfunde es ermöglichen, die rothkalkigen Lager auch von den tieferen Lagern schärfer zu trennen. Vor der Hand fehlen die nöthigen Anhaltspunkte dazu.

Bemerkenswerth ist, dass die rothkalkigen Lager im östlichen Theil des Erzrevieres (Stürzenberg, östlich vom Algringer Thal, Maringen) fehlen. Das Meer, in welchem sie sich niederschlugen, reichte nicht bis in die Gegend des heutigen Moselthales.

Wir unterscheiden also eine weitere Abtheilung als

3. Schichten der *Dumortieria subundulata* und des *Lioceras opalinum*.

Innerhalb dieser Abtheilung müssen wir uns an die in ihrer Aufeinanderfolge feststehenden Hauptlager halten. Bei den unten folgenden Angaben ist aber zu beachten, dass die Aufschlüsse, an denen reichere Aufsammlungen gemacht werden konnten, zunächst noch ziemlich vereinzelt sind. Manche jetzt hervortretende Eigenthümlichkeiten einzelner Fundstellen werden vielleicht später, wenn neue Aufschlüsse die jetzt bekannten verbinden werden, weniger scharf hervortreten. Wenn wir aber berücksichtigen, dass die Lager eine ungleiche Verbreitung haben und in ihrer Mächtigkeit

grossen Schwankungen unterliegen, dass ebenso die Mächtigkeiten
der die Lager trennenden Zwischenmittel bedeutend wechseln,
so ergibt sich eine gewisse Verschiedenheit der Sedimentations-
bedingungen, die ein mannigfaltiges Relief des Meeresgrundes
voraussusetzen zwingt. Dass unter solchen Umständen sich in geringer Entfernung verschiedenartige Faunen ansiedeln konnten,
kann nicht bezweifelt werden. Eine plötzliche Aenderung der letzteren in horizontaler Erstreckung kann daher auch thatsächlich
stattfinden und nicht nur in Folge der Unvollständigkeit der Beobachtung scheinbar hervortreten.

a) Das braune Lager (Deutsch-Oth).

Versteinerungen des braunen Lagers liegen mir besonders
aus der Grube St. Michel und von Esch vor. Letztere befinden
sich in der ehemaligen LEESBERG'schen Sammlung, jetzt dem Athe-
näum in Luxemburg gehörig. Sie wurden mir von Herrn Professor
PETRY in liberalster Weise zur Untersuchung anvertraut.

Ich führe folgende häufigere Formen an:

Gryphaea ferruginea TERQ.
Pecten lens aut.
   »   *textorius torulosi* QU.
Lima duplicata SOW.
Ctenostreon pectiniforme SCHL. sp.
Gervillia Hartmanni GLDF.
   »   *subtortuosa* OPP.
Perna rugosa GLDF.
Gresslya major AG.
Pleuromga unioides ROEM. sp.
Pholadomya Frickensis MÖSCH.
Homomya obtusa AG.
Belemnites rhenanus OPP.
   »   *conoideus* OPP.
   »   *Quenstedti* OPP.
Dumortieria Haugi n. f.
   »   *Bleicheri* n. f.
   »   *subundulata* BRC.

Dumortieria pseudoradiosa Brc.

>   *Moorei* Lyc.

Harpoc. subcomptum Brco.

Lytoceras Wrighti Buckm. (*dilucidus* aut.).

Auffallend ist das häufige Vorkommen gewisser Zweischaler-
formen wie *Ctenostreon pectiniforme* in diesem Horizont. Im Elsass
oder in Schwaben würde man in Opalinus-Schichten umsonst nach
derselben suchen. Charakteristisch ist das Verhalten der Dumortierien. Neben Formen die später noch häufig sind (*D. subundulata*,
pseudoradiosa) treten eine Anzahl eigenthümlicher Formen auf, die
ich glaube mit besonderen Namen belegen zu sollen (*D. Haugi*,
Bleicheri). Eine derselben hat Haug als *D. subundulata* var. stria-
tulo-costata bereits unterschieden. Es scheint mir, dass sie von Quenstedt's *Ammonites striatulo-costatus* getrennt zu halten ist. Ich
werde darauf zurückkommen, wenn die nothwendigen Abbildungen
beigefügt werden können. *Dumortieria Levesquei* ist verschwunden.

b) **Das graue Lager und das gelbe Lager von Algringen-Maringen.**

Hier haben wir den grössten Versteinerungsreichthum, insbesondere die Anhäufungen von Zweischalern zu Lumachellen im
Hangenden der Lager. Allerdings ist im Auge zu behalten, dass
gerade hier der Erhaltungszustand ein besonders günstiger ist,
wodurch die Bestimmung erleichtert wird. Folgende Formen mögen
genannt sein:

Rhynchonella Friereni Brco.

Gryphaea ferruginea Terq.

Ostrea calceola Z.

Pecten disciformis Schbl.

>   *lens* aut.

Lima duplicata Sow.

Gervillia Hartmanni Gldf.

Astarte aalensis Opr.

>   *detrita* Gldf.

>   *elegans* Sow.

>   n. sp.

Cucullaea aalensis Qu.

Macrodon hirsonensis ARCH. sp.

Trigonia navis LMCK.

- » *similis* AG.
- » *formosa* LYC.
- » *conjungens* PHIL.
- » *spinulosa* Y. u. B.
- » *v. costata* LYC.
- » *Zitteli* BRCO.
- » n. sp.

Protocardia striatula SOW.

Tancredia donaciformis LYC.

- » *compressa* TERQ.

Quenstedtia oblita PHILL. sp.

Cypricardia cf. *franconica* WAAG.

Ceromya aalensis QU. sp.

Gresslya major AG.

Goniomya Knorri AG.

Pholadomya fidicula SOW.

Homomya obtusa AG.

Lioceras opalinum REIN.

- » *comptum* REIN.

Harpoceras subcomptum BRCO.

- » *aalense* aut.[1]
- » *lotharingicum* BRCO.

Dumortieria radians BUCKM. (? REIN.).

Hammatoceras subinsigne OPP.[2] sp.

- » aff. *Sieboldi* BRCO.

Lytoceras Wrighti BUCKM.

Amaltheus Friedericii BRCO.

Unter den Zweischalern befinden sich viele Formen, die in Schwaben besonders in den Eisenerzen von Aalen mit *Ludwigia Murchisonae*, also in einem höheren Horizont, zusammenliegen. Eine ganze Anzahl gehen aber noch in die Sowerbyi-Schichten

---

1. In grosser Mannigfaltigkeit der Formen, so dass man entweder den Artbegriff weit fassen oder ins Unendliche spalten muss.

2. Siehe die Note S. 149.

hinauf — wenigstens nach den Angaben von Waagen, an denen um so weniger zu zweifeln ist, als auch die Schichten von Marbache und Forêt de Haye bei Nancy dieselben Astarten, Cypricardien, Tancredien führen wie unser graues Lager. Die oben als *Macrodon hirsonensis* benannte, auch bei Marbache (Nancy) vorkommende Form, hat zwar auf der Schale kräftige Runzeln, entbehrt aber der radialen Rippen, die *Macrod. rugosus* Buckm. bezeichnen. Unter allen Umständen steht sie der Form aus dem Oolith sehr nahe.

Ammoniten sind in den Zweischalerbänken nicht häufig. *Lioceras opalinum*, die ächte Form, ist besonders bezeichnend. *Harpoceras aalense* kommt in Menge bei Düdelingen vor, tritt an anderen Punkten zurück. Entweder haben wir es da mit lokalen Anhäufungen oder etwas verschiedenem Niveau zu thun. *Hammatoceras* aff. *Sieboldi* stammt jedenfalls von *Hamm. subinsigne* ab, welcher vielleicht hier noch vorkommt. *Amaltheus Friedericii* ist nicht selten, er geht noch höher hinauf.

c) Fauna des Stürzenberges.

Das Profil des Stürzenberges ist von besonderem Interesse, weil an dieser Stelle die Eisensteinslager bis auf eine Andeutung des grauen fehlen, also eine in gewissem Sinne normale Entwicklung vorliegt. Wir kennen von dort die Striatulus-Schichten, Vertreter der Fallaciosus-Schichten und Levesquei-Schichten. Letztere beide bilden den unteren Theil des Absturzes. Ueber diesem erhebt sich eine Reihe von Sandsteinbänken mit mergeligen Einlagerungen, in deren oberem Theile eine versteinerungsreiche Bank liegt, aus der die Mehrzahl der von dieser Stelle angeführten Fossilreste stammt. Branco führte bereits eine Liste derselben auf, nach der er die Bank in seine Oberregion der Schichten mit *Gryphaea ferruginea* und *Trigonia navis* stellte. Man kann sie als eine Vertretung der Region des grauen Lagers ansehen. Da man die Versteinerungen meist nur lose in den Schutthalden am unteren Theil des Gehänges sammeln kann, so ist nicht von allen Arten das Lager ganz sicher. Doch fehlt sicher *Dumortieria Levesquei* hier oben, während die Art in tiefer liegenden Schichten vorkommt.

Ueber der Vertretung des grauen Lagers folgen wenig mächtige, petrographisch ähnlich entwickelte Sandsteine und Mergel mit wenigen Versteinerungen bis zu den wieder besser charakterisirten «Sowerbyi-Schichten». Rothe Lager fehlen durchaus. Da wo eine Vertretung desselben etwa gesucht werden könnte, fand sich ein grobrippiger *Harpoceras aalense*, von der Varietät, die bei Villerupt zwischen den beiden roth-kalkigen Lagern häufig ist. BRANCO bestimmte sie als *Ammonites Murchisonae*, worin ich ihm nicht folgen kann. Es würde mit den Verhältnissen bei Algringen, Maringen und anderen im Osten des Erzrevieres gelegenen Punkten stimmen, wenn der Horizont der rothen Flötze hier, vielleicht bis auf eine schwache Vertretung, ausfiele. Die in unserem Gebiete überhaupt nicht mächtigen Murchisonschichten könnten durch wenige Meter Sandstein vertreten sein.

Ich nenne folgende Formen aus dem Horizont des grauen Lagers vom Stürzenberg:

Discina reflexa SOW.
Ostrea subirregularis BRCO.
Gryphaea ferruginea TERQ.
Gervillia Hartmanni GLDF.
  »   *subtortuosa* OPP.
Modiola gregaria GLDF.
Trigonia navis LMCK.
Tancredia donaciformis LYC.
Inoceramus cf. *dubius* SOW.
Gresslya major AG.
Pholadomya fidicula SOW.
Homomya obtusa AG.
Belemnites breviformis VOLTZ.
  »   *rhenanus* OPP.
  »   *conoideus* OPP.
  »   cf. *incurvatus* ZIET.
Dumortieria pseudoradiosa BRCO. sp.
  »   *subundulata* BRCO.[1] sp.
  »   *Leesbergi* BRCO. sp.

----

1. Alle drei von BRANCO unterschiedene Varietäten.

> *Harpoceras mactra* Dum.
> » *costula* Rein. sp.
> » *lotharingicum* Brco.
> » *subserrodens* Brco.
> » *aalense* aut.

Besonders bezeichnend sind die Dumortierien wie *subundulata* und *pseudoradiosa*. Branco's Originale stammen vom Stürzenberg. Es sind kleine, wenig ansehnliche Exemplare, was den Vergleich mit den grossen nahe stehenden Formen anderer Fundpunkte erschwert. Sonderbarer Weise hat sich hier, wo Ammoniten so häufig sind, *Lioceras opalinum* noch nicht gefunden.

d) Rothes Lager von Oberkorn.

Dieses Lager hat bisher wenige Versteinerungen geliefert. Es seien genannt:

> *Gryphaea ferruginea* Terq.
> *Pecten disciformis* Schbl.
> *Lima duplicata* Sow.
> » *Leesbergi* Brco.
> *Astarte detrita* Gldf.
> *Tancredia donaciformis* Lyc.
> » *compressa* Terq.
> *Belemnites rhenanus* Opp.
> *Dumortieria pseudoradiosa* Brco.
> *Amaltheus Friedericii* Brco.
> *Lytoceras Wrighti* Buckm.

Das Vorkommen von *Dumortieria pseudoradiosa*, die für das graue Lager so bezeichnend ist, veranlasst mich dieses rothe, übrigens nur lokal entwickelte Lager dem grauen Lager anzuschliessen.

e) Die rothkalkigen Lager.

Irgend ein Unterschied zwischen den beiden rothkalkigen Lagern, die durch ein verschieden mächtiges Zwischenmittel von höchstens 5 m getrennt sind, zuweilen auch beinahe zusammenfallen, scheint nicht zu bestehen. Die Lumachellen im Hangenden der Lager, der sogen. Bengelick, sind sehr reich an Zweischalern, die aber, wie oben angeführt wurde, meist als Steinkerne erhalten sind, oder wenn noch Schalen vorhanden sind, sich nur schwer aus dem Gestein herausarbeiten lassen.

Eine andere Beschaffenheit zeigen Zweischalerbänke, die etwas höher liegen und vielleicht besser mit dem rothsandigen Lager verbunden werden, auch vielleicht als Vertreter desselben gelten können. Sie sind ausgezeichnet durch das massenhafte Vorkommen grosser Formen, wie *Lima Leesbergi*, *Velopecten tuberculosus* GLDF. sp., die in tieferen Schichten nur vereinzelt auftreten. Im rothsandigen Lager wurde nun *Ludwigia Murchisonae* gefunden, aber nicht mit diesen grossen Zweischalern zusammen. Die Frage ist daher noch offen, ob man diese Bänke mit *Lima Leesbergi* und *Velopecten tuberculosus* zu den Schichten mit *Dumortieria subundulata* und *Lioceras opalinum* oder zu denen mit *Ludwigia Murchisonae* rechnen soll. Wahrscheinlich würde letzteres richtiger sein. Dieser Unsicherheit würde die Auffindung bezeichnender Ammoniten in den Zweischalerbänken ein Ende machen.

Versteinerungen der rothkalkigen Lager:

Terebratula sp.

Ostrea calceola Z.

Gryphaea ferruginea TERQ.

Pecten disciformis SCHBL.

    » *lens* aut.

Velopecten tuberculosus GLDF. sp.

Lima duplicata SOW.

    » *Leesbergi* BRCO.

Oxytoma Münsteri BR. sp.

Gervillia cf. *acuta* SOW.

Avicula n. sp.

Modiola cuneata SOW.

Pinna sp.

Cucullaea cf. *aalensis* QU.

Macrodon hirsonensis ARCH. sp.

Astarte detrita GLDF.

Trigonia costata SOW.

Trigonia formosa Lyc.[1]

Tancredia donaciformis Lyc.

   »   *compressa* Qu.

Ceromya aalensis Qu. sp.

Pleuromya unioides Roem. sp.

   »   *elongata* Ag.

Pholadomya reticulata Ag.

Belemnites rhenanus Opp.

   »   *conoideus* Opp.

   »   *breviformis* Voltz.

   »   cf. *incurvatus* Z.

   »   cf. *meta* Blainv.

Lioceras opalinum Rein. sp.

Harpoceras aalense aut.

   »   *fluitans* Dum.

Lytoceras Wrighti Buckm.

Das hier gefundene *Lioceras opalinum* gehört vielleicht einer der von Buckmann neuerdings unterschiedenen Formen seiner Scissi hemera an. Bemerkenswerth ist in diesem hohen Horizont das Auftreten von Belemnitenformen liasischen Gepräges, wie *B.* cf. *incurvatus* Z. und *meta* Blainv.

4. Die Schichten mit *Ludwigia Murchisonae.*

In den Horizont der *Ludwigia Murchisonae* sind ausser den genannten, in ihrer Stellung etwas zweifelhaften Bänken mit grossen Zweischalern, die eigenthümlichen Conglomerate zu stellen, die besonders über Tage bei Esch anstehen, aber auch beim Abteufen der Schächte Ida-Amalia und Friede (Aumetz) getroffen sind. Dieselben enthalten abgerollte Versteinerungen älterer Schichten, daneben aber auch Schalen von Muscheln, die zur Zeit der Bildung der Schichten gelebt zu haben scheinen. Unter dem aufgearbeiteten Material sind besonders Fragmente von Ammoniten häufig.

Folgende wenige Formen können aufgeführt werden:

    Montlivaultia sp.

    Terebratula sp.

---

[1] 1. Mehrere andere Trigonien, leider unbestimmbar, z. Th. jedenfalls dieselben wie im grauen Lager.

lens aut.

   »   *pumilus* LMCK.

Velopecten tuberculosus GLDF. sp.

Lima Leesbergi BRCO.

Macrodon hirsonensis ARCH. sp.

Astarte detrita GLDF.

Trigonia n. sp.

Die Korallen sind im Conglomerat häufig, in anderen Bänken selten. Bei der sonst grossen Seltenheit der Brachiopoden ist das Auftreten einer biplicaten Form, wohl derselben wie im rothkalkigen Lager, von Interesse. Die *Trigonia* ist eine grosse, schön und eigenthümlich verzierte Art, die noch nicht abgebildet zu sein scheint.

Erst über diesen Bildungen folgt das Hauptlager von

     Ludwigia Murchisonae SOW.

Es wurde mir von Herrn SCHMIDT in Esch am Galgenberg bei Esch gezeigt. In grauen, sandig mergeligen Bänken, welche dem untersten Theile der «Mergel über dem Erz» der Bergleute angehören, kommt eine Form häufig vor, welche nach der Complicirtheit der Lobenlinie eher mit *Lioceras bradfordense* BUCKM., als mit dem von BUCKMANN abgebildeten Typus von *Ludwigia Murchisonae* stimmt. Aus diesem selben Horizont stammen zweifellos BRANCO's Exemplare von Oettingen, «Oettange über der couche» etiquettirt. QUENSTEDT's *Murchisonae obtusus* (*Haugi* DOUV.) fehlt bisher ganz.

In den über den Murchison-Schichten folgenden Mergeln und Kalken kommen Sonninien, *Belemnites gingensis*, *Gryphaea sublobata* und andere Formen der «Sowerbyi-Schichten» vor. *Lioceras concavum* ist mir in Deutsch-Lothringen noch nicht vorgekommen, findet sich aber bei Marbache (Nancy). Auf diese höheren Schichten soll an dieser Stelle nicht eingegangen werden.

Bemerkt sei noch, dass die von BRANCO als leitend für seine beiden Abtheilungen der Erzformation angesehenen Versteinerungen z. Th. von unten bis oben durchgehen. *Gryphaea ferruginea* erfüllt noch ganze Bänke bis an das rothsandige Lager, *Pholadomya erticulata* kommt bereits im schwarzen Lager vor.

Profile zur Gliederung des reichsländischen Lias u. Doggers und Anleitung zu einigen geologischen Ausflügen in den lothringisch-luxemburgischen Jura.

Von

Landesgeologe Dr. **L. van WERVEKE.**

———

Mit 15 Zinkographien und Taf. VI—X.

———————

Am 10. April wird der Oberrheinische geologische Verein seine diesjährige Versammlung in Diedenhofen abhalten und an den folgenden Tagen eine Reihe von geologischen Ausflügen in den lothringischen und luxemburgischen Jura daran anschliessen. Dem schwäbischen Jura, welcher der Mehrzahl der Mitglieder genau bekannt ist, steht der lothringische und mit ihm der luxemburgische Jura in einer ganzen Anzahl von Unterabtheilungen fremdartig gegenüber, und es schien deshalb wünschenswerth, den Theilnehmern an den Ausflügen feste Anhaltspunkte zur Orientirung über die Schichtenfolge in die Hand zu geben. Es wurde die Darstellung in Profilen gewählt, da diese am raschesten einen Ueberblick über Mächtigkeiten, Ausbildung der Schichten und leitende Versteinerungen gewähren.

Der lothringischen Entwickelung ist zum Vergleich die elsässische gegenüber gestellt. Sie schliesst sich der schwäbischen für den grössten Theil der Schichten vollständig an, für einen andern Theil, so für einige Schichten des mittleren und des oberen

Doggers, stellt sie sich als Bindeglied zwischen der rechtsrheinischen und der lothringischen Entwickelung dar.

Die Beschreibung der Ausflüge soll den Theilnehmern eine gewisse Selbständigkeit gewähren und auch anderen Interessenten, ich denke dabei besonders an die Bergschüler, es ermöglichen, sich aus eigener Anschauung ein Bild der lothringischen Jurabildungen zu verschaffen.

I. Gliederung des reichsländischen Lias und Doggers.

Die Profile sind sämmtlich im Maassstab 1 : 500 gezeichnet, wobei also 1 mm der Zeichnung 0,5 m in der Natur entspricht. Die graphischen Bezeichnungen der verschiedenen Gesteinsarten sind die üblichen. Je nach der Dicke der Bänke verschieden grosse, einfache Backsteinzeichnung stellt Kalksteine dar, eingestreute Punkte deuten Sandsteinbänke an. Thon ist durch volle, Mergel durch gerissene dünne Linien wiedergegeben, sandiger Mergel durch Einfügung von Punkten in die Zeichnung der letzteren. Für feste, kalkreiche Mergel ist die Mergelbezeichnung mit senkrecht zwischengeschobenen, kurzen Querstrichen verwandt. Kleine Ellipsoide zeigen das Vorkommen von Knollen an.

167

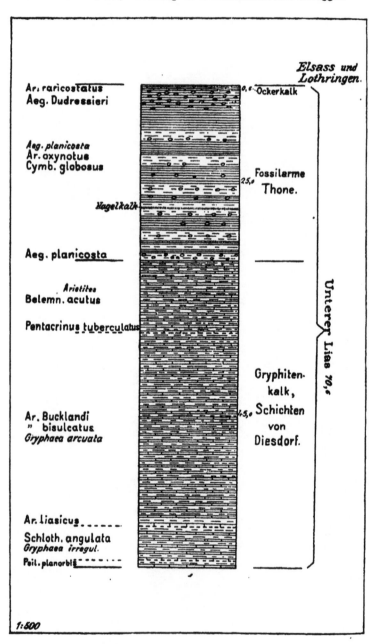

Elsass und Lothringen.

Ar. raricostatus
Aeg. Dudressieri
Ockerkalk

Aeg. planicosta
Ar. oxynotus
Cymb. globosus

Fossilarme Thone.

Nagelkalk

Aeg. planicosta

Aristites
Belemn. acutus

Pentacrinus tuberculatus

Gryphiten-
kalk,
Schichten
von
Diesdorf.

Ar. Bucklandi
" bisulcatus
Gryphaea arcuata

Ar. liasicus
Schloth. angulata
Gryphaea irregul.
Psil. planorbis

Unterer Lias 70,₆

1:500

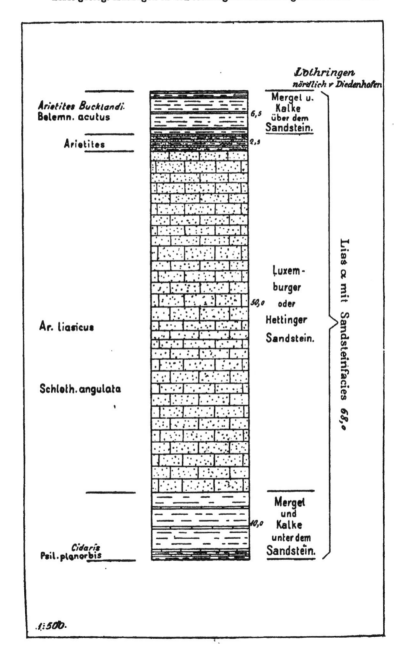

Lothringen
nördlich v Diedenhofen

Mergel u.
Kalke
über dem
Sandstein.

Arietites Bucklandi.
Belemn. acutus

Arietites

Ar. liasicus

Schloth. angulata

Luxem-
burger
oder
Hettinger
Sandstein.

Lias α mit Sandsteinfacies 68,0

Mergel
und
Kalke
unter dem
Sandstein.

Cidaris
Psil. planorbis

6,5

2,5

50,0

40,0

1:500.

170

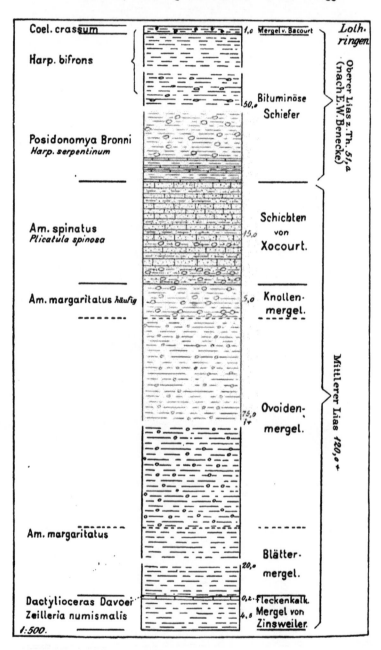

Coel. crassum

Harp. bifrons

Posidonomya Bronni
Harp. serpentinum

Am. spinatus
Plicatula spinosa

Am. margaritatus *häufig*

Am. margaritatus

Dactylioceras Davoei
Zeilleria numismalis

1:500.

1,0 Mergel v. Bacourt

50,0 Bituminöse Schiefer

Schichten von Xocourt.

15,0

Knollen- mergel.

5,0

Ovoiden- mergel.

75,0 *1+*

Blätter- mergel.

20,0

0,2 Fleckenkalk.
4,5 Mergel von Zinsweiler.

Loth- ringen.

Oberer Lias z. Th. *51,0* (nach E. W. Benecke)

Mittlerer Lias *120,0+*

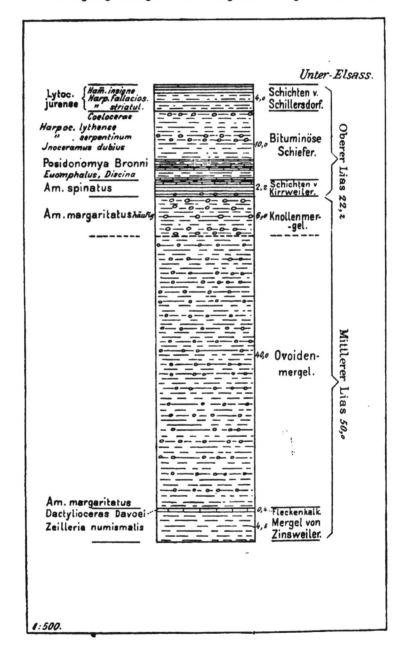

Unter-Elsass.

Lytoc. { Ham. insigne
jurense { Harp. fallacios.
              " striatul.
Coeloceras
Harpoc. lythense
    "   . serpentinum
Jnoceramus dubius

Posidonomya Bronni
Euomphalus, Discina
Am. spinatus

Am. margaritatus häufig

Am. margaritatus
Dactylioceras Davoei
Zeilleria numismalis

4,0 Schichten v.
Schillersdorf.

10,0 Bituminöse
Schiefer.

2,2 Schichten v
Kirrweiler.

6,0 Knollenmer-
-gel.

40,0 Ovoiden-
mergel.

0,4 Fleckenkalk
4,5 Mergel von
Zinsweiler.

Oberer Lias 22,2

Mittlerer Lias 50,0

1:500.

174

175

Ludwigia Murchisonae

Harpoceras aalense

Gervillia Hartmanni, subtortuosa, Trig.
navis, Tancredia donaeiformis,
Dumortieria subundulata, pseudo-
radiosa, Harp. costula
　　　Gervillia Hartmanni
　　　　"　　subtortuosa
　　Pholadomya fidicula
　　Trigonia navis
　　Ceromya aalensis ·
　　Belemn. rhenanus
　　Dumortieria Levesquei
　　Harpoc. dispansum

Ham. insigne
Harpoc. dispansum
　　"　　fallaciosum
Belemn. conoideus
　　"　　meta
　　"　　irregularis
Pleuromya unioides
Pecten pumilus
　　"　disciformis

?Dumor-
tieria.

?Harpoc.
striatul.
Belemn.
irregular.

Austernbank

Harpoc. striatulum
Belemn. irregularis
　　"　　rhenanus
　　"　　acuarius

Harpoc. striatulum
Belemn. irregularis
Astarte Voltzii
Cerithium armatum
Trochus subduplicatus

1:500.　　*Coeloceras crassum*

Lothringen

Erz-
formation

(am

Stürzen-

berg).

25,0

Sandige
Mergel
und
Sandsteine

vom

Stürzen-
berg.

25

Mergel
(und
Thone)

von

Bevingen.

35,0

Mergel

von

Oetringen.

10,0

Unterer Dogger: n. E. W. Benecke 25,0+

Oberer Lias z. Th. nach E. W. Benecke 70,0

Elsass.

Pseudomonilis elegans
Pecten personatus
 "   disciformis
Pholadomya reticulata
Ludwig. Murchisonae

Sandsteine
von
Schalken-
dorf.

20,9

Gervillia Hartmanni
 "   subtortuosa
Modiola gregaria
Nucula Hammeri
Trigonia navis
Lucina plana
Pronoë trigonellaris
Belemn. digitalis(irregul)
 "   rhenanus
 "   conoideus
Lytoc. torulosum
Ham. subinsigne
Dumortieria undulata
 "   Levesquei
Harpoc. costula
 "   aalense
 "   pseudoradiosum
 "   opalinum
 "   subcomptum

Thone
und
Mergel
von
Gunders-
hofen.

42,0

Unterer Dogger 102,0

Thecocyathus mactra
Astarte Voltzii
Trochus subduplicatus
Cerithium armatum

Thone
und
Mergel
von
Prinzheim.

40,0

Lytoc.
jurense { Ham. insigne
 Harp. fallacios.
 "   striatul.

Mergel von
Schillersdorf.
Bituminöse
Schiefer.

4,0

Oberer
Lias

1:500.

178

179

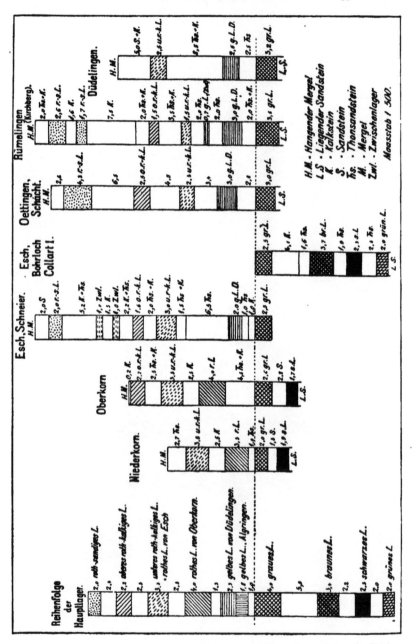

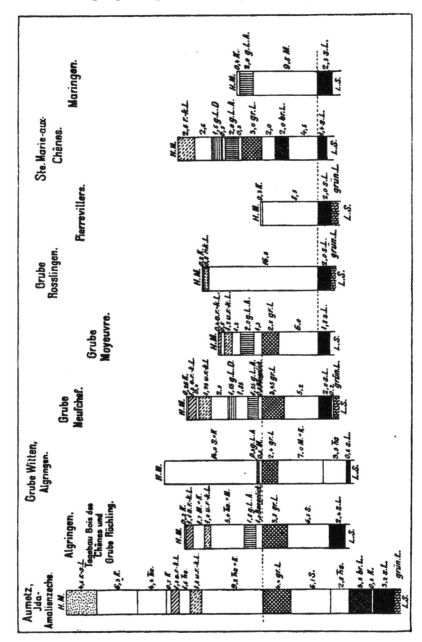

182

183

Cosmoceras garantianum			Loth-ringen.
Terebratula ventricosa Lima semicircularis Pecten lens Pinna Buchi Modiola cuneata Pholadomya Murchisoni Homomya gibbosa **Stephanoceras Blagdeni**	22,0	Mergel und Kalke von Fentsch.	
Ostrea explanata Pseudomonotis echinata Trigonia costata ,, signata	10,0	Other Kalk.	
Anomia sp. Pecten disciformis Bourguetia Saemanni	8,0	Mergel u. Kalke von La Hutie.	
Pecten disciformis Cucullaea elongata Trigonia signata Sonninia tessoniana **Sphaeroceras polyschides** ,, Sauzei **Stephanoceras Bayleanus**	31,0	Hohe-brückener Kalk.	
Cancellophycus scoparius	6,0	Kalk von Oettingen.	
Montlivaultia sessilis Rhynchonella oligocantha Gryphaea sublobata Ctenostreon pectiniforme Perna crassitesta Belemnites gingensis **Sonninia Sowerbyi** auf	24,0	Mergel und Kalke von Charennes. (Mergel über dem Erz.)	

Mittlerer Dogger, Korallenkalkfreie Ausbildung. 101,0

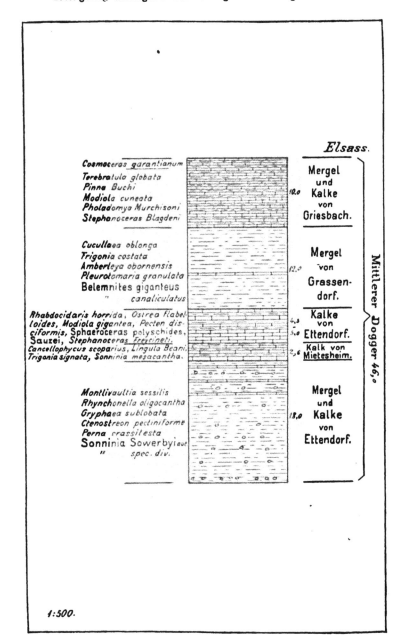

Cosmoceras garantianum
Terebratula globata
Pinna Buchi
Modiola cuneata
Pholadomya Murchisoni
Stephanoceras Blagdeni

Cucullaea oblonga
Trigonia costata
Amberleya obornensis
Pleurotomaria granulata
Belemnites giganteus
    "   canaliculatus

Rhabdocidaris horrida, Ostrea flabel-
loides, Modiola gigantea, Pecten dis-
ciformis, Sphaeroceras polyschides,
Sauzei, *Stephanoceras Freycineti.*
Cancellophycus scoparius, *Lingula Beani,*
Trigonia signata, Sonninia mesacantha.

Montlivaultia sessilis
Rhynchonella oligocantha
Gryphaea sublobata
Ctenostreon pectiniforme
Perna crassitesta
Sonninia Sowerbyi
    "   spec. div.

Elsass.

Mergel
und
Kalke
von
Griesbach.

Mergel
von
Grassen-
dorf.

Kalke
von
Ettendorf.
Kalk von
Mietesheim.

Mergel
und
Kalke
von
Ettendorf.

Mittlerer Dogger 46,0

1:500.

186

187

Oolith von Jaumont..   *Loth-*
                        ringen.

Ostrea acuminata   Austernfacies des
                        Ool. v. Jaumont.

Ostrea acuminata   Austernfacies
                    5,5 der Schichten
                        von Fentsch.

Stephanoceras Blagdeni
Jsastraea Bernardiana   Korallen-
Thamnastraea Terquemi   8,0
Cidaris cucumifera   kalk.
Rhynchonella Pallas
Pecten ambiguus
Bourguetia Saemanni
Stephanoceras Humphriesi

Pseudomonotis echinata Nonkeiler
                    10,0   Kalk.

Lima semicircularis   Mergel
Belemnites giganteus 10,0 von
                        Deutsch-
                        Oth.

Ostrea explanata
Pseudomonotis echinata
Trigonia signata   Kalk
    "   costata   von

                        Deutsch-
                    31,0   Oth.

                        (Other

                        Kalk.)

                        Hohebrücke-
                        ner Kalk.

Oberer Theil des mittleren Doggers mit Einschaltung von Korallenkalk.

1:500.

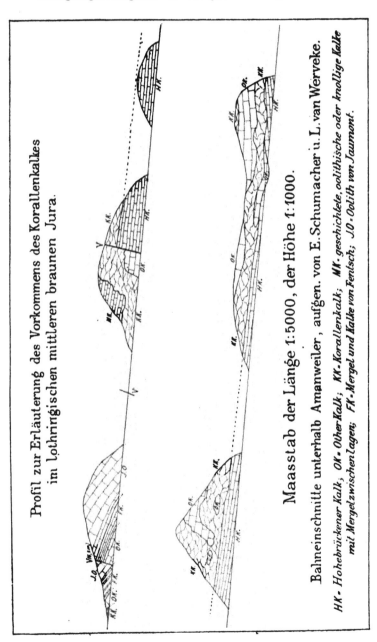

Profil zur Erläuterung des Vorkommens des Korallenkalkes
im lothringischen mittleren braunen Jura.

Maasstab der Länge 1:5000, der Höhe 1:1000.

Bahneinschnitte unterhalb Amanweiler, aufgen. von E. Schumacher u. L. van Werveke.

HK = Hohebrückener Kalk; OK = Other-Kalk; KK = Korallenkalk; MK = geschichtete, oolithische oder knollige Kalke mit Mergelzwischenlagen; FK = Mergel und Kalke von Fentsch; JO = Oolith von Jaumont.

110

ノラ1

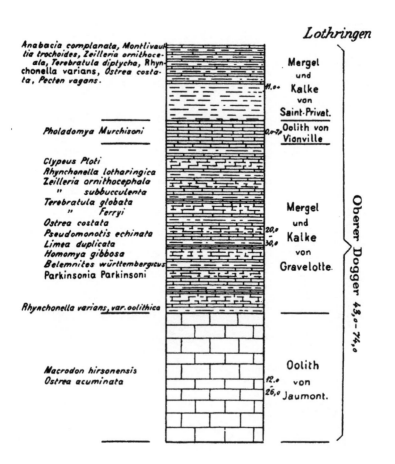

Lothringen

Anabacia complanata, Montlivaultia trochoides, Zeilleria ornithoce-ala, Terebratula diptycha, Rhynchonella varians, Ostrea costa-ta, Pecten vagans.

Mergel und Kalke von Saint-Privat.

Pholadomya Murchisoni

Oolith von Vionville

Clypeus Ploti
Rhynchonella lotharingica
Zeilleria ornithocephala
"   subbucculenta
Terebratula globata
"   Ferryi
Ostrea costata
Pseudomonotis echinata
Limea duplicata
Homomya gibbosa
Belemnites württembergicus
Parkinsonia Parkinsoni

Mergel und Kalke von Gravelotte.

Rhynchonella varians, var. oolithica

Macrodon hirsonensis
Ostrea acuminata

Oolith von Jaumont.

Oberer Dogger 43,0 — 74,0

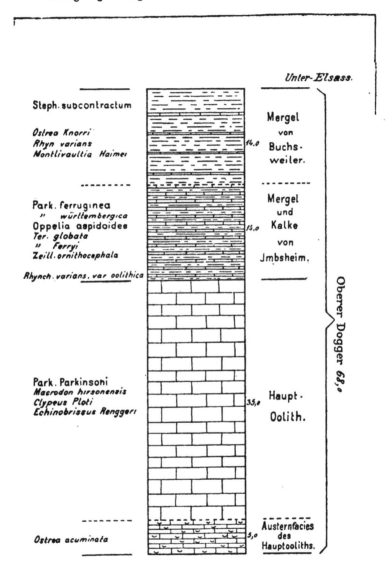

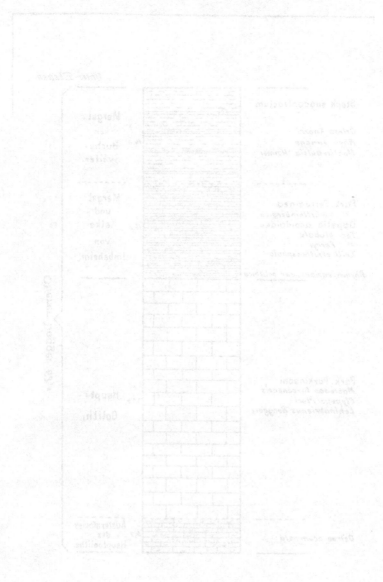

II. Geologische Ausflüge.

1. Von **Hayingen** bis **Rangwall** und zurück. — Mittlerer und oberer Dogger. — 8 km.

Vom Bahnhof wende man sich nach dem Orte Hayingen, überschreite die Hauptstrasse und folge der Strasse nach Rangwall, die an der Ostseite der Côte Raider (soll wohl côte raide = steiler Hang heissen) auf das Plateau hinaufführt. Aufschlüsse fehlen im ersten Theil des Aufstieges. Auf der rechten Seite bemerkt man im Thal, das in südwestlicher Richtung gegen Neunhäuser (Neufchef) sich erstreckt, die Förderbahnen der Gruben Neufchef und Hayingen.

An dem Feldweg, der bei Curve 260 rechter Hand in den Hintergrund des längs der Strasse sich hinziehenden Thälchens abzweigt, hat man links über sich auf trockenen Weideflächen kleine alte Steinbrüche, die in Hohebrückener Kalk stehen; man erkennt die braunen, plattig zerfallenden Kalke schon vom Wege aus. Weiterhin, im Einschnitt auf der linken Seite der Strasse, treten, allerdings nicht gut aufgeschlossen, Mergel mit Cancellophycuskalken (Schichten von Oettingen) heraus, und in der grossen Biegung gelangt man in den Hohebrückener Kalk, zunächst in lose Trümmer, später in anstehende Bänke. In ersteren sind Platten, welche vollständig mit einem grossen *Pecten personatus* bedeckt sind, häufig, in den anstehenden Kalken macht sich eine Bank mit *Pecten disciformis* besonders bemerkbar. Die obere Grenze dieser Abtheilung liegt 60 Schritt (50 m) unterhalb der Stelle, wo der Weg an den Wald herantritt.

Auf die braunen Kalke folgen zunächst wenige Bänke von knollig zerfallenden, thonigen Kalken, dann echter Korallenkalk, der reich an den bezeichnenden Versteinerungen ist. (*Isastraea Bernardiana, Thamnastraea Terquemi, Rhynchonella Pallas, Pecten ambiguus, Lima semicircularis, Bourguetia Saemanni*.) Er hält nur auf kurze Strecke an und wird überlagert von hellgrauen, thonigen Kalken, über welchen sich weisse, knollige, körnige Kalke einstellen, die viele Encrinitenglieder einschliessen. *Bourguetia Saemanni*, welche im Korallenkalk häufig ist, reicht bis in diese

Bänke hinein. Die etwa 2 m mächtigen, plattigen Kalke, die darüber zu Tage gehen, sind als Other Kalk anzusprechen, der, wie im Einschnitt der Bahn unterhalb Fentsch, von grauen, thonigen, knollig zerfallenden Kalken, welche mit Mergeln wechsellagern und mit diesen die Schichten von Fentsch (Blagdeni-Schichten) zusammensetzen, überdeckt wird. Die Grenze liegt 25 Schritt unterhalb eines Wasserdurchlasses. 30 Schritt bevor man jenseits des Waldes das Ackerland erreicht, legt sich Lehm auf diese Schichten auf.

Tritt man auf der linken Seite der Strasse auf die Weidenfläche hinaus, so trifft man in ihrem unteren Theil zahlreiche, z. Th. fossilführende Knollen aus den Blagdeni-Schichten. Die höchstliegenden sind vollständig angefüllt mit *Ostrea acuminata*. (Austernfacies der Schichten von Fentsch).

Im oberen Theil der Weidenfläche treten oolithische Bänke zu Tage, die fast ausschliesslich aus einem Gebäck derselben Muschel bestehen, und die gleichen Austernbänke stehen in einer kleinen Grube vor der Abzweigung des Weges an, der über die Côte Raider nach Hayingen führt. Man hat die Austernfacies des Hauptooliths vor sich, die hier eine Mächtigkeit von wenigstens 8 m aufweist. Wo man die Höhe des Plateaus erreicht, ist rechts in einer alten, flachen Grube echter Oolith von Jaumont aufgeschlossen.

Rückwärts schauend sieht man gegen NW und W das höhere Plateau westlich der Hayinger Verwerfung, gegen N hinter den tiefer liegenden Plateaus des Carte-Busches und des Hardt-Berges den Kegel des Michels-Berges hervorragen.

Das durchschrittene Profil weist für die Schichten zwischen dem Hohebrückener Kalk und dem Oolith von Jaumont wesentliche Abweichungen gegenüber demjenigen an der Bahnlinie zwischen Kneuttingen und Fentsch, das der Profilzeichnung auf S. 184 zu Grunde liegt und als Anhang zu diesem Ausflug mitgetheilt ist, in erster Linie durch das Vorkommen der Korallenkalke, dann durch die geringe Mächtigkeit des Other Kalks, schliesslich durch das Vorkommen von Austernbänken sowohl im obersten Theil der Schichten von Fentsch als im untersten Theil des Ooliths von Jaumont. Bei Fentsch haben wir an der Grenze zwischen Blagdeni-Schichten und Oolith, also zwischen mittlerem und oberem Dogger, dieselben Verhältnisse wie am Bastberg, hier zwischen Hayingen und Rangwall dieselbe Entwickelung der Schichten wie im Elsass an der Minwersheimer Kuppe und bei Ettendorf.[1] Die Austernfacies beginnt in den Blagdeni-Schichten und reicht bis in den Hauptoolith.

Von der genannten alten Grube im Oolith von Jaumont bis zur Abzweigung des Weges nach dem Hof Moreaux und nach Neunhäuser ist der Dogger durch Lehm verdeckt. Dicht unter der Abzweigung erkennt man die Auflagerung der Austernfacies des Ooliths auf die Austernfacies der Blagdeni-Schichten.[2] Schlägt man statt der Strasse den Pfad ein, der am Abhang auf der linken Seite getreten ist, so stösst man auf kleine, aber gute Aufschlüsse in diesen Schichten; die bezeichnende Auster ist, wenn auch meist zerbrochen, zu Tausenden aus den Mergeln ausgewittert. Die Mächtigkeit der Austernschichten beträgt nur wenige Meter, und man kommt tiefer schreitend schnell in die normalen Schichten von Fentsch (Blagdeni-Schichten). Zum Sammeln von Versteinerungen sind diese Aufschlüsse günstiger als die am anderen Thalhang. Manche Knollen bestehen fast nur aus *Pseudomonotis echinata*, andere umschliessen zahlreiche Terebrateln oder einen kleinen Zweischaler, der wohl der Gattung *Nucula* angehört. Lose

---

1. Geologischer Führer durch das Elsass, S. 156 u. 164.

2. Die Grenze des mittleren gegen den oberen Dogger liegt an der Strasse auf beiden Seiten des Rückens nahezu in gleicher Höhe. Nach den Curven des Messtischblattes Hayingen würde sie auf der Hayinger Seite in der Höhe von 322 m, auf der Rangwaller Seite in einer solchen von 325 m, also etwas höher durchschneiden. Für die Sohle des grauen Lagers hat der Abbau in der Grube Hayingen für den ersten Punkt die Höhenlage 220, für den zweiten die von 215 m ergeben, also ein schwaches Einfallen in entgegengesetzter Richtung. Es würde sich lohnen, festzustellen, ob etwa durch genaue Einmessung der Grenze eine bessere Uebereinstimmung erzielt werden kann, um einen Anhaltspunkt dafür zu haben, bis zu welchem Grade bei genauester Kartirung die an den zu Tage gehenden Schichten erkannten Lagerungsverhältnisse mit den durch den Bergbau erkannten übereinstimmen. Durch diesen ist ein flacher sich schwach gegen SW senkender Sattel nachgewiesen, der vom Nordrand des Bois du Four am Hof Moreaux vorbei gradlinig bis östlich Malgré-l'Eau streicht und sich hier im Bogen gegen NO wendet. Derartige flache Sättel werden wir mehrere nördlich von Gravelotte bis zur Orne kennen lernen.

findet man häufig eine grosse *Pholadomya*, selten *Pinna Buchi* und
den leitenden Ammoniten. Sowohl was Gestein als Versteinerungen
betrifft, kann man sich an die schönen Aufschlüsse an der Westseite des kleinen Bastberges bei Buchsweiler versetzt denken.

Der Pfad kehrt nach der Strasse zurück, die gleich nachher
klotzige Kalke des Korallenkalkes anschneidet. Hinter dem
Vorsprung, den diese bilden, untersuche man wieder den Abhang.
Oben hat man die normalen Schichten von Fentsch und unter diesen
plattigen, oolithischen Kalk, den Other Kalk. Die oberste Bank
sieht wie abgewaschen aus und ist stark von Bohrmuscheln durch-
löchert. Das gleiche Verhalten zeigt die oberste Bank des Other
Kalkes bei Deutsch-Oth, doch kommt dort ausserdem eine grosse
flache Auster auf der Grenzfläche vor. Unter dem geringmächtigen
Other Kalk ist Korallenkalk aufgeschlossen. Die Korallen sind
vielfach sehr schön herausgewittert, besonders da, wo der Abhang
sich nach dem nächsten Seitenthälchen umwendet.

Auf die Strasse zurückgekehrt, kommt man bald an gut auf-
geschlossenem, horizontal gelagertem Hohebrückener Kalk vorbei. Neben den am Abhang gegen Hayingen erwähnten Bänken
findet man auch die im Steinbruche an der Hohebrückener
Mühle vorkommenden Bänke mit *Trigonia signata*. Tiefer, gegen
Rangwall, sind keine Aufschlüsse vorhanden, und man trete deshalb den Rückweg an.

Anhang.

Profil durch die korallenkalkfreie Ausbildung des mittleren braunen Jura bei Fentsch (Bahneinschnitt).

(Vergl. Profil S. 184.)

Oolith von Jaumont.........................	2,50 m
Mittlerer Dogger.	
Mergel..............................	0,80 »
Kalk. .|............................	0,40 »
Mergel mit Einlagerungen von knollig zerfallendem, thonigem Kalk..............................	1,40 »
Knollig verwitternder Kalk..................	1,50 »
Mergel mit knollig zerfallenden Kalken	1,40 »
Knollig zerfallender Kalk mit *A. Blagdeni*..........	0,80 »

. Mergel mit knollig zerfallendem Kalk . . . . 1,10 m
Zwei durch eine dünne Mergellage getrennte Kalkbänke, in
    beiden *A. Blagdeni* . . . . 1,00 »
Mergel mit knollig zerfallendem Kalk, in der Mitte eine Bank,
    welche voll von Versteinerungen und an manchen Stellen
    ganz breccienartig ist. *Pseudomonotis Münsteri, Pecten,* ·
    Pinna, Terebratula, Bel. canaliculatus, A. Blagdeni, Lima
    semicircularis, Gervillia sp., *Ctenostreon pectiniforme,*
    Trigonia aus der Gruppe der Clavellaten, *Anomia* . . . . . 1,80 »
Knollig zerfallender Kalk . . . . 0,35 »
Mergel . . . . 0,50 »
Knollig zerfallender Kalk . . . . 1,20 »
Desgl. . . . . 0,95 »
Mergel . . . . 0,55 »
Kalk . . . . 0,35 »

Nach einer Unterbrechung sind im Voreinschnitt des Nordportals
des Tunnels nochmals Mergel und Kalke aufgeschlossen, die gleichfalls,
wie der Fund eines Steph. Blagdeni in den tiefsten Schichten beweist, der
vorgenannten Schichtenfolge angehören. Ihre Mächtigkeit beträgt hier 10 m.
Da nun die beiden oben mit zusammen 1 m Mächtigkeit angeführten, leicht
kenntlichen Bänke noch nicht erreicht sind, ihre Unterkante aber 8 m
unter dem Oolith von Jaumont liegt, so kommt auf die Mergel und Kalke
von Fentsch eine geringste Mächtigkeit von 18 m. In den unteren 10 m
treten die Kalke gegenüber den Mergeln mehr zurück als im oberen Theil,
zu einer reinen Mergelbildung, wie wir sie im Elsass unter den Blagdeni-
Schichten treffen, den Giganteus-Mergeln oder Mergeln von Grassendorf,
kommt es aber weder hier, noch an andern Punkten Lothringens.

Das Liegende dieser Schichten ist dickbankiger, plattig zerfallender
Other Kalk in einer Mächtigkeit von rund 10 m (gemessen 9,80). Unter
diesem folgen:

Grauer, thoniger Kalk in mehreren Bänken . . . . 1,20 m
    Desgl. in Bänken von 0,20—0,30 m Mächtigkeit wechsel-
    lagernd mit 0,10—0,15 m dicken Schichten von mageren
    Mergeln . . . . 4,80 »
Kalk in 2 Bänken mit unebener Oberfläche . . . . 1,30 »
Knollig zerfallender Kalk, dem Ansehen nach an die Kalke
    der Fentscher Schichten erinnernd . . . . 0,40 »

Zusammen . . . . 7,70 m

Diese Schichten, welche ich im Profil S. 184 als Schichten von La
Hutie bezeichnet habe, sind reich an Versteinerungen, besonders *Bourguetia
Saemanni,* ausserdem *Anomia, Pecten disciformis, Ctenostreon pectiniforme.*

Die zuletzt genannte Bank liegt auf Hohebrückener Kalk. Einen guten Aufschluss in diesen Schichten bietet der Steinbruch neben der Bahn gegenüber der Hohebrückener Mühle, nach der die Kalke benannt sind. Die Hauptmasse bildet ein feinkörniger, brauner, in ebenflächigen Bänken brechender, meist plattig zerfallender, sandiger Kalk, der zu einem gelbbraunen Mulm verwittert. Stellenweise bemerkt man ellipsoidische Absonderung. Die einzelnen Bänke sind ohne Mergelzwischenlagen fest aufeinander gepackt. Untergeordnet finden sich auskeilende Schichten, die fast ausschliesslich aus Stielgliedern von Crinoiden bestehen. Discordante Schichtung ist vielfach bemerkbar. Mehrere Bänke, von .denen die zwei unteren in einem Abstand von 1,40 m liegen, sind voll von Versteinerungen, namentlich Trigonien (als Steinkern) und *Pecten disciformis*. Dieselben Bänke umschliessen Gerölle des gewöhnlichen Hohebrückener Kalkes, auch Thongallen sind häufig.

2. Diedenhofen, Stürzenberg, Entringen, Hettingen. — Unterer, mittlerer und oberer Lias, unterer Dogger und unterer Theil des mittleren Doggers. — 17,5 km.

Man verlasse Diedenhofen durch das Metzer Thor und schlage, nachdem man das Gewirre der Festungsgräben und Wälle hinter sich hat, bei der Stadtmühle die Strasse nach Bevingen ein. Die Einfassungen der zahlreichen Gemüse- und Blumengärten verhindern zunächst den Ausblick. Etwas weiter, noch bevor man die Häusergruppe St. Peter erreicht, sieht man sich auf einer breiten, ebenen Terrasse, die sich sowohl aufwärts als abwärts weit ausdehnt. Beauregard und Malgringen liegen auf dieser Terrasse.

Die Oberfläche der Terrasse wird von Lehm gebildet. In den grossen Sandgruben bei St. Peter schwankt dessen Mächtigkeit zwischen 0,4 und 0,8 m, darunter folgen 0,2—0,3 m Sand und Schotter, welche Gerölle aus den Vogesen neben. vorherrschenden Geröllen von Gesteinen führen, welche dem Braunen Jura entstammen, tiefer liegt echter Vogesenschotter. In diesem verläuft das Grundwasser.

Auf der geologischen Uebersichtskarte des westlichen Deutsch-Lothringen ist die Terrasse als Alluvium ausgeschieden. Richtiger erscheint es, sie als jüngste diluviale Terrasse anzusprechen, als Niederterrasse, wofür besonders der Umstand spricht, dass bei

Nieder-Jeutz in der gleich hoch über der Mosel gelegenen Terrasse vielfach Mammuthreste gefunden werden.

Hinter St. Peter überschreitet man eine ungefähr 250 m breite Wiesenfläche und unmittelbar jenseits dieser steht man am Rande einer zweiten flachen Terrasse, die rund 5 m höher liegt als die erste und längs der Strasse von einer flachen Rinne durchzogen wird. Südlich von der Strasse liegt Terville, nördlich von derselben La Briquerie auf dieser Terrasse, welche eine mittlere Höhe von 160 m einnimmt.

Es ist schwer, die geologische Stellung dieser Terrasse, deren Oberfläche ebenfalls von Lehm gebildet wird und welche wahrscheinlich im Untergrund, ebenso wie die tiefere Terrasse, Kies führt, zu bestimmen. Am wahrscheinlichsten ist, dass sie einer Stufe der Niederterrasse entspricht. Der Rand, der sich über Malgringen deutlich verfolgen lässt, ist eine gut gekennzeichnete Uferconcave; zwischen St. Peter und Terville verwischt er sich, es bildet sich eine Uferconvexe heraus, welche von dem von der Fentsch mitgeführten Schotter hervorgerufen ist.

Gegen NNW hat man jetzt die Gentringer Höhe und am Fuss derselben, jenseits des Westrandes der Terrasse, die Ortschaften Nieder- und Ober-Gentringen mit einer Reihe benachbarter Gehöfte in malerischer Lage vor sich liegen.

Etwa 100 m vor dem Westrand der Terrasse, die man nun in einer Breite von 1200 m durchschritten hat, gabelt sich der Weg. Die Landstrasse nach Bevingen biegt links ab, um mit einer Kehre die vorliegende Höhe zu gewinnen. Der alte Weg, dem man zweckmässig folgt, geht fast geradeaus und endet in einen Fusspfad, auf dem man die Kehre abschneidet. Den unteren Theil des Anstiegs bedeckt Gehängelehm, im oberen Theil gewahrt man graue Thone und Mergel mit schalenförmig aufgebauten Knollen und eckigen Bruchstücken von gelbbraunem Thoneisenstein. Man steht in den Ovoidenmergeln des mittleren Lias.

Hat man die Strasse wieder erreicht, so werfe man einen Blick rückwärts. Genau gegen Ost, in 3 km Entfernung, erblickt man Diedenhofen, links davon Malgringen. Rechts von Diedenhofen und etwas näher als dieses liegt Beauregard, noch etwas weiter rechts ragen die Hochöfen der Karlshütte heraus; dicht vor diesen erhebt sich der Wasserthurm von Diedenhofen. Hinter der Karlshütte, auf der Höhe rechts vom Waldrand, tritt Illingen[1] hervor; unterhalb des Waldes verläuft in grosser Schlinge die Mosel, welche in den Mergeln des mittleren Lias eine steile Uferconcave ausgewaschen hat. Gegen Südosten ist Terville die nächstliegende Ortschaft, dahinter werden die Schornsteine der Uekinger Hütte sichtbar. Den Abschluss des Bildes gibt das Plateau der rechten Moselseite. Gegen Südwest schaut man auf den steilen Absturz des Plateaus der linken Moselseite.

Im Strasseneinschnitt, der nach wenigen Schritten erreicht wird, stehen zunächst noch Ovoidenmergel an; ungefähr 56 m vor dem Kilometerstein 3 sind über denselben Schotter angeschnitten, welche ausschliesslich aus Juragesteinen bestehen. Die Grenze ist durch den Austritt einer kleinen Quelle gekennzeichnet. Man steht an einer dritten Terrasse, die hier an der Strasse 40 m höher liegt als die zweite. In nördlicher Richtung erreicht sie ihr Ende beim stärkeren Anstieg des Geländes gegen Chaudebourg, gegen Süden verhindert der Weimeringer Wald, die Fortsetzung zu überblicken. Ihrer geologischen Stellung nach entspricht sie wahrscheinlich dem Deckenschotter des Rheinthals, so dass wir kein Aequivalent der Hochterrasse überschritten hätten. Dieser dürfte dagegen sicher die flache Terrasse nördlich vom Unterlauf der Orne zwischen Reichersberg und Wallingen angehören, die nur 20 m über der ausgedehnten Niederterrasse der Orne sich erhebt.

Im Strasseneinschnitt führt ein Feldweg am oberen Rande der Weinberge gegen Norden, biegt aber bereits nach 100 m gegen NW um. An der Umbiegung kann man gelegentlich dicke, meist mit Kalkspathadern durchsetzte Kalkknollen (Septarien) finden, die

---

1. Von Illingen hat Stuber in einer Abhandlung: Die obere Abtheilung des unteren Lias in Deutsch-Lothringen (Abhandl. z. geol. Spezialkarte von Els.-Lothr. Bd. V, Heft II, Strassburg 1893) ein interessantes Profil durch die Raricostatenkalke, Numismalismergel und den Davoeïkalk mitgetheilt. Durch Uebersehen einer Rutschung ist jedoch letzterer in zwei, statt in einer einzigen Bank eingezeichnet.

aus den Weinbergen oder den Feldern herausgeworfen sind und neben Zweischalern den *Am. margaritatus* führen.

Man wende sich zurück zur Strasse, die bald gegen den Hof Colombier hin fällt. Kurz bevor man diesen erreicht, 25 Schritt oberhalb des Wasserdurchlasses, stehen im Strassengraben auf der rechten Seite dieselben Mergel mit Septarien an, liegen aber hier, wegen des westlichen Einfallens der Schichten, bereits 15 m tiefer als am Rande der Weinberge. Da die Neigung der Schichten etwas stärker ist als die der Strasse, so gelangt man beim Weitergehen in noch jüngere Schichten, in die Costatusschichten (Schichten von Xocourt).

Die Strasse durchquert nun eine schmale Alluvialrinne und steigt jenseits dieser durch diluviale Lehmmassen wieder an, die den ganzen Ostabhang des Hügels überdecken. Den Untergrund des Lehmes bilden, wie man sich im obersten Theil des Einschnittes überzeugen kann, die blättrigen, bituminösen Schiefer der Posidonomyenschichten.

Der höchste Punkt der Strasse bietet einen guten Rundblick. Gegen NO hat man, am Fuss des südlichen Endes der Gentringer Höhe, Chaudebourg vor sich liegen, das in früheren Jahren gelegentlich einer Aufgrabung eine reiche Fauna des oberen Lias geliefert hat.

Etwas links vom Hof tritt eine Eisenquelle aus den Posidonomyenschiefern aus. Gegen SO erblickt man Weimeringen, gegen SW Volkringen, hübsch gelegen am Fuss des Hardt-Berges. Gegen West, über Bevingen hinaus, schliesst der Essen-Berg, weiter gegen Norden der Charennes-Berg (links von dem Hof auf der Höhe) und der kegelförmige St. Michels-Berg das Bild ab.

Auf dem Westabhang des Hügels, über dem die Strasse nun wieder abwärts führt, gehen Mergel des oberen Lias zu Tage. Man hat hier ein gutes Beispiel für die Lagerungsverhältnisse des Lehms in Lothringen vor sich, die genau übereinstimmen mit denen, welche die Lehm- und Lössmassen im Vorhügelgebiet des Elsass erkennen lassen. In Lothringen wie im Elsass sind nämlich in der Regel an den nach der herrschenden

Regenseite gewendeten, meist steileren Gehängen die vorpleisto-
cänen Schichten freigelegt, während die im Regenschatten liegenden
flacheren Hänge von diluvialen Ablagerungen, im vorliegenden
Falle von Lehm, überdeckt sind.

Die Ladestelle, die man nun links in geringer Entfernung
vor sich sieht, liegt dicht vor dem Mundloch des Karls-Stollens
und dient zur Verfrachtung der geförderten Erze nach der Karls-
Hütte bei Beauregard oder genauer Gassion. Er wird in nord-
nordöstlicher Richtung getrieben und soll, bei einer Länge von
6 km, die Erze auf dem Plateau westlich von Arsweiler aufschliessen
und zugleich die Wasserlösung besorgen. Das Mundloch steht in
Posidonienschiefer, der von einer Geröllschicht und Lehm überdeckt ist; 180 m weiter, 20 m westlich von dem nach dem Schloss
von Volkringen führenden Weg, wurde die weit durchgehende
Hayinger Verwerfung angeschnitten, genau an der Stelle, wo
sie auf der geologischen Uebersichtskarte des westlichen Deutsch-
Lothringen eingezeichnet ist. Im Liegenden der Störung ·wurden
mittlerer Lias angefahren und weiterhin die regelmässige Schichtenfolge über diesem. Eine auffallende Erscheinung war, dass in den
Margaritatusschichten keine echten Ovoiden, d. h. die concentrisch schaligen, aus Thoneisenstein aufgebauten Gebilde gefunden wurden, nach denen ein Theil der Schichten als Ovoidenmergel bezeichnet worden ist. Statt dieser wurden zahlreiche sehr
feste, im Innern blaue Kalkknollen zu Tage gefördert, in denen
man die Urgesteine der Ovoiden vermuthen konnte. Im Verlauf
von 3 Jahren ist in der That die Umwandlung in Ovoide schon
sehr weit vorgeschritten.

Ein Besuch der Halde wird sich entschieden lohnen, doch
kann bei dem stetigen Fortschritt der Arbeiten und.wegen anderer
möglicher Zufälligkeiten nicht angegeben werden, welche Schichten
man grade dort antreffen wird.

Nach der Besichtigung der Halde kehre man auf den Weg,
den man gekommen, nach der Landstrasse zurück, folge derselben
bis zur Wegkreuzung an dem ersten Hause vor Metzingen und
schlage den rechter Hand aufwärts führenden Feldweg ein.

Auf der rechten Seite sind graue Mergel mit Ovoiden an-

geschnitten; die Ovoiden sind lagenweise angehäuft, die Lagen
durch ovoidenfreie Mergel, die mehrere Meter messen, getrennt.
Weiter oberhalb, nach einer Lücke in der Heckenreihe, folgt eine
Zone mit Septarien, die Knollenmergel. 85 Schritt unterhalb
des oberen Endes der Heckenreihe treten graue, sandige Mergel
mit kleinen, unregelmässigen Eisensteinsconcretionen zu Tage, in
denen vereinzelt Belemniten und *Plicatula spinosa* vórkommen.
Sie sind bereits den Schichten von Xocourt (Costatusschichten) zuzurechnen. Grade am obersten Ende der Heckenreihe ist
eine grössere, 0,18 m dicke Linse von sandigem Kalk mit *Plicatula
spinosa* und *Pecten aequivalvis* blosgelegt, darüber findet man in
sandigen Mergeln Belemniten und *Plicatula spinosa* häufig, vereinzelt *Amaltheus costatus*, theils lose, theils in Knollen eingeschlossen. 19 Schritte weiter tritt man in typische bituminöse
Schiefer (Posidonomyenschiefer) über und nach weiteren zehn
Schritten steht man wieder in hellgrauen Mergeln, welche sehr an
diejenigen unter den Papierschiefern erinnern, Bruchstücke von
Belemniten, aber keine *Plicatula* führen. Sie halten 35 Schritte
an und werden von typischen Papierschiefern überlagert, in denen
sie anscheinend eine Einlagerung bilden. Linker Hand tritt eine
splittrige Bank von dunklem Kalk aus dem Wege heraus.

Der Weg biegt bald aus seiner bisherigen Nordsüd-Richtung
gegen NW um und führt, indem er nahe unter dem Walde sich
als Fusspfad fortsetzt, am Südfuss des St. Michels-Berges hinauf
nach dem Sattel zwischen diesem Kegel und dem Stürzenberg,
wo er in die Strasse von Bevingen nach Oetringen einmündet.

35 Schritt unterhalb des Fusspfades, der geradeaus in südlicher Richtung nach Bevingen abzweigt, sind auf den Feldern
dunkelgraue Mergel blosgelegt, aus denen zahlreiche Bruchstücke
von flach gedrückten Ammoniten ausgewaschen sind. Das kenn-
zeichnet im Elsass die Schichten mit Astarte Voltzi, und
sowohl im Karls-Stollen bei Metzingen als im Karl-Ferdinand-
Stollen bei Entringen sind derartig ausgebildete Schichten über
den Posidonienschiefern angefahren worden. Legt man unter die
dunkeln Mergel die Grenze gegen die letztere Abtheilung, so erhält man für diese eine Mächtigkeit von 50 m.

Höher am Abhang werden aus Mergeln ausgewitterte Wohnkammern von *Harpoceras striatulum* häufig, während grössere Stücke
oder ganze Ammoniten sich nur in den den Mergeln eingestreuten
Knollen finden. Man steht in den Schichten von Bevingen.

Wirft man von der Waldecke einen Blick gegen Süden, so
erkennt man deutlich die Wirkung der Hayinger Verwerfung.
Der Absturz zwischen der Kirche von Volkringen und dem
Waldrand sowie der untere Theil des Absturzes am Essenberg
gehören beide der Erzformation an, doch liegt der erstere 80 m
tiefer als der am Essenberg.

Die stark bauchige Oberfläche in der Mulde auf der Süd-
westseite des Michels-Berges, die man bald überschreitet, lässt
vielfache Rutschungen der Thone erkennen. Höhere Schichten als
die Thone mit *Harpoceras striatulum* erreicht der Pfad nirgends,
und wo man Gesteine jüngerer Formationen antrifft, ist ihr Vorkommen auf Abrutschungen zurückzuführen. Auch im Sattel stehen
die Thone noch an.

Auf der Westseite der Strasse springt vom Stürzenberg her
eine kleine Nase vor. Hier beginnen sandige Mergel, und die
Wohnkammern des *H. striatulum*[1] bestehen nicht mehr aus Kalk,
sondern aus einem goldgelben, thonigen Sandstein. An dem Nord-
westende der Nase ist eine knollige, zähe Kalkbank eingeschaltet,
welche massenhaft eine grössere, unregelmässig gestaltete Auster
umschliesst. Dicht unter ihr werden noch Kalkknollen mit *H.
striatulum* gefunden.

Man steige nun an der Kante des Stürzenberges aufwärts,
die bis zum ersten Absatz, von oben nach unten, folgendes Profil
erscheinen lässt:

Sandige Mergel mit Wohnkammern von *Dumortieria* (?). . .   8,50 m
Feste, zu Knollen zerfallende Bank oder lose Septarien . . .   0,15 »
Sandige Mergel bis mergelige Sande . . . .   3,55 »
    Etwa 1 m unter den Septarien tritt in diesen Mergeln
    eine schwach oolithische Bank auf.

                                         zu übertragen. . . .   7,20 m

---

1. Man hat diese Wohnkammern früher stets als zu *Harp. striatulum* gehörig
angesehen. Da aber die Wohnkammern von Dumortieren von ihnen nicht zu unterscheiden sind, sind erstere in dem Profil mit einem (?) aufgenommen. Es bedarf der Funde
ganzer Ammoniten, um die Frage zu entscheiden.

Uebertrag . . . . 7,20 m

Kalksandstein . . . . 0,52 »

Sandige Mergel . . . . 2,60 »

Kalksandstein . . . . 0,55 »

Sandige Mergel, reich an *Harpoceras* (?) *striatulum*, ausserdem

    Bel. digitalis . . . . 5,23 »

Kalksandstein . . . . 0,35 »

Sandige Mergel . . . . 8,55 »

Zusammen . . . . 25,90 m

Die ganze Schichtenfolge stellt die Stürzenberg-Schichten vor. Die schwach oolithische Bank bei 4,50 m unter der oberen Grenze entspricht den scheckigen, oolithischen Mergeln mit *Hammatoceras insigne* und *Harp. fallaciosum* von Algringen, an welchem Punkte ich zuerst die eigenthümliche Fauna dieser Schichten auffand. Im Bahneinschnitt am Bahnhof Hayingen liegt die oberste oolithische, 0,25 m mächtige Bank 4,50 m unter der Erzformation, eine zweite 2 m tiefer.

Mit dem Fuss des zweiten Abschnitts beginnt die Erzformation, die aber hier nahezu erzfrei entwickelt ist. Die Grenze ist nicht nur, wie hier am Stürzenberg, topographisch deutlich bemerkbar, sondern kommt auch in der Gesteinsausbildung deutlich zum Ausdruck, indem auf die sandigen Mergel mit Einschaltungen von sandigen Kalkbänken dickbankige Thonsandsteine von ockergelber Farbe ohne Mergelzwischenlagen folgen. Von den Bergleuten werden diese Sandsteine unrichtiger Weise als Mergel bezeichnet.

Nun folge man dem Fusspfad, welcher durch die Hecken am Fuss des zweiten Absturzes entlang führt und suche in den Schuttkegeln. Da oben immer Gestein abbröckelt und mit diesem Versteinerungen, so wird man selten ohne Erfolg suchen. Man findet besonders: *Gervillia Hartmanni*, *G. subtortuosa*, *Trigonia navis*, *Dumortieria subundulata*, *Dum. pseudoradiosa*.

Die Versteinerungen stammen aus einer 0,20—0,25 m dicken Bank, welche etwa 10 m über dem Fuss des Absturzes an einigen Stellen zugänglich ist. Darunter liegen 0,50—0,60 m eines mürben, oolithischen, gelbbraunen Gesteins, das stark mit Brauneisenadern durchsetzt ist, und als Ausgehendes eines Erzlagers aufgefasst werden muss. Man kann sich darnach gut orientiren. Das Hangende der muschelführenden Bank besteht aus einem 3,20 m mächtigen thonigen Sandstein, auf den mehrere Meter von hellen Mergeln folgen. Im Liegenden des Erzlagers steht braungelber Thonsandstein an.

Den höchsten Punkt des Stürzenbergs kann man in der gegen Westen folgenden Mulde erklimmen, doch ist Vorsicht geboten. Gefahrlos und weniger anstrengend ist es, den Pfad zurückzugehen und der Kante des Berges weiter aufwärts zu folgen.

In der Mulde lässt sich das besprochene Profil wiedererkennen; über dem 3,20 m mächtigen Thonsandstein folgen zuerst schiefrige Mergel, höher Mergel und Thonsandsteine, im Ganzen etwa 11 m Gesteine, die noch zur Eisenerzformation zu rechnen sind, so dass dieser eine Gesammtmächtigkeit von rund 24 m zukommt.

Höher stellen sich Mergel mit Phosphat- und Kalkknollen sowie Kalkbänken ein, welche den Beginn der Schichten von Charennes anzeigen. Die Mergel brechen an der oberen Kante des Berges fortwährend ab, die Knollen und cancellophycusführenden Kalkbänke werden freigelegt, und man findet ziemlich häufig bezeichnende Versteinerungen, besonders *Gryphaea sublobata*, *Montlivaultia*, auch Bruchstücke von grossen Sonninien. Die festen Knollen zeigen dieselbe eisenoolithische Beschaffenheit wie die Kalkknollen der Sowerbyi-Schichten bei Ettendorf.

Vom Gipfel des Stürzenberges (des Signalberges in der Arbeit von Branco), der eine Höhe von 402,9 m hat, geniesst man eine umfassende Aussicht.

Auf der Nordseite stösst man auf einige Stellen, an denen *Gryphaea sublobata* und *Belemnites gingensis* sehr häufig sind, *Ctenostreon pectiniforme* und *Inoceramus Roehli* spärlicher vorkommen. Unregelmässige, verschieden grosse Knollen von Thoneisenstein, welche bald noch im Kalk eingeschlossen sind, bald ausgewittert zerstreut umherliegen, sind eine bezeichnende petrographische Eigenthümlichkeit der Schichten.

Nimmt man den Aufstieg über die Ostkante, so achte man

besonders auf das Ausgehende der Mergelzone, welche 3,80 m über
dem Erzlager beginnt. Ueber derselben tritt nochmals eine versteinerungsführende Bank auf, jedoch mit anderen Ammoniten
als die tiefere Fossilbank. Hier wurde *Harpoceras aalense* gesammelt.

Die gleichen Beobachtungen wie beim Aufstieg kann man
beim Abstieg an dem Wege machen, der vom Charennes Hof
in den Sattel nördlich vom Stürzenberg führt. Der Eintritt in
die Erzformation macht sich durch festere kalkige Bänke bemerkbar, über die der Weg läuft; tiefer kommt man in eine Zone
schiefriger, glimmeriger und sandiger Mergel. Darunter folgen
gelbe thonige Sandsteine, und 25 Schritt unterhalb der Grenze der
Mergel gegen diese Schichten zieht eine dunkle Zone über den
Weg, deren weiches thoniges Gestein von Brauneisensteinadern
durchsetzt ist. Es ist das vom Südhang des Berges erwähnte Erzlager. Unmittelbar über ihm liegt die Bank mit Zweischalern und
Belemniten. Das Liegende bildet ein gelber Sandstein, der in
frischem Zustande grün gefärbt ist und vereinzelt *Gryphaea ferruginea* führt. Es ist dieselbe kleine Form, welche bei Oberkorn
unter dem grauen Lager liegt.

Auch die Strasse nach Arsweiler schneidet die fossilführende Schicht wieder an. Als tiefste Schicht tritt uns der Sandstein unter dem Erzlager entgegen, grade gegenüber einem Hekto-
meterstein. Ueber dem Sandstein ist das zersetzte Lager mit
seinen Brauneisensteinadern erkennbar, im Dach die versteinerungsführende Bank, in der sich hier ein Stück der grösseren
Gryphaea ferruginea fand. Darüber lagern Thonsandsteine; die
Mergelzone ist überschüttet, und man tritt weiterhin wieder in
Thonsandstein, höher in kalkige Gesteine ein. Die Grenze der
Erzformation gegen die hangenden Mergel, die Charennes-
Schichten, liegt 40 m oberhalb des zweiten Hektometersteins.

Eine Anzahl der Ammonitenformen, welche die Fossilbank
über dem Erzlager am Stürzenberg führt, ist diesem sowie einigen
anderen gleichfalls dem Ausgehenden der Erzformation angehörigen
Vorkommen eigenthümlich und fehlt in dem erzreichen Gebiet
der Formation. Durch Analogie lässt sich ihr Lager nicht sicher

ermitteln; es muss vielmehr aus der Stellung des sie unterteufenden Erzlagers geschlossen werden.

Die Gruben in der näheren Umgebung des Stürzenberges, Witten und Oetringen, bauen das graue Lager[1] ab; andere Lager sind nur angedeutet und unbauwürdig. Zugleich ist das graue Flötz neben dem schwarzen dasjenige, welchem in Lothringen die grösste horizontale Verbreitung zukommt, und es ist also von vornherein am wahrscheinlichsten, dass das einzige Flötz, für welches wir Andeutungen am Stürzenberg finden, als graues zu deuten ist. Ein Vergleich mit den Profilen der Gruben Witten und Oetringen lässt denn auch keine andere Bestimmung zu.

Die Grube Witten baut das graue Lager in einer Mächtigkeit von 2,40 m ab; an seiner Beschaffenheit, besonders an den charakteristischen Kalkeinlagerungen ist es sicher als solches zu erkennen. Unmittelbar über dem Erz liegen 0,50 m Mergel, dann 0,30 m «rothe Mergel» mit der kleinen *Ostrea calceola*, welche nur mit dem in den Gruben auf der Westseite des Algringer Thales als gelbes oder kieseliges bezeichneten Lager (nicht das gelbe Lager von Düdelingen) verglichen werden können. Auch in der Grube Oetringen ist dieses vom grauen Lager durch eine 0,50 m dicke Mergelschicht getrennt; gegen Süden keilt dieselbe aber aus, und in den Gruben Algringen, Burbach und Fentsch tritt eine fossilführende Kalkbank, ein Bengelick, an ihre Stelle. Unter dem grauen Lager liegen, nach einem von Herrn Grubenverwalter Gerlach für die Grube Witten mitgetheilten Profil:

7,00 m Kalkmergel,

0,50 » thonige Lagermasse (eisenschüssiger Buch),

0,50 » braunes Lager, nicht bauwürdig,

2,50 » thonige Lagermasse (eisenschüssiger Buch),

0,60 » schwarzes Lager, nicht bauwürdig (Fe 84,11 %; Ca O 11,11 %; Rückstand 31,30 %),

8,00 » blauer Mergel,

1,00 » gelber Mergel.

10,50 m unter dem grauen Lager sehen wir hier ein nicht bauwürdiges Lager als schwarzes angegeben. Ein echtes schwarzes Lager, ohne Kalkausscheidungen und von zahlreichen Brauneisensteinschalen durchsetzt (Fe 28,07 %; Ca O 8,39 %; Rückstand 28,15 %) wird in der Grube Marspich in fast demselben Abstand vom grauen Lager, nämlich 11,04 m, abgebaut. Von den Mergeln im Liegenden mag ein Theil noch der Erzformation an-

1. Vergl. die Profile auf S. 180.

gehören, ein anderer Theil den sandigen Mergeln unter dem Erz. Lässt sich dieses auch nicht genau ermitteln, so steht doch nach beiden Profilen fest, dass das graue Lager ziemlich hoch, mindestens 11 m, über dem Beginn der Erzformation gelegen ist.

In der Grube Oetringen, im Bohrloch III, wurde nachstehendes Profil erkannt:

15,68 m blauer Mergel (Hangendes der Erzformation),
 1,85 » grauer Kalk,
 0,31 » thonige Lagermasse,
 3,78 » grauer Mergel,
 1,20 » Lagerkalk mit Minettespuren (vertritt das untere roth-
　　　　kalkige Lager),
 5,64 » grauer Mergel,
 2,13 » graues Lager,
 6,30 » blauer Mergel,
 5,15 » grauer Mergel,
 0,52 » armes kieseliges Lager (Andeutung des schwarzen Lagers),
 2,40 » grüner Mergel.

Auch für die Grube Oetringen ist ein Zweifel an der richtigen Bestimmung des grauen Lagers nicht möglich; es liegt 11,45 m über der Andeutung des schwarzen Lagers und 12,73 m unter den Mergeln im Hangenden.

Das Lager am Stürzenberg tritt etwa 10 m über der unteren Grenze der Erzformation zu Tage und etwa 14 m unter der oberen, nimmt also die Stelle ein in der wir in den benachbarten Gruben das graue Lager antreffen.

Die grauen Mergel über dem 3,20 m mächtigen Sandsteine, der die Fossilbank überdeckt, lassen sich sowohl gegen Norden als gegen Süden ziemlich weit verfolgen. Gegen Norden reichen sie jedenfalls bis Oetringen. Gegen Süden, im Einschnitt am Bahnhof Hayingen, sind sie zwischen 2 und 3 m mächtig und von dem gelben Algringer Lager, das unmittelbar auf dem grauen Lager aufruht, durch einen ungefähr 3 m mächtigen festen Kalksandstein getrennt. Das ist also genau dieselbe Schichtenfolge wie am Stürzenberg.

Das Lager am Stürzenberg kann aus diesen Gründen, wie schon aus der allgemeinen Verbreitung der Lager geschlossen wurde, nur dem grauen Lager zugerechnet werden. Dieser Deutung entspricht es auch, dass am Wege vom Charennes-Hof nach dem Sattel nördlich vom Stürzenberg im Liegenden des Lagers die kleine Abart von *Gryphaeae ferruginea* vorkommt, die bei Oberkorn charakteristisch für das schwarze Lager und das Zwischenmittel zwischen schwarzem und grauem Lager ist.

Aus dem Sattel nördlich vom Stürzenberg[1] gehe man nach Oetringen hinunter, wobei dieselben Schichten wie beim Aufstieg überschritten werden; die Aufschlüsse sind aber schlecht. 200 m nachdem man den auf der linken Seite der Strasse gelegenen Wald hinter sich hat, kommt man aus dem oberen in den mittleren Lias, zuerst in die sandigen Mergel der Schichten von Xocourt (Costatus-Schichten), etwa 300 m weiter in die Margaritatus-Schichten, die nahe unter den vorigen Septarien, dicht vor dem Dorf, Ovoiden umschliessen.

An der Kirche von Oetringen schlage man den Weg nach Eschringen ein. Abschwemmmassen und Gehängeschutt verdecken die Schichten des mittleren und oberen Lias bis zur Höhencurve 280. Bei ungefähr 285 m, an einer alleinstehenden Weide und einer etwas höher gelegenen Gruppe von Weiden und Pappeln, gehen neben dem Weg im Wasserriss graue Mergel zu Tage. Hier suche man die kleine Fauna der Astarte Voltzi-Schichten, sei aber von vornherein auf eine geringe Ausbeute gefasst und sei zufrieden, wenn ein oder zwei Stück *Astarte Voltzi* oder eine *Nucula* gefunden werden, und dadurch die Zone erkannt wird. 70 Schritte weiter, wo der Wasserriss vom Wege abgebogen ist, sind unter Gehängeschutt graue Mergel blosgelegt, welche in Kalkknollen *Harp. striatulum* führen.

Nach 150 Schritten erreicht man eine Weggabelung; der rechts abzweigende Weg führt nach Entringen hinunter. Die hier angeschnittenen Schichten gehören den Stürzenberg-Schichten an, in denen zwischen 80 und 130 Schritt oberhalb der Gabelung einige Bänke durch rostfarbige Verwitterung auffallen. Bei genauer Betrachtung lassen sie deutliche Oolithstructur in einer mergeligen Grundmasse erkennen und erweisen sich dadurch, wie durch ihre Versteinerungen (*Hammatoceras insigne, Harpoceras dispansum, Belemnites meta*), als Aequivalente der Schichten mit *H. insigne* von Algringen.

---

1. An der Strasse nach Arsweiler hat man, ebenso wie bei Fentsch, eine korallenkalkfreie Ausbildung des mittleren Doggers. Auf den Hohebrückener Kalk folgen braune, mit Mergeln wechsellagernde Kalke, höher hinauf graue, thonige mit Mergeln abwechselnde Kalke, welche in ihrer Beschaffenheit den Schichten von Fentsch gleich stehen. Other Kalk wurde nicht beobachtet; ebenso fehlt die Austernfacies unter und in dem Oolith von Jaumont.

An die Wegtheilung zurückgekehrt, steige man vorerst den nach Molvingen führenden Fussweg etwas aufwärts. Aus den sandigen Mergeln ragen feste, innen blaugraue, aussen gelb verwitterte 0,20—0,30 m dicke Bänke hervor, genau wie in den Stürzenberg-Schichten am Stürzenberg selbst. An einer rechts vom Pfade stehenden Weissdornhecke wird man durch Eisenschalen auf das Vorkommen der oolithischen Bänke aufmerksam. Man hat es zweifellos hier mit denselben Schichten zu thun, wie am untern Absturz vom Stürzenberg und wie auf den Halden in Algringen, welche den *H. insigne* und *H. fallaciosum* geliefert haben. War es auch nach den allgemeinen Lagerungsverhältnissen nicht zweifelhaft, dass die beiden genannten Ammoniten in den Stollen von Algringen über *Harpoceras striatulum* liegen und die diesen Ammoniten führenden Mergel einem höheren Niveau angehören, als die Mergel mit *Astarte Voltzi*, so ist doch dieser Aufschluss, welcher die Lagerung unmittelbar zu beobachten gestattet, für die Auffassung der Verhältnisse von Wichtigkeit.

Auf dem Wege nach Entringen gelangt man aus den Stürzenberg-Schichten in Gehängeschutt und grössere, im Zusammenhang gerutschte Massen, an deren oberem Rande zwei Pappeln stehen. Tiefer sind dunkle Thone angeschnitten, in welchen bei 299 m über NN vereinzelte *Astarte Voltzi* und *Cerithium armatum* vorkommen, und 80 Schritt unterhalb der Pappeln, bei 290 m über NN, tritt man in die Posidonienschiefer ein. Früher war hier eine 0,03—0,04 m dicke Schicht beobachtet worden, die massenhaft *Bel. irregularis* und *Bel. acuarius* führte; später gelang es nicht mehr sie aufzufinden. Die Schicht mit Ammonitensteinkernen, besonders *Coeloceras crassum*, welche sich in der Gegend von Delme zwischen die Posidonienschiefer und die Mergel mit *Astarte Voltzi* einschiebt, und in den Erläuterungen zur geologischen Uebersichtskarte mit den Jurensis-Schichten Schwabens und des Elsass verglichen ist, fehlt dagegen entschieden. Tiefer werden aus den Mergeln meist flache, harte und splittrige Kalkknollen ausgewaschen, welche besonders *Coeloceras commune* führen.

Entringen (Wirthschaft SCHWEITZER) steht theils auf bituminösen Mergeln, theils auf Schichten von Xocourt (Cos-

tatusmergeln). An der Kapelle am nördlichen Ausgang des
Dorfes wende man sich rechts durch das Zeiterholz nach Gross-
Hettingen. Der Weg führt zuerst über Costaten-, dann über
Margaritatus-Schichten, die im Walde von Lehm überdeckt
sind; auch jenseits des Thälchens, das man nach 25 Minuten überschreitet, steigt der Weg über Margaritatus-Schichten an. Nur
wenig links vom Wege stösst man auf den Feldern aber bereits
auf Bruchstücke des hellgrauen Fleckenkalks mit *Dactylioceras
Davoei*, der auch beim Abstieg auf der Südseite des Rückens,
ebenso wie die etwas tiefer liegenden eisenoolithischen Ockerkalke
mit *Arietites raricostatus* zur Beobachtung kommt. Besser aufgeschlossen sind auf der linken Seite des Weges graue Thone, mit
Kalkknollen, welche den Dudressieri-Schichten angehören und
unter diesen ebenfalls graue Thone mit Ovoiden, die fossilarmen
Thone des Lias β, welche sehr leicht mit den ovoidenführenden
Mergeln der Margaritatus-Schichten verwechselt werden können.
Die Unterlage, der Gryphitenkalk, ist durch Alluvium und Diluvium verdeckt.

Im Dorf angelangt, hat man auf steilem Sandsteinfelsen die
Kirche von Hettingen vor sich; sie bezeichnet den südwest-
lichsten Punkt, an dem Luxemburger Sandstein zu Tage geht.
Am Fusse des Felsens sprudelt eine starke Quelle hervor.

Wahrscheinlich setzt eine Verwerfung unterhalb der Kirche
von Hettingen in der Richtung des Rey-Baches durch, wenigstens
weisen die wesentlichen Unterschiede in der Höhenlage des
Hettinger Sandsteins zu beiden Seiten des Baches auf eine solche
hin. Sie keilt gegen N jedenfalls bald aus, wie sich aus der Verbreitung des Gryphitenkalks ergibt und ist als Quersprung zu
dem noch zu besprechenden Hauptsprung aufzufassen.

Man schlage die Richtung nach dem Bahnhof ein und folge,
125 m vor demselben, dem in nordöstlicher Richtung durch Weinberge schwach ansteigenden Wege, der über eine, die Bahn
Metz—Luxemburg überschreitende Brücke in die grossen
Hettinger Sandsteinbrüche führt. Der Sandstein, ein Kalksandstein,
ist in 14—15 m hohen Wänden aufgeschlossen und lässt feste
und weiche Abarten erkennen, die in unregelmässiger Weise in

der ganzen Masse vertheilt sind. Die festeren Sandsteine bilden
meist grosse Linsen, mitunter Kugeln, Ellipsoide und regellos
gestaltete Massen innerhalb der weicheren Sandsteine, und nur
im oberen Theil findet eine auf grössere Erstreckung verfolgbare
Wechsellagerung von festeren und weicheren Bänken statt, die
durch unebene, wellige Schichtflächen gegen einander abgegrenzt
sind. Entschieden waren die Sandsteine ursprünglich gleichmässiger,
und die festen Bänke und Kerne stellen nur Reste dar, welche
der Auslaugung ganz oder theilweise entgangen sind. Auch war
die Färbung ursprünglich blaugrau, wie die Kerne der festen
Bänke beweisen; sie rührt von fein vertheiltem Eisenkies her.
Die festen Bänke werden zu Pflaster und Gemarkungssteinen
gebrochen, die weicheren liefern Bausteine, in geringen Mengen
auch Werksteine. In einigen, besonders den nördlichsten, gegen
Sötrich gelegenen Theilen der Steinbrüche bemerkt man über
dem geschlossenen Sandstein eine deutliche Wechsellagerung von
ebenschichtigen, mergeligen und sandigen Bänken. Gemessen
wurden von oben nach unten:

Sandiger Kalk mit Arieten	0,15	m
Stark sandiger Mergel	0,06	»
Sandiger Kalk mit Eisenkies	0,15	»
» Mergel	0,40	»
» Kalk mit Eisenkies	0,28	»
» Mergel	0,20	»
» Kalk mit Eisenkies	0,35	»
» Mergel	0,30	»
» Kalk mit Eisenkies	0,20	»
» Mergel, auflagernd auf dickbankigem Sandstein, der		
von Pholaden angebohrt ist	0,20	»

$$2,29 \text{ m}$$

Die Bänke sandigen Kalkes werden zu Bodenplatten verwendet.

Der Eisenkies ist in verschiedenartig geformten Knollen,
z. Th. Kugeln ausgeschieden und ist stark von Sandkörnern durchsetzt; meist ist er ganz, weniger oft nur randlich in Brauneisen
umgewandelt.

In anderen Theilen der Brüche ist diese Schichtenfolge durch Sandsteine ersetzt, in deren unterem Theil ungleichförmige Schichtung bemerkbar ist.

Der eigentliche Arieten- oder Gryphitenkalk (Schichten von Diesdorf), d. i. der dichte, thonige, mit grauen Mergeln wechsellagernde hydraulische Kalk, fehlt in den Brüchen, wurde aber gegenüber dem nördlichen Theil derselben durch die nach dem Karl-Ferdinand-Stollen führende Bahnlinie über dickbankigem Sandstein in einer Mächtigkeit von 6,30 m angeschnitten. Eine Messung der Schichten ergab unter den hier sehr gypsreichen fossilarmen Thonen:

Kalkbank...	0,06—0,30 m
Mergel mit *Belemnites acutus*	0,60 »
Kalkbank...	0,05—0,20 »
Mergel	2,10 »
Kalkbank mit *Pentacrinus tuberculatus*	0,25 »
Schiefrige Mergel mit *Bel. acutus*	2,00 »
Bank mit *Gryphaea arcuata*, stark thonig	0,30 »
Schiefrige Mergel	0,75 »
	6,01—6,30 m

Die thierischen Reste, deretwegen die Hettinger Steinbrüche ihre Berühmtheit erlangt haben, finden sich hauptsächlich in tief liegenden, nicht immer aufgeschlossenen Bänken und sind gewöhnlich von kleinen Geröllen begleitet. Gelegentlich, so unmittelbar nördlich der Brücke, mit welcher die Strasse nach Luxemburg die Bahn überschreitet, kommen auch in höheren Lagen fossilführende Linsen vor.

Die wichtigeren thierischen Versteinerungen sind, nach einer mir von Herrn Prof. Benecke mitgetheilten Liste:

Lima gigantea Sow., *L. succincta* Schl., *Plicatula hettangiensis* Terq., *Pecten dispar* Terq., *Pinna Hartmanni* Ziet., *Astarte consobrina* Chap. u. Dew., *Tancredia Deshayesea* Terq. sp., *T. securiformis* Dunk. sp., *Patella hettangiensis* Terq., *Pleurotomaria mosellana* Terq., *Cryptaenia caepa* Desl., *Purpurina angulata* Desh., *P. carinata* Terq., *Turitella Zinkeni* Dunk., *Bourguetia* (?) *Deshayesea* Terq. sp., *Pustularia* (?) *verrucosa* Terq. sp., *Schlotheimia angulata* Schl.

Pflanzen, *Pachyphyllum peregrinum* LINDL. u. HUTT., *Cycadites rectangularis* BRAUNS, *Ctenopteris cycadea* BRGT. sp., finden sich in verschiedener Höhe, auch noch unter den an thierischen Resten reichen Bänken, wenngleich sie in den oberen Schichten reichlicher vorhanden sein mögen.

Gegen Südosten ist der Sandstein durch eine grosse Verwerfung, die Fortsetzung des besprochenen Hayinger Sprunges, abgeschnitten, die sich an der Oberfläche durch einen deutlichen Absturz bemerkbar macht. In dem tiefer liegenden Theil stehen Ovoidenmergel des mittleren Lias an. Bemerkenswerth ist, dass. gegenüber dem Bahnhofsgebäude, dicht vor dem Sprung, eine Heraushebung des Sandsteins stattfindet. Das durchschnittlich etwa 3° betragende Einfallen geht an einer kleinen Störung auf eine Länge von etwa 15 m in ein von der Spalte abgewendetes Einfallen von 10°, dann in ein solches von 20° über, ebenfalls auf eine Länge von 15 m.

Eine dem Hauptsprung ungefähr parallel streichende Verwerfung von geringem Betrage ist in dem nordöstlichen Theile des Steinbruchs an drei Stellen aufgeschlossen; ihr Einfallen geht aus einem steilen in südwestlicher Richtung in ein flaches über.

Nach der Besichtigung der Steinbrüche mit der Bahn zurück nach Diedenhofen.

3. Oberkorn—Redingen—Deutsch-Oth. — Erzformation und mittlerer Dogger. — 12,5 km.

Vom Bahnhof Oberkorn folge man dem in südlicher Richtung ansteigenden Wege. Im Einschnitt desselben, an einer Stelle wo rechts ein Fussweg nach rückwärts abzweigt, treten an kleinen Entblössungen mürbe gelbe, glimmerführende, von Brauneisenadern durchzogene Sandsteine zu Tage, die den Stürzenberg-Schichten angehören. Weiterhin schneidet der Weg nur an der rechten Seite an, die Gesteine sind thoniger. In der Kehre machen sich zwischen den sandigen Mergeln einzelne rostfarbige Bänke bemerkbar, die stellenweise Oolithstructur zeigen. Sie dürften den Bänken mit *H. insigne* von Algringen und Entringen entsprechen.

Wo der Weg aus der Linksbiegung in die Rechtsbiegung übergeht, beginnt die Erzformation mit dicken Bänken eines ockergelben thonigen Sandsteins. Die Bänke sind etwas verrutscht, die Auflagerung aber doch sicher. In ihrem unteren Theil umschliessen sie Nester mit schlecht erhaltenen Versteinerungen, auch sind Myaciten vereinzelt eingesprengt. Neben Belemniten fanden sich *Dum. undulata, Pecten disciformis.* Stellenweise erkennt man an Kernen, welche der Auslaugung entgangen sind, dass die ursprüngliche Färbung eine grüne ist. Die Mächtigkeit des Sandsteins beträgt etwas über 2 m.

Im Hangenden folgt eine Ablagerung, die durch Ausscheidung zahlreicher, meist concentrisch angeordneter Eisensteinsadern ausgezeichnet, im Uebrigen stark zersetzt ist und vereinzelt Belemnitenreste führt. Man steht im schwarzen Lager. Stärkere Verrutschungen und Halden lassen das Hangende nicht erkennen, weshalb die Fortsetzung des Profils der Erzablagerungen am besten in den grossen, links vom Wege gelegenen Tagebauen der Differdinger Hütte besichtigt wird. Es gehört hierzu allerdings die Erlaubniss der Grubenverwaltung.

Zu unterst hat man das schwarze Lager (siehe Tafel VI). In frischem Zustande ist das Erz dunkelgrün und lässt die Beimengung von Thonschmitzchen und Eisenkies deutlich erkennen. Meist ist es aber stark zersetzt und dann, wie am Wege nach der Grube, von Brauneisensteinadern durchzogen. Die Mächtigkeit beträgt 1,70, der Eisengehalt 39—40 %.

Darüber folgt, scharf gegen das Lager abschneidend, eine 2,3 mächtige Bank von einem in frischem Zustande grünen, verwittert gelben, thonigen Sandstein, der von dem Sandstein im Liegenden des schwarzen Lagers nicht zu unterscheiden ist. Versteinerungen sind nicht selten, aber stets ohne Schale erhalten. Es fanden sich: *Gervillia Hartmanni, Pinna opalina, Modiola Sowerbyana, Pholadomya reticulata, Ph. fidicula, Trigonia navis, Tr. formosa, Gresslya major, Pleuromya unioides, Cucullaea aalensis, Ceromya aalensis, Belemnites breviformis, Dumortieria Levesquei.* (Vergl. E. W. Benecke, Uebersicht über die palaeontologische Gliederung der lothringisch-luxemburgischen Eisenerzablagerungen. Diese Mittheil. Bd. V. S. 139.)

Das nächst höhere Lager, in welchem auf der Abbildung der untere Stollen angesetzt ist, ist das graue und besitzt eine Mächtigkeit von 2,60 m. Es ist von flachen Kalknieren durchsetzt, deren Eisengehalt aber hoch genug ist, um ihre Verwendung als Zuschlag bei der Verhüttung der Erze zu gestatten. Der Eisengehalt des Erzes beläuft sich auf 42 %.

Ein 4,50 m mächtiges Zwischenmittel, das aus Thonsandstein und Kalksteinen sich aufbaut, trennt das graue vom rothen Lager. Es schliesst nach oben mit einer Bank ab, welche reichlich *Gryphaea ferruginea* und Belemniten führt.

Das rothe Lager (r. auf Taf. VI) ist ein feinkörniges Erz und, abgesehen von einem eisenärmeren dünnen Zwischenmittel in der Mitte, frei von Einlagerungen. Seine Mächtigkeit ist grösser als die der übrigen Lager und beträgt 4,00 m, der Eisengehalt beziffert sich zu 36 %.

Ueber einen 2,50 m mächtigen festen Kalk, der schwer verwittert und deshalb als Baustein verwendbar ist, in seinem Aussehen übrigens sehr an den Hohebrückener Kalk erinnert, gelangt man in das nächst höhere Lager, das untere roth-kalkige Lager (u. r. k.). In Esch wird dieses Lager schlechtweg als **rothes** bezeichnet, was vielfach zu Verwechselungen Veranlassung gegeben hat. Die Farbe ist roth, vielfach mit einem Stich in's Violette; reine Erzstreifen wechseln mit auskeilenden Kalklagen. Die Mächtigkeit ist 3,30 m, der Eisengehalt des reinen Erzes 40 %, der der Kalkeinlagerungen 27—28 %.

Das nun folgende, 2,5 m mächtige Zwischenmittel, besteht wesentlich aus einem eisenschüssigen (21 % Fe), dunkelweinrothen bis violetten, von «Stengeln» durchsetzten thonigen Sandstein, dem «rothen Buch» der Arbeiter. Im unteren Theil liegt eine Kalkbank mit Zweischalern, *Gryphaea ferruginea* und Belemniten.

Im oberen roth-kalkigen Lager (o. r. k. auf Taf. VI), zugleich dem obersten Lager der Erzformation in diesem Gebiet, wechsellagert das Erz bankweise mit eisenoolithischen Kalken; die Mächtigkeit ist 2,20. Das Erz enthält 40 %, der Kalkstein 29 % metallisches Eisen.

Den Abschluss der Erzformation bildet eine 0,20 m dicke

Kalkbank, welche Zweischaler und ganz vereinzelt *Terebratula* führt.

Darüber beginnen die Schichten von Charennes mit grauen Mergeln (m. auf Taf. VI), welche zu starken Rutschungen Veranlassung geben. In ihren tiefsten Schichten umschliessen sie Thoneisensteinknollen und ziemlich reichlich flachgedrückte Versteinerungen.

Wir treffen hier nur die Hälfte der Lager, welche in der Reihenfolge der Hauptlager im Profil auf S. 180 angegeben sind. Es fehlen das roth-sandige Lager, die gelben Lager von Düdelingen und Algringen, das braune Lager und das grüne Lager.

Das roth-sandige Lager findet sich weiter östlich, zuerst in den Tagebauen bei Deutsch-Oth, nimmt an Mächtigkeit gegen Esch und Rümelingen-Oettingen, wo es abgebaut wird, zu und keilt bei Düdelingen wieder aus.

Das gelbe Lager von Düdelingen hat seine Hauptentwickelung im nordöstlichen Theil des Erzgebietes, das gelbe Lager von Algringen die seinige im südöstlichen Theil, bei Maringen. Das braune Lager nimmt den mittleren Theil des Erzgebietes ein und ist auf einem Streifen erkannt, der von Esch—Deutsch-Oth über Aumetz gegen SW sich erstreckt; weiter südlich wurde es durch den Schacht von Ste. Marie-aux-Chênes wieder aufgeschlossen. Das grüne Lager scheint ebenfalls wesentlich dem mittleren Theil des Erzgebietes anzugehören.

Die genauere, mittlere Zusammensetzung der Erze der verschiedenen Lager zeigt die Uebersicht auf S. 221, welche einem Aufsatz über die Ausstellung der luxemburgischen Bergverwaltung auf der Pariser Weltausstellung 1890 entnommen ist[1]. Der Verfasser hat, wie dies im Luxemburgischen allgemein üblich ist, drei Becken unterschieden, obgleich eine Dreitheilung in der Natur der Ablagerungen nicht bedingt ist.

Das schwarze und das braune Lager führen kieselige Erze. Ausgesprochen kalkig ist das graue Lager in den beiden östlichen Becken, wird im westlichen Differdinger Becken aber zu kieseligem Erz. Das gelbe Lager von Düdelingen ist kalkig, während das gelbe Lager von Algringen, von dem mir keine vollständigere Analyse zur Verfügung steht, den kieseligen Erzen angehört. Zu letzteren ist auch das rothe Lager des Differdinger Beckens zu stellen. Auch bei den roth-kalkigen Lagern ist, wie bei dem grauen, eine Zunahme des Kieselsäuregehaltes im westlichen Becken erkennbar. Die höchste Kieselsäuremenge, und zwar vorzugsweise als Quarz, kommt dem roth-kieseligen Lager zu.

---

1. V. M. Dondelinger, Exposition universelle de 1900, groupe XI, classe 63. Mines et métallurgie, Grand-Duché de Luxembourg. Exposition de l'administration des mines. Luxembourg 1900.

	Becken Differdingen-Rollingen. (Westliches Becken).					Becken von Esch. (Mittleres Becken.)						Becken Rümelingen-Düdelingen. (Oestliches Becken.)				
	Schwarzes Lager.	Graues Lager.	Rothes Lager.	Roth-kalkige Lager. Reines Erz.	Kalkwacken.	Schwarzes Lager.	Braunes Lager.	Graues Lager.	Roth-kalk. Lager (besonders das untere.) Reines Erz.	Kalkwacken.	Kieseliges Lager.	Graues Lager.	Gelbes Lager.	Unteres roth-kalkiges Lager. Reines Erz.	Kalkwacken.	Kieseliges Lager.
SiO_2	16,10	15,88	14,76	11,08	8,48	13,35	12,90	9,10	8,41	7,38	41,96	6,84	7,50	7,54	3,75	41,96
Fe_2O_3	56,49	57,38	53,77	59,14	25,95	56,39	58,65	44,06	58,54	32,69	38,49	47,91	50,04	58,10	23,04	38,49
Al_2O_3	6,49	6,68	5,78	5,79	2,98	6,10	6,89	3,62	4,85	4,46	4,57	5,33	5,44	4,74	3,84	4,57
$Ca O$	5,80	5,30	6,94	6,59	33,32	6,44	4,10	18,05	7,40	23,95	4,93	16,34	15,60	7,68	36,04	4,93
$Mg O$	0,85	0,38	0,91	0,16	0,93	1,06	0,75	0,65	0,70	0,65	0,90	0,53	0,55	0,79	0,43	0,90
P_2O_5	1,88	1,91	1,84	1,83	1,09	2,31	2,04	1,56	1,77	1,54	1,66	1,80	1,90	2,27	1,34	1,66
Mn_3O_4	0,51	0,47	0,61	0,40	0,39	0,54	0,52	0,44	0,58	0,43	0,36	0,80	0,80	0,53	0,28	0,36
Fe	39,30	40,10	37,77	41,40	18,27	39,49	41,06	30,84	40,98	22,88	27,63	33,34	36,03	40,67	16,13	27,63
P	0,81	0,88	0,80	0,79	0,53	1,00	0,88	0,67	0,77	0,67	0,73	0,80	0,85	0,99	0,58	0,73
Mn	0,36	0,38	0,45	0,38	0,31	0,89	0,87	0,83	0,43	0,51	0,36	0,88	0,40	0,37	0,30	0,36

Nachdem die Besichtigung des Tagebaues beendigt ist, kehre man auf den für den Aufstieg benutzten Weg zurück und folge diesem weiter aufwärts. Etwas oberhalb der cantina italiana treten an einer kleinen Entblössung Mergel und thonige Kalke hervor, der obere Theil der Schichten von Charennes. Das Plateau, das nun schnell erreicht wird, besteht aus Hohebrückener Kalk, der oberflächlich zu einem braunen, sandigen Lehm verwittert ist.

Der Punkt eignet sich zur Rundschau. Genau gegen Norden sieht man auf Differdingen mit seinen Hochöfen und seinem Stahlwerk. Von den drei Kuppen, die man gegen NO vor sich liegen hat, ist die mittlere der Zolwer Knopf; in der Mitte zwischen diesem und der nächsten flachen Kuppe schaut Zolwer hervor. Eine andere Kuppe ragt gegen Ost am Horizont über das Plateau heraus, es ist der Johannis-Berg bei Bettemburg. Das gegen SW am nächsten gelegene Dorf ist Hussigny, weiter rechts erkennt man, ebenfalls auf dem Plateau, Godbrange. Die Pappelallee, welche jenseits Hussigny zum Vorschein kommt, bezeichnet die Strasse von Longwy nach Diedenhofen.

Man folge dem Weg grade aus bis dahin, wo er sich nach dem nächsten Thal zu senken beginnt. Man gewinnt hier einen guten Einblick in die Tagebaue der Côte rouge auf französischem Gebiet; die Ueberlagerung der Erzformation durch die Mergel von Charennes erkennt man trotz der beträchtlichen Entfernung recht deutlich. Die Bahn, welche z. Th. durch die Tagebaue gelegt ist und weiterhin tief in den Rücken einschneidet, verbindet Hussigny einerseits mit Villerupt bei Deutsch-Oth und andererseits mit Longwy.

Nun zurück zu der Wegkreuzung, wo der gegen Ost laufende Weg einzuschlagen ist. Hinter einer S-förmigen Biegung beginnt der Weg sich zu senken, es machen sich wieder die thonigen Kalke der Schichten von Charennes bemerkbar. Das Thälchen, das rechts unten liegt, ist der Adlergrund, die langgestreckte Grube, auf die man schaut, die Grube Buvenberg. Der Weg setzt am Hang fort und tritt bei einem einzelstehenden Hause aus den Mergeln in die Erzformation; 320 m weiter er-

reicht er die lothringische Grenze und biegt im rechten Winkel
gegen Süden um. Die Tagebaue, an deren oberen Kante er zunächst weiter führt, heissen Hegrég.

Dann senkt sich der Weg in die Tagebaue hinab. Auf der
linken Seite ist gegenwärtig auf grössere Erstreckung die Oberfläche des unteren roth-kalkigen Lagers freigelegt, darüber
kommt ein versteinerungsreicher 'Bengelick' vor. Zwar ist der
Erhaltungszustand kein günstiger, indem alle Schalen mit Ausnahme derjenigen der Gryphaeen und Pecten aufgelöst sind, und
ein gelber oder rother Ueberzug die Steinkerne umhüllt, doch ist
die Gelegenheit zum Sammeln günstiger als anderswo. Man findet
*Tancredia donaciformis, Ceromya aalensis, Trigonia costata, Astarte
detrita, Cypricardia sp., Gryphaea ferruginea, Belemnites rhenanus*[2].
Das Lager selbst bietet charakteristische Bilder für die Vertheilung der Kalknieren.

Der Weg führt wieder aus den Tagebauen heraus, die besonders auf der linken Seite sehr ausgedehnt, aber jetzt z. Th.
verlassen sind. Jenseits derselben sieht man auf Redingen; links
von diesem Dorf ragt im Vordergrund der Schornstein der Re-
dinger Hütte heraus, im Hintergrund, am Fuss des Plateau, über
das der Johannis-Berg hervorschaut, hat man links die Hochöfen von Metz u. Cie in Esch, rechts, über Redingen hinaus, die
Aachener Hütte zwischen Esch und Deutsch-Oth.

Ein Pfad führt in die Tagebaue hinab, in denen zu oberst
das untere roth-kalkige Lager ansteht. Ueber eine Kalkstufe
absteigend, gelangt man in das jetzt nur noch unterirdisch abgebaute rothe Lager, das aber nur in seinem oberen 0,5 bis
1,0 m roth, im tieferen Theil grau-grün gefärbt ist; auf Kluftflächen geht diese Färbung in Ockergelb über. Stellenweise machen

---

1. Im luxemburgischen Steinbruchsbetrieb findet man die Bezeichnung
Bengelick für solche Bänke oder Massen angewendet, die sich durch grosse Härte
vor dem Hauptgestein, dessen Natur eine sehr verschiedene sein kann, auszeichnen.
Im Erzgebiet hat man sie auf die festen, meist versteinerungsreichen Kalkbänke
zwischen den Erzlagern angewandt. Die lothringischen Bergleute, welche den Ausdruck
nicht verstanden, haben sich daraus das Wort Bänkelin zurecht gelegt.

2. Vergl. E. W. BENECKE, l. c. S. 161.

sich Kalklinsen bemerkbar, die nicht scharf vom Erz geschieden und selbst stark oolithisch sind. Belemnitenbruchstücke, im oberen Meter des Lagers in auskeilenden Nestern angehäuft, sind ziemlich häufig, lassen sich aber nicht herauslösen; an anderen Stellen kommt mit den Belemniten *Gryphaea ferruginea* vor. Im Bindemittel der Oolithkörner ist «Chamosit». erkennbar.

Den Geleisen abwärts folgend erreicht man das Liegende des rothen Lagers; es besteht aus einem grünen, eisenoolithischen, roth verwitternden Sandstein, dessen Dach ein Lager von Gryphaeen und Belemniten bildet. Das darunter folgende graue Lager ist in seinen oberen 2,oo m kalkfrei oder doch sehr arm an Kalknieren. Dunkle Kerne treten vielfach hervor, dazwischen ist das Erz stark zersetzt und von Brauneisenadern durchzogen. Der tiefere Theil umschliesst die charakteristischen Kalklinsen; die unzähligen Bruchstückchen von Muschelschalen geben denselben bei der Verwitterung ein bezeichnendes rauhes Aussehen. Belemniten, weiss überrindet, sind ziemlich häufig.·

Neben dem Geleis, das nach der Hütte hinunterführt, gegenüber dem Grubenhaus, fehlen die Kalkausscheidungen auch im unteren Theil, und stark mit Brauneisensteinsadern durchsetztes Erz liegt unmittelbar auf 2—3 m eines grünen, gelb verwitternden, thonigen Sandsteins. Unter diesem ist durch Schürfversuche das weniger als ¹/₂ m mächtige schwarze Lager bekannt.

Man wende sich nun nach Redingen, das man auf dem der Bahn, aber tiefer als diese, parallel laufenden Wege durchschreitet (Wirthschaft P. S. Welter, an der Strassenecke etwas oberhalb der neuen Kirche). Unmittelbar an den letzten Häusern des Dorfes folge man dem rechts abzweigenden Feldweg, welcher unter der Bahn durchführt und jenseits der Durchführung dem Fuss des Bahndammes entlang geht, und steige an dem Bahnwärterhause vorbei nach dem Zwerg-Berg an. Der Beginn der Erzformation lässt sich wegen starker Rutschungen nicht genau feststellen.

An der Kante des Plateaus erreicht man die Landesgrenze. Der Grenzpfahl — bei dem ein frischer Anstrich nicht unangebracht wäre —· steht in der Kalkstufe über dem rothen Lager;

30 Schritt weiter ist das untere roth-kalkige Lager etwas angeschnitten. Das Plateau ist von sandigem Lehm bedeckt.

An der nächsten Wegkreuzung biege man in der Richtung
des Plateaus links ab. Bald nachher kommt man an die Draht-
umzäunung alter Tagebaue, auf der linken Seite früher als auf
der rechten. 140 m nach dem Beginn des Zaunes auf der rechten
Seite biege man auf derselben Seite in die flachen Tagebaue ein.
Die Sohle wird von der Kalkstufe über dem rothen Lager gebildet,
deren Gestein von dem Hohebrückener Kalk vielfach kaum zu
unterscheiden ist. Zerstreut findet man *Gryphaea ferruginea*. Am
Rande steht das früher abgebaute untere roth-kalkige Lager an.

Man kehre zurück auf den Weg; wo er sich senkt, überschreitet man die mehrfach genannte Kalkstufe und erreicht, kurz
vor einem einzelstehenden Hause, einen Weg, welcher in den
tieferen Theil der Tagebaue führt. Die Kante der aufgeschlossenen
Wände wird durch die eben überschrittene Kalkstufe gebildet, die
aber hier durch ein grünlich-graues Mergelband getheilt ist;
darunter erkennt man das rothe Lager sofort an seiner Färbung,
denn es ist in dem Tagebau die einzige roth gefärbte Schicht.
Die Mächtigkeit beträgt 1,3 m. *Gryphaea ferruginea* findet sich
massenhaft neben Belemniten in den untersten zwei Zehntelmeter
oder in einer etwas mehr nach oben gerückten Bank, auch zerstreut im ganzen Lager. Es gibt wohl keinen Punkt wo *Gryphaea
ferruginea*, flache sowohl als gewölbte Schalen, besser gesammelt
werden kann.

Den tiefsten Theil der Wand bildet das graue Lager. Das
Erz ist dunkelbraun, stark zersetzt und mürbe; die festeren dünnen
Kalkbänke oder Linsen, welche es vielfach durchziehen, ragen
etwas hervor. Ebenso tritt das festere sandige Zwischenmittel über
dem grauen Lager gesimsartig heraus; es umschliesst gleichfalls
Gryphäen, meist jedoch kleinere Exemplare als in den höheren
Lagern, daneben Belemniten und vereinzelt *Am. Friederici.*

Gegenüber den Tagebauen von Oberkorn ist die Mächtigkeit des rothen Lagers eine auffallend geringe und noch geringer ist sie in den Tagebauen auf der Nordseite des Zwerg-
Berges. Die rothe Bank mit *Gryphaea ferruginea* ist überall

nachweisbar, das eigentliche Erzlager aber wenig bis gar nicht. Im Hangenden des grauen Lagers bemerkt man hier die kleine *Ostrea calceola*, welche weiter östlich über dem grauen und im gelben Lager eine grosse Rolle spielt. Belemniten sind im grauen Lager sehr häufig; als Seltenheit sei ein Bruchstück einer *Montlivaultia* erwähnt.

Am östlichen Ende der Tagebaue, jenseits eines einzelstehenden Hauses, setzt der Weg zuerst nahezu eben fort und senkt sich dann stärker an einer bald folgenden Kehre. In dieser treten stellenweise sandig-kalkige, festere Bänke zu Tage, die vielleicht dem Zwischenmittel zwischen grauem und rothem Lager entsprechen, weiter abwärts machen sich gelblich-graue Thonsandsteine bemerkbar. Am besten sind diese oberhalb der Arbeiterhäuser von Rüssingen aufgeschlossen, woselbst auch, gegenüber dem unteren Ende einer rechts vom Wege stehenden Heckenreihe, die Auflagerung auf die tieferen Stürzenberg-Schichten sichtbar ist. Im tiefsten Theil der geschlossenen, dickbankigen Sandsteine finden sich regellos eingestreut Myaciten, dann Belemniten und vereinzelt *Dumortieria undulata*. Dieselben Verhältnisse hatten wir beim Aufstieg von Oberkorn nach den Tagebauen der Differdinger Hütte; nur wird es sofort klar, dass hier bei Rüssingen der Thonsandstein weit mächtiger ist[1].

Die unter den geschlossenen Sandsteinbänken folgenden Stürzenberg-Schichten bestehen aus wechsellagernden sandigen Mergeln und goldgelben Sandsteinen.

An einer Weggabelung erreicht man den alten Theil von Rüssingen. Man wende sich rechts. Es ist ein Stück eines echten lothringischen Dorfes, das man hier durchschreitet, niedrige, tiefe, durch ein breites flaches Dach überdeckte Häuser, grosse Misthaufen vor denselben, der Weg schmutzig und von Jaucherinnen durchzogen. Unterhalb der Kirche gabelt sich der Weg nochmals; man

---

1. Unter diesen Sandstein, der dieselbe oder noch grössere Mächtigkeit weiter gegen Osten bis zum Wollmeringer Thal aufweist, habe ich auf den Uebersichtskarten von Luxemburg und Lothringen die untere Grenze der « Schichten mit *Trigonia navis* und des *A. Murchisonae* » oder der Eisenerzformation gelegt, worüber die Abgrenzungen keinen Zweifel lassen. Die Stürzenberg-Schichten sowie die tieferen Schichten bis zu den Posidonien-Schiefern habe ich beisammen gelassen.

wende sich auch hier rechts, versäume aber nicht einen Blick auf
den an der Gabelung vorhandenen Laufbrunnen zu werfen, der
unter einem hohen Misthaufen heraustritt!

Der stark verwachsene Einschnitt im tiefern Theil von Rüssingen steht anscheinend noch in den Stürzenberg-Schichten. In
der Thalsohle kommen jedoch, wie in einer Baugrube festgestellt
werden konnte, unter Alluvium die Mergel mit *Harp. striatulum*,
also die Schichten von Bevingen, vor. Dieselben Schichten
wurden früher bei der Anlage des Stollens in der Blechwiese,
zwischen Deutsch-Oth und Esch, zu Tage gefördert; noch weiter,
etwa 50 m jenseits der Landesgrenze, waren gelegentlich von
Bodenaushebungen die Schichten von Oetringen, Mergel mit
Cerithium armatum und *Astarte Voltzi* zu sehen, und dicht an den
Hochöfen sind durch einen Weg die obersten Schichten der Posidonienschiefer angeschnitten. Da die Schichten gegen S bis SW
fallen, so hat man hier, wenn auch stückweise, dieselbe Reihenfolge der Schichten wie bei Oetringen und Entringen.

Nach Ueberschreitung der Bahn unterhalb Rüssingen befindet
man sich in Deutsch-Oth (Gasthaus zur Post, 4 Minuten vom
Bahnhof). Man folge der Hauptstrasse immer grade aus, überschreite
den Schlossplatz und das Geleise der Grubenbahn, jenseits welcher
der Weg wieder ansteigt. An der Weggabelung links, an den
Arbeitshäusern und der Grube St. Michel vorbei. Der Weg biegt
in ein Seitenthälchen ein, dann in scharfem Bogen nach links.
Gleich an der Biegung und weiter oberhalb stehen in tiefem Einschnitt braune, sandige, bankige oder plattige Kalke an, die dem
Hohebrückener Kalk entsprechen. Im oberen Theil des Einschnitts machen sich auf beiden Seiten dickere Bänke bemerkbar;
sie bestehen, aus einem weissen oolithischen, aus Schalentrümmern
aufgebauten Kalk und stellen den Beginn des Kalkes von
Deutsch-Oth dar. An anderen Stellen ist der Kalk zuckerkörnig
und besteht vorzugsweise aus Bruchstücken von Crinoiden.

Jenseits der Bahnüberführung sind am Waldrand rothe Lehme
angehäuft, die Rückstände früherer Erzwäschereien. Die Bohnerze,
die hier gewaschen wurden, erfüllen zusammen mit einem sandigen Thon von röthlicher bis brauner Farbe unregelmässig trichter-

artige Vertiefungen, theils schlauchartige und spaltenartige, nach oben stark erweiterte Hohlräume in den Kalksteinen des Doggers. Der Abbau ist durch die Entdeckung der oolithischen Eisenerze zum Erliegen gekommen.

Man bleibe auf dem Weg, welcher längs des Waldrandes weiter führt; links hat man die ausgedehnten Brüche von Deutsch-Oth vor sich, von denen einer bis an den Weg herantritt. Ueber dem mächtigen weissen, oolithischen Kalk liegen graue Mergel und thonige Kalke; im unteren Theil wiegen die Mergel über die Kalke vor, nach oben nehmen letztere, die sandig-thonig sind und sich rauh anfühlen, überhand und werden dickbankiger.

60 Schritt oberhalb des Steinbruchs und 40 Schritt bevor der Weg vom Waldrand abbiegt, lagern sich dünnplattige poröse, etwas oolithische Kalke auf, deren Schichtflächen vielfach ganz mit den Schalen von *Pseudomonotis echinata* bedeckt sind (Nonkeiler Kalk). Man sammelt die Muschel, die sich durch ihre weisse Schale gut von dem ockergelben Kalk abhebt, am besten in dem letzten der Aufschlüsse, die man vom Waldrand aus überblickt, grade bevor der Weg nach rechts umbiegt.

Seinen Namen hat der Kalk von dem Dorf Nonkeil im oberen Theil des Oettin'ger Thales, wo er in einer Mächtigkeit von etwa 10 m aufgeschlossen ist. Weiter südlich ist er nicht bekannt.

Jenseits der gleichfolgenden Kreuzung liegt eine flache verlassene Steingrube; am Rande bemerkt man zu unterst Nonkeiler Kalk, darüber Korallenkalk[1], der ausschliesslich im übrigen Theil

---

1. Dieselbe Aufeinanderfolge der Schichten des mittleren Doggers hat man bei Oettingen, am Wege der an der Kirche vorbei auf die Höhe führt. Zu unterst stehen graue Mergel und thonige Kalke mit *Cancellophycus* an (Öttinger.Kalk). An den letzten Häusern und oberhalb derselben treten die eisenschüssigen plattigen Kalke des Hohebrückener Kalks zu Tage. Der erste Steinbruch steht in Other Kalk, dessen oberste Bank, wie bei Deutsch-Oth, an der Oberfläche mit einer flachen Auster bedeckt ist. Mergel und Kalke mit *Bel. giganteus* bilden das Hangende. Der zweite zwischen 395 und 400 m gelegene Bruch schliesst Nonkeiler Kalk auf, der reich an *Pseudomonotis echinata* ist, und auf der Höhe, westlich vom trigonometrischen Punkt 412,7, kommt man in Korallenkalk.

Eine weitere, bisher nicht bekannte Gesteinsausbildung in dem vielgestaltigen Complex zwischen Oolith von Jaumont und dem Hohebrückener Kalk wurde im Einder Gruben aufgeschlossen und ziemlich fossilreich ist. Man sammelt von Korallen besonders *Isastraea Bernardiana*, von Zweischalern *Pecten ambiguus*; *Rhynchonella Pallas* ist nicht selten.

Den Feldweg verfolge man noch bis zur Landstrasse und kehre auf dieser nach Deutsch-Oth zurück. Vorzüglich in den Steinbrüchen auf der rechten Strassenseite findet sich nun Gelegenheit den Other Kalk und die überlagernden Mergel und Kalke zu untersuchen. Die Versteinerungen des Other Kalks sind auf wenige dicht beisammen liegende Bänke beschränkt, von denen man Stücke neben den Gruben aufgehäuft findet, vor Allem auf einer altersgrauen Halde dicht an der Strasse. Anstehend beobachtet man sie am besten in dem obersten der Steinbrüche, wo sich zugleich feststellen lässt, dass die oberste Bank 2—3 m unter der Oberkante des Ooliths liegt. Aus dem rothbraunen Lehm, welcher den Kalk bei der Einfahrt in den Steinbruch bedeckt, ist Bohnerz freigewaschen.

Gegenüber einem Kalkofen, der auf der linken Seite des Weges steht, zweigt nach der Höhe ein Feldweg ab, von diesem eine Einfahrt in einen ausgedehnten Bruch. An der linken, vorderen Kante der dem Steinbruch vorgelagerten Halde bemerkt man grosse Blöcke und gewahrt, wenn man an diese heranklettert, dass eine Fläche meistens ganz eben, von zahlreichen Bohrmuscheln angebohrt sowie von flachen Austern bedeckt ist. Es ist die Oberfläche der obersten Bank des Other Kalkes. Mit einer gleich entwickelten Fläche schliesst der Oolith von Jaumont gegen die Mergel und Kalke von Gravelotte in Lothringen und der Hauptoolith des Unter-Elsass gegen die Schichten von Imbsheim ab.

Die auf dem Other Kalk liegenden Mergel und Kalke sind in grossen Massen auf der Halde angeschüttet; sie sind sehr

---

schnitt der Bahn nördlich von Aumetz beobachtet. Dicht unter dem Oolith von Jaumont liegen 2—3 m mit Mergel wechsellagernde festere Bänke eines braunen, ganz an Hobebrückener Kalk erinnernden Kalksteins, der, wie dieser, stellenweise reich an *Pecten disciformis* ist und ausserdem, wie der Nonkeiler Kalk, massenhaft *Pseudomonotis echinata* führt. Darunter folgen die Mergel und Kalke von Fentsch, doch sandiger als bei Fentsch selbst, mit zahlreicher *Pholadomya Murchisonae*; spärlicher sind *Homomya gibbosa, Modiola cuneata*, selten *Cosmoceras garantianum. Ostrea acuminata* wurde nicht beobachtet.

versteinerungsarm, und nur gelegentlich findet man *Bel. giganteus*, *Ostrea flabelloides* und *Lima semicircularis*.

Auf der Strasse nach Deutsch-Oth, die sich bei trockenem Wetter durch eine handhohe Staubschicht, bei nassem Wetter durch eine ebenso hohe Schlammschicht sowie überhaupt durch einen sehr schlechten Zustand auszeichnet, sieht man unter dem weissen Oolith auf längere Erstreckung den Hohebrückener Kalk angeschnitten. Der grosse Bahneinschnitt oberhalb der Strasse steht in Other Kalk, der hier wesentlich fester ist als in den Steinbrüchen, und sogar beim Bau der Brückenpfeiler der neuen Bahnstrecke Fentsch—Deutsch-Oth Verwendung finden konnte, während die Bänke aus den Steinbrüchen nicht die nöthige Druckfestigkeit besitzen. In den Fundamentgruben der Eisenbahnbrücke wurden im Hohebrückener Kalk *Sphaeroc. polyschides* und *Stephanoceras bayleanum* gefunden. Diese Funde stehen in Einklang mit der schon früher ausgesprochenen Auffassung, dass der Hohebrückener Kalk trotz seiner grösseren Mächtigkeit vollständig dem Kalk von Ettendorf im Unter-Elsass gleich zu stellen ist. Die Kalke von Oettingen entsprechen den Kalken von Mietesheim, die Mergel und Kalke von Ettendorf den Schichten von Charennes.

Beim Austritt aus dem Walde erblickt man auf der anderen Seite des Thales ausgedehnte Tagebaue in der Erzformation, während man selbst in gleicher Höhe auf wesentlich jüngeren Schichten steht, und unten im Thale, im Bergwerk St. Michel, die Erze durch Tiefbau gewonnen werden. Die senkrechte Verschiebung der Erzlager gegen einander wird von der Grubenverwaltung zu 125 m angenommen.

4. Metz, Moulins, Rozérieulles, Gravelotte, Malmaison, Vernéville, St. Privat, Amanweiler. — Mittlerer und oberer Dogger, Tektonik des Plateaus südlich der Orne. — 22 km.

Von Metz aus kann man bis Moulins entweder die Strassenbahn oder die Bahnlinie nach Amanweiler benutzen.

Durch Ban St. Martin und Longeville bis zu ihrem Endpunkt führt die Trambahn stets über eine niedere Terrasse, welche ihrer Höhenlage nach der Terrasse entspricht, die auf dem

Ausflug nach dem Stürzenberg vor den Thoren von Diedenhofen überschritten wird. Auf der linken, südlichen Seite der
Strasse dehnt sich die meist mit Wiesen bedeckte jüngste Alluvialrinne der Mosel aus, rechts hebt sich steil der St. Quentin heraus,
der die Moselniederung um 185 m überragt. In der Nähe des
Kirchhofs von Longeville macht sich ein Erdhaufen durch seine
rothe Färbung bemerkbar. Es sind Posidonienschiefer, die
durch eine Aufgrabung zu Tage gefördert wurden; eine energische
Zersetzung des Schwefelkieses veranlasste eine Entzündung des in
ihnen enthaltenen Bitumens. Unter den Posidonienschiefern ist am
Fuss des Berges nur der oberste Theil des mittleren Lias vorhanden. Die ihm zugehörigen Mergel reichen oberhalb Moulins
noch bis Maison-Neuve, wo sie früher in einer Ziegelei blosgelegt waren. Ueber dem Posidonienschiefer reichen Mergelgesteine
noch sehr weit am Abhang des St. Quentin hinauf und sind
Veranlassung zu zahlreichen Rutschungen, welche sich durch
die gewellte und bauchige Oberfläche des Geländes kund thun.
Die Decke des St. Quentin bildet Korallenkalk, darunter gehen,
meist aber verstürzt, die Hohebrückener Kalke zu Tage. Die
abgestürzten Doggerkalke reichen oft weit am Abhang herunter
und bedingen z. B. die Terrassen, auf denen die weinberühmten
Orte Scy und Chazelles stehen.

Die Bahn Metz—Amanweiler durchschneidet südlich von
Montigny die Nordspitze der ausgedehnten, unter dem Namen
Sablon bekannten Terrasse, welche sich zwischen Seille und Mosel
von Metz bis Orly und Augny erstreckt und im Mittel 190 m,
etwa 25 m über dem Niveau der Mosel liegt. Ihre Oberfläche
wird, wie der Name andeutet, aus Sand und Geröllmassen gebildet,
den Untergrund setzen Mergel des Lias zusammen. Ihrem
geologischen Alter nach entspricht die Sablonterrasse wohl sicher
der Hochterrasse. Am südwestlichen Ende von Montigny geht
die Bahn auf die 20 m tiefer liegende Niederterrasse herunter
und überschreitet nun in NS-Richtung die ganze, ungefähr 2 km
betragende Breite der Moselniederung.

Von der Haltestelle der Trambahn in Moulins steigt die Strasse
nach Gravelotte etwas an und oberhalb der letzten Häuser des

Ortes wird ersichtlich, dass man sich auf einer zweiten Terrasse befindet, die etwa 10 m höher liegt als die vorige, also in der Mitte zwischen der Sablonterrasse und der Terrasse zwischen Moulins und Longeville. Der Reichsbahnhof Moulins liegt am Nordrande dieser Terrasse.

Hinter den letzten Häusern von Maison Neuve wähle man den rechts über Rozérieulles führenden Weg,[1] die alte Strasse nach Gravelotte; die links führende neue Strasse ist zwar bequemer, aber auch länger und bietet zudem wenig gute Aufschlüsse. Am alten Weg gelangt man in die ersten Aufschlüsse erst nachdem man das Gebiet der Weinberge hinter sich hat. Es ist ein alter Steinbruch im Hohebrückener Kalk, der aber recht deutlich die plattigen, eisenschüssigen Kalke erkennen lässt und auch Gelegenheit zum Sammeln der häufigeren Versteinerungen, *Pecten disciformis, Trigonia signata, Belemnites ellipticus* bietet.

Etwas unterhalb des Bruches wird man bei einiger Aufmerksamkeit einen kleinen alten Schurf auf Eisenerz nicht übersehen können und auch noch Bruchstücke des Erzes vorfinden. Die Mächtigkeit des Lagers ist aber eine sehr geringe. Auf der gegenüberliegenden Seite des Thälchens sind in kleinen Schlitzen die den Hohebrückener Kalk unterlagernden Mergel und Kalke zu erkennen.

Der Hohebrückener Kalk, dem hier eine Mächtigkeit von 35 m zukommt, reicht am Wege bis zu einer von Süden her sich öffnenden trockenen Thalmulde. Gegenüber dieser, auf der linken Seite des Hauptthales, ragen graue Felsen aus der trockenen Weidefläche heraus. Im unteren Theil zeigen sie deutliche Bankung, es sind die obersten Schichten des Hohebrückener Kalkes, der obere Theil der Felsen ist ungeschichtet, klotzig (vergl. Taf. VII) und gehört dem Korallen-Kalk an. Man kann die plumpen Felsen weithin bis über Rozérieulles am Abhang verfolgen. Versteinerungen sind zwar ziemlich häufig aber ungenügend ausgewittert. Weiterhin sind sowohl rechts als links vom Wege die Korallen-Kalke in Steinbrüchen aufgeschlossen.

1. Man kann auch den Weg über das malerisch auf einer Terrasse gelegene St. Ruffine nehmen, der hübsche Ausblicke auf die jetzt befestigten Kegel bei Jouy-aux-Arches und Corny auf dem rechten Moselufer bietet.

Ziemlich genau lässt sich, kurz bevor man die höchste Höhe erreicht hat, 275 m vor der Vereinigung der alten mit der neuen Strasse, die Grenze des Korallen-Kalks gegen die plattigen Kalke des Oolith von Jaumont erkennen, und 150 m weiter gelangt man in die Mergel von Gravelotte.

Die Mergel und Kalke von Fentsch scheinen zu fehlen; überhaupt ragen hier im Süden die Korallen-Kalke höher im mittleren Dogger hinauf als im Norden und sind dementsprechend mächtiger entwickelt, während erstere, wie auch das Profil S. 189 zeigt, auf wenige Meter zusammengeschrumpft sind, auch die Austernfacies nirgends entwickelt zu sein scheint. Im Bahneinschnitt unterhalb Amanweiler messen sie nur 2,50 m. Die mächtigere Entwicklung beginnt etwas südlich vom Ornethal, und ebendort (in einem Schacht bei Roncourt) finden sich die südlichsten Punkte für die Austernfacies. Im Elsass reicht sie gegen Süden nicht über die Minwersheimer Kuppe hinaus.

An der Vereinigung der alten und der neuen Strasse lagen vor den heissen Kämpfen im August 1870 die Häuser Point-du-jour, und dieser Name ist der Höhe verblieben.

200 m südlich von Point-du-jour befinden sich ausgedehnte Steinbrüche im Oolith von Jaumont, der in ihrem nördlichen Theil von den tieferen Schichten der Mergel von Gravelotte überlagert ist. Die geologische Uebersichtskarte lässt die Mergel von Gravelotte erst weiter westlich beginnen, an einer Verwerfung, welche vom Mance-Thal bis etwas nördlich vom Hof Moskau verlaufen soll. Eine derartige Verwerfung ist nicht vorhanden, vielmehr lässt der Verlauf der Grenze der Mergel von Gravelotte gegen den Oolith von Jaumont auf regelmässig gegen WNW geneigte Schichten schliessen.

Sehr bemerkenswerth ist ein Steinbruch in unmittelbarer Nähe des Hofes (auch Wirthschaft) St. Hubert. Der Oolith von Jaumont, der hier gebrochen wird, zeigt an vielen Stellen ausgezeichnete schräge Schichtung (s. Taf. VIII) und schliesst gegen die Mergel von Gravelotte mit einer vollkommen ebenen (s. Taf. IX), wie abgewaschen aussehenden Fläche ab, auf der zerstreut flache Austern aufsitzen. Diese sowie die zahlreichen Löcher von

Bohrmuscheln weisen auf eine zeitweise Unterbrechung des Absatzes der Schichten in geringer Entfernung von der Küste hin. In genau derselben Weise schliesst im Unter-Elsass der Hauptoolith gegen die Mergel und Kalke von Imbsheim ab.

Die Mergel von Gravelotte sind ziemlich reich an Versteinerungen, die man im Abraum sammeln kann. Bemerkenswerth ist, dass sich hier wie im Elsass, dicht über dem abradirten Oolith, die kleine von Haas als var. oolithica von der echten *Rynchonella varians* abgetrennte Form einstellt. Daneben finden sich biplicate Terebrateln, *Waldheimia ornithocephala, Ostrea acuminata.*

Steinbrüche stehen im Oolith von Jaumont weiterhin zu beiden Seiten der Strasse zwischen dem Hof St. Hubert und der traurig berühmten Schlucht, durch welche immer wieder die Deutschen todesmuthig gegen die ausgezeichnete Stellung der Franzosen am Point-du-Jour anstürmten. Durch das vom Mance-Thal nach St. Hubert hinaufziehende Nebenthälchen und das gegen W gerichtete Einfallen der Schichten ist hier eine Oberflächengestaltung geschaffen, welche es dem Vertheidiger gestattete, die Schlucht vollständig zu beherrschen. In den Steinbrüchen auf der nördlichen Seite der Strasse ist der Oolith von dem tiefsten Theil der Mergel von Gravelotte überlagert.

Da die Strasse stärker nach dem Mance-Thal hin fällt als die Schichten, so gelangt man bald in das Liegende des Hauptooliths. Als unmittelbare Unterlage sieht man gelbe, etwas sandige Kalke, unter diesen knollige, graue Kalke, welche mit Mergeln wechsellagern[1], in denen wir sofort die Mergel und Kalke von Fentsch, mit anderen Worten die Schichten mit *Steph. Blagdeni* erkennen. Noch tiefer gelangt man in weisse, oolithische, von Crinoiden durchsetzte, schlecht geschichtete Kalke, welche nach

---

1. Die gelben Kalke weichen in ihrer Gesteinsbeschaffenheit sowohl vom Oolith von Jaumont als von den Mergeln und Kalken von Fentsch ab und es bleibt, da Versteinerungen daraus nicht bekannt sind, zweifelhaft, ob man sie bereits zum oberen oder noch zum mittleren braunen Jura rechnen soll. In dem auf S. 189 wiedergegebenen Profil messen sie 2,70 m. Im Schacht der Grube St. Paul bei Malancourt erreichen sie nach den Messungen des Obersteigers eine Mächtigkeit von 5,10 m und führen hier, desgleichen in einem Schacht bei Arsweiler, Knollen von dunklem Chalcedon.

ihrer Beschaffenheit an den Kalk von Deutsch-Oth erinnern, schliesslich, dicht vor dem Grund des Mance-Thales, in klotzigen Korallen-Kalk.

Im Mance-Thal haben wir eines jener merkwürdigen Trockenthäler vor uns, welche vielfach das Doggerplateau durchziehen. Das schmale Wiesenthal, eingefasst durch schönen Buchenwald, bietet ein eigenartiges, landschaftlich reizvolles Bild. (Tafel X.)

Es kann wohl keinem Zweifel unterliegen, dass die Trockenthäler des lothringischen Plateaus durch Erosion entstanden sind, genau wie jene, in denen noch heute Flüsse oder Bäche ihr Wasser der Mosel zuführen. Mag auch stellenweise eine Spalte den Verlauf der Thäler vorgezeichnet haben, so darf man dennoch nicht an Spaltenthäler, etwa an klaffende Spalten denken. Häufiger als den Spalten folgen die Thäler der Streich-richtung der Schichten oder verlaufen quer zu ersteren. Warum diese Thäler kein Wasser führen, wenigstens zeitweise, ist leicht erklärlich. Alle Trockenthäler verlaufen in den Kalken zwischen den Schichten von Oettingen und den Schichten von Gravelotte, z. Th. in diesen selbst. Die Kalke sind stark zerklüftet, demnach stark wasserdurchlässig und die auf dieselben nieder-geschlagenen atmosphärischen Wasser versinken bis sie die Mergel und Kalke von Oettingen, welche die erste schwer durchlässige Schicht bilden, erreichen. Die Grenze dieser Abtheilung gegen den Hohebrückener Kalk entspricht daher einem Quellenhorizont. Das Mance-Thal und das nördlich folgende Thal, das Thal von Montvaux, liefern hierfür gute Beispiele. Die schöne Quelle, welche unterhalb des Hofes Vincent für Montigny gefasst ist, entspringt genau an der genannten Grenze, auch genau in der Mittellinie einer Mulde. Das Mance-Thal ist von dem Punkte an wasserführend, wo die Grenze der Hohebrückener Kalke gegen die unter-lagernden Mergel durch die Thalsohle angeschnitten wird. Die Quellen des Mance-Baches liegen im SO-Flügel derselben Mulde und sind als Ueberfallsquellen eines grossen, die Mulde erfüllenden unterirdischen Wasser-beckens zu deuten.

Bei heftigen Regengüssen versinken die Wasser nicht rasch genug, und die Trockenthäler führen vorübergehend Wasser, das stellenweise tiefe Strudellöcher reisst, durch welche ein Theil der Wasser in der Tiefe ver-schwindet. Im Winter jedoch, wo der Wiesengrund bis zu einer gewissen Tiefe gefriert, das Einsickern des Wassers also verhindert wird, werden diese Trockenthäler zeitweise zu nassen Thälern, und es kann das Wasser dieselben Erscheinungen der Erosion und Auffüllung zu Wege bringen, wie in den gewöhnlichen wasserführenden Thälern. Länger als gegenwärtig dauerten diese Zustände jedenfalls in den verschiedenen Eiszeiten, welche

Europa durchgemacht hat, und man geht wohl nicht fehl, wenn man die Erosion der Trockenthäler hauptsächlich in die Eiszeiten verlegt. In der Tertiärzeit, bis in welche hinein wir den Beginn der Auswaschung unserer Hauptthäler zurückverlegen müssen, waren die Verhältnisse für eine stark wirkende Auswaschung ungünstiger als heute.

Jenseits des Wiesenthales, unter dem Denkmal des 8. Jäger-bataillons, einem der wenigen geschmackvollen, welche die Schlacht-felder aufweisen, steht Korallenkalk an, über dem im Einschnitt der Strasse nach Gravelotte die gleichen Schichten wie auf der anderen, linken Seite des Thales folgen. Nach wenigen Schritten erreicht man einen Steinbruch im Oolith von Jaumont. Bei sorgfältiger Beobachtung bemerkt man, dass die Mergel und Kalke über dem Korallenkalk sich unmöglich regelmässig zwischen diesen und den Oolith des Steinbruchs einschieben können, dass erstere vielmehr an diesem abstossen müssen. Man hat Grund eine Ver-werfung anzunehmen, an der die Schichten gegen Westen abge-sunken sind. Früher, bei der Herstellung des Strasseneinschnitts, scheint die Störung besser aufgeschlossen gewesen zu sein, da sie von dieser Stelle bereits von JACQUOT erwähnt wird. Später aber wurde sie übersehen oder irrigerweise in das Mance-Thal selbst verlegt. Gegen Süden ist sie mit einer von NS nur wenig ab-weichenden Richtung vor der Hand nur auf 800 m verfolgt, gegen Norden dagegen bis in die Nähe von Bronvaux, im Ganzen auf eine Erstreckung von etwa 8 km. Auf der genannten Uebersichts-karte sind Punkte, welche dieser Störung angehören, nur südöstlich von Amanweiler angegeben, da wo die Strasse über Lorry nach Metz durch den Wald von Saulny ansteigt. Der ebendort ein-gezeichnete, etwas weiter südöstlich gelegene Sprung, welcher nach SO verwerfen soll, besteht nicht. Dagegen zweigt sich südlich von der Strasse vom Hauptsprung in spitzem Winkel ein Nebensprung ab, welcher das Thal an der Stelle durchschneidet, wo diese durch die Bahnstrecke überbrückt ist. (Vergl. Karte[1] auf S. 238.)

Der Oolith im Steinbruch neben der Verwerfung zeigt recht deutlich discordante Schichtung. Etwas weiter gelangt man in die

---

1. Man wird gut thun, auf dieser Karte die Streichlinien mit rothem Stift oder rother Tinte nachzuziehen.

237

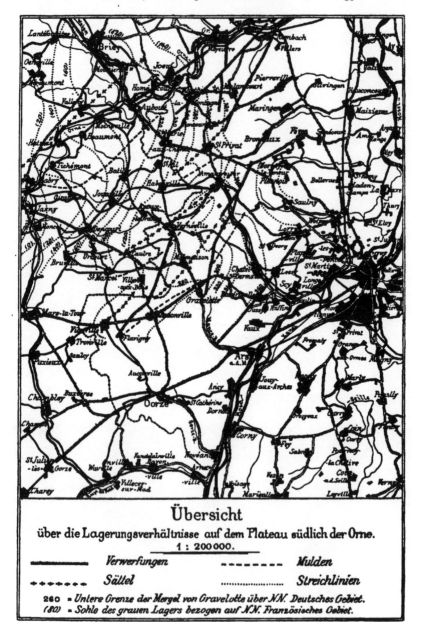

Übersicht

über die Lagerungsverhältnisse auf dem Plateau südlich der Orne.

1 : 200000.

————	Verwerfungen	– – – – –	Mulden
+++++	Sättel	....	Streichlinien

260 = Untere Grenze der Mergel von Gravelotte über N.N. Deutsches Gebiet.
(80) = Sohle des grauen Lagers bezogen auf N.N. Französisches Gebiet.

Mergel von Gravelotte, die bis an die ersten Häuser des Dorfes gut aufgeschlossen sind und günstige Gelegenheit zum Sammeln bieten.

Am Point-du-Jour liegt die untere Grenze der Mergel von Gravelotte bei 345 m, im Steinbruch beim Hof St. Hubert im Mittel bei 315 m und in der Nähe der Schlucht, oberhalb des Denkmals des Infanterie-Regimentes Nr. 29 bei 295 m; das Fallen beträgt also 50 m auf eine Erstreckung von 750 m oder 6,6 %. Westlich vom Mance-Thal beginnen über dem genannten Stein-bruch die Mergel von Gravelotte etwas unter der Höhencurve 280, und in fast genau derselben Höhe treffen wir die Auflagerung auf den Oolith von Jaumont 2300 m weiter in dem Thal, welches etwa mittwegs Gravelotte und Rezonville die Strasse durch-quert. Statt des starken nordwestlichen Fallens der Schichten, welches in dem Rücken östlich des Mance-Thales herrscht und z. Th. die günstige Stellung des französischen Heeres in der heissen Schlacht vom 18. August 1870 geschaffen hat — ein auf noch weitere Erstreckung gleichmässiges und starkes Einfallen der Schichten und mit diesen des Geländes, hat die ausgezeichnete Stellung der Franzosen bei St. Privat bedingt —, haben wir westlich des Mance-Thales söhlige Lagerung der Schichten. Wir sind aus dem Flügel der genannten Mulde in die Mittellinie ein-getreten, welche fast genau in der Richtung der Strasse nach Rézonville streicht.

An der Kreuzung der Strassen in Gravelotte die Gasthäuser zur Post und zum weissen Pferd, beide gut.

Man folge der nach NW, nach Sainte-Marie-aux-Chênes führenden Strasse, die langsam in den nordöstlichen Flügel der genannten Mulde über Mergel von Gravelotte ansteigt. Gegen-über dem Hof Mogador, der nach 600 m erreicht wird, zweigt sich links ein Feldweg ab, der nach 250 m an den Kaiser-Wilhelm-Stein führt, einen grossen schwarzwälder Granitblock, der hier zur Erinnerung an den Standpunkt Seiner Majestät wäh-rend der heftigen Angriffe auf Point-du-Jour aufgestellt ist. Falls es der Stand der Felder erlaubt, folge man nicht der Strasse, sondern gehe über die Aecker, auf denen Versteinerungen reich-lich zerstreut sind.

Der Strasse weiter folgend, kommt man dicht vor den Häusern Petit-Gravelotte in den sehr grobkörnigen Oolith von Vionville, der auf den Aeckern bis an den nördlichen Ausgang von Malmaison zu verfolgen ist. Der Ort steht auf dem Scheitel eines Sattels und gewährt in Folge seiner dadurch geschaffenen hohen Lage einen guten Ausblick auf den südlichen Theil des Schlachtfeldes. Gegen Norden verdeckt der Wald Bois-des-Génivaux, ein Beispiel eines undurchdringlichen lothringischen Mittelwaldes, die Fernsicht.

Da sich später bessere Aufschlüsse im Oolith von Vionville finden, halte man sich hier nicht auf, sondern folge der Strasse nach Vernéville, die auf den Rücken Oolith von Vionville, in den Thalmulden Mergel von Gravelotte durchschneidet. Am Schloss von Vernéville setzt eine Verwerfung von geringer Sprunghöhe und ostnordöstlichem Streichen durch, längs welcher die Schichten auf der Ostseite tiefer liegen. Im tiefer liegenden Theil, zugleich im Tiefsten einer flachen Mulde, sind am Kirchhof über dem Oolith von Vionville die unteren Mergel der Schichten von Saint-Privat in geringer Verbreitung erhalten geblieben.

Man durchschreite Vernéville, das auf dem Scheitel eines gegen Amanweiler streichenden, flachen und schmalen Sattels steht, auf der Strasse nach Amanweiler. An ihrer Umbiegung jenseits des Génivaux-Thales, 700 m von den letzten Häusern des Dorfes, biegt links ein Feldweg ab. Kurz bevor er das Wiesenthälchen erreicht, bemerkt man einige Gruben in einem plattigen, rostfleckigen, körnigen Kalk, der eine Einlagerung in den Mergel von Gravelotte bildet. Man halte nun den Fusspfad längs der Landesgrenze ein, bis jenseits des letzten Waldstückes. An dessen Nordostrand steht, auf grauen Mergeln der Schichten von St. Privat, das prächtige Hessendenkmal, ein schlummernder Bronce-Löwe.

Steigt man in die Mulde herunter, in welcher der Weg von Amanweiler nach Habonville über die Bahn führt, so überschreitet man zuerst den Oolith von Vionville, in welchem *Pholadomya Murchisoni* durch ihre Häufigkeit auffällt, und gelangt dann in die Mergel von Gravelotte. Besonders die Felder auf der Nordseite des Weges geben gute Gelegenheit zum Sammeln.

Diesen Weg verfolge man bis zum Grenzstein 477 und gehe nun auf dem hier abzweigenden Feldweg der Grenze entlang. Bis zum ersten Thälchen bleibt man ganz in Mergeln von Gravelotte, besonders in den plattigen Kalken. Jenseits der flachen Thalmulde kommt man über den Mergeln von Gravelotte in den Oolith von Vionville, der in der nächsten Thalmulde wieder von ersteren überlagert ist. Ueberall bietet sich auf den Feldern Gelegenheit in beiden Abtheilungen zu sammeln.

Kurz vor dem Grenzstein 465 trennt sich rechts ein Feldweg ab, der nach St. Privat führt, zuerst noch etwa 50 m durch Mergel von Gravelotte, dann durch Oolith von Vionville. Nach weiteren 200 m stellen sich fette graue Mergel ein, aus denen weisse Kalkknötchen herauswittern. Sie halten ungefähr 100 m an und werden dann von hellgrauen, thonigen, etwas sandigen Kalken überlagert, welche in dünnen Bänken mit Mergeln wechsellagern. Zusammen bilden diese Abtheilungen die in der Uebersicht als Schichten von St. Privat zusammengefasste Stufe und entsprechen der in den Erläuterungen zur geologischen Uebersichtskarte (S. 53) als Schichten der *Rhynchonella varians* (Bathian) bezeichneten Abtheilung. Auf dieser Karte sind sie nur zwischen Fentsch und Lommeringen ausgeschieden, das Vorkommen von St. Privat ist den Mergeln von Gravelotte zugezählt. *Anabacia complanata*, welche in der genannten Erläuterung aus den Mergeln von Gravelotte von hier angeführt ist, kommt nicht in diesen, sondern in den Schichten von St. Privat vor. Auch westlich von Gravelotte wird man diese Schichten deutlich von den tieferen Schichten abtrennen können, ganz besonders weil der Oolith, der sie von den Mergeln von Gravelotte trennt, dort mächtiger und auffallender entwickelt ist. Durch ihre Ausscheidung gelangt der Nachweis der auf S. 238 nordnordwestlich von Rezonville angegebenen Verwerfung, deren Vorhandensein aus zwei Bohrlöchern gefolgert worden war. Die Sprunghöhe beträgt höchstens 12 m. Gegen N nimmt die Mächtigkeit des Ooliths ab, und nördlich von St. Privat ist er ausgekeilt.

Gut aufgeschlossen sind die Schichten von St. Privat im Einschnitt der Grubenbahn von Ste. Marie-aux-Chênes nach

Maizières bei Metz, dicht vor dem Denkmal des Garde-Grena-
dier-Regiments Königin Auguste. Links vom Wege stehen die
unteren Mergel mit horizontaler Lagerung an, rechts die oberen
Kalke und Mergel, die von einem kleinen gegen Ost verwerfenden
Sprung durchsetzt sind und östlich von diesem gegen SO einfallen.
Da weiter westlich nordwestliches Einfallen der Schichten nachgewiesen ist, so steht man auf dem langgestreckten Rücken, über
den der Weg nach St. Privat führt, im Scheitel eines Sattels
(vergl. Karte S. 238). Die Achse streicht mit SW—NO Richtung
am Westrand des Dorfes vorbei; das Tiefste der sich östlich anschliessenden Mulde setzt mittwegs zwischen Marengo und Jerusalem durch. Sattel und Mulde senken sich gegen SW, letztere
anscheinend etwas langsamer als erstere, worauf wohl der erwähnte,
durch Torsionserscheinungen hervorgerufene Sprung zurückzuführen
ist. Die Mittellinie der westlich sich anschliessenden Mulde streicht
mit SW—NO Richtung gegen Montois-la-Montagne.

   Von der Mulde, in welcher Gravelotte liegt, bis zum Orne-Thale
haben wir also eine ganze Reihe von Mulden und Sätteln, die in der Karte
auf S. 238 dargestellt sind. Auf lothringischem Gebiet sind sie durch meine
geologischen Aufnahmen der letzten Jahre festgelegt, auf französischem
Gebiet habe ich sie den Arbeiten von Rolland und Villain[1] entlehnt. Eine
Aenderung liess ich nur insofern eintreten, als ich nördlich von Rezonville,
bei Villers-aux-Bois, die Fortsetzung der Mulde von Champenois zum
Ausdruck gebracht habe.   Der Anschluss, den die genannten Autoren hier
an lothringisches Gebiet zeichnen, lässt sich nämlich weder mit den Beobachtungen über Tage noch mit den Ergebnissen der Bohrungen in Einklang
bringen. Die den Curven beigefügten Zahlen geben für das deutsche Gebiet
die Höhenlage der Grenze der Mergel von Gravelotte gegen den Hauptoolith über NN an; für das französische Gebiet beziehen sich die (einge-
klammerten) Zahlen auf die Sohle des grauen Lagers, die im Mittel 140 m
tiefer liegt als die vorige Grenze.
   Nördlich der Mulde von Gravelotte haben wir den Sattel von Malmaison,
der von Rezonville bis La Folie nachgewiesen ist, und westlich der Verwerfung Flavigny-Vernéville den kürzeren Sattel von Vionville. Beide Sättel

---

   1. Rolland, G. Sur les gisements de minerais de fer oolithiques du nouveau
bassin de Briey (Meurthe-et-Moselle). — Comptes rendus hebdomadaires des séances de
l'Académie des sciences 1898. CXXVI, n° 3.
   Villain, Fr. Conférence sur le gisement des minerais de fer en Meurthe-et-
Moselle. Société de l'industrie de l'Est (27 juin 1900). — 12 S. gr. 4° mit 6 Taf.

sind gegen Nordwesten begleitet von der Mulde von Champenois, der in derselben Richtung der Sattel von Vernéville—Amanweiler vorliegt. Parallel mit diesem und von ihm durch die Mulde von Marengo getrennt streicht der Sattel von Habonville—St. Privat. Die gegen Montois-la-Montagne streichende Mulde ist besonders auf französischem Gebiet erkannt und macht zwischen Giraumont und Jarny einen auffallenden Knick. Gradliniger verläuft der Sattel von Conflans gegen Moutiers.

Sämmtliche Sättel und Mulden senken sich gegen SW, in der Richtung ihrer Längserstreckung.

Südlich der Mulde ,von Gravelotte lassen sich die Lagerungsverhältnisse noch nicht durch Curven genauer festlegen. Es scheint jedoch, dass das ganze Gebiet bis zur Landesgrenze einem sich langsam gegen SW senkenden, SW-NO streichenden Sattel angehört, welcher der Metzer Verwerfung entlang weit über diese Stadt hinaus gegen NO verfolgt werden kann.

Zum Sammeln in den Schichten von St. Privat geben die Felder nördlich vom Garde-Grenadier-Denkmal Gelegenheit. Man findet *Anabacia complanata, Echinobrissus Renggeri, Terebratula diptycha, Waldheimia ornithocephala, Ostrea costata, Pecten vagans.*

Der ungefähr 2 km westlich gelegene Ort ist Ste. Marie-aux-Chênes, links davon gewahrt man die Grubengebäude des gleichnamigen Bergwerkes. Gegen NW hat man das beinahe ebene, nur von sehr flachen Auswaschungsrinnen durchzogene, gleichmässig gegen Westen sich senkende und aus diesen Gründen deckungslose Gelände vor sich liegen, auf dem die Preussischen Garden bei ihrem Angriff auf den rechten Flügel der französischen Stellung vorgingen. Gegen Norden blickt man auf Montois-la-Montagne, links von diesem Dorf auf den Schacht des Bergwerks Pauline, von dem die geförderten Erze durch eine Schmalspurbahn nach den Hochöfen von Rombach verfrachtet werden. Etwas weiter ragen aus dem Orne-Thal die Schornsteine der auf französischem Gebiet aufgeführten Hochöfen von Homécourt heraus.

Für den Vergleich der Erzlager ist das Gebiet nördlich von St. Privat nicht ohne Schwierigkeiten. Auf S. 181 sind die Profile der Gruben Ste. Marie-aux-Chênes, Maringen und Pierrevillers gegeben; sie zeigen, wie sämmtliche Profilreihen, welche von Westen nach Osten gezogen werden, nicht nur eine Abnahme der Erzlager gegen Osten, sondern auch der Gesammtmächtigkeit. Das graue Lager, welches ohne Unterbrechung in gut charakterisirter Ausbildung von der belgisch-luxemburgischen Grenze bis südlich der Orne verfolgt werden kann, keilt hier längs einer SSW-NNO laufenden Linie aus. Die Schächte von Ste. Marie-aux-Chênes und Montois-la-Montagne bauen das graue Lager ab, während es in den Bauen der Grube Maringen, welche unterirdisch bis Roncourt reichen, nicht vorhanden ist. Hier ist dagegen ein gelbes Lager bauwürdig entwickelt, das in den genannten Schächten zwar vorhanden ist, den Abbau aber nicht lohnt. Es entspricht dem gelben Lager von Algringen, welches selbst, wie die Uebersicht über die Reihenfolge der Erzlager zeigt, unter dem gelben Lager von Düdelingen liegt. In Düdelingen ist das erstere als eisenschüssiges Zwischenmittel über dem grauen Lager entwickelt. Bemerkenswerth ist, dass in Ste. Marie-aux-Chênes ein braunes Lager vorhanden ist, welches seiner Ausbildung und seiner Lagerung nach genau mit dem braunen Lager von Deutsch-Oth übereinstimmt. Die in der bergmännischen Literatur aus der Gegend von Gross-Moyeuvre als braun angeführten Lager haben mit diesem nichts gemein und sind Zwischenlager, denen nur ganz geringe Ausdehnung zukommt. Ebenfalls sehr bemerkenswerth ist, dass durch den Schacht Ste. Marie ein geringmächtiges Eisenconglomerat zu Tage gefördert wurde. Ich fand es auf der Halde, doch konnte Niemand mir angeben, in welcher Höhe es angehauen worden war. Ich zweifle aber nicht daran, dass es dieselbe Stellung einnimmt, wie bei Esch und Aumetz und nahezu wie die Conglomerate weiter südlich bei Nancy. Diese Nordsüderstreckung der Geröllzone macht es nicht unwahrscheinlich, dass die Zufuhr von Osten erfolgte. Vielleicht hat eine Aufwölbung an der Stelle des Buschborner Sattels sich schon damals bemerkbar gemacht und hat, wie am Rande der Ardennen, Heraushebung des Lias bewirkt (vergl. E. W. Benecke, diese Mittheilungen Bd. V, S. 142). Nicht zufällig scheint es auch, dass das sterile Gebiet der Erzformation nördlich von Nancy genau in der Verlängerung dieses Sattels liegt, das erzführende Gebiet dagegen in die Verlängerung der Saargemünder oder der lothringisch-pfälzischen Mulde fällt.

Für die Palaeontologie der Erzlager sind die Halden des Saarschachtes zwischen Roncourt und Malancourt und der Grube Maringen von besonderer Wichtigkeit geworden. Die an beiden Punkten zu Tage geförderte Fossilbank liegt über dem gelben Lager und unmittelbar unter den Mergeln der Schichten von Charennes, die in ihrem untersten Theil grosse Inoceramen führen. Es ist kein Grund bekannt, welcher veranlassen könnte, anzunehmen, dass etwa die Mergel im Hangenden des gelben Lagers die rothen Lager und ihre Zwischenmittel vertreten würden. Es scheint also eine Lücke in der Schichtenfolge vorhanden zu sein, deren Bestehen kaum durch fehlende Zufuhr von Niederschlägen, sondern wohl eher durch Heraushebung während der Ablagerung der fehlenden Schichten zu erklären ist. Auf eine solche weist, wie eben bemerkt, auch das Vorkommen der Conglomerate hin. Es wird darauf zu achten sein, ob nicht die Oberfläche der 0,4 m dicken Kalkbank, welche das gelbe Erz von den

Mergeln trennt, durch Bohrmuscheln angebohrt und mit Austern bedeckt ist, wie die oberste Bank der Erzformation bei Deutsch-Oth.

Eine der Maringer ganz ähnliche Kalkbank mit demselben Erhaltungszustand der Versteinerungen kommt in der Grube Orne über dem gelben Lager vor, in letzterer sowie in den Gruben Pauline und Gross-Moyeuvre auch über dem grauen Lager. In der Grube Gross-Moyeuvre zeigt sie sich nur in der Nähe des Conroy-Baches und geht gegen NO in einen dunklen oolithischen Mergel über. Wir haben hier dieselbe Wiederholung von Fossilbänken wie in der Escher Gegend in der Nähe der roth-kalkigen Lager.

Ausser der Fossilbank über dem gelben Lager hat der Saar-Schacht die grünen Sandsteine geliefert, welche bei Oberkorn das Liegende und Hangende des schwarzen Lagers bilden. Sie liegen unter dem schwarzen Lager. Die Fauna ist dieselbe wie bei Oberkorn.

Nach der Besichtigung der nähern Umgebung von St. Privat und der zahlreichen, an den harten Kampf vom 18. August 1870 erinnernden Denkmäler, wende man sich nach Amanweiler (Station der Bahnlinie Metz—Verdun; etwas oberhalb des Bahnhofes Gasthaus SCHWENZFEIER). Der Weg selbst bietet keine Aufschlüsse, und es genügt zu bemerken, dass er den grössten Theil seiner Erstreckung über die Schichten von St. Privat führt. 1200 m von der Gabelung der Strassen in Jerusalem, kurz vor einem Wiesenthälchen, überlagern diese den Oolith von Vionville; und jenseits des Thälchens, bis in den Ort hinein, befindet man sich auf Mergeln von Gravelotte. Unterhalb des Bahnhofes stehen grosse Steinbrüche im Oolith von Jaumont.

In die vielfache Wechsellagerung innerhalb der Mergel von Gravelotte gibt nachstehendes Profil Einblick, welches zwischen Marengo und Amanweiler in einem Einschnitt der Grubenbahn Ste. Marie-aux-Chênes—Maizières, nahe unter dem Oolith von Vionville, gemessen wurde. Von oben nach unten hat man:

a) Knollen von hellgrauem, eisenoolithischem Kalk, die sich
   bankweise zusammenschliessen   0,20
b) magere Mergel mit Knollen und Lagen von eisenoolithischem
   Kalk, sehr reich an Versteinerungen   0,40
   wie a   0,15
   wie b, reich an Versteinerungen   1,25
   fester, plattig zerfallender, körniger Kalk   0,30

                                        zu übertragen. . . .   2,30

	Uebertrag. . . .	2,80
wie *b*, Myaciten ziemlich häufig		0,40
fester körniger Kalk		0,15
wie *a*, Versteinerungen ziemlich reichlich.		0,75
fester, körniger, plattig zerfallender Kalk mit Rostflecken . .		0,65
wie *a*, Versteinerungen spärlich (*Homomya*).		0,55
fester körniger Kalk		0,12
magere Mergel mit Brocken von oolithischem Kalk		0,30
fester körniger Kalk		0,05
wie *b*, versteinerungsführend, besonders Terebrateln		1,00
wie *a*, * * *		0,70
magere Mergel, mit Oolithen und Schalentrümmern		0,30
wie *a*		0,50
wie *b*, *Terebrat. ornithocephala* und *Pholadomya* vereinzelt. .		1,50
körniger Kalk mit Rostflecken, reich an Schalentrümmern. .		0,35
Mergel		0,50
	Zusammen	9,90

———◦⟶⟶⟶⟵⟵⟵◦———

Ueber Glacialschrammung auf den Graniten der Vogesen.

Von

Landesgeologe Dr. L. van WERVEKE.

Bei geologischen Aufnahmen am Grossen Belchen gewahrte ich am 17. September 1891 aus der Ferne, dass am Westufer des Belchen-Sees eine Felswand blosgelegt war, welche ich früher, bei höherem Wasserstande des Sees, nie bemerkt hatte. Wird man, sagte ich mir, ausser den Moränen andere Spuren der Vergletscherung in den oberen Enden der Vogesenthäler auffinden können, so muss dies hier der Fall sein, wo ein dichter, fester Grauwackenhornfels die ganze Umgebung zusammensetzt. Ich stieg zum See hinunter und konnte zu meiner freudigen Genugthuung eine ausserordentlich schöne Glacialschrammung am anstehenden Fels feststellen[1].

Veranlasst durch diese Entdeckung, besuchte ich bald nachher, theils mit den Herren Professoren BENECKE und BÜCKING, theils mit Ersterem allein, die übrigen Seen der Hochvogesen, deren Wasserstand gleichfalls ein ungewöhnlich niedriger war, um auch an diesen besonders auf die Spuren ehemaliger Vergletscherung zu achten.

Gletscherschrammung auf geglätteten Felsen wurde festgestellt: am Grossen Neuweiher und wenig unterhalb des Kleinen

---

1. L. VAN WERVEKE, Neue Beobachtungen an den Seen der Hochvogesen. — Diese Mittheil. Bd. III, 1892, S. 133—138 mit 7 Zeichnungen und Taf. III u. IV.

Neuweihers, am Daren-See und am Schwarzen See. Rundhöcker
ohne Schrammung zeigten sich am Stern-See.

Moränen konnten etwas unterhalb des Kleinen Neuweihers,
am Stern-See, am Daren-See, am Forlenweiher, am Schwarzen und
am Weissen See erkannt werden. Die Moräne am Forlenweiher
umschloss deutlich geschrammte Granitblöcke.

Sämmtliche Punkte liegen auf Ballongranit oder Kammgranit.

In einem in diesen Mittheilungen[1] erschienenen Aufsatz: Die
im Jahre 1900 aufgedeckten Glacialerscheinungen am Schwarzen
See, kommt A. Tornquist neuerdings auf die geglätteten Felsen
am Schwarzen See zu sprechen und sagt darüber Folgendes:

«Am Schwarzen See wurde alsdann im Jahre 1892[2] von
van Werveke zuerst das Vorhandensein von geglätteten und ge-
geschliffenen Felsen beobachtet; und zwar an der nämlichen Stelle,
welche im Folgenden beschrieben werden wird, am Fusse des
nördlichsten der drei Felsen zwischen dem oberen und dem unteren
Becken. van Werveke spricht sogar von einer Schrammung der
unter dem damaligen[3] Wasserspiegel gelegenen Felsen.» (S. 130.)

«. . . . . . . Dabei zeigt die Oberfläche nirgends eine glaciale
Kritzung; und es verdient hier hervorgehoben zu werden, dass
eine solche Kritzung in kleinem Maasstabe auch an den übrigen
Seen und Glattfelsen der Vogesen in den reinen Granitgebieten
niemals — ebenso wenig wie im Schwarzwalde — nachgewiesen
werden konnte. Es scheint diese bei der leichteren oberflächlichen
Verwitterung des Granits bald zerstört zu werden. Alle Gletscherschrammen[4], die aus den Vogesen im anstehenden Fels wie an
Geröllen nachgewiesen worden sind, treten nur auf harter Grauwacke und Schiefern, wie am Belchen-See und bei Wesserling auf,
oder sind auf Porphyren beobachtet worden. Auf letzteren besonders im Schwarzwald, wo Steinmann auch schon auf das Fehlen

---

1. Band V. 1901, 123—138 mit Taf. I—V.
2. Beobachtet in 1891, beschrieben in 1892.
3. Bei dem damaligen tiefen Wasserstand waren die Felsen entblösst, während
sie bei normaler Wasserhöhe von Wasser bedeckt sind.
4. Von mir gesperrt.

von Gletscherschrammen in Granit- und Gneissgebieten im Gegensatz zu der Häufigkeit derselben in gehärteten Thonschiefern hingewiesen hat.» (S. 131.)

Stellt man beide, im Text getrennte Sätze nebeneinander, so erhält man den Eindruck, dass meine Angaben über das Vorkommen von Glacialschrammen auf dem Granit des Schwarzen Sees und damit auch über die Schrammung am Granit des Neuweihers und des Daren-Sees unrichtig seien.

Zugleich wird die Richtigkeit einiger Angaben meines Collegen Dr. Schumacher in Frage gestellt. Dieser erkannte ein System paralleler Schrammen an der von Moränenschutt frisch entblössten Oberfläche des Granits am Alfeld bei Sewen[1] und in der Richtung des Thalgefälles deutlich nach aufwärts verlaufende Riefen oder Schrammen am Schiessrothried[2].

E. Collomb, dem die Glacialgeologie der Vogesen die bedeutendsten Fortschritte verdankt, unterschied unter den Gletscherstreifen = stries glaciaires folgende Arten:

1. stries rectilignes, gradlinige, mit unter sich kreuzende Streifen;
2. stries saccadées, besonders auf Schiefergesteinen; sie sind unterbrochen und sehen aus, als hätte das ritzende Gestein unzählige Male angesetzt, um den Kritzer zu Stande zu bringen;
3. stries cannelées, in der Schweiz coups de gouge genannt, weil sie den Eindruck hervorrufen, als seien sie durch einen Hohlmeissel erzeugt worden. Sie finden sich häufiger auf Granit als auf Schichtgesteinen.

Die drei Arten von Glacialstreifung finden sich auf dem Glattstein. Von den stries cannelées wird besonders betont: man kann sie nicht auf einem Handstück von 8 bis 10 Quadratcentimeter beobachten und man muss sich in der Entfernung von einigen Schritten aufstellen, um sie zu erkennen. Es sind gradlinige

---

1. Diese Mittheil. Bd. II, 21—22.
2. Diese Mittheil. Bd. II, 37—38. — Benecke, Bücking, Schumacher, van Werveke, Geologischer Führer durch das Elsass, Berlin 1900, S. 338.

breite, schwach ausgehöhlte, parallel zu einander verlaufende
Furchen, welche sich nicht gegenseitig schneiden.[1]

Dieselbe Bemerkung macht COLLOMB bei der Beschreibung
von Glacialstreifung am Granit des oberen Dollerthales: Der Felsen
ist prachtvoll geglättet und bei genauer Betrachtung bemerkt man
deutliche Streifen, auch dass diese parallel der Hauptrichtung des
Thales verlaufen. Sie sind nicht scharf gerissen wie auf dem
Glattstein bei Wesserling, und man muss in einiger Entfernung
Aufstellung nehmen, wenn man ihre Richtung genau erkennen will.[2]

Ebenso haben sich GRAD[3] und später SCHUMACHER über die
Beschaffenheit der Gletscherstreifen oder -Schrammen auf Granit
ausgedrückt. «Zwar trat diese Erscheinung nicht in der Voll-
kommenheit auf, wie sie etwa an manchen anderen Stellen in den
Vogesen beobachtet werden kann; indessen war sie deutlich genug,
um bei aufmerksamer Betrachtung ins Auge zu fallen, und gradezu
unmöglich war es, dieselbe zu übersehen, wenn man die betreffenden
Stellen von der Seite her unter spitzem Gesichtswinkel betrachtete.
Vor allem zeigte sich die Fläche d ganz dicht mit regelmässigen,
ziemlich feinen Riefen bedeckt, deren Richtung zu N 32° O bestimmt wurde.»[4]

In der englischen Sprache finden wir für das Wort «stries» der
französischen Glacialisten den Ausdruck «striae», für die ganze
Erscheinung «striation», daneben für breitere Eindrücke «grooves»
und «grooving». Die Ausdrücke «grooving» und «striation», sagt
CHAMBERLIN[5], werden vielfach als Synonyme gebraucht und bis
zu einem gewissen Grade auch mit Recht, da es unmöglich ist,
eine scharfe Grenze zwischen beiden zu ziehen. CHAMBERLIN selbst
hält die Bezeichnungen auseinander und wendet «striae» und

1. E. COLLOMB, Preuves de l'existence d'anciens glaciers dans les vallées des
Vosges. Paris 1847, 36—37, 60—61.
2. Ebenda S. 103—104.
3. CH. GRAD, Description des formations glaciaires de la chaîne des Vosges.
Paris 1873, S. 28.
4. SCHUMACHER, Geologische Beobachtungen in den Hochvogesen. — Diese
Mittheil. Bd. II, S. 21—22.
5. T. C. CHAMBERLIN, The rock-scorings of the great ice invasions. — Seventh
annual report of the Director of the United States geological. Survey, 1885—1886,
Washington, 1888, S. 211.

«striation» nur für feinere Eindrücke an. Bemerkenswerth ist, dass er auf S. 170 solche «glacial striae» auf einem «granitoid rock» von Lower Harbov, Victoria, abbildet.

Im Deutschen stehen uns die Ausdrücke Ritzen, Kritzen, Rillen, Riefen, Furchen, Schrammen zur Verfügung und werden mitunter, wie es scheint, ziemlich willkürlich gebraucht.

Aus dem zweiten der oben mitgetheilten Sätze geht hervor, dass A. Tornquist die Ausdrücke gekritzt und geschrammt als Synonyme ansieht. Da man unter Kritzen und Ritzen nach dem Sprachgebrauch nur feine Eindrücke verstehen kann, und Tornquist das Wort auch in diesem Sinne gebraucht, so könnten nach dieser Auffassung unter Schrammen gleichfalls nur feine Eindrücke gemeint sein.

Diese Anwendung des Wortes Schramme halte ich nicht für richtig. Schramme scheint mir vielmehr die richtige Bezeichnung zu sein für die Gesammtheit der Eindrücke, welche der vorrückende Gletscher neben der Glättung auf seiner Unterlage oder seinem Widerlager erzeugt, und in diesem Sinne ist die Bezeichnung augenscheinlich auch von den meisten anderen Beobachtern gebraucht worden. Bei genauerer Charakterisirung würde ich feinere, schärfere Eindrücke mit Kritzen oder Ritzen, grössere und gröbere mit Rillen, Riefen oder Furchen bezeichnen.

Wollte man dem Worte Schrammen eine andere Bedeutung beilegen, so müsste man es dem gewöhnlichen Sprachgebrauch folgend auf die gröberen Eindrücke beschränken. In diesem Sinne scheint es von Steinmann, auf den sich Tornquist in dem genannten Satz bezieht, gebraucht zu werden, jedenfalls nicht als synonym mit Kritzen, denn wir finden in einem einzigen Absatz die Worte Kritzen und Schrammen oder Kritzung und Schrammung fünf Mal neben einander[1].

Ohne weiter auf die einschlägige Literatur einzugehen, sei nur noch auf die neueste Auflage von Wahnschaffe, «Die Ursachen der Oberflächengestaltung des norddeutschen Flachlandes»[2],

---

1. G. Steinmann. Die Spuren der letzten Eiszeit im hohen Schwarzwalde. — Freiburger Universitätsprogramm zum siebzigsten Geburtstage seiner Kgl. Hoh. des Grossherzogs Friedrich. Freiburg und Leipzig, 1896, S. 192.
   2. Stuttgart, 1901, S. 90.

hingewiesen. Dort heisst es: «Durch den Druck, welchen ein vorrückendes mächtiges Inlandeis auf seinen Untergrund auszuüben vermag, wird einerseits, wenn dieser aus festen, widerstandsfähigen Gesteinen besteht, eine Schrammung und Abschleifung hervorgerufen . . . . .» «Durch die feineren Sandpartikelchen wird die Politur und Glättung, durch die gröberen Grande und Geschiebe die Ritzung und tiefere Schrammung bewirkt.»

Hier finden wir das Wort Schrammung theils allgemein für die Eindrücke, die der Gletscher neben der Glättung auf seinem Widerlager erzeugt, theils für die groben Eindrücke im Gegensatz zu den feineren.

Solche grobe Eindrücke sind es, welche die Granite der Vogesen in alten Gletscherbetten zeigen, wie die aus der Literatur genannten Stellen darthun und wie auch Tornquist für den Granit am Schwarzen See zugibt: «Die typische Rundhöckerbildung, wie sie auf Taf. IV sichtbar ist, zeigt einen stark undulirten, mit seichten, langen, ungefähr von NW nach SO gerichteten Rillen versehenen, typischen Gletscherboden» (S. 131). Das sind die stries cannelées von Collomb. Nachdem ihr Vorkommen als bezeichnend für Gletscherstreifung auf Granit bekannt war, habe ich mich bei dem kurzen Hinweis auf die Glacialerscheinungen an den Seen der Hochvogesen mit dem allgemeinen Ausdruck Schrammen begnügen zu können geglaubt. Dass ich dem Wort keine falsche Bedeutung beigelegt, beweisen zur Genüge die wenigen, oben angezogenen Stellen, und man wird nach wie vor in den Vogesen ganz richtig von geschrammten Granitfelsen sprechen. Schrammung zeigt sich auch an grossen Granitblöcken, während kleinere Granitgeschiebe sie, was auch ohne Erläuterung verständlich ist, stets vermissen lassen[1].

---

1. Collomb, S. 105, 2 untersten Zeilen — K. Schumacher. Bericht über seine geologischen Aufnahmen im Jahre 1891. Mitth. geol. Landes-Anst. Bd. III, S. XXIII, unterster Absatz. — Excursion 18 im Geologischen Führer durch das Elsass. Berlin, 1900, S. 372.

Nachweis einiger bisher nicht bekannter Moränen zwischen Masmünster und Kirchberg im Doller-Thale.

Von

Landesgeologe Dr. L. van WERVEKE.

Als äusserste Moräne, als der Markstein der grössten Vereisung des Doller-Thales, galt bisher die Moräne von Kirchberg,
4 km oberhalb Masmünster. In dem nördlich benachbarten Thur-
thale kam den Moränenwällen bei Wesserling bis vor wenigen
Jahren dieselbe Bedeutung zu.

Nachdem aber bei Moosch, 5 km unterhalb Wesserling, sichere
Moränenbildungen erkannt worden waren[1], durfte man erwarten,
dass solche sich auch im Doller-Thale über die bisher bekannten
Moränen hinaus würden nachweisen lassen, und in der That sind
im vorigen Jahre (1900) durch die Arbeiten für die Bahnstrecke
Masmünster-Sewen mehrere weiter vorgeschobene Moränen blosgelegt worden.

Die am weitesten abwärts gelegene Moräne findet sich dicht
oberhalb Masmünster, an der Mühle Steinbrück. Von dieser zieht
sich, ziemlich in nordsüdlicher Richtung, in schwachem Bogen ein
flacher, im Durchschnitt 0,220 km breiter, 0,750 m langer Wall gegen

---

1. Bericht der Direction der geologischen Landes-Untersuchung von Elsass-
Lothringen für das Jahr 1891, Aufnahmen von Dr. L. van Werveke. — Diese Mittheil.,
Bd. III, S. xx.

den Fuss des steilen Gebirgshanges Breiteneck; er erhebt sich im
Durchschnitt 10 m über den Willer-Bach, der an seinem Ostrand
verläuft.

Die Bahn hat diesen Wall an seiner südlichsten Spitze in der
Höhe von 420 m in kurzem und niedrigem Einschnitt durchfahren
und im westlichen Theil einen gelben Lehm, im östlichen Theil
Lehm mit unregelmässig eingeschlossenen Blöcken von kaum an-
gewittertem, dunkelgrauem Labradorporphyr blosgelegt. An einzelnen Stellen wurde anstehender Fels erreicht, dessen natürliche
Oberfläche zur Zeit der Besichtigung des Aufschlusses aber bereits
durch Sprengung zerstört war.

Bemerkenswerth ist, dass die Blöcke, von denen viele zerschlagen waren und deshalb leicht untersucht werden konnten,
ausschliesslich aus grauen Labradorporphyren bestanden, wie solche
nicht nur im oberen Theil des Willerbach-Thales, sondern auch
an dem dahinter sich erhebenden Ross-Berg weite Verbreitung
haben und vielfach in mächtigen Felsen anstehen. Es ist deshalb
wohl sicher, dass wir in der Moräne an der Steinbrück-Mühle nicht
eine Moräne des Hauptthales, sondern des vom Ross-Berg und seinen
Ausläufern herunterkommenden Willerbach-Thales vor uns haben.

Auf der Nordseite des Ross-Berges reichen bedeutende, aus
grauen Labradorporphyren bestehende glaciale Schuttmassen durch
die Rossbergrunz hinunter bis ins Thal der Kühlbachrunz (südwestlich Moosch); an der Vereinigung beider Runzen, in der Höhe
von 490 m, ist es zur Bildung einer Endmoräne gekommen.

Der benachbarte Thanner-Hubel sandte einen Eisstrom über
Altrain gegen Weiler, einen zweiten durch das Kehrenbach-Thal
gegen Bitschweiler, der bei Ziegelscheuer eine deutliche Endmoräne absetzte; eine zweite Moräne liess er weiter oberhalb am
Ausgang der Steinklotzrunz zurück.

1 km oberhalb Masmünster erblickt man auf einem terrassenartig ebenen Hügel in der Höhe von 450 m den Hof Herzenburg.
Gegen Norden lehnt sich die Terrasse an den Fuss des Breiteneck
an, gegen Süden fällt sie rasch nach den 25 m tiefer gelegenen
Dollerwiesen ab.

Kurz vor den ersten Häusern von Sickert, am Südwestfuss des Hügels, war schon früher Quarzporphyr angeschnitten worden.

Etwas hinter dieser Stelle, gegen den Hof Herzenburg hin, hat die Bahn nun diesen Hügel durchfahren und einen bessern Einblick in seinen Bau gestattet als bisher zu gewinnen war.

Figur 1.

NW  SO

Bahneinschnitt bei Sickert.

Den oberen Theil des ganzen Einschnittes sowie seine beiden Enden bildet ein grandiger Lehm mit stark zersetzten Geschieben und Geröllen sehr verschiedenartiger Gesteine. (Vergl. die schematische Zeichnung 1.) Grosse Blöcke, die mit einer dünnen, braunen Verwitterungsrinde überzogen sind, sind ihm unregelmässig eingestreut, im östlichen Theil reichlicher als im westlichen. Unter dem Lehm ist Quarzporphyr[1] blosgelegt, der, besonders nahe der Oberfläche, stark zersetzt ist, so dass es unmöglich war, früher wohl sicher vorhanden gewesene Gletscherschrammen zu erkennen. Im westlichen Theil ist eine flache muldenförmige Vertiefung erkennbar, deren Ausfüllung sich wesentlich von dem alles überdeckenden Blocklehm unterscheidet. Auf der Nordseite des Einschnitts hat man ungeschichteten thonigen Klebsand (ths.), in welchem grosse, mit weisser Verwitterungsrinde überzogene Blöcke von Porphyritgesteinen regellos eingebacken sind, auf der Südseite einen geschichteten Sand von gleicher Beschaffenheit, der von einem etwas welligen Band eines dunklen, bituminösen Thones durchzogen ist.

---

1. Obgleich die geologische Aufnahme des Gebietes erst begonnen hat, lässt sich doch soviel sagen, dass dieser Quarzporphyr nicht der mächtigen Decke zuzurechnen ist, welche nördlich der Thur den Stock des Molkenrains zusammensetzt und zwischen Thur und Doller, wie die geologische Uebersichtskarte von Elsass-Lothringen von E. W. Benecke zur Darstellung bringt, bedeutende Ausdehnung gewinnt. Er liegt tiefer in der ganzen Schichtenfolge des Culm, im Liegenden der grauen Labradorporphyre, in einem Horizonte, in dem im Thurthale wohl Conglomerate mit Geröllen von Porphyr, aber keine Eruptivdecken bekannt sind. Das Auftreten mächtiger Eruptivgesteinsdecken unterhalb der grauen Labradorporphyre prägt dem Culm des Doller-Thales überhaupt einen von dem des Thur-Thales stark abweichenden Charakter auf.

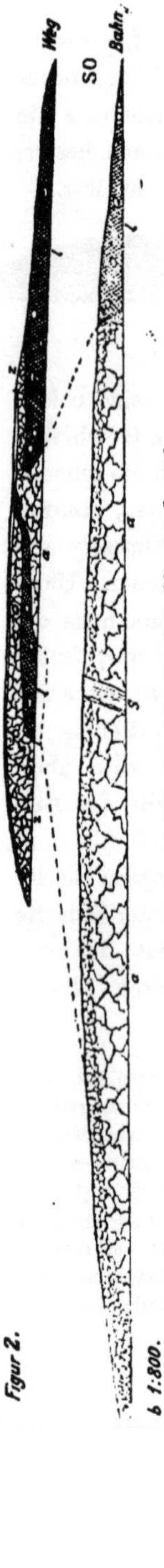

Figur 2.

Bahn- und Wegeinschnitt bei Niederbruck.

b 1:800.

750 m weiter thalaufwärts durchschneidet die Bahn nördlich von der Strasse den flachen Hügel zwischen der Sickert-Mühle und den ersten Häusern von Niederbruck. Ein zweiter, weniger tiefer Einschnitt ist oberhalb der Bahnlinie durch eine Wegverlegung geschaffen worden.

Der Bahneinschnitt hat auf dem grössten Theil seiner Längserstreckung einen braunen Porphyrit (a in Fig. 2) blosgelegt, der im tieferen Theil des Einschnittes verhältnissmässig frisch ist; eine der Oberfläche folgende, etwa 2 m mächtige Zone ist stärker zerklüftet und zersetzt als die Hauptmasse. Ein noch stärker zersetztes und verlehmtes Gestein (z) legt sich im westlichen Theil des Einschnittes an den Porphyrit an, während der östliche Theil, auf eine Erstreckung von etwa 50 Schritt, von einem grandigen Lehm mit Geröllen und einzelnen grösseren Blöcken gebildet ist. Ein 2,65 m breiter Gang von stark verändertem, kleinkörnigem, glimmerreichem Gestein (g) durchsetzt den Porphyrit bei 90 Schritt vom Ostende des Einschnittes.

Mannigfaltigere Erscheinungen zeigt der etwa 40 m dahinter und höher gelegene Wegeinschnitt. Im unteren Theile, auf der Ostseite, trifft man einen gelben, grandigen Lehm (l) mit stark bis vollständig zersetzten Geröllen verschiedenartiger Gesteine und einzelnen, regellos eingestreuten grossen Blöcken: Quarzporphyr, grauer Labradorporphyr, Gangquarz, Belchengranit (grösster Durchmesser des Blockes 0,75 m). Weiter schreitend gelangt man in anstehendes Gestein (a), das stark zerklüftet ist; eine Lage desselben, aber noch stärker zertrümmerten Gesteins (z) ist über den Blocklehm in der Richtung des Thalgefälles übergeschoben und

z. Th. wieder von Blocklehm überdeckt, der auch den westlichen Theil des Anstehenden überzieht. Auf dem Lehm beobachtet man wieder zertrümmertes Gestein, bei dem man bei beschränkterer Aufschlussstelle wohl kaum an stark zerfallenem, anstehendem Gestein zweifeln würde. Dass diese Deutung falsch wäre, beweisen die zwischen den eckigen Gesteinsbrocken vereinzelt eingeschlossenen Blöcke von braunem Porphyrit und Diabas. Der Gletscher hat stark zerklüftetes Gestein seines Bettes mitgerissen und z. Th. mit Blöcken, welche dem Eise eingebacken waren, vermischt. Auch diese Trümmermassen sind thalabwärts über die tieferen Massen überschoben.

Weniger sicher als die Deutung der Natur der beschriebenen Ablagerungen als Moränen ist ihre Altersbestimmung.

Schon längere Zeit rechnen wir in den Vogesen mit mindestens vier Eiszeiten,[1] in neuerer Zeit mit fünf.[2] Die Alpen-Glacialisten, nach denen die Rheinthal-Geologen sich stets gern gerichtet, haben dagegen erst in neuerer Zeit eine vierfache Vereisung angenommen.[3]

Zur Orientirung über die Gliederung der jüngeren Aufschüttungsmassen sei die Uebersicht hier abgedruckt, welche ich auf Grund der Arbeiten von FÖRSTER, SCHUMACHER und mir in den Erläuterungen zu Blatt Niederbronn gegeben habe.

Erste Aufschüttung.	Ober-Pliocän.	Weisse Sande und Thone, Geröllablagerungen aus kieseligen Gesteinen. — Moränen von Epfig und vom Plettig bei Dambach.
Auswaschung.		

---

1. E. SCHUMACHER in: Bericht der Direktion der geologischen Landes-Untersuchung für Elsass-Lothringen für das Jahr 1891. — Diese Mittheil. Bd. III, S. XXXIII.

2. Vermuthungsweise sprach sich SCHUMACHER für eine fünfte Vereisung aus. (Die Bildung und der Aufbau des oberrheinischen Tieflandes. — Diese Mittheilungen Bd. II, 1890, S. 364), bestimmter der Verf. in den Erläuterungen zu Blatt Niederbronn, Strassburg 1897, S. 70.

3. PENCK, Die vierte Eiszeit im Bereiche der Alpen, Wien 1899.

Zweite Aufschüttung.	Deckenschotter. (Altdiluviale Schotter Schumacher)	Geröllablagerungen. Die des Rheins weisen auf einen Abfluss desselben nach der Saône. Die Zuflüsse aus den Vogesen fliessen nach ihrem Austritt aus dem Gebirge, wenigstens z. Th., gegen Süden. — Moränen von Ittersweiler.
Auswaschung.		
Dritte Aufschüttung.	Hochterrasse. (Mittlere Diluvialschotter Schumacher).	Geröll- und Sandablagerungen. Der Rhein fliesst gegen Norden ab. — Moräne vom Bahnhof Epfig. Sandlöss und Löss, am Gebirge Lehm.
Auswaschung.	Senkung grösserer Theile des Rheinthals, sichere häufige Spuren des Menschen.	
Vierte Aufschüttung.	Niederterrasse. (Jüngere Diluvialschotter Schumacher).	Geröll- und Sandablagerungen. — Zahlreiche Endmoränen in den Thälern der Hochvogesen. Sandlöss und Löss.
Auswaschung.		
Fünfte Aufschüttung.		Endmoräne am Belchensee und gleich hochgelegene Moränen. Zugehörige Schotter in den Vogesen noch nicht nachgewiesen. — Im Schwarzwald Moränen und Terrassen am Titisee.
Auswaschung.		Schlammabsätze in den Thalsohlen.

Die Moränen, welche bei Kirchberg und oberhalb dieses
Ortes das Doller-Thal überqueren, ferner die Endmoränen von
Wesserling, Odern u. s. w. im Thur-Thale, schliesslich die
weit höher die Vogesen-Seen abschliessenden Moränen, also die
Moränen der vierten und fünften Aufschüttung oder Vereisung,
zeichnen sich durch grosse Frische ihrer Gemengtheile aus.

Der vierten Vereisung gehört wahrscheinlich die frischere
Moräne bei der Mühle Steinbrück an, und gleiches Alter haben
wohl die von der Nordseite des Ross-Berges und des Thanner-
Hubels erwähnten glacialen Schuttmassen.

Dagegen kann man die Blocklehme derMoränen von Sickert
und Niederbruck wegen der starken Zersetzung ihrer Geschiebe
nicht mit einer der jüngeren Vereisungen in Verbindung bringen.
Die Doller hat auch bereits einen weit breiteren Durchbruch durch
die Wälle zu Stande gebracht, als an der Moräne von Kirchberg.
Wir müssen also die älteren Moränen zum Vergleich heranziehen.

Eine Eigenthümlichkeit, welche die Moränen der ersten Vereisung, die oberpliocänen Moränen von Epfig und vom Plettig
bei Dambach von allen jüngeren Moränen unterscheidet, ist die
Entfärbung oder Bleichung sämmtlicher Bestandtheile, sowohl der
Blöcke als der sie verkittenden und mit den Blockbildungen
wechsellagernden Thonsande. Die gleiche, und zwar ursprüngliche,
nicht nachträgliche Bleichung zeigen die gleichaltrigen, über weit
grössere Erstreckungen nachgewiesenen geschichteten Ablagerungen[1]
des Pliocäns.

An diese oberpliocänen Blockthone erinnern die Thonsande
mit weiss überrindeten Blöcken in der Mulde des Bahneinschnitts
bei Sickert. Das an der südlichen Wand beobachtete humose
Thonband gemahnt an die Thoneinlagerungen des geschichteten
Pliocäns der Gegend von Riedselz-Weissenburg im Unter-
Elsass.

---

[1]. Wir kennen kein anderes Reagens als Humussäure (L. van Werveke, Bericht
über einen Ausflug von Mülhausen nach Brunstatt. — Zeitschr. d. Geol. Ges. XLIV,
1892, S. 596), welches die Erscheinung der Entfärbung (und Entkalkung) auf so grosse
Erstreckung hervorgebracht haben könnte, und wir schliessen daraus, dass das Ober-
pliocän einer Periode grosser Feuchtigkeit angehörte, welche zu ausgedehnten Moorbildungen führte.

Um eine sichere Altersbestimmung abzuleiten, genügt diese, wenn auch grosse Aehnlichkeit in der Gesteinsausbildung nicht, da humose Bildungen auch später dieselbe Wirkung hervorgebracht haben können, ja heute noch, wenn auch bei Weitem nicht in dem Umfange wie zur Pliocänzeit, im Gebirge Bleichungen der unterlagernden Gesteine erzeugen. Der Umstand, dass die gelben Blocklehme über die gebleichten Blocksande übergreifen, weist ihnen aber jedenfalls ein höheres Alter zu als den ersteren.

Starke Zersetzung aller Gemengtheile, aber ohne Bleichung, ist die charakteristische Eigenthümlichkeit des über sehr grosse Flächen des Sundgaues verbreiteten Deckenschotters. Seine Ausdehnung längs des unteren Laufs der Doller ist durch die Aufnahme des Blattes Sentheim von Förster festgelegt[1].

Oberhalb des Schlössle-Berges bei Aue, auf der Südseite der Thur, bildet Deckenschotter eine flache, 423,75 m hoch gelegene Terrasse; sie lässt sich in das Gebirge hinein sehr gut bis Stöcken bei Masmünster verfolgen, wobei ein allmähliches Ansteigen bis 450 m erkennbar ist. An beiden Stellen liegen ihre höchsten Punkte 43 m über dem Dollerbett.

Die Terrasse von Herzenburg liegt 33, der Moränenwall bei Niederbruck nur 20 m über demselben Niveau.

Würden wir die Moränen dem Deckenschotter zurechnen, so würden sie eine tiefere Lage einnehmen, als die weiter thalabwärts gelegenen geschichteten Schotter, mit denen wir sie in Verbindung bringen müssten, ein Verhältniss, das unwahrscheinlich ist und durchaus nicht mit der Lagerung übereinstimmt, welche die jüngeren Moränen zu den jüngeren Schottern zeigen. Sowohl im Doller-Thale als im Thur-Thale ruhen die Moränen auf den Schottern auf, nehmen also eine grössere Höhenlage ein als diese.

Wir sind also darauf hingewiesen, die Moränen von Sickert und Niederbruck der dritten Vereisung, der Hochterrassenzeit, zuzurechnen. Bei Sentheim, 5 km unterhalb Masmünster, reicht die Hochterrasse nach den Aufnahmen von Förster bis 15 m über

1. Manuskript in den Akten der geologischen Landes-Anstalt.

das Niveau der Doller, und zwischen Masmünster und Stöcken verläuft ein Terrassenrand in derselben Höhe. Leider ist kaum zu bestimmen, ob dieser Rand auf Erosion oder auf ursprünglicher Auffüllung beruht, ob also die Terrasse eine Auswaschung im Deckenschotter darstellt oder der Hochterrasse angehört. Nehmen wir letzteres an, so würde uns die Höhenlage der Terrasse bei Sentheim und bei Masmünster Zahlen liefern, welche die Ueberlagerung der Schotter der Hochterrasse durch die Moränen von Sickert und Niederbruck als wohl möglich erscheinen lassen.

262

Veröffentlichungen

der Direction der geologischen Landes-Untersuchung
von Elsass-Lothringen.

---

a. Verlag der Strassburger Druckerei u. Verlagsanstalt.

B. Mittheilungen der Commission für die geologische Landes-Untersuchung von Elsass-Lothringen.

Preis
𝓜

Bd. I. 4 Hefte (à 𝓜 1,25; 1,50; 2,50 u. 1,50)   6,75
Bd. II. Heft 1 (𝓜 2,75), Heft 2 (𝓜 1,75), Heft 3 (𝓜 5)   9,50
Bd. III. Heft 1 (𝓜 2,40), Heft 2 (𝓜 1,50), Heft 3 (𝓜 1,30), Heft 4 (𝓜 2,50)   7,60
Bd. IV. Heft 1 (𝓜 1,00), Heft 2 (𝓜 1,20), Heft 3 (𝓜 1,25), Heft 4 (𝓜 2,50),
     Heft 5 (𝓜 1,75).   7,70
Bd. V. Heft 1.   1,00
Bd. V, Heft 2.   0,80

b. Verlag der SIMON SCHROPP'schen Hof-Landkarten-Handlung (J. H. NEUMANN) Berlin.

A. Geologische Specialkarte von Elsass-Lothringen im Maasstab 1:25000.

Mit Erläuterungen.

(Der Preis jedes Blattes mit Erläuterungen beträgt 𝓜 2.)

Blätter: Monneren, Gelmingen, Sierck, Merzig, Gross-Hemmersdorf, Busendorf, Bolchen, Lubeln, Forbach, Rohrbach, Bitsch, Ludweiler, Bliesbrücken, Wolmünster, Roppweiler, Saarbrücken, Lembach, Weissenburg, Weissenburg Ost, St. Avold, Stürzelbronn, Saareinsberg, Saargemünd, Rémilly, Falkenberg (mit Deckblatt), Niederbronn, Mülhausen Ost, Mülhausen West, Homburg.

B. Sonstige Kartenwerke.

𝓜

Geologische Uebersichtskarte des westlichen Deutsch-Lothringen, im Maasstab 1:80000. Mit Erläuterungen. 1886—87   5,00
Uebersichtskarte der Eisenerzfelder des westlichen Deutsch-Lothringen. Mit Verzeichniss der Erzfelder. 3. Aufl. 1899 . . .   2,00
Geologische Uebersichtskarte der südlichen Hälfte des Grossherzogthums Luxemburg, Maasstab 1:80000. Mit Erläuterungen   4,00
Geologische Uebersichtskarte von Els.-Lothr., im Maasstab 1:500000.   1,00

Inhalt.

Mitt un en

Elsaß-Lothringen.

Herausgegeben

der geologischen Landes-Untersuchung von

Band V, Heft IV

STRASSBURG i/E.
Straßburger Druckerei und Verlagsanstalt,
vormals R. Schultz u. Comp.
1903.

Preis des Heftes: Mark 2,00.

Zweiter Beitrag zur Kenntniss des Vorkommens von Foraminiferen im Tertiär des Unter-Elsass.

Von **A. HERRMANN** in Sulz u/Wald.

Im Jahre 1898 veröffentlichte ich in diesen Mittheilungen, Bd. IV, S. 305—327 einen Aufsatz über Foraminiferen, die aus der Gegend von Sulz u/Wald, aus dem Septarienthon von Lobsann und den Mergeln der Bohrlöcher der Pechelbronner Oelbergwerke bei Gunstett, Surburg, Willenbach, Preuschdorf, Dieffenbach u. s. w. gewonnen worden waren und eine grössere Anzahl für das Elsass neuer Arten ergeben hatten. S. 320 dieser Arbeit erwähnte ich ein reichhaltiges Vorkommen von Foraminiferen aus dem Sulzer Walde beim sogenannten Weidenweg. Es war aber damals nicht möglich, die Schichten systematisch zu untersuchen, da das beim Schachtabteufen gewonnene Material aus verschiedenen Tiefen auf der Halde vermengt war. Auf meine Anregung hat die geologische Landesanstalt in Strassburg sich entschlossen, zum Zwecke der genauen Feststellung der Fauna der einzelnen Schichten Ende Juni d. J. an dem angegebenen Platze eine Grabung vorzunehmen, deren Resultat ich in Nachstehendem bekannt gebe.

Es wurde zunächst, 1 m von der früheren Fundstelle entfernt, ein Schacht von 1,40 m $\times$ 1,30 m auf die Tiefe von 6 m gebracht, und die Schichten auf Foraminifereneinschlüsse genau untersucht. Da bis zu dieser Tiefe ein günstiges Resultat noch nicht erzielt war, wurde mittelst eines Kernbohrers bis zur Tiefe von 11,40 m weiter gearbeitet und hierdurch festgestellt, dass die an Foraminiferen reichen Schichten erst in grösserer Tiefe beginnen. Von 7,90 m bis 8,10 m wurde ein gelblich grauer Mergel durchbohrt, welcher nach dem Schlämmen einen rostfarbenen Rückstand ergab, der zahlreiche grössere Cristellarien, Polymorphinen und Nodosarien enthielt und deshalb zur Ausbeute schon einigermassen geeignet war; weitere sehr reichhaltige Schichten eines im getrockneten Zustande grauen Thones fanden sich von 7,80 m bis 9,30 m; am reichhaltigsten zeigte sich eine Schicht aus 8,90 m Tiefe, sowie die Schichten von 10 m bis 10,20 m; die letzteren, welche ebenfalls aus einem sehr feinen grauen Thon bestanden, ergaben einen Rückstand, der vorwiegend *Truncatulina dutemplei* uud *Textillaria carinata (Plecanium carinatum)* neben einer Menge schöner anderer Foraminiferenarten enthielt.

Der Foraminiferenreichthum nahm mit zunehmender Tiefe allmählich wieder ab, und eine Probe aus 11,40 m Tiefe war fast steril.

Nachdem das Vorhandensein reichhaltiger Schichten in den angegebenen Tiefen durch die Kernbohrung festgestellt worden war, wurde der Schacht bis auf 10,20 m vertieft, um grössere Mengen der versteinerungsreichen Thone zu gewinnen.

Besonders reich erwiesen sich die Proben aus der Tiefe von

8,00 m—8,30 m,

8,60 m—9,00 m,

9,00 m—9,30 m,

und 10,00 m—10,20 m.

In meinem ersten Beitrag habe ich Seite 320 erwähnt, dass die fossilführende Schicht bei 4 m Tiefe angetroffen worden sei; diese Angabe beruhte jedoch auf einem Irrthum, der dadurch hervorgerufen wurde, dass ich mich auf die Angaben der Arbeiter stützen musste, welche den ersten Schacht abgeteuft hatten, und eine persönliche Kontrole jener Arbeit nicht möglich war. Durch die jetzige Grabung ist jedoch die genaue Lage der Schichten festgestellt, da ich hier die Arbeiten persönlich überwacht habe.

Die Grabung ergab folgendes Profil:

Bis 1,20 m.   Braungelber Thon mit viel sandigem, durch Eisenoxyd braungefärbtem Rückstande. Von 1 m bis 1,20 m zeigten sich vereinzelte Foraminiferen, wie *Haplophragmium deforme* und *Cyclammina placenta.*

Von 1,20—1,60 m. Die gleichen Thone, von gelben Adern durch-zogen; brauner Rückstand mit wenig Forami-niferen.

» 1,60—2,50 m. Graugrüner Thon, von gelblichen Adern durch-zogen und einen braunen eisenhaltigen Rück-stand hinterlassend; in der Tiefe von 2—2,50 m schon ziemlich reichhaltig an Foraminiferen der Gattungen *Nodosaria, Haplophragmium, Ammo-discus, Cristellaria, Gaudryina, Polymorphina* und *Rotalia.*

» 2,50—3,00 m. Dieselben Thone mit den gleichen Rückständen; Foraminifereneinschlüsse wie bei voriger Probe.

» 3,00—3,40 m. Die gleichen Thone, der Rückstand jedoch weniger eisenhaltig; Foraminiferen weniger zahlreich, *Haplophragmium humboldti* und *Tex-tillaria carinata* vorherrschend.

» 3,40—4,50 m. Dieselben Thone und Rückstände mit wenig Foraminiferen.

» 4,50—6,30 m. Desgleichen.

» 6,30—6,50 m. Desgleichen, jedoch sehr viel gypsführenden Rückstand gebend, mit Foraminiferenein-schlüssen.

» 6,50—7,20 m. Die gleichen Thone, jedoch wenig Rückstand hinterlassend; derselbe ist stark eisenhaltig und umschliesst wenig Foraminiferen.

» 7,20—7,50 m. Graue Thone, mit sehr viel Gyps. Im Rückstand wenig Foraminiferen.

» 7,50—7,70 m. Gelblicher Thon mit sehr viel Gyps, reichlichen Rückstand gebend, mit wenig Foraminiferen.

» 7,70—7,80 m. Dünne Zwischenschicht von gelblichem Thon, wenig Fossilien enthaltend.

» 7,80—8,00 m. Gelblichgrauer kompacter Thon, von muschligem Bruch, von grauen Adern durchzogen, sehr leicht schlämmbar, da er im Wasser sofort zu einem gleichmässigen Brei zerfällt. Der Rück-

stand ist von rostbrauner Farbe und besteht
der Hauptmasse nach aus mit Eisenoxyd gefärbten stängeligen Theilen; bei 8 m enthält
derselbe grössere Cristellarien, Polymorphinen
und Nodosarien.

Von 8,00—8,30 m. Die gleichen Thone mit rostfarbenen Rückständen, bei 8,10 m Cristellarien und grosse
Nodosarien enthaltend; bei 8,30 wird der Thon
etwas krümelig.

» 8,30—8,50 m. Aschgrauer Thon, von gelblichen Adern durchzogen; die Rückstände sind rostbraun wie bei
den vorigen Proben, Foraminifereneinschlüsse
gering, in der Hauptsache aus *Truncatulina
dutemplei* und *Textillaria carinata* bestehend.

» 8,50—8,60 m. Grauer Thon von krümeliger Beschaffenheit;
ergab grauen, minimalen Rückstand mit ziemlich viel Foraminiferen.

» 8,60—8,70 m. Grauer krümeliger Thon, mit rothbraunem
Rückstand und ziemlich reichhaltig an Foraminiferen.

» 8,70—9,00 m. Grauer Thon, wenig grauen Rückstand hinterlassend, hauptsächlich bei 8,90 m viele und
schöne Foraminiferen enthaltend. Der Haupt-
bestandtheil der Schlämmrückstände besteht aus
Truncatulina dutemplei und *Textillaria carinata.*

» 9,00—9,30 m. Grauer Thon mit muschligem Bruch, wenig
grauen Rückstand hinterlassend mit viel Foraminiferen, hauptsächlich grosse Cristellarien
und Nodosarien.

» 9,30—9,60 m. Die gleichen Thone; Foraminiferen bedeutend
weniger zahlreich wie bei der vorhergehenden
Probe. Bei 9,40 m hauptsächlich die charakteristische *Truncatulina dutemplei* und *Textillaria
carinata*, sowie *Haplophragmium humboldti* in
Masse.

Von 9,60—9,90 m. Dieselben Thone; bei 9,70 m graubraunen, dunklen Rückstand gebend.

> 9,90—10,00 m. Feinkörniger, hellgrauer Thon, graubraunen, dunkeln Rückstand hinterlassend; derselbe enthält viel Schwefelkies und besteht der Hauptmasse nach aus *Truncatulina dutemplei* und *Textillaria carinata*, enthält jedoch weniger zahlreich auch andere Foraminiferen.

> 10,00—10,20 m. Derselbe Thon, jedoch reichhaltiger an Foraminiferen.

In der nachstehenden Tabelle ist das Vorkommen der einzelnen Foraminiferenarten durch + angegeben, das reichliche durch #.

Tabellarische Uebersicht
der Foraminiferen aus der Grabung im Sulzer Wald—Weidenweg.

	bis 1,20 m	1,20—1,60	1,60—2,50	2,50—2,80	2,80—3,00	3,00—3,40	3,40—4,50	4,50—5,50	5,50—6,30	6,30—6,50	6,50—7,30	7,20—7,50	7,50—7,70	7,70—8,00	8,00—8,30	8,30—8,60	8,40—9,00	9,00—9,30	9,30—9,60	9,60—10,00	10,00—10,20
Haplophragmium humboldti Rss.		+	+	+	#	+				+								#			+
— — var. latum		+	+	+	+		+	+	+	+						+		#			+
— *lobsannense* Andr.														+	+	+		+	+	+	+
— *deforme* Andr.	+	+		+		+	+														
— *nanum* Brady																	+				
— *globigeriniforme* P. & Jon.																	+				
Cyclammina acutidorsata Hantk.		+		+	+				+				+	+	+	+	+	+	+		+
— — var. *exigua* Schrodt																+	+				
— *orbicularis* Brady																+					
— *placenta* Rss.	+	+		+	+		+	+			+	+			+	+	+		+		+
Batysiphon annulatus Andr.		+	+	+				+	+						+		+				
Rhabdammina rzehaki Andr.																	+				
Ammodiscus polygyrus Rss.			+	+					+		+			+		+	+			+	+
— *incertus* d'Orb.																	+				
Gordiammina charoides J. & Parr.																	+				
Miliolina impressa Rss.																	+	+			
— *turgida* Rss.																	+	+			

	bis 1,20 m	1,20—1,60	1,60—2,50	2,50—2,80	2,80—3,00	3,00—3,40	3,40—4,50	4,50—5,50	5,50—6,30	6,30—6,50	6,50—7,20	7,20—7,50	7,50—7,70	7,70—8,00	8,00—8,30	8,30—8,60	8,60—9,00	9,00—9,30	9,30—9,60	9,60—10,00	10,00—10,30
Miliolina triangularis d'Orb. . . .																	+				
— — var. ermanni Born. (Steinkerne)																	+				
— *ovalis* Born.																	+				
Spiroloculina limbata d'Orb. . . .																	+				
— *tenuis* Cz.																	+			+	
Planispirina celata Costa																	+	+			
Textillaria carinata d'Orb.		#	+	+	+	+		+	+	+	+	+	+	+	+	#	#	+	#	#	
— *cuneiformis* d'Orb.																	+	+			
— *gramen* d'Orb.																	+				
— cf. *candeiana* d'Orb.																	+				
— *alsatica* Andr.																	+				+
Gaudryina chilostoma Rss.	+						+				+						+				
— — var. globulifera Andr.	+										+					+	#	#			
— — Uebergang zu G. baccata Schwag.																	+	+			
— *pupoides* d'Orb.																	+	+	+	+	—
— *syphonella* Rss.																	+	+			
— — var. asyphonia Andr.											+						+	+	+	+	+
— *filiformis* Beath.														+		+	+	+	+	+	+
Verneuillina compressa Andr. . . .												+			+	+	+	+	+	+	—
Bigenerina nodosaria d'Orb.																	+				
Bolivina beyrichi Rss.	+										+					+	#	+	+	+	#
— — gekielte Form																	+				—
— *semistriata* Hantk.																	+				
— *oblonga* Hantk.																	+				
Bulimina inflata Seg.				+													+				
Chilostomella ovoidea Rss.																	+				
— *cylindroides* Rss.																	+				+
Virgulina schreibersiana Cz. . . .																	+				
Nodosaria approximata Rss. . . .																	+				
— *capitata* Boll.									+				+		+	+	+	+			
— — var. striatissima Andr.															+	+	+	+			
— *verneuili* d'Orb.																	+				
— *consobrina* d'Orb.																	+				—
— — var. emaciata																	+				

	bis 1,20 m	1,20—1,60	1,60—2,50	2,50—2,80	2,80—3,00	3,00—3,40	3,40—4,50	4,50—5,50	5,50—6,30	6,30—6,50	6,50—7,20	7,20—7,50	7,50—7,70	7,70—8,00	8,00—8,30	8,30—8,60	8,60—9,00	9,00—9,30	9,30—9,60	9,60—10,00	10,00—10,30
Nodosaria conspurcata Rss.																	+				
— *obliquata* Rss.																	+				
— *obliqua* L.						+								+	+		+	#			
— *ewaldi* Rss.																	+				+
— *indifferens* Rss.																	+				
— *exilis* Neug.																	+				
— (*Dent.*) *grandis* Rss.																	+				
— (*Dent.*) *divergens* Rss.																	+				
— (*Dent.*) *inflexa* Rss.																	+				
— *ludwigi* Rss.																	+				
— *calomorpha* Rss.																+					
— *dacrydium* Rss.																	+				
— (*Dent.*) *pungens* Rss.																	+	+			
— *soluta* Rss.			+		+				+					+	+		+	+			+
— (*Dent.*) *sulzensis* Andr.																	+				
— *pauperata* d'Orb.																	+				
— *mucronata* Neug.																	+				
— *inornata* d'Orb.																	+				
Glandulina laevigata d'Orb.																			+		
— — var. *elliptica* Rss.														+	+		+	+	+	+	+
— — var. *inflata* Born.		+																+			
— — var. *ovula* d'Orb.																		+			
Frondicularia tenuissima Hantk.																	+				
Flabellina obliqua Münst.																	+	+			
Cristellaria semiimpressa Rss.																	+	+			
— *variabilis* Rss.																	+	+			
— *gerlachi* Rss.																	+	+			
— *hauerina* d'Orb.														+			+	+			
— *arcuata* d'Orb.																	+	+			+
— — breite Form																	+	+			
— *brachyspira* Rss.																	+	+			
— *dimorpha* Rss.																	+	+			
— *compressa* d'Orb.																	+	+			
— *mamilligera* Karr.																	+	+			
— *spectabilis* Rss.																		+			

	bis 1,20 m	1,20—1,60	1,60—2,50	2,50—2,80	2,80—3,00	3,00—3,40	3,40—4,50	4,50—5,50	5,50—6,30	6,30—6,50	6,50—7,20	7,20—7,50	7,50—7,70	7,70—8,00	8,00—8,30	8,30—8,60	8,60—9,00	9,00—9,30	9,30—9,60	9,60—10,00	10,00—10,30
Cristellaria herrmanni ANDR.																+					
— cf. *jugleri* RSS.																	+				
— *bottgers* RSS.																+					
— *crepidula* FICHT. & MOLL																	+				
— *reniformis* D'ORB.															+	+	+				
— *excisa* BORN																+					
Robulina cultrata (*similis*) MONTF.					+											+					+
— *alberti* ANDR.																+	+				
— *depauperata* RSS.		+	+													+	+	+	+		+
— — var. *costata* RSS.																+	+				
— — var. *callifera* RSS.															+						
— — var. *intumescens* RSS.																	+				
— *rotulata* LMK.										+						+	+				
— *deformis* RSS.				+													+				
— *limbata* MONTF.		+							+				+		+	+	+	+		+	
— *inornata* D'ORB.																+	+				
— *princeps* RSS.																+	+				
— *limbosa* RSS.															+	+	+				
— *tangentialis* (*nitida*) RSS.																+	+				
— *osnabrugensis* v. M.																+	+				
— *angustimargo* RSS.																	+				
— *articulata* RSS.																+					
— *gibba* (*concinna*) RSS.																+	+				
— *radiata* BORN.																	+				
— *navis* BORN.															+	+					
— *gerlandi* ANDR.																+	+				
Marginulina tumida RSS.																+					
— *attenuata* NEUG.																+					
— *bottgeri* RSS.																+					
Vaginulina sulzensis n. f.																+					
Polymorphina acuminata D'ORB.																+					
— *gibba* D'ORB.		+	+	+		+			+	+	+	+	+	+	#		#	+	+	+	+
— — *fistulosa*															+	+	+	+			
— *lanceolata* RSS.		+														+	+			+	+
— — mit röhrenförmiger Mündung.																+					

	bis 1,20 m	1,20—1,60	1,60—2,50	2,50—2,80	2,80—3,00	3,00—3,40	3,40—4,50	4,50—5,50	5,50—6,30	6,30—6,50	6,50—7,20	7,20—7,50	7,50—7,70	7,70—8,00	8,00—8,30	8,30—8,60	8,60—9,00	9,00—9,30	9,30—9,60	9,60—10,00	10,00—10,20
Polymorphina minima Born.															+						
— *obtusa* Born.															+						
— *problema* d'Orb.			+										+	+	+	+					+
— — var. deltoidea Rss.								+			+		+	+	+	+			+		+
— *sororia* Rss.															+	+					+
— — *fistulosa* Rss.															+						+
— *gracilis* Rss.															+						
Uvigerina asperula (gracilis) Cz.														+	+	+					
— *oligocaenica* Andr.															+						
Lagena vulgaris Will.															+						
— *emaciata* Rss.															+						
— *globosa* Walk.															+						
— *tenuis* Born.															+						
Trochammina trullissata Brady.															+	+					
Thurammina papillata Brady															+	+					
Truncatulina dutemplei d'Orb.			+	+	+	+	#		+	+	+	+			#	#	+	#			
— *ackneriana* d'Orb.															+						
Discorbina sub-vilardeboana Rzh.															+						
— *rugosa* d'Orb. sp.															+						
Anomalina weinkauffi Rss.			+												+						
Pulvinulina elegans d'Orb.															+						
— *petrolei* Andr.															+						
— *pygemaea* Hantk.																					+
Rotalia soldani d'Orb.															+	+					+
— — var. girardana Rss.			#	+	+						+				#	+		+	+		+
— — var. mamillata Andr.															+	+					+
Globigerina triloba Rss.															+	+					
— *bulloides* d'Orb.															+	+					
Sphaeroidina bulloides (variabilis) d'Orb.													+		+	+	+				
Pullenia compressiuscula (quinqueloba) Rss.															+	+					
— *bulloides* d'Orb.															+	+					
Nonionina cf. *boueana* d'Orb.															+						

Wie aus der Tabelle und dem Profil des Schachtes ersichtlich ist, beginnt das Vorkommen von Foraminiferen schon in der Tiefe von 1,20 m; es zeigen sich hier *Cyclammina placenta* und *Haplophragmium deforme*; erstere Form findet sich fast in allen untersuchten Proben und ist charakteristisch für dieselben.

Von 1,60 m ab bis 3 m erscheinen die ersten Repräsentanten der Gattungen *Cristellaria, Nodosaria, Ammodiscus* und *Polymorphina gibba*, sowie *Rotalia soldani*, var. girardana; letztere Art ist sehr reichlich vertreten, auch in den tieferen Schichten von 8,60 m bis 10,20 m. *Haplophragmium humboldti* kommt, jedoch noch wenig zahlreich, in der Tiefe von 1,60 m bis 7 m vor und verschwindet dann wieder bis zu den tieferen Schichten, wo dieselbe in grosser Menge bei 9,40 m bis 9,60 m auftritt.

Von 8,60 m bis 10,20 m bestehen die Schlämmproben in der Hauptmasse aus *Truncatulina dutemplei* und *Textillaria carinata*, welche Formen jedoch auch in den höher gelegenen Schichten allgemein verbreitet sind; *Polymorphina gibba*, Cristellarien und Nodosarien (Dentalinen) kommen in den Schichten von 8,60 m bis 9,20 m massenhaft vor; desgleichen finden sich von 8,60 m ab bis 10,20 m in Menge *Bolivina beyrichi* sowohl in breiten, gekielten, als auch in langen, schmalen, ungekielten Formen, ferner dominirt in diesen Schichten *Gaudryina chilostoma* var. globulifera, sowohl in typischen, als auch in mehr oder weniger flachgedrückten Exemplaren; die letztere Art ist in den Schichten von 8,90 m bis 10,20 m in Menge vertreten.

Ammodiscus polygyrus, Triloculinen und Quinqueloculinen, sowie *Spiroloculina limbata*, welche Formen in den Thonen von Gunstett und bei der Bruchmühle eine Hauptrolle spielen, sind in den Schichten unserer Grabung selten; die Biloculinen, ebenfalls bei Gunstett heimisch, fehlen gänzlich. Durch die sorgfältige Untersuchung von 100 kg Thon, der einen Schlämmrückstand von 340 gr hinterliess, konnten im Ganzen 153 Arten und Varietäten von Foraminiferen nachgewiesen werden, was als ein vorzügliches Resultat, gegenüber der Untersuchung von Proben anderer Fundpunkte aus hiesiger Gegend, betrachtet werden kann; als bislang nicht beobachtete Arten sind zu erwähnen:

Dentalina divergens Rss.
— *dacrydium* Rss.
Nodosaria mucronata Neug.
— *pauperata* d'Orb.
Cristellaria dimorpha Rss.
— *mamilligera* Karr.
— cf. *jugleri* Rss.
— *crepidula* F. & M.
Discorbina sub-vilardeboana Rzh.
— *rugosa* d'Orb. sp.
Nonionina cf. *boueana* d'Orb.

und endlich eine neue Vaginulinenart, die nachstehend abgebildet und beschrieben ist.

Vaginulina sulzensis n. f.

Das Gehäuse ist glasglänzend, durchsichtig, sehr flach und gekielt, an der Anfangskammer sehr schmal, nach oben beträchtlich an Breite zunehmend und zu einer Spitze auslaufend. Die Anfangskammer tritt als Wölbung beiderseits über das Gehäuse hervor, die 8 gut unterscheidbaren Kammern sind schräge und schwach gekrümmt, die Suturen scharf, jedoch nicht sehr tief.

Die Grösse eines Exemplares, welches bei 8,80 m gefunden wurde, beträgt 1,7 mm.

1

Bemerkungen über die Zusammensetzung und die Entstehung der lothringisch-luxemburgischen oolithischen Eisenerze (Minetten).

Vorläufig zusammengestellt für die Versammlung des Oberrheinischen geolog. Vereins in Diedenhofen, im April 1901[1].

Von

Landesgeologe Dr. L. van WERVEKE.

Die Versuche, die mineralogische Zusammensetzung der lothringischen oolithischen Eisenerze festzustellen, reichen bis an das erste Viertel des vorigen Jahrhunderts zurück.

Die älteste Arbeit, welche mir über diese Frage bekannt geworden ist, rührt von BERTHIER her und ist gleichlautend im Jahre 1827 in den Annales de chimie et de physique und im darauf folgenden Jahre in den Annales des mines veröffentlicht worden (1 und 4 des Litteraturverzeichnisses am Schluss dieses Aufsatzes).

BERTHIER hat Erze von Hayingen untersucht und sie nach ihrer Farbe als braunes, blaues und graues Erz unterschieden; sie setzen in unregelmässiger Vermischung und in vielen Uebergängen das ganze in Abbau stehende Lager zusammen. Als Bestandtheile der Erze führt BERTHIER an: Eisenoxydhydrat und wasserfreies Eisenoxyd in den Oolithen, kohlensaures Eisenoxydul, Manganoxydhydrat, Phosphorsäure (theils au Eisen, theils an Kalk gebunden), ein dem Chamosit analoges Eisenoxydulsilikat und im Bindemittel kohlensauren Kalk sowie eisenschüssigen, oft kalkigen Thon.

Das chamositartige Mineral ist dem blauen Erz eigenthümlich, das zudem stark magnetisch ist und diese Eigenschaft

---

1. Erster Abdruck in: «Bericht über die 34. Versammlung des Oberrheinischen geologischen Vereins zu Diedenhofen». Stuttgart 1901.

dem Eisensilikat verdanken soll. Seine Zusammensetzung ist nach
Berthier

Eisenoxydul	0,747
Kieselsäure	0,124
Thonerde	0,078
Wasser	0,051
	1,000

Aus der gleichen Zeit stammt eine Untersuchung des blauen
Erzes von Hayingen durch Karsten (2). Er bemerkt die Aehnlichkeit mit dem Berthier'schen Chamosit, giebt aber eine ganz
andere Zusammensetzung an, was besonders daher rührt, dass er
die Kieselsäure nicht als wesentlichen Bestandtheil der Verbindung
anerkennt. Nachdem er Wasser, Kieselsäure, kohlensauren Kalk
und kohlensaure Magnesia vom Bauschergebniss der Analyse ab-
gezogen hat, erhält er für die reine Verbindung

Eisenoxyd	0,4903
Eisenoxydul	0,3585
Kohlensäure	0,1109
Phosphorsäure	0,0403
	1,0000

welche er als ein Gemenge von Eisenspath, Magneteisen
(oxide magnétique) und phosphorsaurem Eisen nach stöchio-
metrischen Verhältnissen ansieht.

Zu Ehren des Entdeckers führte Beudant (3) im Jahre 1832
für das von Berthier im blauen Erz von Hayingen angenommene
chamositartige Mineral den Namen Berthiérine[1] in die
mineralogische Litteratur ein.

In den Jahren 1850 und 1851 finden wir auch lothringische
Forscher, Langlois und Jacquot (6 und 7), mit der Frage nach
der mineralogischen Zusammensetzung der lothringischen Eisenoolithe beschäftigt. Ihre Ergebnisse schliessen sich eng an die
von Berthier an, doch finden sie eine andere Zusammensetzung
des Eisenoxydulsilikates, nämlich

---

1. Habets (11, 45) sagt irrthümlich Berthiérite.

Eisenoxydul 0,692
Kieselsäure 0,184
Thonerde 0,048
Wasser 0,076
1,000.

Das Silikat wird ausser in dem Vorkommen von Hayingen auch in einem Erz von Châtel nachgewiesen.

Wenig später erkannte KENNGOTT (8) in dem Berthierin ein mechanisches Gemenge, kein einheitliches Mineral. «Es stellt ein oolithisches Gestein von leberbrauner oder graulich-grüner Farbe dar, welches sehr kleine rundliche, plattgedrückte, unter der Loupe unterscheidbare Körner von brauner Farbe in einem graulich-grünen Cement verkittet enthält.» Von den Körnern wird angegeben, dass sie aus Eisenocker bestehen.

In der Beschreibung des früheren Moseldepartementes giebt JACQUOT (9) als Bestandtheil der Oolithe, die durch ein mergeliges oder kalkiges Bindemittel zusammengehalten sind, Eisenhydroxyd an und macht darauf aufmerksam, dass da, wo der Bergbau tief ins Innere eindringt, die Farbe des Erzes in Grün übergehe. Es scheine daraus hervorzugehen, dass das Bindemittel im ursprünglichen Zustand durch ein Thonerde-Eisenoxydul-silikat grün gefärbt sei. Im blauen Erz sind auch die Oolithe durch ein Eisenoxydulsilikat gebildet.

Dieselbe Bemerkung über die Aenderung der Farbe des Erzes mit der Entfernung von Tage, wobei eine Ersetzung des Eisenoxyds durch Oxydul stattfindet, macht BRACONNIER (12) in seiner Beschreibung des Departements der Meurthe-et-Moselle. Neben Eisenoxydulsilikat enthält das blaue und das grüne Erz häufig kohlensaures Eisenoxydul. Die Substanz der Oolithe hat sich concentrisch um ein centrales sehr kleines Korn gelegt.

Die Analyse reiner, von Bindemittel vollständig befreiter Oolithe ergab

Kieselsäure 6,7
Thonerde 2,8
Eisenoxyd 75,2
Magnesia 0,3
Phosphorsäure . . 1,6
86,6.

Die Herausgabe der geologischen Karten des westlichen Deutsch-Lothringen und der südlichen Hälfte des Grossherzogthums Luxemburg veranlasste mich, gleichfalls der vorliegenden Frage näher zu treten (21). Ich nahm an, dass der Eisengehalt der Oolithe wahrscheinlich zum grösseren Theil als 2 Fe$_2$ O$_3$ 3 H$_2$ O, vielleicht auch als ein Gemenge verschiedener Hydrate vorhanden sei. Im Dünnschliff erkannte ich, dass die Oolithe einen concentrisch-schaligen Bau, grössere Oolithe zuweilen zwei Centren zeigen. Wichtig erschien mir der hier zum ersten Mal (vergl. 28) geführte Nachweis, dass die Kieselsäure der Erze ausser als Quarz auch als Bestandtheil der Oolithe auftritt und sich beim Behandeln mit Säure als eine Gallerte ausscheidet, die sich in geätzten Dünnschliffen leicht durch Färbung mit Fuchsin nachweisen lässt. Ich leitete daraus die Berechtigung der Annahme ab, dass **das Eisenhydroxyd aus der Zersetzung eines Eisensilikates entstanden ist.** In der Minette des grauen Lagers wies ich, ebenso Schmidt, (19, 396) als Bindemittel der Oolithe ein grünes Mineral nach, das ich mit **Thuringit** oder **Cronstedtit** verglich, in demselben Lager ausserdem **Magnetit** als Umbildungsprodukt sowohl der Oolithe als des Bindemittels. Von der Phosphorsäure nahm ich an, dass sie als **wasserhaltiges phosphorsaures Eisen** an der Zusammensetzung der Oolithe theil nehme. Den Chamoisit, richtiger Chamosit[1] erklärte ich für ein Gemenge von **Magnetit** und **Thuringit.**

Aus keiner der bisher angeführten Untersuchungen und Beobachtungen lässt sich der Schluss ziehen, dass Organismen oder Bestandtheile von solchen am Aufbau der Oolithe betheiligt sind. Um so auffallender erscheint eine Mittheilung von Bourgeat (24), aus der man wohl annehmen muss, dass allen Oolithen ein organisches Gerüst von Bryozoen und kleinen Korallen zu Grunde liegt. So scheinen auch Zirkel[2] und Rosenbusch[3] die Angabe verstanden zu haben.

---

1. Studer, Neues Jahrbuch 1836, 337.
2. Lehrbuch der Petrographie 1894, III 575.
3. Elemente der Gesteinslehre 1901. 432.

Der von mir geführte Nachweis eines Kieselskelettes in den Oolithen fand 5 Jahre später seine Bestätigung durch eine Mittheilung von BLEICHER (25) an die Académie des sciences de Paris. BLEICHER behandelte nicht Dünnschliffe, sondern die ganzen Oolithe mit Säuren und führte abweichend von meinen Angaben, aber in Uebereinstimmung mit BRACONNIER, Quarz oder Bruchstücke organischer Reste (Bryozoen, Foraminiferen und Muscheln) als Kern der Oolithe an. Auch soll sich in ihnen ein bis zu 5 °/₀ betragender Gehalt an verbrennbarer organischer Substanz nachweisen lassen. Bei starker Vergrösserung (Immersion) wurden Stäbchen von 10-12 µ Länge erkannt, die eher an Bakterien, denn an Nadeln von Spongien erinnern.

ROTHPLETZ (26) scheint die Richtigkeit dieser Angaben zu bezweifeln. „Höchst auffallend,“ sagt er, „sind die bis 12 µ langen Stäbchen, die BLEICHER in den Eisenoolithen nach Behandlung mit Königswasser sichtbar gemacht hat. Er hält sie möglicherweise für Bakterien. Wenn ihre pflanzliche Natur festgestellt ist, so könnte man auch sie für Spaltalgen ansehen.“

Eine ganze Reihe von späteren Arbeiten BLEICHER's stehen mit dem besprochenen Aufsatz in Verbindung und nehmen z. Th. Bezug auf ihn. Die Beobachtungen über Rostbildung (36) führten BLEICHER zu der Annahme, dass das Zusammentreffen von Eisenhydroxyd und Kieselsäure unter Bodenbedeckung und in Gegenwart von Süsswasser ziemlich rasch Rost erzeugen kann, welcher nach seinem Aussehen und seiner Struktur den Eisenerzen älterer geologischer Epochen vergleichbar ist.

Ein Kieselskelett wies BLEICHER (38 u. 49) sowohl in den Bohnerzen als auch in einem Sumpferz nach, das von Pulligny, Meurthe-et-Moselle, stammt. Die kleinen noch nicht ganz festen Knötchen des Sumpferzes bestehen aus Eisenhydroxyd, das ein Kieselgerüst als Grundlage hat, und umschliessen Sandkörner, Kohlenstückchen und Stäbchen, welche grössere Aehnlichkeit mit Bakterien haben als die der Oolithe und Pisolithe.

Kann man nicht, frägt der Verfasser, in diesen Knötchen die erste Anlage der eisenschüssigen Nieren mit konzentrischer

Struktur sehen und können dieselben Vorgänge sich nicht am
Grunde des Meeres abspielen?

Ueberall fällt der Kieselsäure dieselbe Rolle zu, die eines
Körpers, der dazu bestimmt ist, wenigstens zeitweilig das Eisen-
hydroxyd zu binden, einerlei ob es sich um Eisenerz mariner
Bildung oder um Süsswassererz handelt.

Es scheint demnach der Verfasser enge Beziehungen anzunehmen zwischen der Sumpferzbildung und der Bildung der
Oolithe der Minetten und bei beiden die Mitwirkung mikroskopischer Organismen, Bakterien oder, wie ROTHPLETZ bedingungs-
weise vermutet, Spaltalgen vorauszusetzen.

Die sehr verschiedenen Ergebnisse, zu denen WINOGRADSKY
(22) und MOLISCH (28) bei der mikroskopischen Untersuchung
von Sumpferzen gekommen sind, mahnt zur Vorsicht in der
Deutung und Benützung dieser Beobachtungen.

BLEICHER hat die Bedeutung des Kieselgerüstes der Oolithe
jedenfalls in anderer Richtung gesucht als ich, indem ich es als
den Zersetzungs-Rückstand eines Silikates betrachtete.

Den mikroskopischen Nachweis dieses Silikates in den Oolithen
hat zuerst LACROIX im «Berthierin» von Hayingen gebracht (30),
von wo es auch schon durch JACQUOT (9) makroskopisch erkannt
worden war, dann auch von Aumetz. Eine Abbildung nach einer
Photographie erläutert das Vorkommen. Die untersuchte Probe
scheint eine sehr reine gewesen zu sein, denn die Oolithe liegen
dicht gedrängt beisammen und sind nur durch wenig reichliches,
kalkiges Bindemittel zusammengehalten.

Die Oolithe zeigen nach LACROIX konzentrisch-schaligen Bau,
erinnern in ihrer Struktur an Stärkekörner und geben, wie diese,
im polarisierten Licht ein Achsenkreuz, das beim Drehen des Prä-
parates unregelmässig verschoben wird. Die optischen Eigenschaften können im Allgemeinen nicht näher bestimmt werden, aber
oft ist das Centrum der Oolithe von einem Chlorit (Chamosit)-
Täfelchen gebildet, das sich gut zur optischen Untersuchung eignet.
Die Bissectrix wird als negativ angegeben und steht mehr oder
weniger senkrecht auf einer Fläche (001), nach welcher das Mineral

leicht spaltet. Der Achsenwinkel ist klein, das Kreuz erfährt oft kaum eine Auflösung.

In dem magnetischen Berthierin sind die Oolithe zum Theil durch zusammenhängende Lagen von Magnetit gebildet und mit Chlorit vergesellschaftet, das auch im Bindemittel vorkommt. Der Aufbau ist derselbe wie in den Oolithen des Bavalit von St. Brigitte im Morbihan, der dem mittleren Silur angehört.

Durch Lacroix, dann durch verschiedene andere Beobachter: Tabary, Césaro, Stelzner, Hoffmann (31, 32, 40, 41), fand also der Nachweis des Magnetit, den Karsten (2) bereits im Jahre 1827 auf Grund seiner Analysen angenommen hatte und der von mir zuerst mikroskopisch erkannt worden war, seine Bestätigung.

Stelzner (30) war, nach mir gemachter mündlicher und schriftlicher Mittheilung, geneigt, das Vorkommen des Magnetits mit tektonischen Vorgängen in Verbindung zu bringen. Ich wies dem gegenüber darauf hin (40), dass der Magnetit nicht an die Nähe der die Eisenerzlager durchsetzenden Verwerfungen gebunden ist, und andere Vorgänge, welche eine Dynamometamorphose hätte erzeugen können, ausgeschlossen sind. Hoffmann (41) gelangte zu derselben Ansicht.

In den genannten Erläuterungen (21, 90) habe ich unter den accessorischen Mineralien den Eisenkies erwähnt und hervorgehoben, dass er sich häufiger als die übrigen accessorischen Minerale finde. Seine Verbreitung ist aber eine noch grössere als ich früher vermuthete; er ist im ganzen schwarzen Lager zerstreut, besonders aber in dessen tieferem Theil reichlich angehäuft, so dass man ihn für dieses Lager als charakteristisches accessorisches Mineral ansehen kann. Seine Oxydation hat jedenfalls grossen Antheil an der Bildung der Eisenschalen in diesem Lager. Auch im grünen Lager findet sich Pyrit. Den Bergleuten ist er zu einem Leitmineral für die Erkennung der unteren Grenze der Erzformation geworden.

Als seltenes accessorisches Mineral musste man bisher den Eisenspath betrachten. Er wird von Berthier, Karsten und Braconnier aus blauen und grünen Erzen erwähnt, doch wurden diese Angaben meistens übersehen. Fuchs und de Launay (29,

779) thun desselben nur ganz allgemeine Erwähnung, anscheinend
nach COUSIN (18), dessen Aufsatz mir bisher nicht zugänglich war,
ferner HABETS (11, 49). Die Angabe von ALBRECHT (46, 53 des
Separatabzuges) über das schwarze Lager vom Adlergrund: «Die
dunkeln, grünlich-blauen Farben deuten auf reichen $Fe_2 (CO_3) 2$-
Gehalt» ist mir nicht verständlich.» Auch die Verbreitung dieser
Verbindung scheint in den lothringisch-luxemburgischen oolithischen
Eisenerzen eine grössere zu sein, als man bisher annehmen konnte.
Dass sie nicht richtig erkannt wurde, trotz der zahllosen Analysen,
die seit langen Jahren im ganzen Erzgebiet ausgeführt worden
sind, liegt lediglich an den rein technischen Gesichtspunkten,
welche bei der Ausführung der Analysen massgebend sind. Nur
ab und zu macht sich ein wissenschaftliches Bestreben bemerkbar,
und einer solchen rühmlichen Ausnahme verdanke ich einige
Analysen, welche zeigen, dass Eisencarbonat nicht unwesentlich
an der Zusammensetzung unserer Erze theil nimmt. Analytiker
ist Herr L. BLUM, Vorsteher des Laboratoriums der Gesellschaft
METZ & CIE. in Esch a. A. (Luxemburg).

Der Gehalt an kohlensaurem Eisenoxydul betrug bei
einer «schwarzen Minette» von Algringen 15,35%, bei einer
«Minette von gelbgrüner Farbe» der Grube Friede 60,23% und
bei einer «grünblauen» Minette von Differdingen-Oberkorn 26,99%.
Der Nachweis von Eisenspath wurde auch für eine «grüne
Minette» von Pierrevillers geführt.

Leider ist das Lager, aus dem die Erze stammen, nicht angegeben, doch ist es mir wahrscheinlich, dass es sich um schwarzes
und um grünes Lager handelt, jedenfalls kein höheres Lager anzunehmen ist als das graue.

Die im Laboratorium des Herrn Dr. M. DITTRICH in Heidel-
berg ausgeführte Analyse eines kieselig-sandigen Erzstückes aus
dem Liegenden des schwarzen Lagers von Rosslingen liess einen
Eisenspathgehalt von 6,032% erkennen.

Es scheint demnach, als müssten wir den Eisenspath nicht
nur als charakteristich-accessorischen, sondern stellenweise auch
als wesentlichen Bestandtheil der tiefsten Lager ansehen. LAPPARENT
(43,a) giebt sogar an, dass die Fortsetzung der Eisenerze nach der

Tiefe anfangs nicht erkannt worden sei, weil das Eisen nicht als Oxyd, sondern als Carbonat vorhanden sei, weist damit aber, wie mir scheint, dieser Verbindung eine zu bedeutende Rolle zu.

Wenn ich noch hinzufüge, dass mitunter auch Zinkblende, Bleiglanz, Kupferkies [nach HABETS (11, 45)] und Schwerspath als accessorische Gemengtheile vorkommen, so dürften alle Mineralverbindungen genannt sein, welche man aus den Erzlagern kennt.

Ich kann deshalb zu der Frage der Entstehung der Erzlager übergehen.

Soweit ich die Litteratur jetzt übersehen kann, reichen die Versuche zur Lösung dieser Frage viel weniger weit zurück als die Versuche zur Feststellung der chemischen und mineralogischen Zusammensetzung der Erze.

GIESLER (14), dessen Beschreibung des oolithischen Eisensteinsvorkommens aus dem Jahre 1875 stammt, sieht dieses als eine am Meeresstrand gebildete Ablagerung an, wofür nach ihm die zahlreichen, in dem Erze befindlichen Bruchstücke von Muschelschalen und Holz sprechen, welche das Meer stets an das Ufer wirft. Die Frage, wie das Eisen in das Meer gekommen sei, beantwortet er dahin, das vielleicht kohlensaure Wasser die eisenhaltigen Schichten der Juraformation oder eisenhaltige Silikatgesteine auslaugten und das Eisen als kohlensaures Eisenoxydul dem Meere zuführten. Hier soll eine Neubildung dieser Verbindung in Eisenoxydhydrat eingetreten sein, das zu Körnchen zusammengeballt durch stetigen Wellenschlag am Ufer zusammengehäuft und dort durch ein kalkiges Cement verbunden wurde.

Der Aufsatz von GIESLER ist in der Zeitschrift für Berg-, Hütten- und Salinenwesen im Preussischen Staate veröffentlicht worden. Die Redaktion erklärte sich mit der Ansicht des Verfassers nicht einverstanden (14, 41) und hält eine secundäre Bildung der beschriebenen Eisensteinsablagerungen für wahrscheinlich. In dem Vorhandensein einer grossen Menge von Fossilien den Beweis der primären Entstehung der Ablagerung zu sehen, erscheint ihr nicht gerechtfertigt.

Secundäre Entstehung der deutschen, in den verschiedenen Stufen des Jura vorkommenden Eisensteine hat ein Jahr früher Haniel (13) angenommen. Eisenoxydulhaltige, kohlensaure Gewässer sollen in die Schichten eingedrungen sein, ihre Kohlensäure verloren haben, und in Folge dessen das Eisenoxydhydrat oder Eisenoxydoxydul abgesetzt haben.

Für Walther (35) gehört das Problem der Bildung mariner Eisengesteine zur Diagenese.

Nach Daubrée sind die lothringischen oolithischen Eisenerze ursprüngliche Ablagerungen wie die Zwischenmittel (22 a, 69).

Litorale Entstehung, wie Giesler, nimmt auch Braconnier (9) an, doch sollen die carbonathaltigen Wasser auf Spalten in das Meer eingedrungen, das durch Oxydation gebildete Oxyd nach und nach der Küste zugeworfen worden sein. Dieselben Quellen haben nach Braconnier in früherer Zeit das Eisen der Ovoide des mittleren Lias zugeführt, in späterer Zeit das der Bohnerze (10, 205).

Eingehend beschäftigt sich Hoffmann[1] in einem im Jahre 1896 veröffentlichten Aufsatz (42) mit der Entstehung der Minetten. Die Eisensteinslager können nach seiner Ansicht nur auf zweierlei Art entstanden sein, erstens durch metasomatische Prozesse, durch nachträgliche Einwanderung des Eisens unter Verdrängung früher vorhandener Gesteinsbestandtheile oder zweitens durch ursprüngliche Ablagerung.

Die Entstehung durch metasomatische Vorgänge, die, wie wir gesehen haben, Haniel und die Redaktion der Zeitschrift für Berg-, Hütten- und Salinenwesen vertreten, wird, in starker Anlehnung an C. Smyth (39), aus einer ganzen Reihe von Gründen zurückgewiesen, welche sich zum Theil auf die etwaigen Zufuhrwege der Eisenlösungen beziehen. Kamen die Eisenlösungen aus dem Hangenden, so musste, was unwahrscheinlich ist, der Prozess vor der Ablagerung der die Erze überdeckenden, sehr eisenarmen Mergel erfolgt sein, auch ist bei dieser Annahme unerklärlich,

---

1. Die neueste, über die Minettelager Deutsch-Lothringens veröffentlichte Arbeit von Ansel (51) ist lediglich ein Auszug aus älteren Arbeiten, die darin entwickelten Ansichten über die Entstehung der Erze sind die Hoffmann'schen.

warum die Umsetzung auf gewisse Horizonte beschränkt blieb. In derselben Weise scheint es unmöglich, dass die Lösungen vom Liegenden zum Hangenden emporgestiegen sind. Nimmt man Zufuhr in der Schicht an, so wird sie jedenfalls nicht von den Rändern des Vorkommens erfolgt sein, sondern konnte wohl nur von Spalten ausgehen. In der Nähe dieser müsste daher der Eisengehalt der Lager am grössten sein. Die Schlechten zeigen jedoch an keiner Stelle einen derartigen Einfluss, und was die Verwerfungen anbelangt, so hat man gerade vielfach in der Nähe derselben eine Verunedlung der Erze festgestellt. Eine Ausfüllung durch Eisenerze wäre gerade hier auf den Spalten selbst am ehesten zu erwarten, doch sind solche, abgesehen von wenig Schwefelkies, nicht vorhanden.

Einen andern Einwand gegen die Verdrängungstheorie sieht Verfasser in dem Umstand, dass die Eisenverbindungen als Oolithe in eisenfreiem, kalkigem Bindemittel eingeschlossen sind. Letzteres, meint er, hätte gleichfalls von Eisen durchsetzt werden müssen.

Die glänzende Oberfläche, welche auf äussere mechanische Einflüsse, Reibungen, hindeute, sei durch die Verdrängungstheorie nicht erklärlich, auch dass die Eisenoolithe an der Grenze der Lager gegen die Zwischenmittel in diesen in vereinzelten Körnern und Nestern vorkommen.

Als letzter Einwurf gegen die Entstehung durch Metasomatose wird die Regelmässigkeit der Lager erhoben.

Ehe ich zu den Thatsachen übergehe, durch welche HOFF-MANN die Entstehung durch ursprüngliche Ablagerung begründet, möchte ich einige Bemerkungen über die aufgezählten Einwände einschieben.

Die Ansicht, dass auf Spalten die Zufuhr von Eisen stattgefunden haben soll, hat sich bei manchen Bergleuten nicht ganz ohne Grund herausgebildet. Das schwarze Lager ist, wenn frisch, reich an Eisenkies. Meist ist dieser aber zersetzt und die Oxydationsprodukte haben sich theils im Lager in konzentrischen, unregelmässigen dünnen Schalen, theils auf Klüften in dicken Eisenschalen abgesetzt. Letzteres ist besonders in der Grube

Friede bei Kneuttingen der Fall; hier ist das Eisen auf Spalten und
Klüften angereichert und hier hat es wirklich den Anschein, als
sei die Ansicht, dass auf Spalten eindringende Eisenlösungen das
Flötz erzeugt haben, eine begründete. Thatsächlich ist aber, wie
eben erklärt wurde, die Anreicherung nur eine Umsetzungser-
scheinung innerhalb primär gebildeter Eisenerzflötze.

Der Umstand, dass die Eisenoolithe in eisenfreiem, kalkigem
Bindemittel eingebettet sind, kann wohl nicht als Grund gegen
die Verdrängungstheorie angesehen werden, denn die Beobachtungen von BLEICHER (49) lassen keinen Zweifel an der Möglichkeit des Vorganges zu. Dass die Vererzung in den von BLEICHER
beschriebenen, an Oolithen des Doggers beobachten Fällen sich
nur auf die Oolithe beschränkt und nicht auch das Bindemittel
betroffen hat, liegt an der verschiedenen Struktur des Kalkes,
die in den Oolithen eine faserige, im Bindemittel eine körnige ist.

Ich kehre zu HOFFMANN zurück. Als ursprüngliche Ablagerung denkt sich der Verfasser die Entstehung der Erzformation
in folgender Weise: Die Eisenerze sind in der Nähe des Ufers
abgesetzt, in einem grossen Meerbusen, dessen Rand ungefähr mit
dem heutigen Ausgehenden der Schichten zusammenfällt. Zuge-
führter Sand, sowie Thon- und Kalkschlamm, also mechanische
Vorgänge, veranlassten die Ablagerung von Sandstein, Thon und
Mergel, während die Kalke und Erze wesentlich dem Niederschlag aus Lösungen, also chemischen Vorgängen, ihre Entstehung
verdanken. Mechanische und chemische Absätze wechselten vielfach mit einander ab und griffen in einander ein, weshalb die
Flötze nicht scharf gegen die Zwischenmittel abgegrenzt sind.

Die chemisch niedergeschlagenene Verbindung wurde dem
Meere in verschiedener Form zugeführt. Kohlensaurer Kalk,
kohlensaure Magnesia, sowie das Mangan, das als Oxyd im Erz
vorhanden ist, gelangten als Bicarbonat in das Meer. Das Eisen
mag in mannigfacher Weise gelöst gewesen sein, als Bicarbonat,
als schwefelsaures Eisenoxydul, als Doppelsalz in Verbindung mit
Humussäure und Ammoniak oder mit Humussäure und Kieselsäure. Die Kieselsäure wird zum Theil an Alkalien gebunden
gewesen sein, dasselbe war der Fall bei der Phosphorsäure.

Aus diesen Verbindungen, welche durch F l ü s s e, S i c k e r - w a s s e r oder u n t e r s e e i s c h e S p a l t e n dem Meerbusen zuge- führt wurden, schlug sich das Eisen nach der Oxydation · als Oxydhydrat nieder; desgleichen das Mangan. Mit ersterem fiel auch die Phosphorsäure aus, ebenfalls die Kieselsäure, soweit sie als Doppelsalz an Eisen gebunden war, während die an Alkalien gebundene Kieselsäure durch die freiwerdende Kohlensäure aus- geschieden wurde. Das Eisénoxydoxydul ist nachträglicher Ent- stehung. Innerhalb der Sedimente verwesende organische Stoffe setzten die Sulfate des Eisens in Sulfide um. Der Thonerdegehalt der Erze dürfte wohl ganz oder doch wenigstens zum grössten Theil die Folge der Einlagerung und Beimengung von Mergel sein.

Zeiten, in denen kohlensaurer Kalk in den zugeführten Wassern vorherrschte, wechselten, allerdings nicht scharf gegen einander geschieden, sondern durch Uebergänge verbunden, mit solchen, in welchen Eisen eine grössere Rolle spielte, und dieser Wechsel erklärt einerseits die sich mehrmals wiederholenden Kalk- und Eisensteinslager, andererseits das Fehlen scharfer Grenzen zwischen beiden.

Die Ursache der oolithischen Struktur sucht HOFFMANN, unter Hinweis auf den Karlsbader Sprudel, darin, dass sich Eisen- oxydhydrat, kohlensaurer Kalk, Kieselsäure und Phosphorsäure konzentrisch um Sandkörner ausschieden, welche durch starken Wellenschlag in dem seichten Wasser beständig aufgewirbelt und schwebend erhalten wurden. Durch Reibung aneinander oder gegen das Meereswasser erhielten die Oolithe das glänzende Ansehen, das sie noch heute zeigen.

In mehreren Aufsätzen finden wir in neuester Zeit die uns beschäftigende Frage durch den französischen Bergingenieur VILLAIN behandelt (44, 47, 48).

Er glaubt die Entstehung der Eisenerze aus der Gesammt- heit der bisher bekannten Thatsachen in folgender Weise erklären zu können:

Gegen Schluss der Liaszeit bildete das Meer, welches das Pariser Becken erfüllte, eine grosse Bucht, deren Küste sich nicht

weit von den heutigen Orten Arlon, Luxemburg, Sierck, Château-
Salins, Lunéville und Mirecourt befand. Tektonische Bewegungen
erzeugten Falten und Spalten, auf denen am Grunde des
Meeres Thermalquellen ausbrachen, welche die gleichzeitig
niedergeschlagenen Schichten mit Eisen durchsetzten. Die Zufuhr
des letzteren erfolgte als Carbonat [1], untergeordnet auch als
Silikat und Phosphat. Die Lage der Quellen und die Meeresströmungen veranlassten starke Aenderungen der Lager von
einem Punkt zum andern. Die Ergebnisse der Bohrungen in dem
neu aufgeschlossenen Gebiet von Briey zeigten, dass die erz-
reichsten Zonen in der Nähe und unterhalb gewisser Verwerfungen (en aval de certaines failles) auftreten, welche als Nährspalten (failles nourricières) betrachtet werden. Wahrscheinlich
bildete das Eisenoxyd eine Art Schuttkegel, welcher dem Gefälle
des Meeresbodens folgte. Mehrere derartige Kegel konnten sich
unter dem Einfluss der Wellenbewegungen und der Meeresströmungen begegnen und mischen. Ein deutlicher Schuttkegel, der
auf Quellen zurückzuführen ist, welche nicht weit von Landres
austraten, wurde in dem Becken Landres-Baroncourt gefunden.
Das Erz ist in demselben sehr regelmässig und sehr wenig mit
eisenarmen Zwischenmitteln durchsetzt; nach den Rändern nimmt
der Eisengehalt ab und die gewöhnlichen kalkigen und kieseligen Niederschläge überwiegen.

Die Theorie der Nährspalten soll auch erklären, warum die
Flötze im Becken von Nancy auf die Thalränder beschränkt sind
und mit der Entfernung vom Ausgehenden an Mächtigkeit und
Eisengehalt abnehmen. Es wird nämlich angenommen, dass die
Thäler längs Verwerfungen ausgewaschen, diese aber die Nähr-
spalten gewesen sind, welche das Eisen gerade dort, wo heute die
Thalrinnen verlaufen, angehäuft hatten.

Die Thermen hielten, bei einem Ueberschuss von Kohlensäure, das Eisen wahrscheinlich als kohlensaures Eisenoxydul gelöst; in Berührung mit dem Meerwasser setzte sich dieses zum
grössten Theil in Eisenoxyd um, welches von den Wogen und

---

1. Die Angabe Villain's, dass bisher keine Analyse das Eisencarbonat nachgewiesen habe, trifft, wie aus den oben gemachten Angaben hervorgeht, nicht zu.

den Meeresströmungen vertheilt wurde und sich schliesslich durch
Ausscheidung um einen kleinen Kern in der Form von Oolithen
niederschlug. Die Quellen waren in ihrer Ergiebigkeit grossen
Schwankungen ausgesetzt, und den Zeiten grössten Eisenreichthums
entsprechen die reichsten Flötze.

Zum Schluss weist der Verfasser darauf hin, dass die Erze
nach diesen Auseinandersetzungen nicht epigenetischen Ursprunges
sein können.

Zur Tertiärzeit soll auf den gleichen Spalten, welche das
Eisen der Oolithformation zugeführt, auch das Eisen zur Bohnerz-
bildung in Lösungen emporgedrungen sein, denn dort, wo die
oolithischen Erze ihre mächtigste Entwickelung gefunden haben,
kennt man auch die reichsten Anhäufungen von Bohnerz, nämlich
längs der Spalte von Deutsch-Oth.

VILLAIN schliesst sich also BRACONNIER an, der, wie wir gesehen haben, die Zufuhr des Eisens durch Spaltquellen erfolgen
lässt, doch führt er diese Ansicht weiter aus.

Eine kritische Besprechung der Ansichten von GIESLER,
BRACONNIER, HOFFMANN und VILLAIN giebt LANG (45) im Jahr-
gang 1899 von Stahl uud Eisen. Ohne auf die verschiedenen vom
Verfasser erhobenen Einwände einzugehen, deren Besprechung hier
zu weit führen würde, sei nur hervorgehoben, dass LANG die
Frage, ob ursprüngliche Ablagerung der Eisenerze oder Entstehung durch Metasomatose anzunehmen ist, noch für offen hält.
«Noch immer mangelt es», sagt er, «an zwingenden Beweisstücken für die eine oder die andere Theorie. Würde sich
VILLAIN's Behauptung der Gebundenheit des Erzreichthums an die
Verwerfungsspalten allgemeine Anerkennung erwerben, so wäre
dies ein solches entscheidendes Beweismittel, jedoch eben nicht
nach VILLAIN's Absicht zu Gunsten der primären Bildung, sondern,
zumal falls sich bestätigen sollte, dass der Erzreichthum von der
Sprunghöhe beeinflusst wird, der secundären. Diese wäre dagegen
widerlegt, wenn der Nachweis gelänge, dass die Zonen grösster
Bauwürdigkeit den ehemaligen Strandlinien oder aber den
Mündungsstellen und Richtungen eisenhaltiger Zuflüsse von solcher
Massenhaftigkeit entsprechen, dass sie den Reichthum des Beckens
begründen konnten . . .»

Ich schliesse mich den Autoren an, für welche der Eisengehalt ein ursprünglicher, gleichzeitig mit der Schicht gebildeter ist und nicht auf späterer Zufuhr, infolge metasomatischer oder epigenetischer Prozesse beruht. Die Regelmässigkeit der Lager lässt keine andere Deutung zu.

Welcher Anschauung sollen wir aber bezüglich der Herkunft der eisenhaltigen Verbindungen den Vorzug geben?

Giesler nimmt Zufuhr vom Lande, Hoffmann vom Lande und auf Spalten an. Nur auf Spalten lassen Braconnier und Villain die Eisenlösungen in das Meer eintreten.

Mir sind weder in Deutsch-Lothringen, noch in Luxemburg Erscheinungen bekannt, welche als ein Beweis für die Annahme angesehen werden könnten, die Zufuhr des Eisens sei auf Spalten erfolgt. Die Eisenanreicherungen, welche wir von der Grube Friede bei Kneuttingen kennen gelernt haben, sind nicht gleichalterig mit den Erzlagern, sondern durch die Zersetzung dieser entstanden. Die Erscheinungen, auf welche Villain in französisch Lothringen zur Begründung seiner Theorie hinweist, sind mir nicht genau genug bekannt, um sie einer Beurtheilung zu unterziehen.

Villain's Hinweis auf die mächtige Entwickelung der oolithischen Eisenerze und der Bohnerze bei Deutsch-Oth als die Folge der dort durchsetzenden grossen Nährspalte scheint mir jedoch nicht glücklich. Die älteren, oolithischen Erze bilden regelmässige Lager. Die Bohnerze stellen dagegen, wie die von Jacquot (15) gegebenen Zeichnungen veranschaulichen, s e h r unregelmässige Ablagerungen bald in trichterartigen, bald in schlauch- oder höhlenartigen Hohlräumen dar.

Längs der Spalte Deutsch-Oth—Esch ist die Entwickelung der Erzlager allerdings eine sehr mächtige; noch mächtigeres Anschwellen weisen aber die Zwischenmittel auf. In Oberkorn hat man auf 13,8 m Erz 11,9 m Zwischenmittel, bei Esch auf 21,1 m Erz 32,8 m Zwischenmittel; dort ist das Verhältniss vom Erz zum Mittel wie 1 : 0,8, hier wie 1 : 1,5, also fast um das Doppelte grösser. Bei dieser Berechnung sind nur die Zwischenmittel zwischen den untersten und den obersten Lagern in Betracht gezogen; rechnet man den unter dem tiefsten Lager vorkommenden, ebenfalls der Erzformation angehörigen Sandstein noch hinzu, welcher bei Oberkorn nur 2—3 m misst, bei Esch aber mit 20 m wahrscheinlich nicht zu hoch veranschlagt ist, so ergiebt sich für das taube Gestein eine noch wesentlich höhere Verhältnisszahl.

Die mächtigere Entwickelung der Erzlager bei Deutsch-Oth—Esch hängt also mit einer mächtigern Ausbildung der ganzen Erzformation zusammen, nicht aber mit dem Vorhandensein der Spalte.

Zu den «zwingenden Beweisstücken», welche LANG für die Entscheidung der uns beschäftigenden Frage fordert, darf auch die Thatsache gerechnet werden, auf welche ich S. 244 meiner Profile zur Gliederung des reichsländischen Lias und Doggers u. s. w. (52, 244) hingewiesen habe, nämlich dass das produktive Gebiet der Erzformation bei Nancy von den erzreichen Ablagerungen Deutsch-Lothringens durch ein erzarmes Gebiet getrennt ist, das der südwestlichen Fortsetzung des Sattels von Buschborn angehört. Die Aufsattelung hat sich bereits zur Zeit der Ablagerung der Eisenerze bemerkbar gemacht, das Erz schlug sich hauptsächlich in den den Sattel begrenzenden Mulden nieder.

Es erscheint deshalb richtiger, den Ursprung des Eisens an der Stelle zu suchen, von wo auch die mechanischen Sedimente herstammen, nämlich auf dem Festland. Welche Formationen oder Gesteine waren aber hier im Stande, die grossen Mengen von Eisen abzugeben, welche unsere reichen Erzlager bergen?

Von den genannten Autoren hat nur GIESLER diese Fragen erörtert. Er glaubt, dass eisenhaltige Schichten der Juraformation oder eisenhaltige Silikatgesteine die Muttergesteine sind.

Bestimmter spricht sich der oben namhaft gemachte Chemiker BLUM in einem Manuskript aus, in welchem er mir die bei der Besprechung des Eisenspaths erwähnten Analysen mittheilte. Für ihn ist der Eisenkies der Posidonienschiefer die Quelle des Eisens der Minetten; der Pyritgehalt ist nach von ihm angeführten Analysen in den Schiefern stellenweise so hoch, dass an eine Gewinnung gedacht werden könnte.

Geben wir die rein theoretische Möglichkeit dieser Annahme

zu, so bleibt eine andere Frage zu lösen, nämlich die, ob sich denn diese Formation in der That am Aufbau der ehemaligen Küste betheiligt hat?

Früher war den Geologen die Vorstellung geläufig, dass die Schichten ·der Trias, des Jura, der Kreide und des Tertiärs des Pariser Beckens in einem sich immer stärker einengenden Meer niedergeschlagen wurden, und dass das heutige Ausgehende ungefähr den ursprünglichen Umrandungen entspricht. Wir finden diese Anschauung, die besonders von HÉBERT durch Uebersichtskärtchen erläutert wurde, auch in der neueren bergmännischen Litteratur vertreten.

Ganz andere, weit über das jetzige Ausgehende· des Jura bis auf das Devon des Hunsrück und der Ardennen übergreifende Umrandung zeigen uns z. B. die Uebersichtskärtchen von DE LAPPARENT, welche die neuen Anschauungen darstellen. Darnach könnten die Posidonienschiefer zum Theil der Ablagerung der Erze nicht der Küste angehört haben, sie müssten vielmehr von jüngeren Schichten überdeckt gewesen sein.

Wir haben aber Thatsachen, welche entschieden gegen diese Ansicht sprechen, zunächst die Lagerungsverhältnisse am Rande der Ardennen, auf welche E. W. BENECKE in seiner Uebersicht über die palaeontologische Gliederung der Erzformation[1] hingewiesen hat, dann das Vorkommen eines Conglomerates an der oberen Grenze der Erzformation.

Man beobachtet das Conglomerat über Tage im Höhlthale südwestlich von Esch, besonders gut an der Nordspitze des Katzenberges. Es liegt über dem rothsandigen Lager, erreicht eine Mächtigkeit von 0,40—0,80 m und ist von 1,5 m eines gelben Sandsteins überdeckt, der den Schluss der Erzformation darstellt und in seiner Ausbildung vollständig an die Sandsteine im tiefsten Theil der Formation erinnert. Etwas weiter östlich, am Galgenberg, kommt nach Funden von SCHMIDT in Esch *Ludwigia Murchisonae*[2] in diesem Sandstein vor, darüber beginnen die den Sowerbyi-

---

1. Mittheilungen der geolog. Landesanstalt von Elsass-Lothringen 1901 Bd. 5, p. 142.

2. Vergl. E W. BENECKE, l. c. 163.

Schichten des Elsass und Schwabens entsprechenden Mergel von Charennes. Die Funde wurden von BENECKE und dem Verfasser bestätigt.

Die wichtigeren Formen der Fauna des Conglomerates hat BENECKE in der genannten Uebersicht ausgeführt; ich will hier nur die Gesteinsausbildung berühren. Die Gerölle bestehen hauptsächlich aus Thoneisenstein, welche grosse Uebereinstimmung mit den Thoneisensteinen des mittleren Lias zeigen, dann auch aus Sandstein, dessen Herkunft aber nicht zu bestimmen ist. Abgerollte Ammonitenbruchstücke, die keine genauere Bestimmung gestatten, lassen die stattgefundene Umlagerung jurassischer Schichten zweifellos erkennen. Beim Auffahren eines tonnlägigen Schachtes in der Grube Rothe Erde wurden in demselben Conglomerate mehrere grössere Geschiebe von Gagat gefunden.

In Sandsteinen unmittelbar unter den Mergeln von Charennes ist dieselbe Kohle in dem grossen Bahneinschnitt am Bahnhof Hayingen vorgekommen und wenig tiefer, im rothsandigen Lager, in der Grube Neuling bei Oettingen. Aus dem rothen Lager von Oberkorn erhielt ich sie von Belvaux (Beles).

Gagat kennen wir reichlich in den Posidonienschichten, weniger häufig im Gryphitenkalk, aber in keinen älteren, hier etwa in Betracht zu ziehenden Schichten. Sein Vorkommen als Geschiebe weist also ebenso sicher auf Umschwemmung von Juraablagerungen, vorzugsweise vom oberen Lias hin, wie das der Ammoniten.

Vom geologischen Standpunkte aus wäre also der Ansicht, dass bituminöse Schiefer am Aufbau des Festlandes theilgenommen haben, und deshalb in ihnen das Muttergestein des in den Minetten niedergeschlagenen Eisens zu vermuthen ist, kein wesentlicher Einwand entgegenzuhalten.

Das Conglomerat zeigt eine Transgression, ein Uebergreifen des Meeres an. Die Ablagerungen, welche bei diesem Vorgang zunächst eingedeckt werden mussten, war der unterste Dogger und obere Lias. Wenn wir nun beachten, dass mit diesem Uebergreifen die Eisenerzformation zum Abschluss gekommen ist, und eisen-oolithische Bildungen in den überlagernden Schichten zwar nicht ganz fehlen, aber eine ganz untergeordnete Rolle spielen, so liegt hierin ein weiterer Anhaltspunkt zu der Berechtigung, das Eisen der Minetten aus den Gesteinen des Lias abzuleiten.

Verlegen wir die Küste über das heutige Gebiet des Jura und der Trias hinaus bis an das Devon, wie dies Lapparent für das Charmouthien und für den Beginn des Bathonien thut, so finden wir hier keine Gesteine, welche sich zur Abgabe von grossen Eisenmengen geeigneter erweisen würden, als die des Lias. Auch dieses ist ein indirekt verwerthbarer Anhaltspunkt.

Die Natur der Lösungen, in welchen das Eisen dem Meere zugeführt wurde, will ich hier nicht besprechen. Hoffmann hat auf eine ganze Reihe von Verbindungen hingewiesen.[1] Dagegen will ich noch einige Worte über die Natur der Niederschläge sagen, die sich an diesen Lösungen gebildet haben.

Die verschiedenen, im Vorhergehenden besprochenen Ansichten über die Bildung der Oolithe haben das gemeinsam, dass sie das Eisenoxydhydrat als eine ursprüngliche Ausscheidung ansehen. Allerdings stellt das Hydrat, besonders in den rothen Lagern, die fast ausschliesslich vorhandene Verbindung dar. Man hat aber bei der mikroskopischen Untersuchung durchaus nicht den Eindruck, als läge eine ursprüngliche Bildung vor, und ich habe, gestützt auf den Nachweis eines Kieselsäuregerüstes in den Oolithen, die Vermuthung ausgesprochen, dass das Oxydhydrat als Zersetzungsrückstand eines Silikates aufgefasst werden könne.

Zu Gunsten dieser Ansicht spricht entschieden der von Lacroix auf mikroskopischem Wege geführte Nachweis eines grünen Silikates in den Oolithen des dem grauen Lager entstammenden Berthierin von Hayingen und eines Berthierin von Aumetz. Ich selbst beobachtete ein grünes Silikat als Bestandtheil der Oolithe im Liegenden vom schwarzen Lager in Rosslingen und im grünen Lager des Stollens von Havingen.

Für die unteren Lager, das grüne, schwarze und graue, wäre also die Entstehung des Hydroxyds der Oolithe aus einem

---

1. Vergl. auch: Spring, W. Ueber die eisenhaltigen Farbstoffe sedimentärer Erdboden und über den wahrscheinlichen Ursprung der rothen Felsen.— Neues Jahrb. f. Mineral. 1899, I 47–62.

grünen Eisensilikat sehr wahrscheinlich. Ich war bei Beginn meiner Untersuchungen der Meinung, dass man diese Entstehungs-weise auch auf die Oolithe der höheren Lagen ausdehnen könne, doch bin ich durch den geringen Gehalt der Erze an löslicher Kieselsäure zweifelhaft geworden. Die Entscheidung darüber, ob doch etwa, wie beim Sumpferz, ursprüngliche Ausscheidung von Eisenhydroxyd stattfand, oder welche andere ursprüngliche Eisen-verbindung vorlag, bleibt weiteren Untersuchungen vorbehalten.

Häufiger als in den Oolithen ist ein grünes Silikat im Bindemittel. Es findet sich nicht nur im grauen Lager, wie ich früher angab, sondern es ist ebenso charakteristisch für das grüne, das schwarze und das gelbe Lager von Algringen-Maringen. Es kommt auch noch in dem rothen Lager von Ober-korn vor, obgleich es in diesem häufiger zersetzt ist, als in den tieferen Lagern. Nur einmal beobachtete ich es im unteren roth-kalkigen Lager des Renkert bei Differdingen. Die Struktur ist etwas verschieden von derjenigen in den Oolithen, mehr blättrig und körnig, weniger faserig, und das mag der Grund sein, dass es der Zersetzung minder leicht anheimfällt als das der Oolithe. Es ist aber auch nicht ausgeschlossen, dass eine ursprünglich etwas andere Zusammensetzung eine Rolle dabei spielt.

Erinnere ich noch daran, dass auch Eisenspath in mikro-skopisch kleinen Körnern am Aufbau wenigstens eines Theils der Erzlager theilnimmt, ziehen wir ferner in Betracht, dass Eisen-kies ein charakteristisch-accessorischer Gemengtheil des schwarzen und des grünen Lagers ist und dass auch der Magnetit möglicher-weise nicht, wie ich früher annahm, ein Zersetzungsprodukt, sondern ein ursprünglicher Niederschlag ist, so wird es klar, dass die Bildung unserer Erzlager durchaus kein so einfacher Vorgang ist, wie er von den genannten Autoren dargestellt wird.

Grüne Eisensilikate in Form von Oolithen haben wir in Ge-steinen verschiedener älterer Formationen, den Thuringit, Chamosit und vor allem den Glaukonit.[1] Das grüne Silikat

---

1. Ein noch eisenärmeres chloritisches Silikat als der Glaukonit wies Wülfing in den bunten Mergeln der Keuperformation nach. Es wird bei eingehenderer Be-arbeitung dieses Gegenstandes besonders auch wegen seiner Umwandlungserscheinungen in Betracht zu ziehen sein. (Jahresheft der Ver. f. Vaterländische Naturkunde in Württemberg, 1900). Ich verdanke dem Verf. den Hinweis auf dieses Vorkommen.

der lothringischen Erze habe ich mit den ersteren verglichen, und wir können bei diesem allgemeinen Vergleich stehen bleiben, bis die chemische Zusammensetzung durch genaue Analysen isolirter, unzersetzter Oolithe bekannt sein wird.[1] Gümbel (20, 419) hat den Glaukonit in Betracht gezogen und sich dahin ausgesprochen, dass wahrscheinlich manche Brauneisensteinkügelchen der lothringisch-luxemburgischen Minetten von einer Zersetzung früherer Glaukonitkörner herstammen.

Dieselbe Entstehung nahm Gümbel für das tertiäre sogen. Schwarzerz von Kressenberg an, dessen reine Oolithkörner nach einer Analyse von Haushofer 25% SiO_2 nebst $48,8\%$ Fe_2O_3 und $2,9\%$ FeO enthalten. Der gesteigerte Gehalt an Eisenoxyd und der zurückgebliebene Theil des Kali scheinen nach Gümbel darauf hinzuweisen, dass eine Art Pseudomorphose von Brauneisenstein nach Glaukonit vorliegt.

Da reiner Glaukonit nur etwa 30% Eisenoxyd und Eisenoxydul, dagegen bis 50% Kieselsäure enthält, so müsste eine starke Zufuhr von Eisen und eine starke Wegfuhr von Kieselsäure stattgefunden haben, es müssten sich also starke epigenetische Prozesse abgespielt haben.

Für unsere Erzlager möchte ich von einer solchen bedeutenden Wanderung der Elemente absehen, und es frägt sich, ob nicht auch für die Hydroxyde der Erze von Kressenberg ein eisenreicheres und kieselsäureärmeres Silikat als der Glaukonit als Muttermineral anzunehmen ist.

Wegen der Entstehung dieses Minerals wird man trotzdem die Bildung des G l a u k o n i t s zum Vergleich heranziehen können, die noch in den heutigen Meeren vor sich geht.

Nach den Feststellungen des Challenger, mit denen auch die Beobachtungen anderer Unternehmungen übereinstimmen, findet sich Glaukonit hauptsächlich in den terrigenen Sedimenten in der Nähe von Landmassen, die aus alten krystallinen Gesteinen aufgebaut sind. Es ist weder eine litorale, noch

---

1. Brauchbares Material wird man am ehesten in den kalkigen Ausscheidungen finden, die für das graue Lager besonders charakteristisch sind, aber auch dem schwarzen Lager nicht ganz fehlen.

eine eigentliche Tiefseeablagerung, sondern eine Bildung der flachen See. Wo Schlamm oder Sandmassen in grosser Menge dem Meere zugeführt werden, wo sich also mechanische Niederschläge rasch bilden, ist der Glaukonit verhältnissmässig selten, dagegen reichlich, wo der mechanische Absatz verlangsamt ist, besonders in der Nähe und jenseits der 100 Fadenlinie.

Das sind Verhältnisse, welche sich auf unsere Erzlager und ihre Zwischenmittel recht gut übertragen lassen. Die Fauna der letzteren weist auf eine Bildung in der flachen See hin, doch wird die Ablagerung bald entfernter, bald näher an Land vor sich gegangen sein, stets aber im Bereich der Wirkung der Wellenbewegung, wie die oft wahrzunehmende discordante Schichtung beweist. Näher dem Litoral wurden, wie der Sandgehalt der Erze darthut, das grüne, das schwarze und rothsandige Lager niedergeschlagen, in grösserer Entfernung die kalkigen Flötze.

Dafür spricht auch, dass das rothsandige Lager nach dem Innern des Beckens zu in sehr kalkreiche, eisenschüssige Schichten übergeht, und auch die Kalknieren im grauen Lager nach dem Innern des Plateaus zuzunehmen scheinen. Damit stimmt überein, dass wir vom Beginn der Formation bis zum ersten kalkigen Lager den grauen Sandstein als Zwischenmittel vorfinden, während höher hinauf mergelige und kalkige Gesteine herrschen und mit dem rothsandigen Lager sich wieder Sandsteine einstellen. Bei Esch liegt unmittelbar über diesem Lager sogar eine Litoralbildung, das schon erwähnte Conglomerat.

Dass nicht Glaukonit, sondern ein eisenreicheres und kieselsäureärmeres Silikat zum Absatz gelangte, liegt an der andersartigen Beschaffenheit der Küste.

Thierische Reste spielen bei der Glaukonitbildung eine grosse Rolle, und besonders häufig finden sich Foraminiferengehäuse mit diesem Silikat ausgefüllt; daneben kommt es aber auch in vielen selbstständigen Körnern vor. Nach den erwähnten Beobachtungen von BOURGEAT sollte man glauben, dass auch in unseren Minetten wesentlich thierische Reste, Bryozoen und kleine Korallen, an der Bildung der Oolithe betheiligt sind. Das stimmt mit meinen an zahlreichen Dünnschiffen ausgeführten Unter-

suchungen nicht überein. An der weitaus vorwiegenden Mehrzahl
der Oolithe lässt sich auch nicht der geringste Anklang an
organische Struktur erkennen. Wo aber eine solche vorhanden
ist, handelt es sich wesentlich um Echinodermenreste, besonders
Stielglieder von Crinoiden. Weniger häufig sind Foraminiferen-
schalen mit den Eisenverbindungen erfüllt, deren Durchschnitte,
wenn das Silikat noch unzersetzt ist, unter dem Mikroskop durchaus an die bekannten Bilder der mit Glaukonit erfüllten Foraminiferengehäuse erinnern; nur die Färbung ist etwas dunkler
grün. In wenigen Fällen zeigten sich auch kleine Gastropoden
mit Erz erfüllt.

Fassen wir die Ergebnisse der bisherigen Untersuchungen
zusammen, so sehen wir in unserer Erzformation eine Bildung der
flachen See. Das Eisen wurde vom Festlande her dem Meere
durch Bäche und Flüsse zugeführt und schlug sich in sehr verschiedener Form nieder, ähnlich dem Glaukonit als Silikat, ferner
als Carbonat, als Sulfid und als Oxydoxydul, in den oberen Lagen
möglicherweise auch als Oxydhydrat. Ein Vorwalten der chemischen
Niederschläge erzeugte die Erzlager, ein Ueberwiegen der Zufuhr
von mechanischen Sedimenten die Zwischenmittel. Verschiebungen
der Küste bedingt durch Hebungen und Senkungen, waren wohl in
erster Linie die Ursache dieses Wechsels.

1. Berthier, P., Sur la composition des minerais de fer en grains. —
   Annales de chimie et de physique. Paris 1827, XXXV, 247—260.
   Annales des mines. Paris 1828, (2) III, 241—253.
2. Karsten, Examen chimique du minerai bleu magnétique de Vignes.
   Arch. mét. 1827, No. 16, 30. — Annales des mines. Paris 1828 (2)
   III, 253—254.
3. Beudant, Traité élémentaire de minéralogie. Tome II. Paris 1832,
   128—129.
4. Berthier, P., Traité des essais par la voie sèche. Paris 1834, II,
   230 u. 232.
5. Jacquot, Mémoire sur les mines de fer de la partie occidentale du
   département de la Moselle. — Annales des mines. (4) XVI, 427 bis
   494, auch Taf. VI. 1849.
6. Langlois, Analyse de quelques minerais de fer du département de la
   Moselle. — Mémoires de l'Académie nationale de Metz 1850, XXXI,
   327—332.

7. LANGLOIS et JACQUOT, Etudes minéralogiques et chimiques sur les minerais de fer du département de la Moselle. — Annal. des mines. Paris 1851, (4) XX, 109—140.

8. KENNGOTT, A., Mineralogische Notizen, 2. Folge. — Sitzungsberichte der Kaiserlichen Akademie der Wissenschaften, mathematisch-natur-wissenschaftliche Klasse. 1853, X, 295.

9. JACQUOT, E., avec la coopération de TERQUEM et BARRÉ. Description géologique et minéralogique du département de la Moselle. Paris 1868, 336.

10. BRACONNIER, A., Richesses minérales du département de Meurthe-et-Moselle. Nancy-Paris 1872, 90—95 u. 201—205.

11. HABETS, Les minerais de fer oolithiques du Luxembourg et de la Lorraine. — Revue universelle des mines. 1873, 40—68, XXIV.

12. BRACONNIER, A., Description des terrains qui constituent le sol du département de Meurthe-et-Moselle. Nancy 1879. Composition générale du minerai oolithique, 178; mode de dépôt des minerais oolithiques, 203.

13. HANIEL, J., Ueber das Auftreten und die Verbreitung des Eisensteins in den Jura-Ablagerungen Deutschlands. — Zeitschr. Deutsche Geol. Ges. 1874, XXVI, 59—118, mit 2 Taf.

14. GIESLER, E., Das oolithische Eisensteinsvorkommen in Deutsch-Lothringen. — Zeitschrift für Berg-, Hütten- und Salinenwesen im preussischen Staate 1875, XXIII, 9—41.

15. JÄGER, Aug., Ueber die Eisenerzablagerungen von Lothringen-Luxemburg und ihre Bedeutung für die Eisenindustrie. — Stahl und Eisen 1881, I, 138—143 u. 171—175.

16. ROEBE, Rh. de, Description du minerai de fer oolithique du Grand-Duché de Luxembourg. — Revue universelle des mines, de la métallurgie, des travaux publics, des sciences et des arts 1881, IX, Paris et Liège, 533.

17. BRACONNIER, Description géologique et agronomique des terrains de Meurthe-et-Moselle. Nancy-Paris 1883. Mit Karte 1 : 80 000.

18. COUSIN, Sur l'industrie minérale dans le département de Meurthe-et-Moselle. 1886.

19. SCHMIDT, C., Geologisch-petrographische Mittheilung über einige Porphyre der Centralalpen und die in Verbindung mit denselben auftretenden Gesteine. — Neues Jahrbuch f. M. 1886, B. B. IV. Auf S. 396 eine Bemerkung über die «Chamoisite» von Hayingen.

20. GÜMBEL, Ueber die Natur und Bildungsweise des Glaukonits. Sitzungs-bericht d. mathem.-physik. Klasse 1886. S. 417—448.

21. VAN WERVEKE, L., Erläuterungen zur geologischen Uebersichtskarte der südlichen Hälfte des Grossherzogthums Luxemburg. Strassburg 1887. — Gleichlautend in den Erläuterungen zur geologischen Uebersichts-karte des westlichen Deutsch-Lothringen. Strassburg 1887, 83—99.

22. WINOGRADSKY, S., Ueber Eisenbakterien. — Botanische Zeitung 1888
    S. 261.
22. a. DAUBRÉE, A., Les eaux souterraines aux époques anciennes. Paris 1887.
23. NIVOIT, E., Géologie appliquée à l'art de l'ingénieur.   Paris 1889,
    II, 285.
24. BOURGEAT, Observations sur la structure de quelques dépôts ferrugineux
    des terrains secondaires. — Comptes rendus de l'académie, Paris 1890,
    CX, 1085—1086
25. BLEICHER, M., Sur la structure microscopique du minerai de fer
    oolithique de Lorraine. — Comptes rendus Acad., Paris 1892,
    590—593.
26. ROTHPLETZ, A., Ueber die Bildung der Oolithe. — Botanisches Central-
    blatt 1892, XIII, 265—268.
27. BLEICHER, Sur la structure microscopique des oolithes du bathonien et
    du bajocien de Lorraine. — Comptes rendus, Paris 1892, 16 mai.
28. MOLISCH, H., Die Pflanze in ihren Beziehungen zum Eisen. Jena 1892.
    72—80.
29. FUCHS et DE LAUNAY, A., Traité des gîtes minéraux et métallifères.
    Paris 1893, I, 777—783.
30. LACROIX, A., Minéralogie de la France et de ses colonies, Paris 1893,
    I, 401.
31. TABARY, Magnétite (aimant) dans la limonite de Mont-St.-Martin. —
    Annales Soc. géol. de Belgique 1893—94, XXI, S. LXI — LXII.
32. CÉSARO, Bemerkung zu vorstehender Mittheilung. Ebenda, S. LXIII.
33. BLEICHER, Le minerai de fer de Meurthe-et-Moselle — Bull. Soc. Industr.
    Est., Nancy 1894 (2) fasc. II.
34. BLEICHER, Les minerais de fer sédimentaire de la Lorraine. — Bull.
    Soc. Industr. Est., Nancy 1894, (2) fasc. II.
35. WALTHER, J., Lithogenesis der Gegenwart (Dritter Theil einer Ein-
    leitung in die Geologie als historische Wissenschaft). Jena 1894, 709.
36. BLEICHER, Sur la structure de certaines rouilles, leur analogie avec celle
    des minerais de fer sédimentaire de Lorraine. — Comptes rendus de
    l'académie, Paris 1894, 16 avril.
37. VAN WERVEKE, L., Ueber die Betheiligung der Kieselsäure am Aufbau
    der oolithischen Eisenerze. — Zeitschrift für praktische Geologie
    1894, 400.
38. BLEICHER, G., Recherches sur la structure et les gisements du minerai
    de fer pisolithique de diverses provenances françaises et de la
    Lorraine en particulier. — Communication faite dans la séance du
    14 avril 1894. Zeitschrift? Separat-Abdruck, Nancy 1894.
39. SMYTH, C., Die Hämatite von Clinton in den östlichen Vereinigten
    Staaten. — Zeitschr. f. prakt. Geologie 1894, 811.

40. van Werveke, L., Magneteisen in Minetten (eisenoolithischen Erzen
    Lothringens und Luxemburgs). — Zeitschrift für praktische Geologie
    1895, 497.
41. Hoffmann, L., Magneteisen in Minetten. — Zeitschrift für praktische
    Geologie 1896. 68.
42. Hoffmann, L., Die oolithischen Eisenerze in Deutsch-Lothringen in dem
    Gebiete zwischen Fentsch und St. Privat-la-Montagne. — Stahl und
    Eisen 1896, No. 23—24.
43. Hoffmann, L., Das Vorkommen der oolithischen Eisenerze in Luxem-
    burg und Lothringen. — Verhandl. naturh. Ver. preuss. Rheinl.,
    Westf. u. s. w. 55. Jahrg. 1898, 109—133.
43a. Lapparent, A. de, Observations au sujet de la communication de M. de
    Mercey: Sur l'origine du minerai de fer hydroxidé du Néocomien
    moyen du Bray, par l'altération superficielle du fer carbonaté, et sur
    la continuité en profondeur et l'importance du minerai carbonaté.
44. Villain, P., Sur la genèse des minerais de fer dans la région lorraine.
    Comptes rendus de l'académie des sciences, Paris, 1899, CXXVIII,
    1291—1293.
45. Lang, O., Die Bildung der oolithischen Eisenerze Lothringens. — Stahl
    und Eisen 1899, No. 15.
46. Albrecht, Die Minetteablagerung nordwestlich der Verschiebung von
    Deutsch-Oth. — Stahl und Eisen 1899, No. 7 u. 8.
47. Villain, P., Note sur le gisement de minerai de fer du département de
    Meurthe-et-Moselle. — Bull. Soc. belge de Géol., de Paléont. et
    d'Hydrologie, Bruxelles 1900, XIII, 116—127.
48. Villain, P., Sur le gisement des minerais de fer en Meurthe-et-Moselle.
    Bull. Soc. industr. Est 1900.
49. Bleicher, Sur les phénomènes de métamorphisme, de production de
    minerai de fer, consécutifs à la dénudation du plateau de Haye
    (Meurthe-et-Moselle). — Bull. Soc. belge de Géol. XIII (1899), er-
    schienen Bruxelles 1900, 187—189. — Comptes rendus de l'académie,
    Paris 1900, 5 février.
50. Compte rendu par M. Bleicher de la course du matin, le 17 août,
    aux «Quatre-Vents» et au Champ-le-boeuf (Plateau de Haye). — Bull.
    Soc. belge de Géol., Bruxelles 1900, XIII, 101.
51. Ansel, Die oolithische Eisenerzformation Deutsch-Lothringens. —
    Zeitschr. f. prakt. Geologie 1901, 81—94, mit Fig. 9—18.
52. van Werveke, L., Profile zur Gliederung des reichsländischen Lias und
    Doggers und Anleitung zu einigen geologischen Ausflügen in den
    lothringisch-luxemburgischen Jura. — Mittheilg. geolog. Landesanstalt
    v. Els.-Lothr. 1891, Bd. V., 165—246.

Das Kieselsäuregerüst der Eisenhydroxydoolithe in den lothringisch-luxemburgischen Eisenerzlagern.

Von

Landesgeologe Dr. **L. van WERVEKE**.

———

Der Nachweis eines Kieselgerüstes in den aus Eisen-hydroxyd bestehenden Oolithen eines Theiles der lothringisch-luxemburgischen Minetten, den ich im Jahre 1887 zuerst geführt, fand 5 Jahre später eine Bestätigung durch BLEICHER, der die Ergebnisse seiner Untersuchungen der Académie des sciences in Paris unterbreitete.[1]

Eine abweichende Ansicht vertrat, ebenfalls vor der Académie des sciences, im April d. J. STANISLAS MEUNIER. Seine Mittheilung erschien in den Comptes rendus[2] der Akademie und in erweiterter Form im Bulletin de la Société belge de géologie, de paléontologie et d'hydrologie.[3] Nach MEUNIER, der die Untersuchung von BLEICHER und mir nicht nennt, sollen nämlich die Oolithe der Minetten bei der Behandlung mit mässig starker Salzsäure in der Kälte ein Skelett hinterlassen, das aus Thonerdehydrat besteht. Für das Vorhandensein derselben Verbindung in den Oolithen der Erze sollen auch die Bauschanalysen sprechen, in denen Thonerde in einem Verhältniss zur Kieselsäure vorkommt, welches zu hoch ist, um durch Verunreinigung des Erzes durch Thon erklärt werden zu können. Der Verfasser bringt diese Angaben zur Stütze seiner Ansicht über die Entstehung der lothringischen und ähnlicher oolithischer Eisenerzablagerungen.

---

1. Vergl. Bericht über die 34. Versammlung des oberrheinischen geol. Vereins in Diedenhofen am 10. April 1901 S. 21. — Diese Mittheilungen S. 279.

2. T. CXXXII, No. 16, 22. April 1901, 1008—1010.

3. (2) V, —15— 1901.

Meunier weist ursprüngliche Entstehung der Eisenerzlager zurück und spricht sich für secundäre Entstehung aus.[1] Das oberliassische Meer (la mer toarcienne) schlug zunächst mehr oder weniger thonigen und sandigen Kalkschlamm nieder, welcher die Schalen und andere Reste mariner Thiere einschloss. In zweiter Linie entwickelte sich die Oolithstruktur infolge molekularer Bewegungen innerhalb der ganzen Masse durch Anordnung des Kalkes um Sandkörner oder andere Kerne, während die übrigen Bestandtheile zwischen die Oolithkörner zurückgedrängt wurden. Endlich, in einem dritten Stadium, wurde die Ablagerung von vielleicht sehr verdünnten Eisen- und Thonerdelösungen langsam durchtränkt, beide Verbindungen wurden durch den Kalk aus ihren Lösungen ausgeschieden; der zuerst gebildete Siderit ging später in Eisenoxydhydrat über.

Gegen die ursprüngliche Entstehung führt Meunier in's Feld, dass die Erzlager stellenweise reich an Versteinerungen seien (il ne faut pas oublier tout d'abord que, dans certains points, les couches de minerais oolithiques sont chargées de fossiles), und die Oolithe sich bis in die Hohlräume dieser erstrecken. Man könne sich nicht vorstellen, dass diese Thiere in einem Meer gelebt hätten, das durch Eisenschlamm getrübt und von genügend starken Strömungen durchwühlt wurde, um die Oolithe auf so grosse Entfernungen zu verfrachten, wie dies die Ansichten über die ursprüngliche Entstehung der Flötze fordern. Weiter weist

---

1. Meunier wendet sich gegen die früher (diese Mittheil. S. 287) besprochene Ansicht von Villain und gegen eine neuere Mittheilung von G. Rolland, welche in No. 7. (18. 2. 1901) der Comptes rendus. S. 444—446 erschienen ist. In dieser Mittheilung weist Rolland die Villain'sche Hypothese der Bildung der Erze aus Eisencarbonat, welches auf Spalten während des Absatzes der erzführenden Schichten aufdrang, zurück. Er stützt sich auf den Nachweis, dass keine Beziehungen zwischen der Mächtigkeit sowie dem Reichthum der Erzlager einer- und den Spalten anderseits bestehen, und führt diesen Nachweis an der Hand einer Karte, auf welcher die Lagerung des grauen Flötzes durch Niveaucurven angegeben, ausserdem die Spalten eingetragen sind und der Erzreichthum durch verschie en stark schraffirte Flächen eingezeichnet ist. Zur Jurazeit war nach Rolland die Topographie vollständig verschieden von der heutigen, die Spalten sind jedenfalls nachjurassischen, wahrscheinlich tertiären Alters. Rolland kommt zu dem Schluss, dass die oolithischen Erze sicher sedimentären Ursprungs sind, und ihr Eisengehalt vom Festland stammt, entweder aus zersetzten Eisenkiesen oder aus eissenschüssigen Kalken.

der Verfasser darauf hin, dass es sich nicht um eine lokale Erscheinung handle, sondern um Bildungen, die sich über grosse Flächen ausdehnen, sowohl im Süden des Centralplateaus und im Aveyron als im Norddepartement und in Lothringen. Sehr häufig lasse sich feststellen, dass die Schalen der Mollusken selbst aus Eisenoxyd bestehen. Dieser Punkt sei entscheidend für die Frage, denn ursprünglich muss die Zusammensetzung der Schalen sicher dieselbe gewesen sein, wie in den eisenfreien Schichten.

Zu Gunsten sekundärer Entstehung führt der Verfasser an, dass fossilführende oolithische Kalke, welche genügende Zeit mit verdünnter Eisensulfatlösung behandelt werden, im Dünnschliff unter dem Mikroskop die Anfänge und die Weiterentwickelung der Eisenausscheidungen erkennen lassen. Die Umwandlung in Eisenerze ist ähnlich der Verkieselung z. B. der Mühlsteine des Pariser Tertiärs, in denen trotz der Verdrängung des Kalkes alle Einzelheiten der Struktur erhalten bleiben. In ähnlicher Weise vermag Kalk Thonerde aus Lösungen niederzuschlagen, und dies erklärt das Gerüst von Thonerdehydrat in den Oolithen.

Die Form der Oolithe soll ferner deutlich auf erfolgte Umwandlungserscheinungen hinweisen, wie besonders ein Vergleich mit den Oolithen der Jurakalke zeige. Sie sind meist kleiner als diese und weniger kugelig, parallel der Schichtung abgeplattet. Es sei sicher, dass die Ersetzung von Kalk mit dem spec. Gew. von 2,7 durch Siderit oder Eisenoxydhydrat mit dem Gew. 3,8 nicht ohne wesentliche Zusammenziehung der Oolithe und Zusammendrückung (tassement) der Schichten geschehen konnte, welch letztere durch die abgeplattete Form der Oolithe wiedergespiegelt wird. Die Zusammenziehung beträgt ungefähr $^1/_5$.

Aus dem Nachweis des Kieselsäuregerüstes in den aus Eisenoxydhydrat bestehenden Oolithen leitete ich in meiner ersten Mittheilung[1] die Berechtigung der Annahme ab, dass das Eisenoxyd aus der Zersetzung eines Eisensilikates entstanden sei. Später[2] habe ich mich weniger bestimmt in diesem Sinne ausgesprochen,

1. Erläuterungen S. 7.
2. Bericht über die 34. Versammlung, S. 33. — Diese Mittheilungen S. 295.

hauptsächlich wegen des geringen Gehaltes der Erze an dieser
Modifikation der Kieselsäure. Bleicher betonte die Häufigkeit
der gleichzeitigen Ausscheidung von Kieselsäure und Eisen unter
verschiedenen Bedingungen, zum Theil solchen, die wir noch heute
beobachten können, wie der Bildung von Sumpferzen. Den Vorgang der Ausscheidung der Eisenoolithe stellte er sich anscheinend
in ähnlicher Weise vor. Meunier erblickt in dem Nachweis von
Thonerdehydrat neben dem lange bekannten Eisenoxydhydrat
einen Anhaltspunkt, um die sekundäre Entstehung der Erzlager
aus Kalkoolithen durch Einwirkung von Aluminium- und Eisenlösungen zu erklären.

Es war mir von Wichtigkeit festzustellen, ob bei meinen
früheren Beobachtungen, ebenso bei denen von Bleicher, vielleicht ein Irrthum unterlaufen sei. Ich wiederholte deshalb den
Versuch an einem kalkreichen Erz aus dem unteren roth-kalkigen
Lager der Grube Metz u. Cie. auf dem Lallinger Berg südlich
von Schifflingen in Luxemburg. Absichtlich wählte ich eine kalkreiche Probe, weil in den kalkreichen Erzen die Oolithe in der
Regel grösser sind als in den eisenreichen, und deshalb die
Möglichkeit vorlag, die Oolithe ohne grössere Mühe verhältnissmässig rein abzutrennen. Die Entfernung des Kalkes geschah
durch verdünnte Essigsäure in der Kälte; in die Lösung waren
neben dem Kalk nur wenig Eisen und Spuren von Magnesia über-
gegangen, keine Phosphorsäure. Die zurückbleibenden Oolithe,
die ich für diesen vorläufigen Versuch von den geringen fremden
Beimengungen nicht vollständig befreite, wurden mit verdünnter
warmer Salzsäure behandelt; der Rückstand bestand aus trüben,
weichen, etwas bräunlichen Körnchen, welche deutlich die Form
der Oolithe, mitunter auch den schaligen Aufbau erkennen liessen.
Daneben waren einige Glimmerschüppchen und nicht sicher
bestimmbare, vielleicht schieferartige Bröckchen vorhanden. Ihr
Gewicht wurde zunächst nach dem Trocknen bei 120° bestimmt,
dann nach dem Glühen, durch welches, unter Verschwinden der
Bräunung, ein Gewichtsverlust von 3,7 % eintrat. Aehnliche
Beobachtungen mögen Bleicher zur Annahme von 5 % organischer
Substanzen in den Oolithen veranlasst haben. Alsdann wurde die

Probe der Behandlung mit Flusssäure unterworfen, wobei sich eine
Gewichtsabnahme von 91,1 % einstellte. Es kann demnach keinem
Zweifel unterliegen, dass die Probe wesentlich aus Kieselsäure
bestand, und somit auch, dass die Oolithgerüste, die neben geringen
Verunreinigungen die Probe zusammensetzten, aus dieser Verbindung
sich aufbauten. Meine früheren Versuche finden dadurch eine
Bestätigung, und die Annahme, dass das Gerüst der Oolithe aus
Thonerdehydrat besteht, ist jedenfalls für den untersuchten Fall
ausgeschlossen.[1] MEUNIER gibt schlechtweg an, dass er die von
ihm untersuchten Oolithe mit mässig concentrirter Salzsäure in
der Kälte behandelt und dabei einen Rückstand von Thonerdehydrat erhalten hat; in welcher Weise die Thonerde als solche
erkannt wurde, ist nicht mitgetheilt. Das natürliche Thonerdehydrat $Al_2O_3 3H_2O$, der Hydrargillit, ist in der That in kalter
Salzsäure schwer löslich, dagegen löslich beim Erwärmen. Diaspor,
$Al_2O_3 H_2O$, ist auch in warmer Salzsäure unlöslich. Der einfache
Thatbestand der Unlöslichkeit des Skelettes in mässig concentrirter
Salzsäure in der Kälte genügt zur Erkennung der Verbindung
nicht. Hätte MEUNIER seine Versuche in der Wärme statt in der
Kälte ausgeführt und hätte er den Rückstand weiter untersucht,
so wäre er wohl zu dem gleichen Ergebniss gekommen wie
BLEICHER und ich.

Im salzsauren Auszug der Oolithe wurde durch molybdän-
saures Ammoniak Phosphorsäure nachgewiesen, was für die Ansicht[2]

1. In der Seite 277 dieser Mittheilungen angeführten Analyse reinen Oolithkörner
gibt BRACONNIER 6,7 % Si O₂ und von 2,8 % Thonerde an.

2. Erläuterungen zu Luxemburg, S. 7. — Die Analyse reiner Oolithe durch
BRACONNIER gibt 1,6 % Phosphorsäure an (irrthümlich in dem Bericht über die Versammlung des oberrhein. geol. Vereins als Schwefelsäure angeführt). Auch VILLAIN
spricht sich dafür aus, dass der Phosphor an Eisen, nicht an Kalk gebunden ist und
nicht, wie man angenommen hat, von thierischen Schalenresten herrührt. Im Becken
von Landres kommt ein etwa 6 m mächtiges Eisenerzlager vor, dem Versteinerungen
vollständig fehlen, das aber dennoch einen zwischen 0,70 und 0,90 % schwankenden
Phosphorgehalt aufweist, während der Gehalt an Phosphor in einem unmittelbar auf
das Lager folgenden muschelreichen Kalk nur bis 0,24 % steigt. (Gisement de minerai
de fer de Meurthe-et-Moselle. — Comptes rendus mensuels des réunions de la Société
de l'industrie minérale, juin 1901, 182—195.) Wie die Phosphorsäure so dürfte auch
die Vanadinsäure an Eisen gebunden sein, welche L. Blum im luxemburgischen Roh-
eisen nachgewiesen hat. Stahl und Eisen, 1900 No. 7.

spricht, dass diese Säure an ein Sesquioxyd, nicht an Kalk gebunden ist.

Möglich dass in anderen Vorkommen thatsächlich sich ein Thonerdehydrat als Gerüst der Oolithe nachweisen lässt, vorläufig kann ich den Nachweis nicht als sicher erbracht ansehen. Bestimmter muss man die Ansicht zurückweisen, die Meunier über die Entstehung der Erzlager entwickelt. Die Möglichkeit der Ersetzung von Kalk durch Siderit kann allerdings von vornherein nicht geleugnet werden, da wir Pseudomorphosen von Eisenspath nach Kalkspath kennen. Die Beobachtungen von Bleicher haben ausserdem, wie ich in meinen Bemerkungen betonte, dargethan, dass die Umwandlung der Oolithe oolithischer Jurakalke in Eisenhydroxyd auf natürlichem Wege stattfinden kann. Eine Reihe früher bereits von anderer Seite[1] beigebrachter Gründe sprechen aber so entschieden dagegen, dass einer dieser Vorgänge sich bei der Bildung der oolithischen Erzlager abgespielt habe, dass ich hier nicht auf dieselben zurückzukommen brauche. Hätten sich die Eisenoolithe aus Kalkoolithen entwickelt, so wäre es sehr auffallend, dass bisher nirgends Spuren unveränderter Kalkoolithe gefunden wurden; der vorhandene Kalk füllt immer, wie die Dünnschliffe zeigen, die Zwischenräume zwischen den Eisenoolithen aus.

Wie die Mehrzahl der Forscher, die sich mit der Frage der Entstehung der Erzlager beschäftigt haben, sieht Meunier Eisenhydroxyd als wesentlichen Bestandtheil der Oolithe der Minetten an. Dass die Zusammensetzung der Erze keine so einfache ist, sondern dass auch ein Eisensilikat, Eisenspath[2], Magnesium und Eisenkies in wesentlicher Menge am Aufbau einer Reihe von Lagern theilnehmen, habe ich in den genannten Bemerkungen hervorgehoben. Eine Hypothese, welche den Anspruch auf Richtig-

1. Hoffmann, L. Die oolithischen Eisenerze in Deutsch-Lothringen in dem Gebiet zwischen Fentsch und St. Privat-la-Montagne. — Stahl und Eisen, 1896, No. 23—24.

2. Der Aufsatz von L. Blum, auf den ich mich bei der Niederschrift meiner Bemerkungen für den Nachweis von Eisenspath hauptsächlich stützte, und der mir damals im Manuscript vorlag, ist inzwischen in «Stahl und Eisen» 1901, Nr. 23 unter dem Titel: «Zur Genesis der lothringisch-luxemburgischen Minetten» veröffentlicht worden.

keit erheben will, darf diese Thatsachen nicht ausser Acht
lassen.

Gegen die Möglichkeit ursprünglicher Bildung der Erzlager
führt MEUNIER den stellenweise vorhandenen Reichthum der Eisenerze an Versteinerungen an; es scheint ihm, wie schon bemerkt,
unmöglich, dass Thiere in einem Schlamm gelebt haben könnten,
der eisenreich genug war, um die Flötze bilden zu können. Der
Einwand wäre nur dann zutreffend, wenn thatsächlich die Versteinerungen in den Lagern eine wesentliche Rolle spielen würden.
Das ist aber nicht der Fall; in den Lagern selbst treten sie s e h r
zurück, stellen sich aber oft in grosser Menge unmittelbar über
denselben ein; der Bengelick über dem grauen Lager ist hierfür
das bekannteste Beispiel. Erschwert doch gerade dieser Umstand
das Sammeln von Versteinerungen der Erzformation besonders in
Lothringen in hohem Grade, wobei fast ausschliesslich am Stollen-
bau n u r die Erze zu Tage gefördert werden, die fossilführenden
Zwischenmittel aber in der Grube verbleiben und nur gelegentlich,
z. B. bei Schachtanlagen gleichfalls zugänglich werden.

Die sekundäre Entstehung der lothringisch-luxemburgischen
oolithischen Eisenerzlagerstätten durch epigenetische oder metasomatische Vorgänge halte ich auch nach diesem neuesten Versuch,
den MEUNIER zu ihrer Vertheidigung unternommen hat, für ganz
ausgeschlossen. Ebenso dürfte die BRACONNIER'sche, von VILLAIN
wieder aufgenommene Ansicht, dass das Eisen auf Spalten während
der Ablagerung der Schichten in diese eindrang, kaum noch An-
hänger finden. Alles spricht dafür, dass wir die Herkunft des
Eisens unserer Flötze auf dem Festland zu suchen haben, und dass
dasselbe gleichzeitig mit den Schichten niedergeschlagen wurde.
Auch wissen wir bestimmt, dass das Eisen sich in den unteren
Flötzen als Eisensilikat — wobei der Vorgang dem der Glaukonitbildung ähnlich ist —, ferner als Eisencarbonat, als Magnetit und
als Eisenkies abgesetzt hat; ob auch als Doppelsalz, als Silico-
carbonat, wie L. BLUM[1] angibt, will ich bis nach Abschluss weiterer
Untersuchungen dahingestellt sein lassen. Eine in erster Linie

---

1. Zur Genesis der lothringisch-luxemburgischen Minetten — «Stahl u. Eisen»
1901, Nr. 23.

noch zu lösende Frage ist, ob ursprünglich in den oberen rothen
Lagern dieselben Verbindungen niedergeschlagen wurden, wie in
den unteren, wir jetzt also in diesen Lagern nur Zersetzungs-
produkte vor uns haben, oder ob eine andere Art der Ausscheidung,
etwa ähnlich der des Sumpferzes vor sich ging. Den Nachweis des
Kieselsäuregerüstes in den Eisenhydroxydoolithen hatte ich für
ihre Entstehung aus einem Eisensilikat verwerthet, während
BLEICHER in der Kieselsäure einen ursprünglichen, mit dem Eisenoxydhydrat erfolgten Niederschlag anzunehmen scheint. Die Lösung
der Frage wird erst dann erfolgen, wenn es gelungen sein wird,
die chemische Zusammensetzung des Eisensilikates der tieferen
Lager genau festzustellen, und auch der Kieselsäuregehalt der
Eisenhydroxydoolithe in einer grösseren Zahl von Proben quantitativ
bestimmt sein wird. Die Untersuchung isolirter Oolithe wird also
die nächste und wichtigste Aufgabe zur Lösung der Frage über
die Entstehung der lothringisch-luxemburgischen Minetten sein;
chemische Untersuchungen werden aber nicht allein zum Ziel
führen, sie müssen unbedingt mit mikroskopischen Untersuchungen
Hand in Hand gehen.

Strassburg i. Els., 12. Dezember 1901.

Die Gliederung der Lehmablagerungen im Unter-Elsass und in Lothringen.

Nach den Beobachtungen auf den Blättern Buchsweiler, Pfaffenhofen, Saarunion und Saaralben.

Von

Landesgeologe Dr. L. van WERVEKE.

———

Durch die Arbeiten für die geologische Spezialkarte von Elsass-Lothringen ist der Nachweis erbracht worden, dass wir im Rheinthal neben Gebieten, in welchen Löss und nachweisbar aus diesem entstandener Lehm eine grosse Rolle spielen, solche Gebiete haben, in welchen Lehm, dessen Entstehung aus Löss nicht anzunehmen ist, mit Ausschluss des Löss vorkommt[1]. Letztere Gebiete erreichen eine grössere Ausdehnung im Unter-Elsass im Zaberner Bruchfeld, im Ober-Elsass im Sundgau. Dass in Lothringen Löss vollständig fehlt, ist eine lang bekannte Thatsache.

Dem unterelsässischen Lehmgebiet gehört unter anderen das bereits veröffentlichte Blatt Niederbronn[2] an. In den zugehörigen Erläuterungen wurde wohl angedeutet, dass für einen Theil des vorhandenen Lehmes ein höheres, für einen anderen Theil ein jüngeres Alter anzunehmen ist als das der Niederterrasse, doch konnten die verschiedenaltrigen Lehme z. Z. der Aufnahme nicht auseinander gehalten werden.

Zum Theil in's Lehm-, zum Theil in's Lössgebiet fallen die im Druck befindlichen Blätter Zabern, Buchsweiler und Molsheim sowie das noch in der Aufnahme begriffene Blatt Pfaffenhofen.

---

1. SCHUMACHER, Aufnahmebericht für das Jahr 1894. Diese Mittheilungen Bd. IV, S. LXII-LXIII. — FÖRSTER, ebenda LXVI.

2. Mit Benutzung von Vorarbeiten von E. HAUG geologisch aufgenommen von L. VAN WERVEKE. Mit Erläuterungen von Letzterem. Strassburg 1897.

Ueber die Lehmablagerungen des Blattes Zabern verdanken wir
Schumacher eine kurze Mittheilung[1]. Lehmbildungen, welche
nicht als veränderte Lössmassen aufgefasst werden können, «treten,
nach unten stark mit Kies und Sand versetzt, an vielen Stellen
der westlicheren Theile des Kartengebietes über den älteren
diluvialen Schottern auf. Sie bilden die ältesten nachweisbaren
Lehmablagerungen des Gebietes und sind wahrscheinlich beim
Rückzug der Gewässer während der Erosionsvorgänge, welche
der Ablagerung jener Schotter folgten, entstanden. Im Hangenden dieser ältesten Lehmablagerungen wurden Lehmmassen von
mehr oder minder lössähnlicher, wenngleich meist etwas unreinerer
(sandiger) Beschaffenheit erbohrt, welche in Folge eines auffälligen
Wechsels verschieden gefärbter Zonen eine sehr merkwürdige
Aehnlichkeit mit den Lössprofilen des Lössgebietes aufweisen. Es
wird hierdurch die Auffassung nahe gelegt, dass solche Lehm-
profile zeitliche Aequivalente der Lössprofile darstellen, dass es
sich mit anderen Worten hier um Lehme handelt, welche gleichzeitig mit dem Löss abgelagert wurden, bei welchen aber die in
den Lössprofilen durch den Wechsel des Kalkgehaltes deutlicher
ausgesprochene Gliederung hauptsächlich nur in einem ganz ähnlichen Wechsel verschieden gefärbter Zonen zum Ausdruck gelangte. — Ob diese Annahme richtig ist oder ob vielmehr die gesammten ausserhalb des Lössgebietes auftretenden Lehmmassen
den gesammten Schichten des Lössprofils gegenüber die Rolle von
älteren Ablagerungen spielen, wird sich voraussichtlich durch eingehende petrographische Untersuchungen sicher entscheiden
lassen.»

Nach meinen Beobachtungen werden sich nicht nur Lehme
nachweisen lassen, welche älter sind als das «Lössprofil» (älterer
und jüngerer Löss mit den zugehörigen sandigen Entwickelungen),
sondern wir werden auch Lehme vorfinden, die nicht gut anders
denn als Bildungen aufgefasst werden können, welche gleichalterig
mit dem älteren und jüngeren Löss sind.

Ich bespreche zunächst die Beobachtungen auf den Blättern
Buchsweiler und Pfaffenhofen.

---

1. Diese Mittheil. Bd. IV., S. LXI-LXII.

Geht man auf der linken Seite der Moder von Ingweiler oder Menchhofen auf die Höhe zwischen diesen beiden Orten und Schillersdorf, so trifft man in den pleistocänen Ablagerungen zu unterst eine flache Terrasse, die aus Geröllen und rothen Sanden aufgebaut ist; etwas höher treten die Gerölle zurück und Sand herrscht vor; allmählich wird der Boden bindiger und man gelangt schliesslich aus einem stark sandigen Lehm in sandigen Lehm, der auf der Höhe grössere Flächen bedeckt. Die Grenzlinien zwischen den Sanden, dem stark sandigen und dem sandigen Lehm haben ungefähr den gleichen Verlauf wie die Höhencurven.

Oberhalb Ingweiler, so auf dem Hügel zwischen diesem Städtchen und dem Forsthause Seelburg, reichen die Sande weit höher und es erscheint zweifellos, dass sie hier, in unmittelbarer Nähe des Gebirges, die sandigen Lehme vertreten.

Auf der rechten Seite der Moder, gegen Niedersulzbach hin, findet ein derartiger Uebergang nicht statt, die Geröll- und Sandablagerungen erreichen weit grössere Höhenlage, und die Grenze zwischen sandigem Lehm und ersteren weist einen Verlauf auf, der zu den Höhenlinien stark schräg liegt oder sie senkrecht schneidet.

Wir haben es auf der linken Moderseite mit einer gleichförmigen Aufeinanderfolge von Niederschlägen zu thun, welche auf eine, vielleicht durch Stauungen verursachte[1], allmähliche Abnahme der Transportfähigkeit des Wassers schliessen lässt. In derselben Weise folgt im Rheinthal über den jüngsten diluvialen Schottern der jüngere Sandlöss und Löss, über den mittleren diluvialen Schottern der ältere Sandlöss und Löss. Auf der rechten Seite ist dagegen die Auflagerung der sandigen Lehme auf die Sande und Schotter eine ungleichförmige, woraus auf eine Unterbrechung zwischen der Bildung beider Ablagerungen zu schliessen ist.

---

1. Dass ich die mehrfach aufeinander folgenden Aufschüttungen (vergl. Erläuterungen zu Blatt Niederbronn, S. 70-71) und Auswaschungen mit Senkungen und Hebungen in Beziehung bringe, habe ich in einer Mittheilung über die Entstehung des Rheinthals betont. (Mittheil. d. Philomathischen Ges. in Elsass-Lothringen, 5. Jahrg. 1897, S. 53.)

Fig. 1. Lagerung des Moderdiluviums bei Ingweiler und Menchhofen.

Die höher liegenden Gerölle und Sande der rechten Moderseite sind älter als die ganze Schichtenfolge auf dem linken Ufer;
diese liegt in einer Erosionsfurche der ersteren und greift mit
ihren jüngsten Schichten, dem sandigen Lehm, über dieselben
über. [Fig. 1.]

Die Sande und Schotter der niederen, flachen Terrasse
hören unterhalb Ingweiler bei etwa 10 m über der heutigen
Thalsohle auf, und in dieser Höhe beginnt die gleichförmige
Ueberlagerung durch die lehmigen Bildungen. Bis zu gleicher
Höhe reichen auf Blatt Niederbronn die Sand- und Geröllablagerungen[1], welche als Aequivalente der jüngeren Schotter
Schumacher's oder der Niederterrasse ausgeschieden wurden,
und ich trage keine Bedenken, der die Moder begleitenden
niederen Terrasse dasselbe Alter zuzuschreiben. Der sandige
Lehm wird dadurch gleichaltrig mit dem jüngeren Sandlöss und
dem jüngeren Löss.

Eine schmälere, von Lehm gleichförmig überlagerte Sand-
terrasse beobachtet man auf dem rechten Ufer des Sulzbaches
zwischen Uttweiler und Niedersulzbach.

Den von Lehm ungleichförmig überlagerten Schottern
und Sanden kommt verschiedenes Alter zu[2]; sie gehören dem
Pliocän, dem Deckenschotter und der Hochterrasse an.
Ihre Verbreitung ist auf Blatt Buchsweiler eine weit grössere als
die der jüngeren Schotter und erstreckte sich, nach den vorhandenen Resten zu schliessen, durch die Senke zwischen dem
Gebirge und dem Bast-Berg bis zur Zinsel und über diese hinaus

---

1. Erläuterungen, S. 76-77.
2. vergl. diese Mitth. Bd. IV, S. XLV.

bis zur Zorn. Es ist nicht anzunehmen, dass die kleinen Bäche, welche heute dieses Gebiet durchfliessen und ihren Ursprung im vordersten Theil des Sandsteingebirges haben, diese ausgedehnten Geröllablagerungen abgesetzt haben. Wahrscheinlich ist, dass die benachbarten grösseren Wasserläufe, die Moder oder die Zinsel, an der Aufschüttung Theil genommen haben. Ob erstere einen Abfluss längs des Gebirgsrandes gegen Süden, oder letztere einen solchen nach Norden hatte, ist schwer zu entscheiden, da die Höhen, bis zu welchen die Gerölle reichen, bei Ingweiler (an der Moder) und bei Dossenheim (an der Zinsel) ungefähr die gleichen sind, 225 und 220 m, zwischen beiden Endpunkten aber noch grössere Höhenlagen vorkommen. Der Umstand, dass nicht nur für den Rhein ein alter Abfluss gegen Süden nachgewiesen, sondern dass diese Richtung auch für seine Nebenflüsse mehrfach erkannt ist, lässt muthmassen, dass die Moder oder ein Arm derselben früher ihren Abfluss durch die Senke zwischen dem Gebirge und dem Bast-Berg gefunden, nicht aber die Zinsel sich gegen Norden gewendet hat.

In der ganzen Senke liegt sandiger Lehm ungleichförmig auf den Geröllen und Sanden oder auf Keuper und Lias, und nur an einzelnen Stellen, so in der Umgebung des trigonometrischen Punktes 224,8 zwischen Griesbach und Neuweiler kann man eine gleichförmige Auflagerung auf Schottern nicht für ganz ausgeschlossen halten. Der Hauptsache nach ist also der sandige Lehm dieses Gebietes im Alter wesentlich verschieden von den Geröllen und wohl dem sandigen Lehm gleichzustellen, welcher auf dem linken Moderufer die jüngeren Schotter und Sande gleichförmig überlagert.

Das südlich, östlich und nordöstlich vom Bast-Berg gelegene Gebiet des Blattes Buchsweiler bis Uttweiler hin ist nahezu frei von Geröllablagerungen; nur eine dünne Decke von Vogesengeröllen, denen Gerölle von Jura- und Tertiärgesteinen des Bast-Berges, besonders Terebrateln aus den Schichten von Imbsheim, beigemischt sind, bildet östlich von der Hühnerhof-Mühle über Thonen des untern Doggers die Unterlage des den Hügel bedeckenden Lehmes. Die Geröllablagerung ist auf einen alten Moderlauf

zurückzuführen, der sich von Obermodern ab gegen Westen wandte
und weitere Spuren seines früheren Bettes längs des Wo-Baches
erkennen lässt (Blatt Pfaffenhofen). Sandiger Lehm fehlt diesem
Gebiet des Blattes Buchsweiler, und wir haben es ausschliesslich
in den oberen Schichten mit gewöhnlichem Lehm zu thun.

Wie das früher mitgetheilte[1], nachstehend wieder abgedruckte
Profil eines Einschnittes am Bahnhof Buchsweiler zeigt, geht der
sandige Lehm von West gegen Ost, also vom Gebirge nach der
Rheinebene, in gewöhnlichen gelben Lehm über.

Profil im Diluvium am Bahnhof Buchsweiler (U.-Els.).

Maasstab der Länge 1 : 500, Höhe 1 : 100.

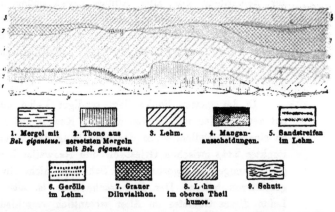

1. Mergel mit   2. Thone aus   3. Lehm.   4. Mangan-   5. Sandstreifen
Bel. giganteus.   zersetzten Mergeln   ausscheidungen.   im Lehm.
                  mit Bel. giganteus.

6. Gerölle   7. Grauer   8. Lehm   9. Schutt.
im Lehm.   Diluvialthon.   im oberen Theil
                              humos.

In etwas weiter östlich gelegenen Gruben trifft man zu oberst
einen gelben, darunter einen rothen Lehm. In der Grube neben
der Strasse von Buchsweiler nach Ingweiler, auf der linken Seite
hinter dem Lokomotivschuppen wurden beobachtet:

Gelber Lehm. . . . . 0,80 m
Rother Lehm. . . . . 3,00 m

Im rothen Lehm vereinzelte Quarzgerölle bis zu einem
Durchmesser von 0,01 m, auch kleinere (0,005) in wagerecht liegenden Linsen, von denen die grösste einen Längendurchschnitt von

1. Diese Mittheil. Bd. IV, S. XXIII.

1,00 m und eine Dicke von 0,02 m aufwies. Der Lehm liess keine Schichtung erkennen.

Die erste Grube auf der rechten Seite der Strasse zeigte folgenden Aufschluss:

Ockergelber Lehm, oben etwas humos, in den unteren
    0,40 m mit zahlreichen Manganknötchen. . . . . . . 1,20 m
allmählich übergehend in rothen Lehm, der reich an
    Manganknötchen ist und vereinzelt weisse Kiesel
    und Kohlenstückchen führt. Schichtung nicht be-
    merkbar . . . . 2,00 m

Etwas weiter, auf derselben Strassenseite, liegt, wie in den vorigen Gruben, zu oberst ein

gelber Lehm . . . . 0,75 m
     in der Mitte eine 0,10 m dicke Lage von Mangan-
    knötchen, welche den Eindruck einer Geröllschicht
    macht; unten etwas sandig mit vereinzelten
    Quarzgeröllen. Er setzt scharf mit wagerecht ver-
    laufender Grenzlinie ab an

rothem Lehm . . . . 3,00 m
der die gleiche Beschaffenheit wie in den vorstehend beschriebenen Gruben aufweist; nach unten geht er allmählich wieder in gelben Lehm über.

Durch Bohrungen ist weiterhin nachgewiesen, dass sich öst-lich vom Bast-Berg in den die Schichten des Jura überdeckenden Lehm eine dünne Lösszone einschiebt. Die Dicke der zu oberst liegenden Lehmschicht schwankt meist zwischen 0,40 und 1,00 m, selten erreicht sie 1,50 m; sie entspricht dem oberen gelben Lehm der eben besprochenen Lehmgruben.

Wir haben also bei Buchsweiler seitliche Uebergänge des sandigen Lehm in gewöhnlichen Lehm und durch diesen in Lehm, der von Löss unterlagert und wohl durch Auslaugung aus diesem ent-standen ist. Der rothe Lehm entspricht dem Lehm unter der Lösszone.

Der ältere Löss und der aus ihm entstandene Lösslehm tritt in den bisher untersuchten, dem Rhein genäherten Gebieten des Unter-Elsass nur in geringer Ausdehnung zu Tage, meist sogar

nur in künstlichen Aufschlüssen, während der jüngere Löss mit
dem aus ihm entstandenen Lehm nicht nur über den älteren Löss
und Lösslehm, sondern auch unmittelbar über die Schichten der
Trias, des Jura sowie des Tertiärs übergreifen. Dasselbe Verhalten,
also dieselbe weit übergreifende Lagerung, weist, wie wir gesehen
haben, der sandige Lehm in der Senke zwischen dem Gebirge
und dem Bast-Berg und weiterhin gegen Ingweiler und Menchhofen auf. Auch dieses würde es rechtfertigen, ihn als Vertreter
des jüngeren Löss aufzufassen.

Ich gehe zu den Blättern Saaralben und Saarunion über.

Steigt man von der breiten Wiesenniederung, in der die
Saar südlich von Saaralben fliesst, nach dem Plateau zwischen
diesem Fluss und der Eichel an, so überschreitet man überall eine
breite Zone von Geröll- und Sandablagerungen und gelangt noch
höher in Lehmablagerungen, welche bis zu den höchsten Punkten
anhalten oder in älteres Gebirge, in unteren oder mittleren
Keuper.

Ein merkbarer Unterschied in der Natur der Gerölle scheint
in der ganzen Schotterablagerung nicht vorhanden zu sein, weshalb
sie zunächst den Eindruck einer einheitlichen Bildung hervorruft.
Der Oberflächengestaltung und Lagerung nach lassen sich jedoch
zwei verschiedene Gebiete unterscheiden, eine ebene Terrasse und
ein welliges, unregelmässig gestaltetes Gelände.

Die Terrasse ist besonders deutlich zwischen Keskastel und
dem Forsthaus Waldlothringen ausgebildet; ihr Westrand fällt mit
dem Rand der Saarniederung zusammen, ihr Ostrand verläuft südöstlich von Keskastel bei + 228 NN., am genannten Forsthaus
bei + 222 NN. oder bei rund 14 m über dem Niveau der
Saar, ungefähr da, wo Daubrée auf der geologischen Karte
des Département du Bas-Rhin die Grenze zwischen a' und
dem höher liegenden a'' gelegt hat[1]. Die der Saar vom Plateau
zufliessenden Bäche haben sie in drei Abschnitte zerlegt, auf deren
mittlerem Keskastel steht. Mergel des Salzkeupers, die in den

---

1. Mit a' bezeichnet er alte, vorzugsweise aus Sand und Quarzgeröllen bestehende, aus den Vogesen stammende Flussablagerungen, mit a'' alte, vorzugsweise
aus Lehm bestehende Anschwemmungen.

grossen, zur Schotter- und Sandgewinnung angelegten Gruben
mehrfach aufgeschlossen sind, bilden die Unterlage.

Die Terrasse ist nahezu ganz dem Ackerbau unterworfen.
Wo östlich derselben der Wald beginnt, ändert sich die Oberflächengestaltung, das Gelände wird unregelmässiger, ebenso die
Mächtigkeit der Kiesdecke, und die Unterlage ist an den Ab-
hängen der Thalfurchen öfters durch Erosion freigelegt.

Die Höhe, bis zu welcher die Sande und Gerölle in diesem
Gebiet reichen, ist verschieden. An dem langen schmalen Hügel,
über welchen die Strasse von Herbitzheim nach Oermingen führt,
liegen die Gerölle noch bei + 260 m, an dem südlich sich anschliessenden Hügel bei + 257 m NN. Auf dem breiten Rücken,
der den Wald Lothringen trägt, ist ihr höchstes Vorkommen bei
+ 252,5, am Wachholderberg östlich von Kestkastel bei + 250 m
und am Wege von Schopperten nach Völlerdingen bei + 240 m.
Die grösste Höhe über der Saar beträgt 55 m, über dem Rand
der Terrasse rund 40 m. Während der Terrassenrand sich in der
Richtung des Saarthals senkt, fällt die oberste Grenze der Schotter
auffallender Weise in entgegengesetzter Richtung.

An der Strasse von Herbitzheim nach Oermingen gelangt
man über den Schotterablagerungen, die hier die Lettenkohle
überdecken, in stark sandigen Lehm; in Ackerfurchen und besonders in den kleinen Schuttkegeln, die sich bei geneigten Aeckern
am unteren Ende der Furche bilden, erkennt man sehr deutlich,
dass der Sandgehalt dem Vogesensandstein entstammt. Die Gerölle
reichen, wie gesagt, bis + 250 m, 55 m über der Saar, der stark
sandige Lehm bis + 280 m; höher nimmt der Sandgehalt ab, ist
aber am höchsten Punkt zwischen den beiden genannten Orten,
dem 295 m hohen, 90 m über der Saar sich erhebenden «Hohe
Berg», noch deutlich erkennbar.

Soweit die bisherigen Beobachtungen einen Schluss gestatten,
hat es den Anschein, als hätten wir in dem stark sandigen und
dem höher liegenden sandigen Lehm, wie an der Moder, eine
gleichförmig auf die Schotter folgende Schichtenreihe, die auf
eine Abnahme der Transportfähigkeit der Wasser schliessen lässt,
der sie ihren Ursprung verdanken.

Ich habe die besprochenen Schotter- und Sandablagerungen wegen der Bleichung ihrer Bestandtheile früher[1] als Pliocän gedeutet. Es ist mir heute fraglich, ob die Bleichung thatsächlich von so entscheidendem Werthe für die Stellung der Schotter ist, und es erscheint mir nicht ausgeschlossen, dass die Entfärbung, die auf die Einwirkung humoser Wasser[2] zurückzuführen ist, nicht auch bei jüngeren Schottern sich wiederholt haben kann. Wie diese Frage auch endgiltig entschieden werden mag, soviel steht fest, dass wir in diesen bis zu 55 m über der Saar reichenden Geröll-ablagerungen Bildungen haben, die jedenfalls älter sein müssen als die Niederterrasse[3]. In dem auf die Schotter gleichförmig folgenden, stark sandigen und sandigen Lehm hätten wir also eine Ab-lagerung, welche älter ist als die von der Moder besprochenen sandigen Lehmmassen; sie können vielleicht dem älteren Sandlöss und älteren Löss entsprechen, möglicherweise ein noch höheres Alter besitzen. Ein entsprechend alter Löss wäre in diesem Fall im Rheinthal nicht bekannt, was aber nicht unbedingt auf ein ehemaliges Fehlen zurückzuführen ist. Daneben haben wir es bei Saaralben entschieden auch mit jüngeren Lehmmassen zu thun, da nördlich vom Willerbach-Graben die Auflagerung von Lehm auf Schotter bereits bei etwa 12 m über der Saar beginnt.

Auf der Mehrzahl der bisher veröffentlichten, auf Lothringen entfallenden Blätter der geologischen Specialkarte ist sämmtlicher Lehm mit einer Farbe unter einer Signatur ausgeschieden worden; auf Blatt Bitsch ist der sandige Lehm auf Terrassen mit den unter-lagernden Schottern zusammgefasst. Wie sich aber im Elsass eine weitere Gliederung in sandigen und gewöhnlichen Lehm als noth-wendig erwiesen hat, so wird eine solche für die Zukunft auch in

---

1. Diese Mittheil. Bd. IV, LXXVI.

2. L. van Werveke, Bericht über den Ausflug von Mülhausen nach Brunstatt. — Zeitschr. D. geol. Gesellsch. XLIV, S. 596.

3. Die Altersbestimmung der Schotterterrassen nach ihrer Höhenlage über der Thalsohle, wofür De Lamothe neuerdings in einer längeren Abhandlung eingetreten ist (Étude comparée des systèmes de terrasses des vallées de l'Isser, de la Moselle, du Rhin et du Rhône. — Bull. Soc. géol. Fr. (4) I, 297—382), lässt sich wohl für be-schränkte, nicht aber für ausgedehntere Gebiete durchführen, da tektonische Bewegungen vielfach sehr wesentliche, nachträgliche Aenderungen der Höhenlage bewirkt haben.

Lothringen nicht zu umgehen sein. Daneben wird besonders auf die Lagerung gegenüber den Schottern und, wie ich schon früher[1] bemerkt habe, auf etwaige andere ungewöhnliche Beimengungen geachtet werden müssen. Wir werden dadurch nicht nur das geologische Bild der lothringischen Hochfläche wesentlich vervollständigen und uns einen genaueren Einblick in die Bildung der lothringischen pleistocänen Ablagerungen verschaffen, sondern es werden die gewonnenen Anschauungen auch eine grosse Bedeutung für die Erklärung der Lössablagerungen gewinnen[2].

3. L. van Werveke, Bemerkungen zu einer Mittheilung des Herrn Gaebe über die Verbreitung vulkanischen Sandes auf den Hochflächen zu beiden Seiten der Mosel. — Mittheil. geol. Landesanstalt v. Els.-Lothr. 1887, Bd. I, 99—103.

4. In einem Vortrag: «Die klimatischen Verhältnisse während der Eiszeit mit Rücksicht auf die Lössbildung» in der Sitzung vom 9. Mai 1901 des Vereins für vaterländische Naturkunde in Württemberg gibt Sauer an, dass, nachdem er im Jahre 1889 den Nachweis der aeolischen Entstehung des Löss am Rande der norddeutschen Ebene erbracht, ihm Steinmann im Jahre 1890 für die Lössbildungen des Mittelrheingebietes folgte, und sich nachher die hessischen und elsässer Geologen anschlossen. Demgegenüber will ich hervorheben, dass ich mich nirgends für aeolische Entstehung des Löss im Rheinthal ausgesprochen, dagegen gelegentlich bemerkt habe, dass die Hauptmasse des Löss zu deutliche Merkmale von Schwemmung zeigt, als dass man sich der Ansicht, nach welcher der Löss der Thätigkeit der Winde seine Entstehung verdanke, anschliessen müsse, dass es dagegen möglich und sogar sehr wahrscheinlich sei, dass der Löss nach seinem Absatz aus Wasser vielfach verweht wurde. (Mittheil. d Philomath. Gesellschaft in Elsass-Lothr. 1. Jahrg. 1893, 2. Heft, S. 28).

Dritter Beitrag zur Kenntniss des Vorkommens von Foraminiferen im Tertiär der Gegend von Pechelbronn, Lobsann, Sulz u/Wald und Gunstett im Unter-Elsass.

Von **A. HERRMANN** in Sulz u/Wald.

Vorkommen von Foraminiferen auf dem Gelände der Raffinerie Sulz u/Wald.

Gelegentlich einer Fundamentirungsarbeit in der Werkstätte der Raffinerie Sulz u/W. wurden Thone ausgeworfen, welche s. Zt. beim Graben eines Brunnens hierselbst gewonnen und zur Einebnung des Geländes bei der Werkstätte benutzt worden waren. Angeregt durch die Thatsache, dass dieser Thon sich foraminiferenhaltig erwies, wurden in nächster Nähe des genannten Brunnens drei Kernbohrungen ausgeführt, von welchen die letzte bis zur Tiefe von 8,60 m niedergebracht wurde; diese Bohrkerne wurden in Abständen von 30 bis 40 cm untersucht und ergaben reichlich Foraminiferen, die auf der nachfolgenden Tabelle aufgezählt sind.

Eine weitere 1,50 m tiefe Probebohrung, etwa 18 m nördlich von dem erwähnten Fundpunkte entfernt, am Fusse der Bahndammböschung, ergab gleichfalls foraminiferenhaltiges Material; letzteres gleicht hinsichtlich der gelblichen Farbe sowohl, als auch in der Beschaffenheit des Rückstandes dem Thon vom Hohlweg nach Retschweiler; die Schlämmprobe dieses Thones enthielt in Menge *Pseudotruncatulina dutemplei*, *Textillaria carinata* und *Cyclammina placenta*, während andere Foraminiferenarten seltener vorkommen.

Die zuerst erwähnte Probe der Bohrungen am grossen Brunnen, welche Gegenstand dieser Arbeit sein soll, ist durch die mehr sandige Beschaffenheit des Thones sowohl, als auch andererseits durch die Farbe desselben von dem Thon der Bahndammböschung hinlänglich unterschieden. Die Eigenschaften des erbohrten Materials sind die folgenden:

Bis 1,40 m   sandiges Material, lehmfarbig, hinterliess quarz-sandigen Rückstand, ohne Foraminiferen.

Von 1,40 –1,90 m   gleiches Material.

» 1,90 –2,40 m   sandiger, gelber Thon, ergab ockergelben Rückstand mit viel Sand und enthielt schon einzelne Foraminiferen.

» 2,40—2,70 m   gelblichgrauer Thon, braunen Rückstand hinterlassend, mit Foraminiferen.

» 2,70 –3,00 m   aschgrauer, grobsandiger Thon, mit Foraminiferen.

» 3,00—3,30 m ⎫
» 3,30 –3,60 m ⎬ gelblichgrauer Thon mit Foraminiferen.
» 3,60 –3,90 m ⎭

» 3,90 –4,20 m   aschgrauer Thon mit Foraminiferen.

» 4,20—4,60 m   desgleichen mit viel Foraminiferen.

» 4,60 –4,90 m   hellgrauer, gleichmässiger Thon, mehr Rückstand gebend als die vorhergehende Probe, mit Foraminiferen.

» 4,90--5,20 m ⎫
» 5,20—5,50 m ⎬ gleiche Beschaffenheit wie die vorige Probe.
» 5,50--5,80 m ⎭

» 5,80—6,10 m   derselbe Thon, jedoch weniger Rückstand hinterlassend, mit Foraminiferen.

» 6,10—6,40 m   gelblichgrauer Thon, foraminiferenhaltig.

» 6,40—6,70 m   desgleichen, viel sandigen Rückstand ergebend, mit weniger Foraminiferen.

» 6,70—7,00 m   lehmfarbiger, grobkörniger Thon, viel Sand und Steine als Rückstand hinterlassend und nur einzelne Foraminiferen enthaltend.

Von 7,00—7,40 m　lehmfarbiges, zerreibliches Material, feinen quarz-sandigen Rückstand hinterlassend, mit einzelnen Foraminiferen.

» 7,40—7,70 m　Sandschichte.

» 7,70—8,60 m　(3 Proben) lehmfarbiges grobsandiges Material. Steril.

Von den untersuchten 23 Proben enthielten 17 Foraminiferen, welche in nachstehender Tabelle aufgezählt sind; in derselben ist das Vorkommen der Foraminiferen mit +, das häufige Vorkommen mit # bezeichnet.

Name.	1,90—2,40	2,40—2,70	2,70—3,00	3,00—3,30	3,30—3,60	3,60—3,90	3,90—4,20	4,20—4,60	4,60—4,90	4,90—5,20	5,20—5,50	5,50—5,80	5,80—6,10	6,10—6,40	6,40—6,70	6,70—7,00	7,00—7,40
Haplophragmium agglutinans D'Orb..								+									
— deforme Andr.						+				+							
— — feinsandige Art								+									
— humboldti Rss.	#	#	#	#	#	#	#	#	#	#	+	+	+	+	+		
— — var. latum Andr.	+	+	+	+	+	+	+	+	+	+					+		+
— — Zwillingsverwachsung						+											
— lobsannense Andr.	+	+	+	+	+	+	+	+	+	+	+						
Cyclammina acutidorsata Hantk.	+	+	+	+	+	+	+	+	+	+	+						
— orbicularis Brady														+			
— placenta Rss..	+	+	+	+	+	+	+	+	+		+	+					
Bathysiphon annulatus Andr.						+	+	+	+	+	+						
Rhabdammina rzehaki Andr.	+	+		+		+	+	+	+	+	+		+	+	+	+	
Ammodiscus polygyrus Rss.	+	+	+	+	+	+	+	+	+	+	+		+	+	+		
— choroides J. & Park.								+			+	+					
Miliolina impressa Rss.								+									
— triangularis D'Orb.								+		+	+	+	+	+			
— turgida Rss.					+	+		+	+	+	+	+	+	+			
Spiroloculina limbata D'Orb.									+								
— — var. impressa Terq.												+					
— tenuis Cz.								+									
Planispirina celata Costa						+		+			+						
Textillaria carinata D'Orb.	#	#	#	#	#	#	#	#		#	#	#	#	#	+	+	+
— gramen D'Orb.						+		+									
Gaudryina chilostoma Rss.						+	+	+		+	+	+					

Name.	1,90—2,40	2,40—2,70	2,70—3,00	3,00—3,30	3,30—3,60	3,60—3,90	3,90—4,20	4,20—4,60	4,60—4,90	4,90—5,20	5,20—5,50	5,50—5,80	5,80—6,10	6,10—6,40	6,40—6,70	6,70—7,00	7,00—7,40
Gaudryina chilostoma var. globulifera ANDR.							+		+		+	+	+				
— — verwandt mit G. pupoides D'ORB.												+					
— — Uebergang in G. baccata SCHWAG.												+	+				
— filiformis BERTH.							+										
— pupoides D'ORB.														+		+	
— rugosa D'ORB.							+										
— siphonella Rss. var. asiphonia ANDR.							+		+	+	+	+	+				
Verneuillina compressa ANDR.						+											
Bolivina beyrichi Rss.												+	+		+		
— antiqua D'ORB.												+	+				
Bulimina inflata SEG.							+										
Nodosaria approximata Rss.							+		+		+						
— bactridium Rss.											+						
— calomorpha Rss.							+										
— capitata BOLL.				+	+	+					+	+	+				
— — var. striatissima ANDR.	+												+				
— consobrina D'ORB.							+	+	+		+						
— — var. emaciata D'ORB.			.							+							
— grandis Rss.										+							
— herrmanni ANDR.							+										
— indifferens Rss.							+										
— obliqua L.											+	+	+	+			
— pungens Rss.										+	+	+	+				
— soluta Rss.				+	+	+	+	+	+	+	+	+	+	+			
— sulzensis ANDR.											+						
— verneuilli D'ORB.											+						
Rheophax nodulosa BRADY.		+	+	+	+	+	+	+	+	+	+	+	+	+			
— dentaliniformis BRADY									+								
Glandulina laevigata D'ORB.							+										
— — var. elliptica Rss.							+	+	+	+	+	+	+	+			
— — var. inflata BORN.							+										
Cristellaria arcuata PH. (breite Form)							+										
— brachyspira Rss.									+								
— cultrata MONTF. = similis					+		+										

Name.	1,90—2,40	2,40—2,70	2,70—3,00	3,00—3,30	3,30—3,60	3,60—3,90	3,90—4,20	4,20—4,60	4,60—4,90	4,90—5,20	5,20—5,50	5,50—5,80	5,80—6,10	6,10—6,40	6,40—6,70	6,70—7,00	7,00—7,40
Cristellaria concinna = gibba Rss...															+		
— *depauperata* Rss.							+	+	+	+	+						
— — var. *costata* Rss.				+		+											
— *deformis* Rss.							+										
— *gerlandi* Andr.							+										
— *hauerina* d'Orb.							+										
— *inornata* d'Orb.								+									
— *limbata* Montf.	+					+	+								+		
— *limbosa* Rss.								+				+					
— *nitida* Rss. = *tangentialis*							+										
— *osnabrugensis* v. M.																	
— *princeps* Rss. = *beyrichi* Rss.						+	+										
— *reniformis* d'Orb.							+										
— *rotulata* Lmk.	+				+					+	+						
— *simplicissima* Rss.								+									
Marginulina attenuata Neugeb.							+										
— *tumida* Rss.							+										
Polymorphina angusta Egg.						+											
— *gibba* d'Orb.		+	+	+	+	+	+	+	+	+	+	+	+				
— — *fistulosa*																	
— *lanceolata* Rss.	+				+											+	
— *problema* var. *deltoidea* Rss.				+	+		+	+			+						
— *sororia* Rss.										+							
Uvigerina asperula (gracilis) Cz.							+		+		+						
Lagena apiculata Rss.							+										
Trochammina trulissata Brady							+										
Truncatulina ackneriana d'Orb.														+	+		
Pseudotruncatulina dutemplei d'Orb.	#	#	#	#	#	+	#	#	#	#	#	#	#	#	#	+	+
Anomalina weinkauffi Rss.							+										
Pulvinulina pygmaea Hantk.							+										
Rotalia soldani d'Orb.					+		+	+							+		
— — var. *girardana* Rss.		+	+	+	+	+	+	+	+	+	+	+					
Globigerina bulloides d'Orb.					+		#		+		+	+	+	+			
Pullenia bulloides d'Orb.							+		+		+						
— *quinqueloba* Rss.							+		+								
Sphaeroidina variabilis (bulloides) d'Orb.							+		+				+				

Wie aus vorstehender Tabelle ersichtlich ist, ergab die Ausbeute der Schlämmprobe des Thones beim grossen Brunnen der Raffinerie Sulz u/Wald im Ganzen 94 Foraminiferenformen, worunter sich 14 Varietäten und Uebergangsformen befinden. Das Resultat ist somit als ein besonders günstiges zu bezeichnen.

Uebersicht über die bis jetzt aus den verschiedenen Lokalfaunen der Umgegend von Pechelbronn nachgewiesenen Foraminiferen des Tertiärs.

Durch fortgesetzte Untersuchung reichhaltiger Schlämmproben aus den Thonen hiesiger Gegend ist es zur Zeit möglich geworden, die in diesen Mittheilungen Band IV, 1897, S. 289—303 von Herrn Professor Dr. ANDREAE aufgestellte Liste von Foraminiferen, sowie meine in den gleichen Mittheilungen von 1898, Seite 305 bis 325 erschienene Arbeit um ein Bedeutendes zu vervollständigen. In Nachstehendem gebe ich ein tabellarisches Verzeichniss, der bislang in hiesiger Gegend gefundenen Foraminiferen des Tertiärs; die seit der früheren Aufstellungen neu hinzugekommenen Formen sind in dieser Liste mit * vor dem Namen, das Vorkommen überhaupt mit + in den Kolonnen bezeichnet. Die vorgefundenen Foraminiferen rühren von den nachstehenden Fundpunkten her:

Von Lobsann: aus dem Schachte des dortigen Bergwerkes bis zur Tiefe von 60 m.

» Sulz u/Wald: aus dem Aufschluss an dem Hohlweg von Sulz u/Wald nach Retschweiler.

» Raffinerie Sulz: aus einer Bohrung beim grossen Brunnen der Raffinerie Sulz u/Wald.

» Weidenweg: Grabung im Sulzer Wald, in der Nähe der Bergstrasse nach Drachenbronn.

» Drachenbronn: vom Weideplatz der Schweine.

» Preuschdorf: aus dem Bohrloch Nr. 517.

» Kutzenhausen: aus den Bohrlöchern Nr. 586, 596, 605, 665, 687, 695, 728.

» Diefenbach und Nonnenwald: aus den Bohrlöchern Nr. 588, 604, 612, 760, 788, 792, 796, 797, 810, 828, 841, 851, 862.

Von Surburg: aus dem Bohrloch Nr. 693.

» Bruchmühle: aus den Bohrlöchern Nr. 614, 622, 630, 658.

» Willenbach und
 Kindersloch mit
 Merkweilerthal: aus den Bohrlöchern Nr. 639, 669, 676, 685, 690, 700, 709, 720, 739, 751, 759, 769, 800, 806, 809, 863, 878, 881, 897, 908, 962.

» Biblisheim: aus den Bohrlöchern Nr. 585, 594.

» Oberstritten: aus den Bohrlöchern Nr. 609, 619, 632, 642, 666.

» Dürrenbach: aus dem Bohrloch Nr. 601.

» Gunstett und
 Herzwald: aus den Bohrlöchern Nr. 568, 583, 584, 589, 592, 595, 598, 603, 606, 611, 617, 619, 626, 628, 634, 638, 647, 653, 657, 660, 661, 667, 671, 683, 686, 689, 699, 710, 725, 726, 742, 749, 752, 756, 777, 780, 789, 804, 811, 816, 833, 838, 845, 848, 857, 861, 867, 875, 883, 889, 894, 899, 906, 910, 917.

Lfde. Nummer	Name.	Sulz u/Wald	Raffinerie Solz	Weidenweg	Lobsann	Drachenbronn	Gunstett	Bruchmühle u. Surburg	Willenbach	Diefenbach	Oberstritten	Dürrenbach	Kutzenh. Wald	Biblisheim	Preuschdorf
1	*Rhabdammina rzehaki* Andr. . . .		+	+	+	+	+			+				+	
2	*Bathysiphon annulatus* Andr. . . .		+	+	+	+	+		+	+				+	
3	*Rhizammina algaeformis* Brady. .					+									
4	*Thurammina papillata* Brady . .				+	+									
5	*Ammodiscus charoides* J. & Park. .	+	+	+	+		+				+		+		
6	— *incertus* Rss.	+		+			+	+	+						
7	* — *involvens* Rss.				+		+	+			+				
8	— *polygyrus* Rss.	+	+	+			+	+	+	+	+	+	+	+	
9	*Nodulina dentaliniformis* Brady. .	+	+				+	+							
10	— *nodulosa* Brady		+		+		+	+							
11	— — vár. *compressa* Andr.				+										

Lfde. Nummer	Name.	Sulz u/Wald	Raffinerie Sulz	Weidenweg	Lobsann	Drachenbronn	Gunstett	Bruchwaldle a. Surburg	Willenbach	Diefenbach	Oberstritten	Dürrenbach	Kutzenh. Wald	Biblisheim	Preuschdorf
12	*Nodulina pilulifera BRADY						+								
13	Biloculina bulloides D'ORB. = B. globulus.						+	+	+		+				
14	— depressa D'ORB.			+											
15	— irregularis D'ORB.			+							+				
16	— cf. ringens LMK.														+
17	*Triloculina diformis D'ORB.. . . .			+					+						
18	* — enoplostoma RSS.								+						
19	* — gibba D'ORB..						+		+						
20	— orbicularis RÖM.	+								+					
21	— trigonula LMK.						+		+	+					
22	— turgida RSS.	+	+	+			+	+	+						+
23	— — var. inflata ANDR. . . .														+
24	Quinqueloculina impressa RSS. . .	+	+	+	+		+				+				+
25	* — laevigata D'ORB.			+	+										
26	* — oblonga RSS.			+			+		+						
27	* — ovalis BORN.			+											
28	— rostrata TERQ.						+	+	+						
29	— seminulum L.	+			+	+	+								
30	* — triangularis D'ORB.	+	+	+			+	+	+		+	+			
31	* — — var. ermani BORN . .	+		+			+	+	+		+				
32	— venusta KARR.						+								
33	*Miliolina reinachi ANDR.			+	+										
34	Spiroloculina limbata D'ORB. . . .	+	+	+			+	+	+		+		+	+	
35	— — var. impressa TERQ..	+	+				+	+	+	+	+		+	+	
36	— tenuis CZ.		+	+	+		+								
37	Planispirina alsatica ANDR.. . . .														+
38	— celata COSTA.	+	+	+	+		+								
39	— sigmoidea BRADY.						+								+
40	Textularia carinata D'ORB. = (Spiroplecta carinata SPANDEL).	+	+	+	+	+	+	+	+	+	+	+	+	+	+
41	*Textularia alsatica ANDR.			+	+										
42	— cf. candeiana D'ORB. . . .			+			+								
43	— cuneiformis D'ORB..			+	+	+	+	+							
44	* — gracillima ANDR.						+								

Lfde. Nummer	Name.	Sulz u/Wald	Raffinerie Sulz	Weidenweg	Lobsann	Drachenbronn	Gunstett	Kruhmühle u. Surburg	Willenbach	Diefenbach	Oberstritten	Durrenbach	Kutzenh. Wald	Biblisheim	Preuschdorf
45	Textularia gramen D'ORB.	+	+	+	+		+				+				
46	Spiroplecta biformis P. & JOHN . .			+											
47	Gaudryina chilostoma Rss.	+	+	+	+	+	+	+					+	+	
48	— — var. globulifera Rss.	+	+	+	+	+	+	+	+		+			+	
49	— — Uebergang zu G. baccata SCHWAG.	+	+	+		+	+	+							
50	— — Uebergang zu G. pupoides D'ORB.	+	+			+	+	+							
51	— filiformis BERTH.		+	+	+		+	+			+				
52	* — pupoides D'ORB.		+	+											
53	* — rugosa D'ORB.		+				+								
54	— siphonella Rss.	+		+	+	+	+	+	+	+					
55	— — var. asiphonia ANDR.	+	+	+		+	+		+	+					
56	Verneuillina compressa ANDR. . . .	+	+	+	+	+	+	+	+		+		+	+	
57	*Bigenerina nodosaria D'ORB. . . .			+			+								
58	Clavulina cylindrica V. HANTK. . .	+		+											
59	*Bolivina antiqua D'ORB.	+	+	+	+										
60	— beyrichi Rss.	+	+	+	+	+	+	+	+				+	+	
61	* — — gekielte Form			+											
62	* — elongata D'ORB.			+	+										
63	— nobilis V. HANTK.				+	+									
64	— punctata D'ORB.	+		+											
65	* — semistriata V. HANTK. . . .			+											
66	*Bulimina coprolithoides ANDR. . . .						+								
67	— elongata D'ORB.				+										
68	— inflata SEGU.	+	+	+	+		+	+	+						
69	*Chilostomella cylindrica Rss. . . .	+		+	+	+									
70	— ovoidea Rss.	+		+	+	+	+								
71	* — tenuis BORN			+											
72	Allomorphina macrostoma KARR. .						+	+	+			+	+		
73	— trigona Rss.					+	+								
74	Virgulina schreibersiana Cz. . . .	+		+	+		+								
75	— subsquamosa EGG.	+													
76	Cassidulina oblonga Rss.			+	+										
77	Nodosaria aculeata D'ORB						+								

Lfde. Nummer	Name	Sulz u/Wald	Raffinerie Sulz	Weidenweg	Lobsann	Drachenbronn	Gunstett	Bruchmühle u. Surburg	Willenbach	Diefenbach	Oberstritten	Durrenbach	Kutzenh. Wald	Biblisheim	Preuschdorf
78	*Nodosaria aculeata* var. adspersa Rss.						+								!
79	— *approximata* Rss	+	+	+	+	+	+		+	+	+	+		+	
80	— *bactridium* Rss	+	+	+			+	+			+				
81	* — *bifurcata* D'ORB. em. v. HANTK.						+	+							
82	— — var.						+								
83	* — *bicuspidata* D'ORB.			+											
84	— *calomorpha* Rss		+	+	+										
85	— *capitata* BOLL. typ.	+	+	+		+		+	+					+	
86	— — var. striatissima ANDR.	+	+	+		+		+	+						
87	··· *consobrina* D'ORB.	+	+	+				+		+	+	+			
88	— — var. emaciata. Rss.		+	+	+		+	+							
89	— *conspurcata* Rss.	+		+	+		+	+							
90	— *costulata* Rss.					+									
91	* — *dacrydium* Rss.			+											
92	* — *divergens* Rss			+											!
93	— *ewaldi* Rss.	+		+	+										
94	— *exilis* NEUG.	+		+	+	+	+								
95	* — *gigantea* v. HANTK.							+							
96	·· *grandis* Rss.	+	+	+			+								!
97	·· *granulosa* ANDR.	+		+				+							
98	* — *herrmanni* ANDR.	+	+	+											
99	— *inflexa* Rss.			+											
100	* — *inornata* D'ORB.			+											
101	* — *indifferens* Rss.		+	+											
102	— *intermittens* BRUN.				+										!
103	—· *ludwigi* Rss.			+	+										
104	* — *mucronata* NEUG.			+											
105	— *obliqua* L.	+	+	+	+	+	+	+	+						
106	* — *obliquata* Rss.			+											
107	— *pungens* Rss.	+	+	+			+								
108	— *pyrula* D'ORB.			+	+			+							
109	* — *pauperata* D'ORB.			+											
110	* — *plebeia* Rss.						+								
111	* — *radicula* NEUG.						+								

Lfde. Nummer	Name.	Sulz u/Wald	Raffinerie Sulz	Weidenweg	Lobsann	Drachenbronn	Gunstett	Bruehmühle u. Surburg	Willenbach	Diefenbach	Oberstritten	Dürrenbach	Kutzenh. Wald	Biblisheim	Preuschdorf
112	*Nodosaria roemeri* NEUG			+											
113	— soluta Rss.	+	+	+	+	+	+	+	+	+			+		
114	— — var. recta BORN.	+			+	+									
115	— spinescens Rss.				+		+	+							
116	* — stipitata Rss.			+											
117	— subcostulata Rss.	+													
118	— sulzensis ANDR.	+	+	+											
119	* — verneuilli D'ORB.	+	+												
120	Herrmannia paradoxa? ANDR.			+											
121	Glandulina gracilis Rss.			+											
122	— laevigata D'ORB.	+	+	+	+	+				+	+				
123	— — var. elliptica Rss.	+	+	+		+			+	+					
124	— — var. inflata BORN.		+	+											
125	— — var. ovula D'ORB.	+		+							+				
126	* — obtusissima Rss.							+		+					
127	Frondicularia tenuissima v. HANTK.			+	+			+	+						
128	Flabellina obliqua v. MÜNST.	+		+					+						
129	Cristellaria arcuata D'ORB.	+		+					+						
130	* — — PHIL. breite Form.		+	+											
131	— brachyspira Rss.		+	+						+					
132	— böttgeri Rss.			+				+							
133	* — compressa D'ORB.			+				+	+						
134	— — Uebergang in *reniformis*.														
135	— — var. arcuata D'ORB.			+											
136	* — crepidula F. & MOLL.			+											
137	* — convergens BORN.			+											
138	— gerlachi Rss.			+			+	+							
139	— herrmanni ANDR.			+											
140	— hauerina D'ORB.	+	+	+	+	+	+			+					
141	* — jugleri Rss.			+											
142	* — integra BORN.						+								
143	* — mamilligera KARR.	+		+											
144	* — nitidissima Rss.				+										
145	* — reniformis D'ORB.	+	+	+	+										

Lfde. Nummer	Name	Sulz u/Wald	Raffinerie Sulz	Weidenweg	Lobsann	Drachenbronn	Gunstett	Bruchmühle u. Sarburg	Willenbach	Diefenbach	Oberstritten	Dürrenbach	Kutzenh. Wald	Biblisheim	Preuschdorf
146	Cristellaria recurrens Rss.						+		+						
147	* — simplicissima Rss.		+		+		+								
148	* — spectabilis Rss.			+											
149	* — semiimpressa Rss.		·	+											
150	* — variabilis Rss.			+											
151	*Robulina (Cristellaria) angustimargo Rss.			+											
152	— alberti ANDR.	+		+	+		+								
153	* — articulata Rss.			+											
154	— budensis v. HANTK.							+							
155	— cultrata MONTF. (similis)	+	+	+	+		+	+	+						
156	— concinna (gibba) Rss.	+	+	+	+		+								
157	— depauperata Rss.	+	+	+	+	+	+	+	+				+		
158	— — var callifera Rss.			+	+										
159	* — — var. costata Rss.			+	+			+	+				+		
160	* — — var. intumescens Rss.			+											
161	* — dimorpha Rss.			+											
162	* — deformis Rss.		+	+											
163	— excisa BORN			+	+										
164	— gerlandi ANDR.		+	+	+		+	+							
165	— insignis Rss.	+													
166	* — inornata D'ORB.	+	+	+			+	+							
167	— limbata MONTF.	+	+	+							+				
168	* — limbosa Rss.	+	+	+											
169	— nitida (tangentialis) Rss.	+	+	+	+	+					+				
170	* — navis BORN.			+			+								
171	— osnabrugensis v. M.		+	+	+										
172	— princeps Rss. = Cr. Beyrichi BORN.		+	+	+	+	+								
173	* — radiata BORN.			+											
174	— rotulata LMK.	+	+	+	+	+	+								
175	* — simplex D'ORB.			+											
176	* — umbonata Rss.			+											
177	*Vaginulina sulzensis HERRM.			+											
178	*Marginulina attenuata NEUG.	+	+												

Lfde Nummer	Name.	Sulz u/Wald	Raffinerie Sulz	Weidenweg	Lobsann	Drachenbronn	Gunstett	Breitmühle u. Surburg	Willenbach	Diefenbach	Oberstritten	Dürrenbach	Kutzenh. Wald	Biblisheim	Preuschdorf
179	*Marginulina tumida Rss		+	+											
180	* — bottgeri Rss			+											
181	* — recta v. Hantk			+											
182	Polymorphina acuminata d'Orb			+	+										
183	— angusta Egg	+	+		+										
184	* — acuta Rss	+					+								
185	— gibba d'Orb	+	+	+	+	+	+	+	+	+	+	+			
186	— — var. fistulosa	+	+	+					+	+					
187	* — gracilis Rss			+											
188	— lanceolata Rss	+	+	+	+	+	+		+	+					
189	* — — mit röhrenförmiger Mündung.			+											
190	— minima Born	+		+	+		+								
191	— mucronata Terq			+											
192	— obtusa Born	+		+	+		+								
193	— problema d'Orb. = communis	+		+	+	+	+	+	+					+	
194	— — var. deltoidea Rss	+	+	+	+	+	+	+	+	+					+
195	— sororia Rss		+	+			+			+					
196	— — fistulosa			+											
197	* — — var. cuspidata						+								
198	Uvigerina asperula Cz. = U. gracilis Rss	+	+	+	+	+	+	+							
199	* — tenuistriata Rss			+											
200	— oligocaenica Andr	+		+	+	+									
201	*Lagena apiculata Rss		+	+	+										
202	* — emaciata Rss			+											
203	* — globosa Walk			+											
204	— inornata d'Orb				+										
205	— laevis Montf. = vulgaris Will.			+			+	+							
206	— hispida Rss						+								
207	— hystrix Rss					+	+								
208	* — tenuis Born			+											
209	— villardeboana d'Orb					+									
210	— (Fissurina) laevigata Rss	+				+									

Lfde. Nummer.	Name.	Solz u/Wald	Raffinerie Sulz	Weidenweg	Lobsann	Drachenbronn	Gunstett	Bruchmühle b. Surburg	Willenbach	Diefenbach	Oberstritten	Dürrenbach	Kutzenh. Wald	Biblisheim	Preuschdorf
211	*Lagena (Fissurina) multicosta* KARR.				+										
212	*Haplophragmium agglutinans* d'Orb.		+												
213	— *deforme* ANDR.	+	+	+	+	+	+				+	+	+	+	
214	* — feinsandige Var. . . .		+	+			+		+						
215	* — *globigeriniforme* P. & J. . .			+											
216	— *humboldti* Rss	+	+	+	+	+	+	+	+	+	+				
217	* — Zwilling		+												
218	— — var. *lata* ANDR. . . .	+	+	+			+								
219	— — var. *trigona* ANDR .			+											
220	— *lobsannense* ANDR.	+	+	+	+	+	+				+				
221	— *nanum* BRADY			+			+								
222	*Trochammina* aff. *proteus* KARR. .			+											
223	— *trulissata* BRADY		+	+			+	+	+						
224	*Cyclammina acutidorsata* v. HANTK.	+	+	+			+	+	+		+		+		
225	— var. *exigua* SCHRODT.			+			+	+			+	+	+		
226	* — *le-beli* HERRM.			+											
227	— *orbicularis* BRADY		+	+			+		+		+				+
228	— *placenta* Rss.	+	+	+	+	+	+	+	+		+	+	+	+	
229	*Truncatulina ackneriana* d'Orb. .		+	+			+		+		+				
230	— *(Pseudotruncatulina) du-templei* d'Orb.	+	+	+	+	+	+	+	+	+	+	+	+	+	
231	* — *lobatula* WALK. & J.			+					+						
232	* — *propinqua* Rss.			+											
233	— *ungeriana* d'Orb.						+				+				
234	* — *(Rotalina) cryptomphala* Rss.						+								
235	*Anomalina simplex* d'Orb.						+								
236	— *weinkauffi* Rss.	+	+	+	+		+	+	+	+	+		+		
237	*Discorbina rugosa* d'Orb.		+												
238	* — *sub-villardeboana* RZH . .		+												
239	*Pulvinulina contraria* Rss.			+											
240	— *elegans* d'Orb.			+	+		+	+	+		+				
241	* — *haueri* d'Orb.			+											
242	— *lobsannensis* ANDR.	+		+			+		+	+					
243	* — *nonioninoides* ANDR.			+											

Lfde. Nummer	Name.	Sulz u/Wald	Raffinerie Sulz	Weidenweg	Lohsann	Drachenbronn	Gunstett	Brechmühle u. Surburg	Willenbach	Diefenbach	Oberstritten	Dürrenbach	Kutzenh. Wald	Biblisheim	Preuschdorf
244	*Pulvinulina similis v. Hantk. . . .			+											
245	— pygmaea v. Hantk.	+	+	+	+										
246	— perlata Andr.	+			+	+									
247	— petrolei Andr.			+	+										
248	— trochiformis Andr.				+										
249	*Nonionina boueana d'Orb.			+			+								
250	Rotalia soldani d'Orb.	+	+	+	+	+	+	+	+	+			+	+	
251	— — var. girardana Rss. . .	+	+	+	+	+	+	+	+		+			+	
252	— — var. mamillata Andr.			+		+	+	+			+				
253	Turrilina alsatica Andr.			+	+		+	+							
254	— — var. producta Andr. . .			+											
255	Globigerina bulloides d'Orb. . . .	+	+	+	+	+	+	+	+						
256	— — var. triloba Rss. . . .	+		+	+		+								
257	Sphaeroidina bulloides d'Orb. (variabilis).	+	+	+		+	+	+	+		+				
258	Pullenia sphaeroides d'Orb. (bulloides).	+	+	+		+	+	+	+	+	+				
259	— compressiuscula Rss. = P. quinqueloba Rss.	+	+	+	+	+	+	+							
260	* — — var. quadriloba Rss.			+				+							

Nach den Gattungen zusammengestellt, ergibt sich für das Vorkommen der Foraminiferen folgende Uebersicht:

Rhabdammina	1
Bathysiphon	1
Rhizammina	1
Thurammina	1
Ammodiscus	4
Nodulina	4
Biloculina	4
Uebertrag	16

	Uebertrag	16
Triloculina		7
Quinqueloculina		9
Miliolina.		1
Spiroloculina		3
Planispirina.		3
Textularia.		5
Spiroplecta		2
Gaudryina.		9
Verneuillina.		1
Bigenerina.		1
Clavulina		1
Bolivina		7
Bulimina.		3
Chilostomella		3
Virgulina		2
Allomorphina		2
Cassidulina		1
Nodosaria		43
Herrmannia?		1
Glandulina		6
Frondicularia.		1
Flabulina		1
Cristellaria		48
Vaginulina		1
Marginulina.		4
Polymorphina		16
Uvigerina		3
Lagena.		11
Haplophragmium		10
Trochammina		2
Cyclammina		5
Truncatulina		6
Discorbina.		2
	Uebertrag	236

Uebertrag 236

Anomalina	2
Pulvinulina	10
Nonionina	1
Rotalia	3
Turrilina	2
Globigerina	2
Sphaeroidina	1
Pullenia	3

260

Zusammenstellung der Foraminiferen nach den einzelnen Fundorten.

Sulzer Wald—Weidenweg. . . .	174	Arten.
Lobsann.	135	»
Gunstett.	120	"
Sulz u/Wald	95	"
Raffinerie Sulz.	94	"
Bruchmühle.	76	"
Willenbach und Kindersloch . .	63	»
Drachenbronn	53	"
Oberstritten.	44	»
Diefenbach	23	"
Biblisheim	22	»
Kutzenhauser Wald.	20	"
Dürrenbach.	11	"
Preuschdorf.	6	»

Aus Vorstehendem ist durch Vergleichung mit der im Jahre 1897 in Band IV dieser Mittheilungen veröffentlichten Liste von Herrn Professor Dr. ANDREAE und meiner Arbeit im gleichen Bande ersichtlich, dass die Zahl der Tertiärforaminiferen der Umgegend von Sulz u/Wald sich damals auf 165 Formen bezifferte, während dieselbe heute auf 260 angewachsen ist. Diese Zahl be-

greift 223 Arten und 37 Varietäten und Uebergangsformen in sich.
Die grosse Vermehrung der Artenzahl ist hauptsächlich auf die im
Herbst 1901 ausgeführte Grabung im Sulzer Wald, Weidenweg
zurückzuführen[1], da dieselbe eine grosse Zahl für die hiesige Fauna
neue Foraminiferen geliefert hat. — Eine neue, aus dem Schacht
von Lobsann stammende *Cyclammina* soll nachstehend beschrieben
werden.

Beschreibung der neuen Art.

Cyclammina le-beli n. sp.

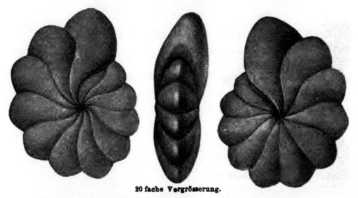

20 fache Vergrösserung.

Der Umriss unserer fein agglutinirten Art ist beinahe kreis-
rund, die jüngste Kammer tritt besonders stark hervor und ist
hinsichtlich ihrer Stellung zu den übrigen Kammern etwas zur
Seite gebogen. In der Nähe der Mündung, die bei dem gefundenen
Exemplare leider nicht sichtbar ist, zeigt sich die Schale ausge-
brochen und lässt im Innern einen Kern aus Schwefelkies erkennen;
gegen den Rücken zu zeigt die jüngste Kammer eine viel stärkere
Abrundung als die andern Kammern.

Wie aus der Zeichnung ersichtlich, beträgt die Zahl der
Kammern 12, die erste sichtbare Kammer tritt auf der einen Seite

---

1. Die Zahl der in meinem zweiten Beitrag zur Kenntniss des Vorkommens von
Foraminiferen vom Weidenweg aufgeführten Arten ist heute, in Folge fortgesetzter
Untersuchung, von 153 auf 174 Formen angewachsen.

nur sehr wenig heraus; die Kammernähte sind sehr deutlich und stark vertieft und laufen theilweise gerade, theilweise in doppeltem Bogen in eine runde Nabelöffnung aus. Die Kammern sind aufgeblasen, lobenförmig, am Rande rund ausgebuchtet und flachen sich beiderseits, unter allmählicher Verschmälerung, zu einem nur wenig gerundeten, fast scharfen Rücken ab. Die Farbe des Gehäuses ist gelblichbraun.

Die Grösse beträgt an der breitesten Stelle 2,50 mm, an der schmalsten Stelle 2,00 mm.

Es fand sich nur 1 Exemplar dieser Art im Septarienthon des Schachtes von Lobsann bei ca. 60 m Tiefe.

Mitteilung aus dem Gneisgebiet des oberen Weilertals.

Von Professor Dr. W. BRUHNS.

Bei der Aufnahme im Maßstab 1 : 25000 hat sich auf dem südlichen Teil von Blatt Weiler im U.-E. eine etwas andere Auffassung nötig gemacht, als sie COHEN[1] seinerzeit auf Grund seiner Beobachtungen gewonnen hat. Derselbe führt in der Gneispartie südlich des oberen Weilertales (Gegend von Urbeis) eine Anzahl von Gängen an, welche teilweise eine Erstreckung von über 2 km haben und deren Gestein er als Granitporphyr bezeichnet. Statt dieser langen Gänge ergibt die neue Aufnahme eine Anzahl von mehr oder weniger rundlichen Eruptivgesteinsdurchbrüchen, welche wohl in der COHEN'schen Weise verbunden werden könnten, wenn sie nicht, wie infolge neuerlicher Abholzungen deutlich zu erkennen war, durch anstehenden Gneis getrennt wären. Nur das Vorkommen im Grunde des Schnarupt-Tales und das von Bas-d'Urbeis behalten ihre Form bei. Die Gesteinsbeschaffenheit ist von COHEN ausführlich geschildert, auch auf das Auftreten augengneisartiger bezw. parallelstruirter Randausbildungen des granitischen Gesteins hat er hingewiesen. Da die (stellenweise stark kataklastische) Struktur unseres Eruptivgesteines sich im Wesentlichen von der des Kammgranites nicht unterscheidet, da ferner basische Ausscheidungen, wie im normalen Granit, und Aplitgänge darin auftreten, möchte ich dasselbe nicht als Granit·porphyr, sondern als Granit bezeichnen. Gestützt wird diese Auffassung dadurch, daß die petrographische Zusammensetzung mit derjenigen der augengneisartig struierten Granite der Gegend von Markirch[2] durchaus übereinstimmt. Von den Graniten, welche

1. COHEN, Das obere Weilertal. Abh. zur geolog. Spezialkarte von Elsaß-Lothringen Bd. III, Heft III, 1889.
2· Vgl. diese Mitt. Bd. V, p. 8 f.

durch die Größe der Feldspatkrystalle manchmal einen porphyrartigen Habitus bekommen, unterscheiden sich die eigentlichen
Granitporphyre des benachbarten Granitgebietes, auch wenn die
Grundmasse noch so grobkörnig erscheint, scharf durch die idio-
morphe Ausbildung der Quarzkrystalle.

Es ergibt sich also, daß der Urbeiser Gneis eine nicht allzu
mächtige Partie darstellt, welche an vielen Stellen von Kammgranit
— und zwar von einer stellenweise, nicht überall, augitführenden,
hornblende-armen bis -freien Randfacies desselben — durchbrochen
wird.

Zum Granit gehört auch, wie schon COHEN vermutete, das
Gestein der «Grenzzone», welches durch die großen Feldspatkrystalle (bis 7 cm lang und 4 cm breit, meist Karlsbader Zwillinge)
ausgezeichnet ist. Dasselbe entspricht ganz unserem Markircher
«Augengneis», ist nur infolge tektonischer, stellenweise vielleicht auch
thermaler Einwirkungen — es treten ziemlich viel Erzgänge in
ihm auf — stärker sekundär verändert als dieser.

Die Phosphoritzone

an der Grenze von Lias α und β

in der Umgebung von Delme in Lothringen.

Von

Landesgeologe Dr. L. van WERVEKE.

In der geologischen Literatur des Reichslandes wird die Phosphoritzone an der Grenze von Lias α und β in der Umgebung von Delme zum ersten Male in dem Aufnahmebericht für das Jahr 1885 durch Nennung eines von Herrn Professor E. COHEN und dem Verf. erstatteten Gutachtens erwähnt [1].

Einen kurzen Auszug aus diesem Gutachten brachten die Erläuterungen zur geologischen Übersichtskarte des westlichen Deutsch-Lothringen [2] und die Erläuterungen zur geologischen Übersichtskarte der südlichen Hälfte des Großherzogtums Luxemburg [3]. In beiden wird die phosphoritführende Schicht als oberste Lage der Zone mit *Belemnites acutus* und *Pentacrinus tuberculatus* angeführt. Nach den Erläuterungen zur Karte von Luxemburg beträgt die Mächtigkeit der Schicht 0,2—0,3 m, der Phosphorsäuregehalt der Knollen 7,57 %, entsprechend 16,58 % phosphorsaurem Kalk $(Ca_3 P_2 O_8)$.

Später hat sich STUBER ausführlicher mit der geologischen Stellung der Phosphoritzone beschäftigt [4]. Die Aufschlüsse der

---

1. Mitteil. geol. Landesanstalt v. Els.-Lothr. Bd. I, S. XV, 1886.
2. Straßburg 1887, S. 33.
3. Straßburg 1887, S. 66.
4. Die obere Abteilung des unteren Lias in Deutsch-Lothringen. — Abhdl. z. geol. Spezialk. von Els.-Lothr. Bd. 5, Heft 2, S. 29 und 31—34.

Gegend von Delme, insbesondere bei Puzieux, auf welche sich das genannte Gutachten bezog, waren damals nicht zugänglich, und Stuber stützte sich auf ein Profil, das er bei Peltre beobachtet hatte. Dasselbe zeigt von oben nach unten die nachstehende Schichtenfolge:

1. Ton, fossilarm, mit *Gryphaeä obliqua* Goldf., *Pentacrinus* cf. *tuberculatus* Mill., *Waldheimia* cf. *numismalis* Lk., verkiesten Ammoniten (*Aegoceras planicosta* Sow. sp.) — darin eingelagert, kalkig-mergelige, phosphoritische Knollenbank mit *Bel. acutus* Mill., *Gryphaea obliqua* Goldf. (etwa 0,s m über der tiefer folgenden Kalkbank 2 massenhaft und in bedeutenderer Größe). — An der Basis Mergel, ebenfalls fossilarm . . . .   0,68 m

2. Kalkbank mit *Bel. acutus, Gryphaea arcuata, Pentacrinus tuberculatus* . . . .   0,18 m

3. Mergel, ziemlich fossilreich, *Bel. acutus, Gryphaea arcuata* . . . .   0,80 m

4. Kalkbank mit *Bel. acutus, Gryphaea arcuata* . .   0,07 m

5. Mergel, wie 3, mit denselben Versteinerungen.

Wegen des Vorkommens von *Aegoceras planicosta* Sow. sp., neben welchem *Cymbites globosus* Ziet. sp. und *Oxynoticeras oxynotum* Qu. sp. mit Fragezeichen angeführt werden, vergleicht Stuber die Schicht 1, wenigstens soweit sie als Ton entwickelt ist, mit der Zone verkiester Ammoniten (unterster Teil der Zone des *Arietites obtusus*), welche im Elsaß an vielen Orten auf die obersten Schichten mit *Bel. acutus* folgt[1]. «Sollten», sagt er weiter, «die kalkig-mergeligen Knollen, die phosphorsäurehaltig sind, den mächtigeren Phosphoritlagern der Umgegend von Delme ent-sprechen, so wäre dadurch die Zugehörigkeit der letzteren Phospho-

---

1. Fundorte siehe Stuber, l. c. 21—30, ferner Bronnert, Zweite Generalver-sammlung der Philomathischen Gesellschaft am 20. und 21. Oktober 1894. Mitt. phil. Ges. Bd. III, Heft 1, S. 15—16 (nach einer Mitteilung von van Werveke). Vergl. auch Geol. Führer durch das Elsaß von E. W. Benecke, H. Bücking, E. Schumacher und L. van Werveke, S. 172.

rite zur Zone des *Arietites obtusus* ebenfalls sehr wahrscheinlich gemacht.»

Das Lager bei Delme beherbergt neben zufällig geformten Knollen solche Phosphorite, welche Steinkerne von Versteinerungen, besonders von Pleuromyen, Pholadomyen und Ammoniten darstellen. Nach den Bestimmungen von STUBER, der S. 32—33 seiner Arbeit eine Liste von 21 Formen mitteilt, handelt es sich um Arten des Lias α, deren Erhaltungszustand aber, wie STUBER nach meinen Angaben mitteilt, ganz den Eindruck von zusammengeschwemmten Resten einer früheren Schicht machen. Für die Bestimmung der geologischen Stellung der Phosphoritzone kommen sie daher nicht in Betracht und sprechen nicht gegen eine Zurechnung zum Lias β.

Beim Bau der neuen Bahnstrecke von Château-Salins nach Metz wurde die Grenze zwischen Lias α und β mehrfach bloßgelegt[1]. Der Einschnitt am Königinweg zwischen Coutures und Fresnes zeigt unmittelbar auf der Ostseite dieses Weges Rote Tone des Rhät überlagert von den untersten Bänken des Lias α. Sie schneiden durch eine Verwerfung ab gegen die obersten Schichten derselben Abteilung, gegen die Mergel und Kalke mit *Belemnites acutus* und *Pentacrinus tuberculatus*, und sind überlagert von grauen Tonen mit kleinen weißen Knöllchen, welche in ihrem untersten Teil zerstreute Phosphoritenknollen umschließen. An Versteinerungen bemerkt man in den Tonen *Gryphaea obliqua*.

Stücke einer 0,12—0,15 m dicken, dunkelblaugrauen Kalkbank, die weiterhin gegen Fresnes auf dem Bahndamm stellenweise angehäuft waren, erwiesen sich ziemlich reich an Phosphoritknollen und zeigten an einer Fläche zahlreiche Löcher von Bohrmuscheln.

In einem anderen Einschnitt, 500—600 m südlich von der Straße von Château-Salins nach Fresnes, wurde diese Bank als oberste Lage der Schichten mit *Belemnites acutus* erkannt. Sie umschließt hier neben dem leitenden Belemniten und echten

---

1. Die hier mitgeteilten Beobachtungen wurden gelegentlich eines durch Herrn Professor BENECKE und den Verf. zur Besichtigung der Bahneinschnitte ausgeführten Ausfluges gemacht.

Gryphaea arcuata und neben unregelmäßig gestalteten Phosphoritknollen auffallend viele Pholadomyen und Pleuromyen, die mit
Schale erhalten sind. Die Oberfläche der Bank ist durch Bohrmuscheln angebohrt. Darüber liegen graue Tone mit weißen Kalkknötchen und vereinzelten Phosphoritknollen sowie mit *Gryphaea
obliqua*.

Besonders reichlich trifft man Phosphoritknollen über der
obersten Kalkbank des Lias α in der flachen Mulde südöstlich
der Abdeckerei von Oriocourt, ferner waren sie massenhaft aus
dem Abzugsgraben am Bahnhof Oriocourt herausgeworfen worden.
Bruchstücke von Ammoniten neben Pholadomyen waren hier
nicht selten.

Zwischen Puzieux und Delme hat die Bahn unter diluvialem
Lehm die Grenze von Lias α zu β zwischen den Höhencurven
250 und 255 angeschnitten, weiterhin noch einmal zwischen
Puzieux und Alaincourt. An beiden Stellen enthalten die untersten
Lagen der β-Tone neben *Gryphaea obliqua* Phosphoritknollen. Bei
Puzieux selbst, in der Nähe der Kapelle, befanden sich die zuerst
bekannt gewordenen zur Ausbeute der Knollen angelegten Gruben.
Auf den Feldern wurden von mir bereits früher, gelegentlich der
Aufnahme für die geologische Übersichtskarte 1 : 80 000, zerstreute
Phosphoritknollen auf oberstem Lias α zwischen St. Epvre und
Morville etwa 150 m südlich vom Höhepunkt 256,₄ beobachtet[1].

In allen Aufschlüssen sind die den Tonen eingebetteten
Zweischaler ihrer Schalen beraubt, die Steinkerne sind vielfach
von Kieselschwämmen angebohrt, während die Zweischaler der
obersten Kalkbank des Lias α, wie schon bemerkt, mit Schale
erhalten sind.

---

1. Stuber erwähnt außer aus der Gegend von Delme Phosphatknollen von Landorf und Einschweiler, ohne jedoch ihr Lager anzugeben. Da an diesen Punkten hauptsächlich die tieferen Schichten des Lias α gebrochen werden, so stammen sie wahrscheinlich aus diesen. In den Angulatus-Schichten z. B. sind Phosphoritknollen häufig
zu beobachten. [Braconnier (Description des terrains qui constituent le sol du dép. de
Meurthe et Moselle, 1879, S. 54; 1883, S. 54) führt ferner Phosphoritknollen (mit 26,5 %
Phosphorsäure) aus einer Kalkbank an, welche ungefähr an der unteren Grenze der
Schichten mit *Belemnites acutus* auftritt.

Wir haben es also an der Grenze von Lias α und β bei Delme mit zwei Phosphoritzonen zu tun, einer älteren, in welcher die Phosphorite auf ursprünglicher Lagerstätte in der obersten Kalkbank des Lias α liegen, und eine jüngere, in welcher die Knollen auf zweiter Lagerstätte zusammengeschwemmt sind. Man zieht die letztere Zone, wie dies STUBER richtig vermutet hat, besser zum Lias β als zum Lias α, da sie dem untersten Teil der Tone mit *Gryphaea obliqua* angehört.

Das Vorkommen der Löcher von Bohrmuscheln in der obersten Bank des Lias α deutet auf eine Unterbrechung in der Entstehung der Niederschläge hin, die darüber folgende Geröllzone, — denn als solche muß man die Phosphoritzone ansehen —, auf eine Transgression des Meeres.

Im Elsaß ist die Phosphoritzone an der Grenze von Lias α und β bisher nicht erkannt worden. STUBER erwähnt (S. 34) eine phosphorsäurehaltige Knolle aus dem Bahneinschnitt am Pfaffenberg bei Buchsweiler, welche den Abdruck eines Ammoniten, vermutlich *Aegoceras planicosta* Sow. sp. aufweist, doch ist ihr Lager nicht genau bekannt. Die Knolle war der geologischen Landesanstalt durch Herrn Regierungsbaumeister MAYER überwiesen worden. Die ungleichförmige Auflagerung der β-Tone auf den Acutus-Schichten, welche durch STUBER und mich bei Hattmatt erkannt wurde [1], läßt aber erkennen, daß die tektonischen Bewegungen, welche vor der Ablagerung des Lias β in Lothringen vor sich gingen, auch das Elsaß in Mitleidenschaft gezogen haben.

---

1. STUBER, l. c. 14.

—◦◇◦—

Beitrag zur Kenntnis der lothringischen Mardellen.

(Zugleich ein Beitrag zur Kenntnis des lothringischen Diluviums.)

Von

Landesgeologe Dr. **L. van WERVEKE**.

Die Mardellen[1] sind kleine, beckenförmige Vertiefungen
der Erdoberfläche von runder bis ellipsoidischer Gestalt, welche
in der Regel, wenigstens in der nassen Jahreszeit, in ihrem unteren
Teil mit Wasser erfüllt sind und vielfach den Boden für eine
Moorvegetation abgeben. Der Durchmesser schwankt zwischen 20
und 100 m, obgleich 20—30 m wohl die häufigeren Maße sein
werden, die Tiefe zwischen 1,5 m und 4,0 m.

Mit der Frage ihrer Entstehung haben sich sowohl Archäo-
logen und Anthropologen als auch Geologen beschäftigt. Trotz
der vielen Versuche ist aber bis heute eine sichere Lösung der
Frage nicht gefunden worden, hauptsächlich wohl deshalb, weil
die Entstehung der Mardellen keine einheitliche ist, sondern auf
verschiedene, natürliche und künstliche Vorgänge zurückzuführen ist.

Ohne auf die archäologische und anthropologische Literatur,
die mir fern liegt, näher einzugehen, um diese Seite aber auch
nicht ganz zu vernachlässigen, will ich nur auf einen Vortrag
hinweisen, den Herr Professor WICHMANN in Metz neuerdings auf
der 32. Allgemeinen Versammlung der Deutschen Gesellschaft für

---

1. Auch Mare, Mertel und Seepen genannt. Am gebräuchlichsten sind wohl
die Bezeichnungen Mardellen und Mare; ich ziehe die erstere vor, um gleich von
vornherein die Anschauung auszuschließen, als handle es sich um Erscheinungen derselben Entstehung wie die vulkanische Mare der Eifel oder Schwabens.

Anthropologie, Ethnologie und Urgeschichte in Metz gehalten hat,
und der im Auszug in dem Bericht über diese Versammlung
(München 1902, S. 78) mitgeteilt ist.

«Eine mit Hilfe der Forstverwaltung des Bezirkes herge-
stellte Karte gibt eine Übersicht über die Verteilung der Mare
und läßt durch die Bezeichnung des Bodens, Lias, Keuper u. s. w.
leicht erkennen, daß es sich in Lothringen in der Hauptsache
nicht um natürliche Erdsenkungen, sondern um künstliche von
Menschenhand gemachte Gruben handelt. Von solchen sind in den
Wäldern Lothringens nahezu 5000 gezählt. Die Zahl der im
freien Felde liegenden ist noch nicht festgestellt. Die Behauptung,
daß viele von ihnen in alten Zeiten als Wohnungen gedient
haben, ist schon früh aufgestellt, oft bestritten, aber in neuester
Zeit durch mehrere Funde bestätigt worden. In einer Mardelle
bei Rodt am Stockweiher ist unter der Moorerde und unter den
Stämmen einer zusammengebrochenen Hütte ein gut erhaltenes
römisches Sieb aus Bronze gefunden. Bei Waldwiese südöstlich
von Sierck sind auch auf dem Grunde einer Mardelle die Reste
einer Hütte unter ähnlichen Verhältnissen nachgewiesen. Genau
untersucht ist in den letzten zwei Wochen im Auftrage der Gesellschaft für lothringische Geschichte und Altertumskunde eine
große Mardelle in der Nähe von Altrip, einem Dorfe südlich von
St. Avold. Innerhalb einer fast 3 m starken Moor- und Blätter-
schicht lagen kreuz und quer Baumstämme, deren längster 14 m
mißt, bis zu fünf übereinander. Sie sind abgerindet, unten und
oben mit der Axt bearbeitet, unten etwas zugespitzt, oben enden
mehrere in Gabeln. Zu unterst lag ein vierkantiger Türpfosten
mit Zapfen. Damit ist der Beweis geliefert, daß auf dem Grunde
der Mardelle ein Blockhaus gestanden hat. Römische Scherben,
die neben Holzkohlen auf dem Lehmboden unter den Baumstämmen
lagen, ferner Scherben, die gleichzeitig in zwei andern Mardellen
gefunden sind, beweisen ebenso wie das Sieb der Rodter Mardelle,
daß die Grubenwohnungen noch zu römischer Zeit benutzt wurden.
Von unterirdischen Wohnungen und Vorratshäusern bei Galliern
und Germanen sprechen griechische und römische Schriftsteller der
Kaiserzeit. Auf der Mark Aurelsäule in Rom sind runde, aus Baum-

stämmen gezimmerte Hütten abgebildet. Auf einem im Metzer
Museum stehenden Altar, welcher der späten Kaiserzeit angehört,
trägt die gallische Göttin Nantosvelta auf der linken Hand eine
runde Hütte mit spitzem Dach. So wie seit langer Zeit ihre Vorfahren
haben Gallier auch noch unter römischer Herrschaft in einfachen
Baumhäusern gewohnt und erst allmählich Häuser nach römischer
Bauart kennen und bevorzugen gelernt.»

Von geologischer Seite hat Schumacher die Frage der Entstehung der lothringischen Mardellen mehrfach behandelt, zum
ersten Male in einem Vortrage: «Über einige Oberflächenphänomene
in Deutsch-Lothringen, welche mit einer ehemaligen Vereisung
des Landes in Verbindung zu stehen scheinen[1].» Nach Schumacher zeigen die Mardellen vor Allem eine ausgesprochene Ab-
hängigkeit von den orographischen Verhältnissen. Sie beschränken
sich auf mehr oder weniger stark coupiertes Terrain und fehlen
auf einförmigen, ausgedehnten Plateaus oder auch Terrassen sowie
auf steileren und gleichmäßig geneigten Gehängen vollkommen.
«Hügellandschaften mit schmalen, möglichst scharf ausgezeichneten
Rücken bilden in dieser Beziehung das geeignetste Terrain.» In
solchen Hügellandschaften trifft man sie oft in deutlichen Reihen
am häufigsten am obersten Teil der Gehänge sowie auf den
schmalen oder nur wenig verbreiterten Plateaus zwischen denselben. Die Beziehung zu den geognostischen Verhältnissen besteht
lediglich darin, daß Mardellen in deutlicher Entwicklung nur auf
mehr oder weniger weichen Gesteinen vorkommen, dagegen fehlen,
wo harte Gesteine an die Oberfläche treten. Am häufigsten finden
sie sich in Diluviallehm eingesenkt. «Dagegen fehlt es an jeglicher Andeutung, daß die Erscheinung irgendwie mit stockförmigen Einlagerungen leichtlöslicher Substanzen (Gyps, Steinsalz) zusammenhänge.»

Schumacher kommt zu dem Schluß, daß es sich um natürliche Auswaschungsformen handle, und daß wahrscheinlich das
Wasser, welches dieselben erzeugte, auf Spalten einer früher all-

1. 58. Versammlung deutscher Naturforscher und Ärzte in Straßburg 1885,
397—399.

gemeineren Eisbedeckung niedersetzte. Dabei denkt er sich die lothringischen Lehme als eine Art Grundmoräne entstanden.

Dieselbe Anschauung vertritt Schumacher in den Erläuterungen zu Blatt Gelmingen der geologischen Spezialkarte von Elsaß-Lothringen [1]: «Wir denken uns dieselben (d. i. die Mardellen) wohl richtiger durch Ausspülung entstanden, etwa vergleichbar den sog. Söllen der norddeutschen Ebene.»

Eine wesentlich andere Anschauung deutet derselbe Verfasser in der Abhandlung: «Die Bildung und der Aufbau des oberrheinischen Tieflandes» an [2].

«Gegenwärtig liegt es offenbar viel näher, diese Bildungen (d. s. die lothringischen Lehme) betreffs ihrer Entstehung mit den Lößablagerungen des Rheintals in ursächlichem Zusammenhang zu setzen. Vielleicht lassen sich unter diesem Gesichtspunkt der atmosphärischen Bildung vieler Plateaulehme auch die auf dem lothringischen Plateau so außerordentlich verbreiteten, als Mare oder Mardellen bezeichneten kreisförmigen Vertiefungen von manchmal mehreren Hundert Metern im Umfang auf einfachere Weise erklären, als der Verfasser damals (1885, 397—399) anzunehmen geneigt war, nämlich als «uralte künstliche Aushöhlungen», da die Voraussetzung der Benutzung solcher durch den «vorgeschichtlichen» Menschen als «Wasserbehälter», welche bisher nicht genügend begründet werden konnte, unter der Vorstellung eines früheren trockenen Klimas des lothringischen Plateaus allerdings Berechtigung haben würde. Recht auffallend bleibt auch dann noch die eigentümliche Verbreitung dieser Gebilde.»

Schumacher setzt hier für die Entstehung der lothringischen Lehme ein Steppenklima voraus, wie es von vielen Seiten für das Rheintal zur Erklärung der Lößablagerungen vorausgesetzt wird.

Zahlreiche Mardellen finden sich in einzelnen Waldungen des Blattes Wolmünster, so im Großen Wald bei Schweyen, im Nassen Wald bei Breitenbach und Riedelberger Wald bei Walschbronn. Sie sind teils im diluvialem Lehm, teils in der unteren Abteilung des unteren Muschelkalks eingesenkt. Nicht weit von

---

1. Straßburg 1887, S. 9.
2. Mitteil. geol. L.-A. v. Els.-Lothr. 1890, Bd. II, 340.

den Mardellen im Nassen Wald kommen Tumuli vor und SCHU-
MACHER glaubt, daß das Zusammenvorkommen beider nicht weit
voneinander als Andeutung eines ursächlichen Zusammenhangs
beider aufgefaßt werden könne, «ohne daß hierdurch der wohl
ziemlich allgemein angenommene prähistorische Ursprung wenigstens
der meisten oder vieler jener ersteren (d. h. Mardellen) bereits
als ausgeschlossen zu erachten wäre [1]).»

Zum letzten Male hat sich SCHUMACHER über das Vorkommen
und die Entstehung der Mardellen in den Erläuterungen zu Blatt
Falkenberg geäußert, auf dem sie wesentlich im Gebiet des Salzkeupers vorkommen [2].

Es ist ihm am wahrscheinlichsten, «daß die meisten Mardellen oder Trockenmare wohl natürlichen Ursprungs, daß jedoch
auch manche auf künstlichem Wege entstanden sind.» Eine künstliche Aushebung erscheint ihm für die meisten Fälle wegen der
großen Zahl ausgeschlossen, in welcher die Mardellen in einzelnen
Gebieten, so auf einem Teil des Blattes Langenberg, vorkommen.
Andererseits weist er darauf hin, daß die regelmäßig wiederkehrende
Form bei Zugrundelegung der Erklärung durch Senkungen infolge
Auslaugung von unterirdisch vorhandenen leichtlöslichen Massen,
wie Gypsstücken u. s. w. eine auffallende ist.

Zahlreiche Mardellen kamen mir in diesem Jahre bei der
Aufnahme der Blätter Vahl-Ebersing, Püttlingen und Saaralben zu
Gesicht, fast alle im Gebiet der unteren Abteilung des mittleren
Keupers. Sie waren für mich die Veranlassung, der Frage der Entstehung dieser vielbesprochenen rätselhaften Vertiefungen näher
zu treten, und ich will in den nachstehenden Zeilen die Anschauung, die ich mir gebildet habe, zu stützen suchen.

An der Zusammensetzung der Oberfläche nehmen in dem
genannten Gebiet diluviale Ablagerungen einen fast ebenso großen,
stellenweise beinahe größeren Anteil als die Mergel des Keupers,
und der Versuch einer Erklärung der Mardellen wird beide Bildungen in's Auge zu fassen haben.

---

1. Erläut. zu Bl. Wolmünster, S. 36.
2. S. 102—105.

Zunächst die diluvialen Bildungen. SCHUMACHER führt in seinem ersten Aufsatz das Vorkommen von Mardellen hauptsächlich aus diluvialem Lehm an. Der Entstehung nach sah er in diesem eine Art Grundmoränenbildung. Später schwebte ihm eine Art Lößbildung vor, der Lehm sollte als aeolischer Niederschlag ent-standen sein. In den Erläuterungen zu Blatt Falkenberg, der neuesten Veröffentlichung, in welcher er die lothringischen Lehm-ablagerungen behandelt, spricht er sich (S. 100) dahin aus, «daß auch von den Lehmen ein guter Teil als alte Flußabsätze zu denken sind.» Die Veranlassung zu dieser Auffassung war beson-ders die Ähnlichkeit der reinen Lehme mit den in ihrem Lie-genden auftretenden geröllführenden Lehmen, welche unbedingt als Flußabsätze angesehen werden müssen.

Daß wir der Wirkung von Wasserläufen eine ganz bedeu-tende Rolle für die Entstehung des Lehms zuweisen müssen, habe ich erst kürzlich in einer Mitteilung: «Über die Gliederung der Lehmablagerungen im Unter-Elsaß und in Lothringen[1]» betont. Zu Gunsten dieser Auffassung spricht der Umstand, daß neuer-dings durch die Aufnahmen auf den genannten Blättern geröll-führende Ablagerungen in weit größerem Umfang unter dem Lehm nachgewiesen wurden als das bisher vermutet werden konnte.

Bei Saaralben habe ich in dem genannten Aufsatz zwei ver-schiedene Schotterablagerungen der Saar unterschieden, von denen die eine im Mittel bis + 225 m ansteigt, die andere im Mittel bis zu 250 m. Noch höher gelegene Schotter trifft man weiter saar-abwärts zwischen Herbitzheim und Saareinsmingen, an der Hoh-mark bis 281,5 m, im Wittringer Wald bis 285 m und im Settinger Gemeindewald bis zu 286 m.

Auf dem Blatte Saaralben verteilen sich die verschieden hoch gelegenen Saarschotter auf einen 4 km breiten Streifen, der einen Bogen bildet, dem die Saar, abgesehen von der Einbiegung bei Diedingen, noch heute folgt. Der westliche Band dieses Strei-

fens geht von Saaralben im Bogen gegen den Ramles-Berg bei
Herbitzheim, folgt der Straße nach Silzheim bis zum nördlichen
Rande des «Kiß-Waldes» (soll wohl Kies-Wald heissen!), und
biegt hier etwas gegen Ost, bei Silzheim aber wieder mehr gegen
West um. Weiterhin verläuft er etwas westlich von der Straße
von Silzheim nach Steinbach. Die Gerölle dieser Ablagerungen
bestehen wesentlich aus Quarz und Quarzit, aus Gesteinen die
dem Vogesensandstein und besonders dem Hauptkonglomerat entnommen sind.

Die Schotter, welche wir westlich des bezeichneten Randes,
also auf der Innenseite des Bogens der Saarschotter treffen, bestehen fast ausschließlich aus Geröllen, welche aus dem Keuper
stammen. Besonders und manchmal ausschließlich trifft man die
festeren, mit Pseudomorphosen bedeckten Plättchen des Salzkeupers, daneben auch in weiter Verbreitung Gerölle, welche aus
dem Rhät umgeschwemmt sind. Selten stößt man auf Kiesel-
blöcke, von denen einer, den ich südwestlich von Hambach
fand, Versteinerungen des Malms (?) umschließt. Diese Schotter
reichen dicht an die Saarschotter heran, den nächsten Punkt, an
dem Rhät ansteht, um 20 km hinter sich lassend. In ausgezeich-
neter Weise findet man sie längs des Mutter-Baches (? Moder-
Baches) entwickelt, der in südöstlicher Richtung an Farschweiler
und Püttlingen vorbeifließt und zwischen Schweix und Rech in
die Albe fällt. Nördlich von Schmalhof bei Balleringen liegen
Schotter, welche reich an Rhätgeröllen sind, an der Wasserscheide
gegen die Saar in der Höhe von 260 m. Man vermißt die Geröllablagerungen aber auch nicht an den kleineren Bächen, welche
das Gebiet durchziehen. Besonders reichlich findet man sie z. B
in den Wäldern Habst und Leyweiler Stauden bei Johannes-
Rohrbach. Die Spezialaufnahme werden sie sicher in weiterer
Verbreitung nachweisen als dies bei der jetzt ausgeführten Über-
sichtaufnahme geschehen konnte. Die Geröllablagerungen gehen
gewöhnlich als schmaler Streifen zwischen dem weiter ausgedehnten
Lehm und den Mergeln des Keupers zu Tage und nehmen wahrscheinlich unter der Lehmbedeckung eine weit größere Verbreitung an. Ihre Höhenlage ist verschieden; am häufigsten beobachtete

ich sie zwischen 240 und 260 m [1], aber auch tiefer. Der Hauptsache nach sind sie wohl gleichalterig mit den mittleren Saarschottern, zum anderen Teil mit den tiefer liegenden. Schotter,
welche den höchst gelegenen Saarschottern gleichgestellt werden
könnten, sind bis jetzt nicht bekannt geworden.

Vom mittleren Keuper nimmt auf den Blättern Saaralben
und Püttlingen der eigentliche Salzkeuper (vergl. diese Mittheil.,
S. 453) die größte Ausdehnung an; geringere, bisher aber nicht
genauer festgestellte Verbreitung kommt den darüber folgenden
bunten Mergeln mit Quarz zu. Von Hellimer her schieben sich
gegen Hilsprich und Morsbronn die Estherienschichten und der
Schilfsandstein vor, und bei Hilsprich selbst stellen sich außerdem
die bunten Tone über dem Schilfsandstein sowie ein kleiner Rest
von Hauptsteinmergel ein. Abgesehen von diesem letzteren handelt
es sich bei allen Abteilungen um weiche Gesteine, denn auch der
Schilfsandstein ist da, wo er zu Tage geht, sehr mürbe. Im Salzkeuper setzt zwischen Püttlingen und Remeringen sowie zwischen
Johanns-Rohrbach und Leyweiler Gyps auf.

Mardellen finden sich nun sowohl im Gebiet der Keupermergel als besonders im Diluvium. Häufig beobachtete ich sie an
der Grenze von Diluvium und Keuper, da wo die besprochenen
Schotterablagerungen zu Tage gehen oder wo diese von nur wenig
mächtigem Lehm überdeckt sind.

Ohne geologische Karte ist es schwer auf die einzelnen Vorkommen hinzuweisen. Dieselben Erscheinungen hat man aber auf dem
bereits veröffentlichten Blatt Falkenberg der geologischen Spezialkarte von Elsaß-Lothringen, auf welcher Dr. E. Schumacher die
Mardellen mit Sorgfalt eingetragen hat. Ich halte es daher für
zweckmäßig, Blatt Falkenberg der eingehenderen Besprechung
zu Grunde zu legen. Um diesen Aufsatz nicht allzusehr auszudehnen — er soll keine Abhandlung über die Mardellen sein,

---

1. Unter diesen höher gelegenen Schottern treten am Unterlauf der Albe weiße
Tonsande heraus. Gleich beschaffene Sande stellte ich im Unter-Elsaß zum Pliocän; ob
auch den ersteren dasselbe Alter zukommt, will ich vorläufig unbestimmt lassen (vergl.
diese Mitteil. S. 320). Zwischen Geblingen und dem Rotfeld sind die Tonsande von den
überlagernden Geröllen durch eine dünne Bohnerzschicht getrennt.

sondern nur ein Hinweis auf eine bisher nicht beachtete Eigen-
tümlichkeit ihres Vorkommens — beschränke ich mich auch hier
auf denjenigen Teil des Gebietes, welcher südlich der Bahn von
Courcelles nach Beningen und westlich des an Buschdorf und
Vahlen vorbeifließenden Baches gelegen ist, schließe außerdem das
Liasplateau aus.

Außer den auf den Blättern Saaralben und Püttlingen ge-
nannten tieferen Abteilungen des mittleren Keupers, jedoch mit
Ausschluß des Schilfsandsteins, der hier, näher am Buschborner
Sattel, nicht zur Entwicklung gekommen ist, beteiligen sich am
Aufbau des in der angegebenen Weise begrenzten Gebietes
Lettenkohle, Hauptsteinmergel, Rote Mergel und Steinmergelkeuper.
Darüber folgt nach dem südlichen Kartenrand zu der obere
Keuper (Rhät). Diluvialablagerungen überdecken einen Teil sämt-
licher Abteilungen.

Im Gebiet der Lettenkohle sind Mardellen auf der Karte
nicht eingetragen; zahlreich sind sie jedoch in dem Kartenteil
eingezeichnet, in welchem der eigentliche Salzkeuper und die
bunten Mergel mit Quarz zu Tage gehen oder unter diluvialer
Bedeckung den Untergrund bilden.

Von der südwestlichen Ecke bis Maiweiler fehlen Angaben
über das Vorkommen von Mardellen. Die ersten treffen wir an
dem Rücken nordöstlich von Maiweiler gegen die Bruch-Mühle,
eine, die trocken ist, im Salzkeuper, an der Grenze gegen einen
kleinen Rest von Lehm, eine andere, wasserführende, im
Lehm.

Fassen wir den nächsten Hügel ins Auge, denjenigen, über
welchen die Straße von Maiweiler nach Falkenberg führt, so
finden wir eine nasse Mardelle eingezeichnet im Wald, 225 m
nordöstlich von der Kapelle, an der Grenze von Salzkeuper und
Lehm, eine weitere, ebenfalls nass, am Nordostrand des Waldes
an der Kurve 260, an einer Stelle, wo die Lehmbedeckung so
wenig mächtig ist, daß unmittelbar neben der Mardelle und in
diese eingreifend Salzkeuper zu Tage geht. Nordwestlich von
dieser Mardelle ist an der Grenze gegen den Salzkeuper geröllführender Lehm angegeben. Zwei trockene Mardellen liegen im

Salzkeuper auf der Nordseite der Straße, bei Bellevue, zwei
weitere im Lehm in der Nähe des Höhepunktes 260,4.

Südöstlich von diesem Hügel erstreckt sich gegen NO ein
zweiter schmaler Rücken, der sich nicht weit von der Römerstraße mit dem vorigen zusammenschließt und hier bereits in die
Roten Mergel und den Steinmergelkeuper eingreift. Eine läng-
liche Vertiefung zwischen den Kurven 275 und 280 neben der
Römerstraße mag vielleicht, wie mir Schumacher mitteilt, eine
alte Steingrube sein. Zwei echte Mardellen, naß, sind dagegen im
Lehm 500 und 700 nordöstlich von dieser Grube angegeben;
den Untergrund bilden Rote Mergel.

Zwei weitere nasse Mardellen sind nicht weit nordnordwestlich vom Bohnhaus eingetragen, die eine an der Grenze von
Lehm und Salzkeuper, die andere im Lehm.

Ein breiter Hügelzug zweigt sich vom Liasplateau am
Hohen Wald ab und erstreckt sich unter mehrfacher Gabelung
gegen Falkenberg. Ein Ast wird durch den Bach abgetrennt, der
an Ziegelscheuer vorbeifließt; an der Nordwestseite geht Salzkeuper zu Tage; Mardellen fehlen. Die Südostseite ist von Diluvium
eingenommen, in das südwestlich vom Hof mehrere nasse Mardellen eingesenkt sind. Eine derselben steht anscheinend ganz im
Lehm, bei der zweiten kommt unter Lehm Salzkeuper heraus, und
an der dritten ist außer Lehm geröllführender Lehm angegeben.

Im Hauptast fehlen Mardellen da, wo Rote Mergel und
Steinmergelkeuper zu Tage gehen, dagegen ist eine solche neben
der Straße von Chémery nach Bohnhaus in einer kleinen Lehm-
decke angegeben, die auf Steinmergelkeuper aufruht; sie ist
trocken. Weiterhin gelangt man in das Gebiet des Salzkeupers,
und hier stellen sich die Mardellen wieder häufig ein. Zunächst
sei diejenige am Westrand des Herr-Waldes genannt, in deren
Umgebung durch rote Punktierung eine Sandsteinzone im Salzkeuper eingetragen ist. Es sind Sandsteine, die Equiseten führen,
wie der Schilfsandstein, aber tiefer liegen als dieser und in
Lothringen, wie es scheint, nur lokale Verbreitung haben. Sie
wurden zuerst bei Mörchingen erkannt. Eine andere, aber trockene
Mardelle liegt am Südrand des Waldes, die Grenze zwischen

Lehm und Salzkeuper durchschneidet sie in der Mitte. Südöstlich von diesen beiden, 250 m von der Straße Landorf—Falkenberg, stößt man auf eine nasse Mardelle, die zwar im Lehm steht, deren Rand aber von der Grenze gegen den Salzkeuper berührt wird. Eine ganze Reihe von Mardellen beobachtet man in der Nähe der genannten Straße bis zum Höhepunkt 285. Ob die Vertiefung an der Abzweigung des Feldweges nach der Kapelle hierher zu rechnen ist, mag dahingestellt sein. Die drei neben der Scheune zusammen gruppierten Vertiefungen sind dagegen echte Mardellen, naß; eine liegt an der Grenze von Lehm und Mergeln des Salzkeupers, die andere an der Grenze von Lehm und der bereits erwähnten Sandsteinzone, die dritte an der Grenze dieser gegen die Mergel. Höher am Hang finden sich drei trockene Mardellen, die eine im Salzkeuper, die andere im Lehm, die dritte an der Grenze von Lehm und Keupermergel. An derselben Grenze erkennen wir eine nasse Mardelle im Herr-Wald, 300 m nördlich von der Kapelle, zwei trockene am Weg, der durch den Herr-Wald nach dem Hof Herrenwald führt. Genau südlich von diesem Hof, nahe neben der Straße nach Edelingen, am Waldrand, ist eine trockene Mardelle im Salzkeuper eingetragen. Die Mardelle südöstlich vom Hof, in der Höhe von 265 m, ist naß und liegt nahe der Grenze von Lehm und Salzkeuper; in unmittelbarer Nähe kommen geröllführende Lehme vor. Im geröllführenden Lehm sind 4 Mardellen eingesenkt auf dem Hügel, auf dessen Westseite sich die Straßen von Vahlen—Edelingen und Landorf nach Falkenberg treffen; eine befindet sich an der Grenze gegen den Salzkeuper, drei stehen im geröllführenden Lehm; zwei davon sind trocken, die dritte wasserführend. Der letzte Ast des Hügelzuges, der uns beschäftigt, zieht in fast nördlicher Richtung gegen die Dampfmühle oberhalb Falkenberg; er trägt zwei Mardellen, beide trocken, die südlichere im Salzkeuper an der Grenze gegen Lehm, die nördlichere in geröllführendem Lehm.

Ein Rücken von nur kurzer Erstreckung zweigt sich am Brunnenberg bei Chémery vom Liasplateau ab. In seinem steileren, dem letzteren genäherten Teil erkennen wir eine Mardelle im

Steinmergelkeuper, eine zweite im Lehm, der auf letzteren aufruht; beide sind trocken, desgleichen diejenigen des flachen
Teiles, von denen drei im Lehm auftreten, die vierte im Salzkeuper, aber umrandet von Lehm.

Auffallender Weise fehlen Mardellen an dem größeren Rücken,
der von Edelingen gegen Vahlen sich erstreckt.

Dagegen finden wir solche wieder auf dem schmäleren,
niederen, in derselben Richtung langgestreckten Hügel, der
seinen Anfang zwischen Buschdorf und Edelingen nimmt. Drei
liegen vollständig im Lehm, der Rand der 4. wird von der
Grenze gegen den Salzkeuper berührt. Sie ist naß, ebenso wie
die beiden im Lehm gelegenen.

Fassen wir die Beobachtungen zusammen, so erhalten wir für
die Verbreitung der Mardellen in Bezug auf ihren Untergrund
folgende Zahlen.

Es befinden sich Mardellen:.

	trocken:	naß:	im Ganzen:
im Keupermergel	7	1	8
an der Grenze von Diluvium und Keuper	7	11	18
im Diluvium	13	8	21
	27	20	47

Von den aufgezählten 47 Mardellen befinden sich demnach

in Keupermergel	17,0 Prozent
an der Grenze des Keupers gegen Diluvium	38,3 »
im Diluvium	44,7 »

In Beziehung zum Diluvium stehen 83 Prozent. Von den
angeführten Mardellen sind wasserführend:

im Keuper	12,1 Prozent
an der Grenze vom Keuper zum Diluvium	61,1 »
im Diluvium	38,0 »

Rund 90% liegen im Verbreitungsgebiet des Salzkeupers;
nur 10% im Verbreitungsgebiet der höheren Schichten des mittleren Keupers.

Für andere Gebiete mögen diese Verhältniszahlen wesentlich
anders ausfallen; auch wäre vielleicht das Verhältnis von trockenen
zu nassen Mardellen zu anderer Beobachtungszeit eine andere.

Vorläufig haben wir jedoch mit den vorhandenen Angaben zu rechnen.

Von den Mardellen im Keuper gehören 6 trockene den Mergeln des Salzkeupers an, eine dem Steinmergelkeuper; die als naß angeführte steht in der Sandsteinzone im Salzkeuper. Der Salzkeuperboden ist im feuchten Zustande ein sehr schwerer, anscheinend schwer durchlässiger Boden. Getrocknet zerfällt er zu einem Grus, und über die Felder schreitend gewinnt man mehr den Eindruck, als habe man einen Sandboden als einen Mergelboden unter den Füßen. Die Aufnahmefähigkeit für Wasser ist gleichfalls eine größere als man erwarten sollte, denn alle auf Salzkeuper stehende Ortschaften haben Brunnen, die, wenn sie tief genug reichen, genügend Wasser führen. Es bildet sich in den Mergeln ein Grundwasserstand heraus, der in abgeschwächter Form die Bodenoberfläche wiederspiegelt und in der Nähe der Täler in gleicher Höhe mit dem Grundwasser der Talsohle steht. Das Wasser im Salzkeuper versinkt also nicht allzu schwer in den Untergrund, und es wird erklärlich, warum die Mehrzahl der Mardellen zu den trockenen gehören.

Eine nasse Mardelle befindet sich am Westrand des Herr-Waldes in der dem Salzkeuper eingelagerten Sandsteinzone. Die Wasseransammlung wird hier durch die Auflagerung wasserdurchlässiger Schichten auf weniger durchlässigen bedingt sein; die Lage am Abhang ist gleichfalls derartig, daß sie eine Wasserführung erklärt.

Die meisten wasserführenden Mardellen, 83 %, stehen in Beziehung zum Diluvium; bei 38,3 % kann man ihre Lage unmittelbar an der Grenze gegen die Unterlage feststellen. Sie sind zu ²/₃ wasserführend. Vielfach erkennen wir auf Blatt Falkenberg an der Grenze von Diluvium und Keuper geröllführende Schichten; in sehr großer Ausdehnung haben wir sie in gleicher Lage von den Blättern Püttlingen und Saaralben erwähnt und haben betont, daß die Spezialaufnahmen sie in noch größerer Verbreitung nachweisen werden. Ihren vollen Umfang wird man aber nur durch Bohrungen ermitteln können. Solche würden auch sicher für Blatt Falkenberg eine größere Verbreitung der Geröllablagerungen unter dem

Lehm dartun. Waren diese Bildungen doch überhaupt bei der
ersten Bearbeitung durch G. Meyer übersehen worden! In dem
Gebiet, das wir berücksichtigt haben, bestehen sie, wie auf den
Nachbarblättern Püttlingen und Saaralben, soweit es sich auf
letzterem um Nebenflüsse der Saar handelt, aus Gesteinen des
mittleren und oberen Keupers. Es ist selbstverständlich, daß die
in den Boden einsickernden Wasser am leichtesten ihren Weg in
der geröllführenden Schicht finden, daß sich also an der Grenze
gegen den weniger durchlässigen Keuper ein, wenn auch wohl
schwacher Wasserstrom bewegt. Wird nun im überlagernden Lehm
ein Loch gegraben, das die Geröllschicht erreicht, so wird sich
in ihm, wenn es nicht gerade auf eine schmale Kante, sondern
am Gehänge liegt, Wasser sammeln können, wie in jedem Brunnen,
der in durchlässigen Schichten gegraben ist, die von weniger
durchlässigen oder undurchlässigen Schichten unterteuft sind.
Bei manchen nassen Mardellen, die heute ganz im Lehm zu
stehen scheinen, wird man vielleicht durch Bohrung die Geröll-
schichte im Untergrund feststellen können. Statt ihrer wird auch
vielfach vielleicht Sand angetroffen werden, wie solcher z. B. an
der Grenze von Keuper und Lehm in der Grube der Ziegelei
von Mörchingen vorhanden ist. Aber auch da, wo eine Geröll-
lage fehlt, mag vielleicht der Umstand, daß Lehm, der vielleicht
sandig ausgebildet ist, auf Mergeln liegt, genügen, um Wasser-
adern ihre Wege vorzuzeigen. Im Lehm selbst können sich außerdem einzelne Lagen durch Wasserführung von den anderen
unterscheiden; so erkennt man deutlich horizontal geschichteten
grandigen Lehm auf feinsandigem Lehm in der Ziegeleigrube bei
Remeringen. Liegt solch grandiger Lehm unmittelbar auf Keupermergel, so kann er sich recht wohl zu einer wasserführenden
Schicht gestalten.

Wir finden also die größte Zahl von Mardellen unter Be-
dingungen, unter denen in geringer Tiefe wasserführende Schichten
oder Lagen angetroffen werden oder werden können. Ist das
Zufall oder Absicht? Nur wenn wir nachweisen können, daß die
Vertiefungen natürliche Erscheinungen sind, dürfen wir von
Zufall sprechen. Schumacher hatte bei seinem ersten Versuch

zur Lösung der Frage natürliche Entstehung der Mardellen angenommen, fünf Jahre später sah er sie als uralte künstliche
Aushöhlungen an; schließlich sprach er sich dahin aus, daß die
meisten Mardellen wohl natürlichen Ursprungs sind, daß jedoch
auch manche auf künstlichem Wege entstanden sind. Einzelne
Mardellen werden auch nach meiner Ansicht durch Bodensenkungen
entstanden sein, besonders wird man im Kalkgebirge mit solchen
zu rechnen haben. Im Keuper mögen andere mit Auslaugungen
von Gyps und Salz in Zusammenhang stehen. Die Minderzahl der
Mardellen haben wir in dem berücksichtigten Gebiet aber da, wo
der Keuper zu Tage geht, also da, wo er der Auslaugung unmittelbar ausgesetzt ist, die Mehrzahl dagegen im Diluvium und
sehr viele an der Grenze des Diluviums gegen den Keuper. Es
liegt nun durchaus kein Grund vor, warum gerade hier natürliche
Senkungen am häufigsten sein sollen, und es ist deshalb kaum
Zufall, daß die Mardellen so häufig bis in Wasser führende
Niveaus eingesenkt sind.

Sie verdanken also eher einer Absicht ihre Entstehung,
der Absicht, sich Wasser zu verschaffen; sie sind, wenigstens die
meisten, künstlicher Entstehung. Die Absicht mag zunächst darin
bestanden haben, in den ausgehobenen Gruben das auf diesen
Bodenabschnitt gefallene Regenwasser zu sammeln, später erst
mag sich die Erkenntnis zugesellt haben, daß gewisse vorhandene
Bedingungen mit größerem Vorteil zu demselben Zweck ausgenutzt
werden könnten. Aus der Anlage von Zisternen entwickelte sich
diejenige unvollkommener Brunnen.

Im Gebiet des Salzkeupers, das uns hauptsächlich beschäftigt,
hat der heutige Lothringer seine Wohnstätten in der Nähe der
Talfurchen. Die Dörfer greifen zum Teil auf die Talsohle über,
die Mehrzahl der Häuser liegen aber im unteren Teil der Gehänge.
Die Wasserversorgung geschieht durch Brunnen, früher Zieh-
brunnen, die erfreulicher Weise immer mehr, wenn auch langsam,
durch Pumpbrunnen verdrängt werden. Man sollte nun denken,
daß auch die früheren Bewohner sich hauptsächlich an den zahlreichen kleineren und größeren Wasserläufen angesiedelt hätten,
welche das Salzgebiet durchziehen. Es ist aber damit zu rechnen

daß die Täler damals wohl alle stark versumpft, die Wasser stark
moorig waren. Solche moorige Wasser oder Moderwasser[1] waren
aber auch dem damaligen Bewohner nicht zuträglich, und so be-
gnügte er sich mit weniger aber reinerem Wasser, das ihm die
Mardellen boten. Die heute zu beobachtende Versumpfung der
Mardellen ist eine Erscheinung, die sich jedenfalls erst später
herausbildete.

Der Salzkeuper nimmt die flacheren Gebiete Lothringens
ein; in den weniger flachen Teilen ist das Gefälle der Wasserläufe größer, auch treffen wir in diesen vielfach Quellen. Die
Ansiedelungen konnten deshalb unmittelbar an den vorhandenen
Wassern erfolgen, und wir finden Mardellen dort nur in beschränkter Verbreitung.

Ein Teil der Mardellen bezeichnet sicher die Stelle alter
Pfahlbauten, wie der Fund bei Altripp und andere dartun. Es
wird aber wohl nur der weitaus geringere Teil sein. Immerhin
sind weitere Ausgrabungen von Mardellen zur Klärung der Frage
erforderlich. Dringend notwendig ist es aber, gleichzeitig die
geologischen Verhältnisse, unter denen die Mardellen sich finden,
durch einen Geologen möglichst genau festzustellen, neben den
Beobachtungen über Tage womöglich durch Ziehen von Gräben
oder, was einfacher ist und doch gute Anhaltspunkte verschafft,
durch Bohrungen in der Umgebung.

Daß es sich bei den Mardellen vielfach um Wasserbehälter
handelt, unabhängig von der Frage, ob sie künstlich oder natürlich
sind, ist ja mehrfach auch von anderer Seite angenommen worden.
Eine besondere Stütze glauben wir dieser Ansicht durch den
Nachweis gegeben zu haben, daß die Mardellen des besprochenen
Gebietes unter Bedingungen angelegt sind, welche der Gewinnung
von Wasser, wenn auch nur von verhältnismäßig geringen Mengen,
günstig sind.

---

1. Der Mutterbach bei Püttlingen ist wohl nichts anderes als ein alter Moder-
bach; DE BOUTEILLER (Dictionnaire topographique de l'ancien dép. de la Moselle, Paris
1874, S. 184) gibt dann auch für das Jahr 1779 den Namen La Moter an.

———∞◇∞———

Über einige Granite der Vogesen.

Von Landesgeologe Dr. L. van Werveke.

I. Drei-Ährengranit und Bilsteingranit.

Zu den schwierigsten geologischen Aufgaben gehört in vielen
Fällen die Unterscheidung von Granit und Gneis, und ein und
derselbe Gesteinskörper ist zu verschiedenen Zeiten und von verschiedenen Forschern bald zu diesem, bald zu jenem gestellt
worden. In unseren deutschen Vogesen ist es besonders das Gebiet
zwischen dem Strengbachtal bei Rappoltsweiler und dem Münstertal, für welches bisher die Frage, ob man es mit Granit oder
Gneis zu tun hat, verschieden beantwortet wurde.

Die geologische Karte, welche der Statistique générale du
département du Haut-Rhin von ̃Penot[1] beigefügt und, wie wir
an anderer Stelle erfahren, von Voltz gezeichnet ist, bringt für
dieses Gebiet nur Granit zur Darstellung. Auch nach der geologischen Übersichtskarte von Delbos und Köchlin-Schlumberger[2] soll dieser Teil des Gebirges der Hauptmasse nach aus
Granit bestehen, Gneis wird nur in einzelnen Schollen in der
Umgebung von Drei-Ähren angegeben. Eine derselben bildet
den bekannten Ausflugs- und Aussichtspunkt des Galz.

Eine wesentlich andere Darstellung bringt die geologische
Übersichtskarte von Elsaß-Lothringen von E. W. Benecke[3] im
Maßstab 1: 500 000. Auf dieser verläuft eine Grenze zwischen
Gneis und Granit von Weier im Tal gegen den Kalblin bei

---

1. Mülhausen 1831.
2. Delbos et Köchlin-Schlumberger, Description géologique et minéralogique du
département du Haut-Rhin, Mulhouse 1866, T. I. p. VI.
3. Straßburg 1892.

Altweier; westlich von dieser Linie ist Kammgranit eingezeichnet, östlich bis an den Gebirgsrand von Rappoltsweiler bis
Ammerschweier Gneis. Vom letzteren Ort bis Türkheim setzt
ein besonderer Stock eines zweiglimmerigen Granits den vorderen
Teil des Gebirges zusammen.

Die Zeichnung beruht auf den Aufnahmen von E. Cohen,
dem wir auch kurze Mitteilungen über die hier vorkommenden
Gesteine verdanken[1]. Die geologische Landessammlung birgt
zahlreiche schöne Belegstücke zu diesen Arbeiten.

Ich hatte im vorigen Sommer Gelegenheit, den größten
Teil des fraglichen Gebietes geologisch zu untersuchen und
bin zu anderer Auffassung der Verhältnisse gekommen. Nur
ein Teil des «Gneis» kann als solcher gedeutet werden,
einen anderen Teil spreche ich als Granit an, und in
einem dritten Teil findet eine vollständige Durchdringung von
Granit und Gneis statt. Hierzu bemerke ich, daß ich als Gneis
nur solche Gesteine von der dem Granit und Gneis eigenen
mineralogischen Zusammensetzung bezeichne, deren Entstehung in
erster Linie auf Vorgänge der Sedimentation zurückzuführen ist;
gneisähnliche Gesteine, die nach ihrem geologischen Auftreten
als massige anzusehen sind, fasse ich dagegen als Granit auf und
bringe die gneisähnliche Struktur durch Beiworte, durch flasrig,
schiefrig, parallelstruiert u. s. w. zum Ausdruck. Diese Granite
werden vielfach als Granitgneise bezeichnet; Rosenbusch wendet
für sie den Namen Orthogneis an, für die durch Sedimentation
enstandenen Gneise aber die Bezeichnung Paragneis.

Als granitisch sehe ich das Gebiet an, in welchem Delbos
und Köchlin-Schlumberger ihre Gneisschollen ausgeschieden
haben, nämlich die weitere Umgebung von Drei-Ähren. Soweit
bis jetzt erkannt ist, verläuft die westliche Grenze ziemlich gradlinig in nordsüdlicher Richtung von der Westseite des Frauen-
Kopfes bei Drei-Ähren gegen den Ostfuß des nördlichen Vor-
hofes und fällt auf dieser Strecke mit der auf der Übersichts-

---

1. Das obere Weilertal und das zunächst angrenzende Gebirge. — Abhdl. z. geol.
Spezialk. v. Els.-Lothr. Bd. III, Heft 3. 1889.

karte zwischen Granit und Gneis angegebenen Grenze zusammen. Am Ostfuß der genannten Höhe, die, wie auch der südliche Vorhof, aus Buntsandstein besteht, wendet sich die Grenze ziemlich scharf gegen Osten und erleidet, etwa 1/2 km bevor sie Kaysersberg erreicht, eine Umlenkung gegen SW. Mit mehrfachen Ausbuchtungen verläuft sie nun über den Firtischberg und Sommerberg gegen das Meiwiher—Köpfle.

Gute Aufschlüsse trifft man an der Straße von Ammerschweier nach Drei-Ähren, besonders am Galz. Hier haben wie schon erwähnt, Delbos und Köchlin-Schlumberger eine Gneisscholle angegeben.

Die Gesteine sind kleinkörnig, ziemlich glimmerarm. Der Glimmer, Biotit, ist in Streifen und Flasern angeordnet, schließt sich aber nie zu Lagen zusammen, so daß man an keinem Aufschluß den Eindruck erhält, als habe man ein geschichtetes Gestein vor sich, und dem Geologen nie der Gedanke kommt, etwa Streichen und Fallen bestimmen zu wollen. Vielfach ist eine deutlich gewundene Struktur zu erkennen. Am Wege von Ammerschweier nach Zell läßt sich sowohl nach dem östlichen als nach dem westlichen Rande des Vorkommens zu eine Verfeinerung des Korns nachweisen.

Aus der Beschaffenheit der am Galz anstehenden Felsen hatte Herr Professor Bücking, wie er mir mündlich mitteilte, auf Granit geschlossen. Für mich wurde das geologische Auftreten für die Unterscheidung der Frage, ob man es mit Granit oder Gneis zu tun hat, maßgebend. Das Gestein setzt nämlich stockförmig in seiner Umgebung auf und muß deshalb als Eruptivgestein aufgefaßt werden. Die erwähnte Verfeinerung des Kornes zeigt die Nähe des Salbandes an.

Um seine selbständige Stellung hervorzuheben, bezeichne ich den Stock als Drei-Ährengranit.

Es frägt sich noch, ob die für Granite ungewöhnliche Streifung und Flaserung, die früher die Veranlassung war, das Gestein als Gneis zu deuten, eine ursprüngliche oder nachträgliche ist. Gegen nachträgliche Entstehung der Parallelstruktur, etwa durch Gebirgsdruck, wie solcher für parallelstruierte Granite (Eruptivgneise,

Gneisgranite) vielfach angenommen wird, spricht der Umstand, daß die den Stock umgebenden Gebirgsmassen, die älter sind als dieser selbst, derartige Erscheinungen nicht zeigen. Wäre die Struktur durch nach der Erstarrung auf den Gesteinskörper wirkende gebirgsbildende Kräfte erzeugt worden, so würde auch die Umgebung mitbetroffen worden sein. Es bleibt also nur die Annahme ursprünglich paralleler und fluidaler Anordnung der Glimmerblättchen während des Aufbruches des Gesteines und vor seiner Verfestigung.

Als ursprünglich flasrigen Granit hat man, nach meiner Ansicht, auch den Bilsteingranit anzusehen. Auf den schon erwähnten Karten von Voltz sowie von Delbos und Köchlin-Schlumberger ist er nicht als besonderer Gesteinskörper unterschieden sondern mit den benachbarten Graniten zusammengefaßt. Bei seinen Aufnahmen in den mittleren Vogesen hatte Cohen[1] diesen gangartig gestreckten Stock als besonderen Gesteinskörper auf seinen Karten ausgezeichnet und als flasrigen, zweiglimmerigen Gneis aufgefaßt, der lokal in körnigen Gneis übergeht. Nachdem ich denselben als Granit gedeutet hatte,[2] gláubte Cohen[3] annehmen zu müssen, dass jedenfalls ein Lagergranit von hohem Alter vorliege, der gleichzeitig mit dem ganzen Gneissystem aufgerichtet worden sei. Ich selbst hatte die Altersfrage zunächst nicht berührt, auch nicht die Frage, zu welcher Zeit der Granit die ihm eigentümliche Streckung in der Streichrichtung erfahren hat. Die in Gemeinschaft mit Herrn Professor Benecke veröffentlichte Mitteilung über das Rotliegende der Vogesen brachte dann die Angabe, daß die Schieferung des Granits eine nachträgliche sei[4], während ich mich im Bericht über den Ausflug der deutschen geologischen Gesellschaft in der Umgebung von Rappoltsweiler auf die Erwähnung der Tatsachen beschränkt habe.[5] Auf Blatt

---

1. l. c. 139.
2. Geognostische Untersuchung der Umgegend von Rappoltsweiler. — Mitteil. geol. Landesanstalt v. Els.-Lothr. Bd. I, 179—201. 1888.
3. l. c. 140.
4. Mitteil. geol. Landesanstalt v. Els.-Lothr. Bd. III, 96. 1890.
5. Bericht über einen Ausflug nach Rappoltsweiler. Zeitschr. Deutsch. geol. Ges. Bd. 44, 573—575. 1892. Bemerkungen zu einigen Profilen durch geologisch wichtige Gebiete des Elsaß. — Mitteil. geol. Landesanstalt v. Els.-Lothr. Bd. IV, 73—75. 1892.

Colmar der Carte géologique détaillée de la France, veröffentlicht 1898, ist der Gesteinskörper unter den terrains crystallo-
phylliens als gneis granulitique ausgeschieden. Im Jahre 1897,
gelegentlich eines Ausfluges der Philomathischen Gesellschaft nach
Altweier, sprach ich mich zum ersten Male bestimmt dahin aus,
daß die Streckung eine ursprüngliche, mit dem Aufbruch des
Gesteins entstandene sei[1]. Von Seiten einiger Teilnehmer wurde
mir heftig widersprochen[2]; besonders wurde hervorgehoben, daß
der Muscovit des Gesteins nur auf eine nachträgliche, dynamo-
morphe Einwirkung zurückgeführt werden könne. Es genügt, auf
den nur wenig weiter nördlich durchsetzenden, ebenfalls zweiglimmerigen Bressoirgranit hinzuweisen, der keine Streckung oder
sonstige Wirkung einer Dynamometamorphose zeigt, um diesen
Einwurf hinfällig zu machen. An der ursprünglichen Entstehung
der Streckung hielt ich in dem gemeinsam mit den Herrn Benecke,
Bücking und Schumacher veröffentlichten geologischen Führer
durch das Elsaß fest.[3] Allmählich hat man aber auch anderwärts
durch die Arbeiten von Weinschenk, Klemm, Sauer u. A. eine solche
Zahl von Fällen kennen gelernt, in denen ursprüngliche Streckung
oder parallele Anordnung der Gemengteile von granitischen
Gesteinen, also Streckung vor ihrer vollständigen Erstarrung anzunehmen ist, daß eine solche Annahme für den Bilsteingranit
nicht mehr zu gewagt erscheint. Neben dieser Streckung vor der
Erstarrung mag noch eine Zertrümmerung gleich nach der Verfestigung vorliegen. Man kann sich vorstellen, daß die Wände,
zwischen welche der Einbruch der Gesteinsmasse erfolgte, sich
passiv verhielten, daß sie, abgesehen von einem Auseinander-
weichen, keiner anderen Bewegung unterworfen waren. Es ist
aber auch denkbar, daß die Wände während des Aufbruches des
Massengesteines sich gegeneinander verschoben haben, und daß
diese Verschiebung auch nach der Erstarrung des Gesteins fortdauerte. Die Verschiebung kann auf der Herausbildung einer

---

1. Überblick über den geologischen Bau der Umgebung von Rappoltsweiler. —
Mitteil. der Philom. Gesellsch. 1897, 5. Jahrg., 1. Heft, S. 5.
2. Ebenda, 2. Heft, S. 54.
3. Berlin 1900. S. 321.

Verwerfung oder einer Überschiebung beruhen, wobei die Bewegung senkrecht auf die Streichrichtung der Störungslinie oder
doch in einer von der senkrechten wenig abweichenden Richtung
erfolgt zu denken wäre. Die Verschiebung kann aber auch längs
der Streichrichtung selbst erfolgt sein. Daß tatsächlich Störungen
der letzteren Art in unserem älteren Gebirge vorkommen, habe
ich für das Wesserlinger Tal nachgewiesen.[1] Zu der Erscheinung
der primären Streckung und der damit häufig verbundenen Protoklase, d. h. den Zertrümmerungen vor der vollständigen Erstarrung, treten, wenn die Bewegung nach der Erstarrung fortdauert,
diejenigen der Kataklase, d. h. der Zertrümmerung nach der

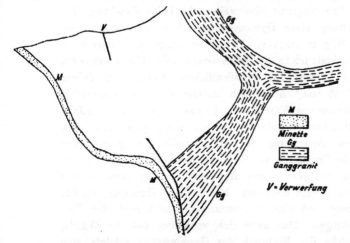

vollständigen Erstarrung. Beide Erscheinungen scharf auseinander
zu halten, ist schwer.

Ohne näher auf die einschlägige Literatur einzugehen, sei
hier nur auf die letzte kurze Mitteilung hingewiesen, welche
Klemm auf der vorjährigen Versammlung der Deutschen geologischen Gesellschaft in Halle über Ganggranite von Großsachsen
gemacht hat.[2] In dem Gang, der auf der vorstehenden, jener
Mitteilung entnommenen Zeichnung, dargestellt ist, folgt, wie die

1. Mitteil. geol. Landesanstalt v. Els.-Lothr. Bd. IV, 1898, S. XCVIII.
2. Zeitschr. Deutsch. geol. Ges. Bd. 53, S. 49.

Strichelung andeutet, die Richtung der Streckung der Quarze sowie überhaupt die Parallelstruktur des Gesteins auf's Genaueste der Krümmung der Gangränder.

«Es ist unzweifelhaft», sagt der Verfasser, «daß die verästelte Form dieses Ganges eine ursprüngliche sein muß, die nicht etwa durch eine spätere Faltung erzeugt sein kann. Denn der Granit des Salbandes, dessen Struktur trotz seiner grusigen Verwitterung vollkommen deutlich erhalten ist, trägt nicht das geringste Zeichen einer Pressung an sich.»

Bei diesem Gang sowie bei den parallel struierten Granit-stöcken, deren Parallelstruktur man in der petrographischen Literatur meist auf spätere Quetschung, auf Dynamometamorphose zurückzuführen bestrebt ist, sieht Klemm die Ursache der parallelen oder fluidalen Anordnung der Gemengteile in dem gewaltigen Druck, unter dem die Gesteine bei ihrer Injektion in die um-gebenden Gesteine standen, und während dessen Einwirkung die Ausscheidung der Mineralgemengteile erfolgte.

Der Drei-Ährengranit ist jünger als der Kammgranit, da er in den Rand dieses Stockes, der hier eine eigentümliche, noch zu besprechende Ausbildung zeigt, eingebrochen ist. Wahr-scheinlich gilt dasselbe für den Bilsteingranit. Bei Urbach habe ich dieselbe eigentümliche Randzone neben dem südlichen Salband des Bilsteingranites aufgefunden. Wird sie sich, wie ich vermute, auch auf der Nordseite desselben nachweisen lassen, so wird kein Zweifel mehr darüber bestehen können, daß auch dieser Stock, wie der wenig weiter nördlich durchsetzende, gleichfalls zwei-glimmerige Bressoirgranit, jünger als der Kammgranit ist.

2. Eine eigentümliche Randausbildung des Kammgranits.

Der bedeutendste, zugleich der mannigfaltigst entwickelte Granit-stock der Vogesen ist der Kammgranit, von Groth[1]) so benannt, weil er auf längere Erstreckung den Kamm der Vogesen zusammen-

1. Das Gneisgebiet von Markirch im Ober-Elsaß. — Abhandl. z. geol. Spezialk. v. Els.-Lothr. Bd. I, 484.

setzt, nämlich vom Drumont bis nördlich der Markircher Höhe.
Nach seiner Struktur und seiner mineralogischen Zusammensetzung
ist er als porphyrartiger Biotitgranit zu bezeichnen. Als Einsprenglinge erscheint weißer Orthoklas; die klein- bis mittelkörnige
Zwischenmasse besteht aus Biotit, Quarz, Orthoklas und grünlichem
oder rötlichem Plagioklas, zu dem sich vielorts, besonders bei
Markirch, eine bräunlichgrüne, dünnsäulenförmige Hornblende gesellt. Der Biotitgehalt schwankt sehr stark, und neben hellen,
glimmerarmen Abarten hat man dunkle, glimmerreiche. Ebenso ist
die Größe der Einsprenglinge eine sehr verschiedene, nicht minder
ihre Anordnung, die oft eine deutlich gestreckte (fluidale) ist.
Dadurch entstehen eine große Menge von Gesteinsabarten, welche
aber stets ein eigentümliches, in Worten kaum wiederzugebendes
Aussehen besitzen, wodurch sich ihre Zugehörigkeit zum Kammgranit doch immer wieder zu erkennen gibt.

Wie die Hauptmasse des Stockes, so zeigt auch der Rand
verschiedenartige Ausbildungsweise. Südlich vom Münstertal hat
der Kammgranit in Berührung mit der Grauwacke seine porphyrartige Struktur eingebüßt; sie ist durch eine feinkörnige ersetzt,
und ein Mantel feinkörnigen Granits trennt die porphyrartige
Hauptmasse vom durchbrochenen Schichtgestein. Sehr deutlich
erkennt man die feinkörnige Zone z. B. am Gipfel des Kleinen
Belchen, wo ihr eine Breite von 125—150 m zukommt; gegen N
absteigend gelangt man aus derselben in gewöhnlichen Kammgranit, gegen Süden, unmittelbar unterhalb des trigonometrischen
Steines, trifft man Hornfelse.

Eine andere Randausbildung im Tale des Streng-Baches bei
Rappoltsweiler habe ich früher als Glashüttengranit bezeichnet.[1]
Von dem normalen Kammgranit zeichnet er sich durch eine große
Zahl von fluidal angeordneten Feldspäten und durch hohen
Glimmergehalt aus. Er ist besonders im oberen Teil der Glas-
hüttentäler verbreitet, wo er so allmählich in den normalen

---

1. L. van Werveke, Geognostische Untersuchung der Umgegend von Rappoltsweiler.
Mittel. geol. Landesanstalt von Elsaß-Lothringen, Bd. I (1888) 185. — Bemerkungen
zu einigen Profilen durch geologisch wichtige Gebiete des Elsaß. Mittell. geol. Landesanstalt von Elsaß-Lothringen Bd. IV (1893) 73.

Granit übergeht, daß es unmöglich sein wird, auf den Karten eine Grenzlinie zu ziehen. COHEN[1] drückt sich hierüber in folgenden Worten aus: «Der Habitus wird in so hohem Grade gneisähnlich, daß ich lange zweifelhaft war, ob nicht in der Tat Gneis vorliege, und zwar um so mehr, als gelegentlich dünnschiefrige Partien vorkommen. Das Fehlen jeglicher scharfen Grenze gegen den normalen Kammgranit zwingt aber zur Annahme einer schiefrigen Varietät mit Einschlüssen von Gneis oder mit gewöhnlichen Ausscheidungen.»

Ganz andere Verhältnisse treffen wir wieder bei Kaysersberg und Ammerschweier. Hier umrandet ein feinkörniger, glimmerreicher Gneis, der ziemlich flache Lagerung zeigt, den Kammgranit, der zwischen die Schichtflächen des Gneis teils in dicken Bänken, teils in dünnen Adern eingebrochen ist. Im ersteren Fall ist die porphyrartige Struktur und das bezeichnende Aussehen des Granits erhalten geblieben, im zweiten Fall haben sich anscheinend rein körnige Varietäten entwickelt, die man ohne den geologischen Zusammenhang wohl kaum als Teile des Kammgranitstocks erkennen würde. Gestreckte Anordnung der größeren Feldspate ist in den dickeren Bänken eine häufige Erscheinung. Die Einschaltung der massigen Bänke und Adern in dem glimmerreichen Gneis erinnert an Wechsellagerung von körnigem und schiefrigem Gneis, doch zeigt eine genauere Betrachtung, daß zweifellos eine Durchdringung von Gneis durch Granit vorliegt.

Soweit bis jetzt bekannt ist, beginnt diese Randzone des Kammgranits unmittelbar nördlich vom Meiwihr-Köpfle bei Ammerschweier, setzt den östlichen Teil des Sommerberges und Firtischberges zusammen, wo ihr eine Breite bis zu 1,5 km zukommt, und zieht als 0,5 km breiter Streifen auf der Südseite der Weiß gegen den Galgen-Kopf, wo sie in den normalen Granit übergeht. Auf der Nordseite der Weiß kenne ich sie vorläufig nur von der Ruine Kaysersberg bis zum Forsthaus Toggenbach, dann unterhalb Ursprung, im oberen Teil des Brittel-Tälchens, schließlich an der

1. E. COHEN, Das obere Weilertal und das zunächst angrenzende Gebirge. — Abhdl. 2. geol. Spezialk. v. Els.-Lothr. III, 189, S. 222.

Kapelle bei Urbach, im Kontakt mit dem Bilssteingranit. Auch an
diesen Punkten ist der Übergang in den gewöhnlichen Kammgranit erkennbar.

Gute Aufschlüsse beobachtet man besonders in der Umgebung
von Kaysersberg.

Am westlichen Ende der Stadt, unmittelbar vor dem Tore,
durch welches die Schmiedgasse ihren Abschluß findet, befindet
sich ein alter Steinbruch, an dessen der Stadtmauer zugewendeten
Seite ein Zickzackpfad nach der Kaysersberger Schloßruine hinauf-
leitet.

Nimmt man gegenüber dem Steinbruch Aufstellung, so erkennt
man etwa in der Mitte des Bildes leicht einen schmalen, von links
oben nach rechts unten durchziehenden Streifen zersetzter Gesteine,
der eine Kluft andeutet. Auf der östlichen Seite dieser Störung
hat man auf eine Höhe von beinahe 3 m in flacher Lagerung ein
körniges, glimmerführendes Gestein mit vereinzelten porphyrischen
Feldspaten, z. T. Karlsbader Zwillingen, das an manche durch
Fluidalstruktur ausgezeichnete Varietäten des Kammgranits erinnert.
Es reicht bis dicht über den ersten Knick des Fußpfades.

Darüber folgt eine gleichfalls flach gelagerte Schale von
glimmerreichem Gestein, die an einer Stelle, senkrecht unter einem
vorspringenden Mauerrest, nahezu 3 m mißt, nach beiden Seiten
aber an Mächtigkeit etwas verliert. Die dunkle, glimmerreiche
Hauptmasse ist parallel ihrer Schichtung stark von feldspatreichen
Schnüren durchzogen, die meist nur wenige Millimeter dick sind.
Daneben kommen dickere, auskeilende Adern vor, die meist 1 bis
3 cm, selten 8 cm messen; letztere lassen stellenweise porphyrartig ausgeschiedene Krystalle von Feldspat erkennen.

Ein im Mittel 12 cm dicker Gang von feldspatreichem Granit
durchsetzt die Schale im Winkel von 15°—25°.

Etwa in der Mitte zwischen dem ersten und zweiten Knick
des Weges beginnt ein graues, vorwiegend kleinkörniges, massig
aussehendes Gestein mit vereinzelten kleinen Feldspatkrystallen.
Es ist fest mit der unterlagernden glimmerreichen Schale verwachsen und durch Adern von mittelkörnigem Gestein etwas
schlierig. Die Lagerung ist flach, die Mächtigkeit beträgt 2,30 m.

Unter dem schon erwähnten Mauerrest durch läßt er sich gegen Westen bis an den Sprung deutlich verfolgen und sendet auf dieser Strecke an zwei Stellen Apophysen in das hangende Gestein. An der eruptiven Natur dieses Gesteines ist nicht zu zweifeln; es ist ein Aplit.

Über dem zweiten Knick des Fußpfades erreicht man eine mächtigere, von einem Ganggranit durchzogene Schale, in welcher glimmerreiche, dunkelbraune, schiefrige Gesteine vorwiegen; sie sind in der mannigfachsten Weise von einem kleinkörnigen, wenig glimmerführenden Gestein durchsetzt. Die Durchsetzung erkennt man am besten rechts vom Pfad, an einer senkrecht abgerissenen Wand; das glimmerreiche Gestein ist in horizontalen flachen Linsen oder in verbogenen Schollen in der einheitlich und massig aussehenden, auf den ersten Blick anscheinend körnigen Masse eingebettet. Auf angewitterten Flächen erkennt man jedoch an den Feldspaten durchgehends krystallographische Umgrenzung. 6 Schritte oberhalb des Mauerrestes zeigt sich in einer körnigen Einlagerung eine pegmatitische Ausscheidung; 7—8 Schritt vor der nächsten Umbiegung setzt ein Trum von Granit mit krystallographisch umgrenzten Feldspaten senkrecht durch den Gneis.

Glimmerreiche Gesteine in flacher Lagerung walten auch weiter oberhalb bis zur 5. Kehre des Pfades vor, immer aber durchsetzt von körnigem Gestein, das bald zu über Meter mächtigen Schalen anschwillt, bald sich in dünnen Adern zwischen das Glimmergestein einklemmt, auch Einschlüsse von letzterem umfaßt.

20 Schritte oberhalb der 5. Kehre treten von links her Felsen von kleinkörnigem, glimmerführendem Gestein mit vereinzelten kleinen Feldspateinsprenglingen an den Pfad heran und senken sich nach rechts in den alten Schloßgraben. Etwas weiter überschreitet man grobkörnigere Gesteine mit größeren Feldspaten und einige Schritte rechts von der 6. Kehre, dicht vor dem Turm der Ruine, hat man dicke Schalen eines porphyrartigen Gesteins, das an Kammgranit erinnert. Die Schalen setzen unter dem Turm fort und stehen auch westlich von diesem im Felsen an, hier wieder mit Einschlüssen von Glimmergestein.

Das ganze Profil zeigt demnach flachschaligen Aufbau.

Die beschriebenen auf den ersten Blick rein körnigen, bisweilen porphyrartigen Gesteine sind als eruptiv anzusehen, die schiefrigen Gesteine sind biotitreicher Gneis. Erstere sind in letzteren eingedrungen und haben ihn z. T. aufgeblättert, z. T. umfaßt. Wegen der Nähe des Kammgranitstockes und der großen Ähnlichkeit, welche besonders die dickern Bänke mit dem Kammgranit zeigen, kann man sie nur als Apophysen dieses Stockes ansehen, wie dies schon oben angegeben wurde.

Die Rundung, welche die Felsen an der Wolfgangkapelle in der Nähe des Bahnhofes Kaysersberg in den einzelnen Stufen welche die Erosion geschaffen, erkennen lassen, beruht gleichfalls auf flachschaligem Aufbau. An der nach Ost schauenden Wand erkennt man zu unterst eine Schale von körnigem Granit mit wenigen Feldspateinsprenglingen und spärlichen Einschlüssen. In halber Höhe des Daches des unterhalb der Kapelle stehenden Hauses beginnen einschlußreiche Schalen und halten bis zu dem Absatz an, über den man das Dach der Kapelle herausragen sieht. Der über diesem Absatz steil ansteigende Felsen besteht aus einschlußfreiem Granit, der körnig und glimmerreich ist und nur wenige größere Feldspate umschließt. Die Glimmerblättchen setzen in Lagen parallel den Begrenzungsflächen der Schale durch das Gestein, und in ebensolchen Flächen liegen hauptsächlich die Feldspate, wiewohl sie sich auch manchmal quer dazu stellen. Nur ab und zu bemerkt man eine Schliere, welche reicher an porphyrischem Feldspat ist.

Die einzelnen Granitschalen unterscheiden sich also besonders durch den verschiedenen Gehalt an Gneiseinschlüssen.

Die Mineralgemengteile, durch deren Anordnung die Streckung zum Ausdruck kommt, der Biotit und die größeren Feldspate, zeigen also hier genau die gleichen Beziehungen zu der hangenden und liegenden Grenze der Granitbänke wie die langgezogenen Quarze in den Großsachsener Graniten zu den Salbändern der Gänge. Sie liegen parallel zu den Begrenzungsflächen, mit der Richtung ihrer größten Ausdehnung in derjenigen Richtung, in welcher der Einbruch der Massengesteine in's Nebengestein erfolgte.

Deutliche, fast horizontale Granitschalen läßt ferner der wenige

Schritte weiter an der Straße nach Ammerschweier gelegene Steinbruch erkennen. Der Granit ist in einzelnen Schalen fast rein,
in andern ist er stark durchspickt von Einschlüssen meist glimmerreicher Gesteine, die vielfach an Hornfels erinnern, aber nicht
wohl anders denn als Gneis gedeutet werden können. Daneben
kommen mehrfach Einschlüsse eines festen, körnigen Gesteins vor,
das sich bei der mikroskopischen Untersuchung als Kalksilikatfels mit Granat zu erkennen gab. Im ersteren Fall ist der Granit
deutlich fluidal sowie durch größere Feldspatkrystalle porphyrartig ausgebildet und erinnert sehr an manche glimmerreiche Abarten des Kammgranits; im zweiten Fall ist er anscheinend körnig,
aber man erkennt auf Verwitterungsflächen, daß die Feldspate
regelmäßig umgrenzt sind. Er weist also genau dieselben Strukturen auf, wie am Pfad unterhalb der Ruine Kaysersberg. Am
linken Ende des Bruches gewahrt man dünne Gänge von glimmerreichem, aplitischem Granit. Ein größerer Gneiseinschluß ist
senkrecht zur Schichtung von einer Ader des Kammgranit ähnlichen Gesteins durchbrochen; an der Eruptivnatur dieses Gesteins
ist also nicht zu zweifeln.

Lehrreich in Bezug auf die Verhältnisse an der Grenze von
Granit und Gneis ist auch der Weg, welcher von dem nach dem
Forsthaus Toggenbach führenden Wege nach dem Walde Sittweg
abzweigt. An der Gabelung hat man wellig verbogenes, glimmerreiches Gestein, das von dünnen Adern eines körnigen Gesteins
durchsetzt ist; ein 0,60 m dicker Trum Granit setzt quer über
den Weg. Die nächsten 20 m wiegt noch das glimmerreiche Gestein vor, dann nehmen unregelmäßige Massen und Adern von
Granit überhand, und die glimmerreichen und andere dunkle Gesteine erscheinen zum Teil als Einschlüsse. Bei etwa 40 m vom
Beginn des Aufschlusses nehmen die Einschlüsse an Menge ab
und bei 90 m treten sie ganz zurück. Der Granit ist porphyrartig,
typisch kammgranitartig, wo er rein ist, dagegen körnig, wo er
reichliche Einschlüsse birgt.

Der Steinbruch unterhalb des Forsthauses Toggenbach schließt
flach gelagerte, harte, hornfelsartige Gesteine auf; im nördlichen Teil des Bruches sind sie von Adern, an einer Stelle auch

von einer etwas dickeren Masse von körnigem Granit durchbrochen.
Auf dem ganzen Wege unterhalb dieses Steinbruches bis zum
Austritt ins Tal des Weiß-Baches beobachtet man fortwährend den
Wechsel flacher Schalen von reinem, porphyrartigem Granit und
von solchem, der stark von Gneiseinschlüssen durchsetzt ist.

Im Tal, das von Ammerschweier in westlicher Richtung gegen
Zell heraufzieht[1], ist die Randzone durch den Stock des Drei-
Ährengranits zerrissen. Hinter dem Wasserreservoir ist Gneis,
von Granitadern durchsetzt, aufgeschlossen. 250 m weiter ist in
einem Steinbruch ein kleinkörniges bis flasriges Biotitgestein, Drei-
Ährengranit, bloßgelegt, und ähnliche Gesteine trifft man bis
800 m oberhalb der Ruine Bruderhaus. Hier treten zum letzten
Male auf dieser Wegstrecke Felsen von kleinkörnigem und flas-
rigem Gestein zu Tage, und wenige Schritte weiter, westlich des
Ausgangs eines schmalen Tälchens, steht porphyrartiger Biotitgranit mit Gneiseinschlüssen an, der weiter gegen Westen in den
einschlußfreien oder einschlußarmen Kammgranit übergeht. In
dem porphyrartigen Granit mit Gneiseinschlüssen hat man den
innersten Teil der Randzone des Kammgranits vor sich, der von
dem äußern, vom Wasserreservoir bis Ammerschweier anhaltenden
Teil auf eine Erstreckung von 2 ¹/₂ km durch den Drei-Ährengranit getrennt ist.

In der Hauptmasse des Granits, westlich der Randzone, trifft
man Gneiseinschlüsse nur vereinzelt, teils glimmerreich, so in
Eschelmer und im ersten Steinbruch unterhalb dieses Dorfes, teils
quarzreich und hornfelsartig, wie in der Nähe von Busset unweit
Urbeis. Bei Zell findet sich Granatfels als Einschluß.

---

1. Der dieses Tal durchfließende Bach ist auf dem Meßtischblatt Rappoltsweiler
nicht benannt, auf den älteren französischen topographischen Karten aber als Waldbach
bezeichnet.

Veröffentlichungen

der Direktion der geologischen Landes-Untersuchung
von Elsaß-Lothringen.

---

a. Verlag der Straßburger Druckerei u. Verlagsanstalt.

A. Abhandlungen zur geologischen Spezialkarte
von Elsaß-Lothringen.

B. Mitteilungen der geologischen Landesanstalt von Elsaß-Lothringen.

Preis
ℳ

Bd. I. 4 Hefte (à ℳ 1,25; 1,50; 2,50 u. 1,50) 6,75

Bd. II. Heft 1 (ℳ 2,75), Heft 2 (ℳ 1,75), Heft 8 (ℳ 5) 9,50

Bd. III. Heft 1 (ℳ 2,40), Heft 2 (ℳ 1,50), Heft 3 (ℳ 1,30), Heft 4 (ℳ 2,50) 7,60

Bd. IV. Heft 1 (ℳ 1,00), Heft 2 (ℳ 1,20), Heft 3 (ℳ 1,25), Heft 4 (ℳ 2,50),

Heft 5 (ℳ 1,75). 7,70

Bd. V. Heft 1 (ℳ 1,00), Heft 2 (ℳ 0,80), Heft 8 (ℳ 2,50), Heft 4 (ℳ 2,00)

b. Verlag der Simon Schropp'schen Hof-Landkarten-Handlung (J. H. Neumann) Berlin.

A. Geologische Spezialkarte von Elsaß-Lothringen im Maßstab 1 : 25000.

Mit Erläuterungen.

(Der Preis jedes Blattes mit Erläuterungen beträgt ℳ 2.)

Blätter: Monneren, Gelmingen, Sierck, Merzig, Gross-Hemmersdorf, Busendorf, Bolchen, Lubeln, Forbach, Rohrbach, Bitsch, Ludweiler, Bliesbrücken, Wolmünster, Roppweiler, Saarbrücken, Lembach, Weissenburg, Weissenburg Ost, St. Avold, Stürzelbronn, Saareinsberg, Saargemünd, Rémilly, Falkenberg (mit Deckblatt), Niederbronn, Mülhausen Ost, Mülhausen West, Homburg, Pfalzburg, Altkirch.

B. Sonstige Kartenwerke.

ℳ

Geologische Übersichtskarte des westlichen Deutsch-Lothringen, im Maßstab 1 : 80000. Mit Erläuterungen. 1886—87 5,00

Übersichtskarte der Eisenerzfelder des westlichen Deutsch-Lothringen. Mit Verzeichnis der Erzfelder. 3. Aufl. 1899 . . . 2,00

Geologische Übersichtskarte der südlichen Hälfte des Großherzogtums Luxemburg, Maasstab 1 : 80000. Mit Erläuterungen 4,00

Geologische Übersichtskarte von Els.-Lothr., im Maßstab 1 : 500000. Vergriffen.

Dr. L. van WERVI
Über einige Granite der

Mitteilung

Geologischen Land

Elsaß-Lothringen.

Herausgegeben

von der

geologischen Landes-Untersuchung   Lothringen.

Band V, Heft V (Schluß   Bandes).

Straßburger Druckerei und Verlagsanstalt,
vormals R. Schultz u. Comp.

Preis des Heftes: Mark 1,20.

Weißer Jura unter dem Tertiär des Sundgaus im Oberelsaß.

Von Professor Dr. B. FÖRSTER

in Mülhausen i. Els.

In den Jahren 1898 und 1899 wurde im Auftrag einer holländischen Gesellschaft im Sundgau des Oberelsaß an verschiedenen Orten eine Anzahl von Tiefbohrungen zwecks der Erschließung von Petroleum ausgeführt, von welchen zwei (Carspach und Niedermagstatt) den weißen Jura erreichten und eine (Zimmersheim) ihm sehr nahe kam.

Durch die Liebenswürdigkeit von Herrn HONIGMANN, des Direktors dieser Gesellschaft, erhielt ich von dem aus den verschiedensten Tiefen mit der Schlammbüchse (sämtliche Bohrungen wurden mit Wasserspülung betrieben) heraufgeholten Bohrschlamm Proben, deren Untersuchung jedoch durch meine Reise nach Sumatra (1900 und 1901) für längere Zeit unterbrochen wurde; ich kam erst im vorigen Herbst (1903) dazu, dieselbe fortzuführen. Das Resultat derselben ist von großer Wichtigkeit, da hier zum erstenmal der in der obern Rheinebene des Elsaß unter dem Tertiär vermutete Jura tatsächlich nachgewiesen ist.[1] Obwohl bei der Art der Gewinnung der Bohrproben eine ganz genaue Angabe der Tiefe, aus welcher das betreffende Material stammt, nicht gegeben werden kann, so handelt es sich doch immer nur um eine Verschiebung von wenigen Metern, was bei den überhaupt erreichten großen Tiefen (569 m bei Carspach, 350 m bei Zimmersheim und 320 m bei Niedermagstatt) von wenig Belang ist.

---

[1]. LEPSIUS gibt zwar in seiner Geologie von Deutschland und den angrenzenden Gebieten auf Seite 599 an, daß die mitteloligocänen Meeressande auf weißem Jura im Sundgau bei Dammerkirch angetroffen worden seien, doch ist diese Angabe nicht zutreffend.

Von den mir zur Verfügung gestellten Proben schlämmte ich jeweils nur etwa die Hälfte, während ich die andere Hälfte aufbewahrte. Die Bohr- und Schlämmproben sowie die daraus gesammelten Fossilien habe ich der Geologischen Landessammlung von Elsaß-Lothringen in Straßburg i. E. überlassen.

In den folgenden Tabellen gebe ich eine Zusammenstellung der verschiedenen Bohrproben nach Tiefe, Gesteinsart, Beschaffenheit des Schlämmrückstandes, der gefundenen Fossilien und der stratigraphischen Einreihung:

Bohrung Carspach bei Altkirch (Herbst 1898 bis Januar 1899).

Höhe 299 m über NN.

Tiefe in Metern.	Gesteinsart.	Schlämmrückstand.	Fossilien.	Formation.	Bemerkung.
1	Graugelblicher Lehm	Brauneisensteinknöllchen und kleine Quarzstückchen	—	Alluvium des Beltzbächleins	
4—6	Sandiger u. kiesiger Lehm	Sand und Kies aus Deckenschotter und tertiärem Sandstein	—	Ill-Alluvium	
20	Graugelbrötlicher, sandiger Mergel	Viel gelbgrauer Sand mit Gesteinsbrocken aus dem Deckenschotter	—	Ober-Oligocän	Die Gesteinsbrocken aus dem Deckenschotter sind durch Nachfall hineingeraten.
30	Graurötlicher, sandiger Mergel mit Kalkkonkretionen	Wenig feiner, bräunlicher Sand, viel Kies	—	»	Kies durch Nachfall.
40	Graurötlicher, sandiger Mergel	Feiner, graubrauner und -rötlicher Sand mit sehr wenig kleinen Gesteinsstückchen aus dem Deckenschotter	—	»	Spuren von Nachfall.
50	Graurötlicher, sandiger Mergel	Feiner und gröberer Sand aus tertiärem Sandstein und festeren Mergelstückchen	Teil einer *Chara*frucht	»	

Tiefe in Metern.	Gesteinsart.	Schlämmrückstand.	Fossilien.	Formation.	Bemerkung.
60	Graugelber, sandiger Mergel	Wenig graubräunlicher Sand, meist gelblichweiße Mergel- und graue Sandsteinstückchen	Ein kleines Fischschuppenstückchen	Oberes Mittel-Oligocän	
70	Graugelber, sandiger Mergel	Viel grauer Sand	Eine kleine *Cypris*schale	»	
80	Gelbgrauer, sandiger Mergel	desgl.	Sehr selten *Globigerina bulloides*	»	
90	Mürber, grauer Sandstein	desgl.	—	»	
100	Grauer, sandiger Mergel	Wenig dunkelgrauer Sand mit vielen harten, grauen Mergelstückchen und wenig Schwefelkies	—	»	
110	Bläulichgrauer Mergel	Viel dunkelgrauer Sand mit vielen harten dunkelgrauen, tonreichen Mergelstückchen und ziemlich viel Schwefelkies	—	»	
120	Hellgrauer, mürber Sandstein	Viel hellgrauer, teilweise etwas bräunlicher Sand mit harten, tonreichen Mergelstückchen	—	»	
130	Rötlicher, sandiger Mergel	Sehr wenig gelbrötlicher Sand mit ebenso gefärbten, harten Mergelstückchen	—	»	
140	Hellgrauer, stellenweise etwas rötlicher Kalksandstein	Sehr wenig feiner Sand, meist kleine harte Sandsteinstückchen	—	»	
150	Graugelblicher, stellenweise blau und rötlich gefärbter Mergel	Viel feiner Sand, der hauptsächlich aus kleinen, harten, kalkreichen Stengelstückchen besteht neben größeren Bröckchen derselben Art	—	»	
160	Hellgrauer, stellenweise blau und rötlich gefärbter Kalksandstein	Viel feiner, bräunlichgrauer Sand mit Glimmerblättchen	—	Mittleres Mittel-Oligocän	

Tiefe in Metern.	Gesteinsart.	Schlämmrückstand.	Fossilien.	Formation.	Bemerkung.
167	Gelbgrauer, mürber, mergeliger Sand mit hartem Sandstein dazwischen	Viel feiner, graurötlicher Sand	—	Mittleres Mittel-Oligocän	
170	Grauer, sandiger Mergel, stellenweise bläulich	Viel graubräunlicher Sand mit harten braungelben Mergelstückchen	—	»	
180	Graugelblicher, stellenweise etwas rötlicher Mergel	Viel dunkelgrauer, feiner Sand mit harten Mergel-·stückchen	—	»	
185	Grauer, mergeliger Sandstein	Ziemlich viel hellgrauer, feiner Sand mit wenig Glimmerblättchen und Schwefelkies	—	»	
190/91	Grauer Sand	Dunkelgrauer Sand mit etwas Glimmer und Schwefelkies	—	»	
191/99	Grauer, sandiger Mergel	Viel dunkelgrauer Sand mit etwas Glimmer und Schwefelkies	—	»	
200	Fetter, zäher, dunkelgrauer, tonreicher Mergel	Dunkelgrauer, feiner Sand mit wenig Schwefelkies und harten Mergelstückchen	—	»	
204	Fetter, dunkelgrauer Mergel	Wenig dunkelgrauer Sand mit sehr viel Schwefelkies und harten Mergelstückchen	—	»	
210	Hellgrauer, mürber Sandstein	Sehr viel feiner, grauer Sand mit wenig Glimmer	—	»	
210/13	Hellgrauer, fetter Mergel	Dunkelgrauer Sand mit viel Schwefelkies	Kleine undeutliche Schalenreste von Muscheln?	»	
220	Grauer, zäher Mergel	Dunkelgrauer Sand aus feinen und gröbern Mergelstückchen	—	»	
230	Dunkelgrauer Ton	Äußerst wenig dunkelgrauer Sand aus Mergelstückchen	Sehr undeutliche Schalenreste von Muscheln?	»	
240	Grauer, zäher Mergel	Dunkelgrauer Sand mit viel Schwefelkies	—	»	

Tiefe in Metern.	Gesteinsart.	Schlämmrückstand.	Fossilien.	Formation.	Bemerkung.
250	Dunkelgrauer Ton	Sehr wenig feiner Sand aus grauen Mergelstückchen	—	Unteres Mittel-Oligocän	
260	Dunkelgrauer, mergliger Ton	Viel grauer Sand aus Mergelstückchen	—	»	
270	Dunkelgrauer Ton	Dunkelgrauer Sand aus Mergelstückchen	Undeutliche Reste von Muschelschalen u. eine stark abgeriebene Foraminifere (*Lagena*?).	»	
280	Dunkelgrauer, zäher Ton	Ziemlich viel grauer Sand aus kleinen Mergelstückchen mit wenigen Glimmerblättchen und einzelnen Schwefelkieskörnchen	Undeutliche Reste von Muschelschalen, ein paar gut erhaltene Schalen von *Cypris*? und einige wenige Foraminiferen (*Polymorphina, Triloculina* und *Rotalia Soldanii*?).	»	
290	Dunkelgrauer Ton	Ziemlich viel grauer Sand mit kleinen Kalkkonkretionen und einzelnen Glimmerblättchen	Sehr wenig ganz kleine Foraminiferen (*Pulvinulina nonioninoides* und *Globigerina bulloides*).	»	
300	Dunkelgrauer, etwas mergliger Ton	Wenig grauer Sand mit harten Mergelstückchen und etwas Schwefelkies	Undeutliche Reste von Muschelschalen, einige Schalenstückchen von *Cypris*? und ein paar Foraminiferen (*Pulvinulina, Rotalia*?) u. ein kleines schwarzbraunes Kügelchen(?).	»	
310	Grauer, mergliger Ton	Sehr wenig grauer Sand und kleine harte Mergelstücke	*Cypris*?schälchen, einige kleine Foraminiferen (*Globigerina bulloides, Bolivina*?, *Pulvinulina*?) u. ein braunschwarzes Kügelchen (?).	»	
320	desgl.	Sehr wenig grauer Sand mit kleinen, harten Mergelstücken	Einige Foraminiferen, *Globigerina bulloides, Pulvinulina? Rotalia?* Ein paar braune Kügelchen; davon eins mit einem Stielchen (?)	»	

Tiefe in Metern.	Gesteinsart.	Schlämmrückstand.	Fossilien.	Formation.	Bemerkung.
330	Grauer, mergliger Ton	Wenig grauer Sand mit harten Mergelstückchen	*Cypris*? schälchen und ziemlich viel Foraminiferen (*Bi-*, *Tri-*, *Quinqueloculina*, *Bolivina*, *Pulvinulina petrolei*, *Lagena*?).	Unteres Mittel-Oligocän	Der größte Teil der Foraminiferen ist verloren gegangen.
340	desgl.	desgl.	Ein Stückchen Fischschuppe, ziemlich viel Foraminiferen (hauptsächlich *Globigerina bulloides*, *Pulvinulina nonioninoides*) u. einige dunkelbraune Kügelchen (?).	»	desgl.
350	desgl.	desgl.	—	»	
360	Grauer Mergel mit kleinen weißen Kalkkonkretionen	Grauer Sand aus kleinen und größeren, harten Mergelstückchen	Mehrere kleine braunschwarze Kügelchen(?).	»	Der Gesteinscharakter wird kalkig.
370/80	Gemisch von wenig grauem, kalkreichem Mergel mit weißen, mehligen Kalkschnüren, mehreren hell- bis dunkelgrauen bis faustgroßen Kalkstücken und einer Anzahl kleinerer und größerer, hellgrauer Kalksandsteinstücke. Die dunklen Kalke sind von außerordentlich vielen Kalkspataadern durchzogen, wodurch die Stücke ein fast breccienartiges Aussehen erhalten. Zwei größere Stücke sind an der einen, fast ebenen Fläche mit einer etwa einen Millimeter dicken Kalkspathschicht überzogen. Ein etwa dreifach wallnuß-	Viele kleine und größere Kalkstücke, wie sie links beschrieben sind, wenige kleinere Mergelstückchen und sehr wenig Mergelsand mit einigen kleinen Oolithkörnern, welche erst bei 390 m Tiefe zahlreich vorkommen	Eine kleine Foraminifere (*Cristellaria*?).	Unter-Oligocän	Verwerfungsspalte.

Tiefe in Metern.	Gesteinsart.	Schlämmrückstand.	Fossilien.	Formation.	Bemerkung.
	großes Stück ist an seiner Oberfläche stark mit braunschwarzem Bitumen getränkt, während einzelne hellere Kalkstücke Spuren davon enthalten. Mehrere Stücke sind mit Schwefelkieskriställchen gespickt.				
390	Weißer, erdiger Kalk	Lauter weiße Mergelkalkstückchen, von welchen sehr viele kugelrund und eirund sind und dann weißgelbe Kalkstückchen von Malmkalk ähnlichem Aussehen	—	Weißer Jura (Rauracien?)	Weißer, oolithischer Kalk.
405	Weißgrauer, mergliger Kalk	Viel weiße und weißgraue kleine, merglige Kalkstückchen, von denen die meisten rund oder eirund sind, Oolithkörner. Sehr wenig Schwefelkies	Embryonalwindungen einer sehr kleinen *Hydrobia* (?)	»	»
410	Heller, mergliger Kalk	Viele weiße, meist gerundete Mergelstückchen, Oolithkörnchen, weißgelbe und graue Kalkstückchen, etwas Schwefelkies	—	»	»
414	Hellgrauer, mergliger Kalk	Viel feiner, grauer Sand mit vielen gelbweißen Mergeloolithkörnchen, wenig Schwefelkies und einigen größern, grauen Kalkstückchen	—	»	Grauer Kalk.
416	Grauer, mergliger Kalk	desgl., ein wenig heller	—	»	»
418	Hellgrauer, mergliger Kalk	desgl.	—	»	»
421	desgl.	desgl., etwas dunkler und weniger oolithisch	—	»	»

Tiefe in Metern.	Gesteinsart.	Schlämmrückstand.	Fossilien.	Formation.	Bemerkung.
424	Heller, mergliger Kalk	Weißgrauer Sand aus klei-nen Mergelstückchen und Oolithkörnern mit dun-kelgrauen etwas größern Kalkstückchen und ziem-lich viel Schwefelkies	—	Weißer Jura	Grauer Kalk.
428	desgl.	desgl.	—	»	»
430	desgl.	desgl.	—	»	»
434	Grauer, mergliger Kalk	Die dunkelgrauen Kalk-stückchen überwiegen, nur noch wenig Oolith-körnchen	—	»	»
437	Heller, mergliger Kalk	desgl., die Oolithkörnchen sind wieder häufiger	—	»	»
439	desgl.	desgl.	—	»	»
442	desgl.	desgl.	—	»	»
444	desgl.	desgl., mehrere größere dunkelgraue Kalkstück-chen	—	»	»
445	desgl.	Meist gröbere dunkle Kalk-u.helle Mergelstückchen, nur wenig feiner Sand, in dem aber noch ein-zelne Mergeloolithkörn-chen vorhanden sind.	—	»	»
447	desgl.	wie 444	—	»	»
452	desgl.	desgl., etwas heller	—	»	»
454	desgl.	desgl.	—	»	»
456	Grauer, mergliger Kalk	Viel feiner, etwas bräun-lich grauer Sand, mit wenig Schwefelkies und noch viel Oolithkörn-chen	—	»	Bräunlicher Kalk
458	desgl.	desgl.	—	»	»
460	Hellgrauer, mergliger Kalk	Sehr viel dunkelgrauer Sand mit wenig Schwefelkies, aber vielen Oolithkörn-chen	—	Oberer Oxford	Dunkelgrauer Kalk.
462	desgl.	desgl.	—	»	»

Tiefe in Metern.	Gesteinsart.	Schlämmrückstand.	Fossilien.	Formation.	Bemerkung.
464	Hellgrauer, mergliger Kalk	Sehr viel dunkelgrauer Sand mit wenig Schwefelkies, aber vielen Oolithkörnchen	—	Oberer Oxford	Dunkelgrauer Sand
467	Grauer, mergliger Kalk	desgl.	—	»	»
472	desgl.	desgl., nur noch etwas dunkler	—	»	»
474	desgl.	desgl.	—	»	»
478	desgl.	desgl.	—	»	»
480	desgl.	desgl., aber hauptsächlich nur ganz feiner Sand	—	»	»
481	desgl.	desgl.	—	»	»
490	Gelbgrauer, tonreicher Mergel	Sehr wenig feiner Sand mit Schwefelkies und einzelne Oolithkörnchen	Mehrere kleine Kügelchen aus Schwefelkies (?)	»	»
492	Dunkelgrauer, tonreicher Mergel	Ziemlich viel feiner, dunkelgrauer Sand mit Schwefelkies	—	Unterer Oxford	
494	Grauer Ton	Ziemlich viel feiner, dunkelgrauer Sand aus viel dunkelgrauen, etwas schiefrigen und wenig weißen, gelbdurchscheinenden Kalkstückchen. Ganz vereinzelte Oolithkörnchen. Ziemlich viel Schwefelkies. Ein zylinderförmiges Stengelchen vgl. 503	Ein sehr kleines Stengelglied von *Balanocrinus* (vgl. 503). Ein paar undeutliche Foraminiferen (*Cristellaria?*) und mehrere Kügelchen aus Schwefelkies mit Poren (?), ein Stückchen eines sehr kleinen Seeigelstachels(?) und ein paar Kalkplättchen mit regelmäßig angeordneten Poren, die mit Schwefelkies ausgefüllt sind (vgl. 503)	»	
496	Gelbgrauer, tonreicher Mergel	Sehr wenig feiner, dunkelgrauer Sand mit Schwefelkies	Einige Kügelchen aus Schwefelkies mit Poren (?)	»	
499	desgl.	desgl.	desgl.	»	

Tiefe in Metern.	Gesteinsart.	Schlämmrückstand.	Fossilien.	Formation.	Bemerkung.
501	Dunkelgrauer, tonreicher Mergel	Ziemlich viel feiner, dunkelgrauer Sand mit viel Schwefelkies	Einige Foraminiferen (*Cristellaria*, *Orbulina*, *Lagena hystrix*?), mehrere Kügelchen aus Schwefelkies mit Poren (?)	Unterer Oxford	
503	Grauer, tonreicher Mergel	Ziemlich viel dunkelgrauer Sand mit Schwefelkieskörnchen und zylinderförmigen Stengelchen aus Schwefelkies. Einzelne hellgraue Kalksandsteinstückchen	Zwei kleine Stengelglieder von *Balanocrinus pentagonalis* Goldf. sp., einige Foraminiferen (*Cristellaria* cf. *Bronni* Röm., *Pulvinulina*, *Bolivina*) aus gelbem durchscheinenden Kalk und Schwefelkies, mehrere Kügelchen mit Poren (?) (*Lagena*?, *Orbulina*?) und dann eine Anzahl von Plättchen aus durchsichtigem Kalk mit in Quer- u. Längsreihen angeordneten, tiefen Poren, welche mit Schwefelkies ausgefüllt sind (vgl. 494)	»	
505	Grauer Tonmergel	Schwarzgrauer Sand mit viel dunkelgrauen, etwas schiefrigen, gröberen Kalkstückchen und zylindrigen Stengelchen mit Schwefelkiesüberzug, einzelne größere Schwefelkies- und Kalkspathstückchen	Eine große Menge von Stielgliedern von *Balanocrinus*, ein kleines Schalenstückchen einer Muschel (*Pecten*?), sehr viel von den unter 503 erwähnten Kalkplättchen mit Poren, einigen undeutlichen Foraminiferen (*Cristellaria rotulata* Lam. var. Roemeri Rss.?[1] aus Kalk u. Schwefelkies und mehreren Kügelchen aus Schwefelkies mit Poren (?)	»	

1. Vergl. Fig. 2a, Taf. IX der Abhandlung von Victor Uhlig, Über Foraminiferen aus dem ŕjässn'schen Ornatenton. — Jahrb. d. k. k. Geol. Reichsanst. S. 751. — Wien 1883.

Tiefe in Metern.	Gesteinsart.	Schlämmrückstand.	Fossilien.	Formation.	Bemerkung.
507	Dunkelgrauer, tonreicher Mergel	desgl.	Eine große Menge von *Balanocrinus*-Stielgliedern, mehrere Kalkplättchen mit Poren (vgl. 503), einige undeutliche Foraminiferen und viele Kügelchen mit Poren(?) aus Schwefelkies.	Unterer Oxford	
510	desgl.	desgl., sehr dunkel	3 Stielglieder von *Balanocrinus*, wenige Kalkplättchen mit Poren (vgl. 503), wenig Foraminiferen (darunter *Cristellaria rotulata*) und einige Schwefelkieskügelchen mit Poren(?)	»	
512	desgl.	desgl.	2 *Balanocrinus*-Stielglieder, einzelne Kalkplättchen mit Poren (503), zahlreiche Foraminiferen aus Kalk u. Schwefelkies (*Cristellaria rotulata*, *Cr. Bronni* Röm., *Rotalia*?) und mehrere Schwefelkieskügelchen mit Poren(?)	»	
513	desgl.	desgl., aber nur gröberes Material	Ein *Balanocrinus*-Glied	»	
514	desgl.	desgl., aber außerordentlich wenig	Embryonalwindungen einer kleinen Schnecke, 1 *Balanocrinus*-Stengelglied, einige Foraminiferen und Schwefelkieskügelchen mit Poren(?)	»	
517	desgl.	Ziemlich viel schwarzgrauer Sand usw. wie vorher, mit etwas mehr Schwefelkies	Ein größeres und zwei kleinere Stengelgliederstückchen von *Balanocrinus*, zahlreiche Foraminiferen, darunter einige von bedeutender Größe, u. Schwefelkieskügelchen mit Poren (?)	»	

Tiefe in Metern.	Gesteinsart.	Schlämmrückstand.	Fossilien.	Formation.	Bemerkung.
518	desgl.	Wie vorher, aber meist nur gröberes Material	1 *Balanocrinus*-Glied, wenig kleine Foraminiferen und mehrere Schwefelkieskügelchen mit Poren (?)	Unterer Oxford	
523	desgl.	Schwarzgrauer Sand usw. wie oben	Ein kleines Stengelglied von *Balanocrinus*, zahlreiche Foraminiferen (*Cristellaria*, *Rotalia* und *Textilaria*), viele Schwefelkieskügelchen mit Poren (*Orbulina*?) und ein kleiner Seeigelstachel .	»	
524	desgl. mit weißen Kalkpartien darin	desgl.	Ein *Balanocrinus*-Stengelglied und wenig Foraminiferen (*Biloculina*?, *Orbulina*?, *Globigerina bulloides*)	»	
527	Grauer Mergel	desgl.	Ein abgeriebenes Steinkernstückchen einer Terebratel?, kein *Balanocrinus*, mehrere größere u. zahlreiche sehr kleine Foraminiferen u. einige Schwefelkieskügelchen mit Poren (?)	»	.
531	Schwarzgrauer Mergel	desgl.	4 *Balanocrinus*-Glieder, wenig kleine Foraminiferen (*Textilaria*, *Cornuspira*) u. Schwefelkieskügelchen mit Poren (*Orbulina*?)	»	
537	Schwarzgrauer, tonreicher Mergel	desgl.	8 *Balanocrinus*-Glieder, viele Foraminiferen (darunter *Textilaria*) und mehrere kleine Schwefelkieskörnchen mit Poren (?)	»	

Tiefe in Metern.	Gesteinsart.	Schlämmrückstand.	Fossilien.	Formation.	Bemerkung.
539	desgl.	desgl.	Kein *Balanocrinus*, sehr zahlreiche Foraminiferen, darunter viele größere (*Epistomina stelligera* Rss.) u. Schwefelkieskügelchen mit Poren	Unterer Oxford	
541	desgl.	desgl.	Kein *Balanocrinus*, viele große Foraminiferen aus gelbem, durchsichtigem Kalk (*Cristellaria Bronni*, *Epistomina stelligera*) und aus Schwefelkies nebst zahlreichen kleineren Foraminiferen (*Cornuspira* ?), einige Schwefelkieskügelchen mit deutlichen Poren.	"	
542	desgl.	desgl.	3 Stückchen von zusammenhängenden Stielgliedern von *Balanocrinus* von verschiedener Größe, sehr viel Foraminiferen (*Cristellaria*, *Epistomina*) und mehrere Schwefelkieskügelchen mit Poren (?)	"	
544	desgl.	desgl.	2 *Balanocrinus*-Glieder, Mündungsstück einer sehr kleinen, fein längsgestreiften Schnecke, zahlreiche Foraminiferen, hauptsächlich *Epistomina stelligera* u. *Cristellaria Bronni*, eine kleine Globigerina mit zwei Kammern aus Schwefelkies u. kleine Schwefelkieskügelchen mit Poren (?)	"	

Tiefe in Metern.	Gesteinsart.	Schlämmrückstand.	Fossilien.	Formation.	Bemerkung.
547	desgl.	desgl.	Zahlreiche (12) Stückchen von *Balanocrinus*-Gliedern, darunter mehrere zusammenhängende, viele Foraminiferen (hauptsächlich *Epistomina*) und einige Schwefelkieskügelchen mit Poren (?)	Unterer Oxford	
548	desgl.	desgl.	3 *Balanocrinus*-Glieder, mehrere Hydrobia(?)-Embryonen, ein Muschelembryo, wenig größere Foraminiferen[1] u. ein Schwefelkieskügelchen mit Poren (?)	"	
550	desgl. mit harten, weißen Kalkpartien dazwischen	desgl.	2 *Balanocrinus*-Stielglieder aus dunkelgelbem Kalk, zahlreiche Foraminiferen (*Epistomina, Cristellaria, Textilaria, Globigerina bulloides*), Schwefelkieskügelchen mit Poren (*Orbulina?*)	"	
551	Dunkelgrauer, tonreicher, fetter Mergel	desgl.	1 *Balanocrinus*-Stielglied. Kleiner Rest von einem verkiesten kleinen Ammoniten, einige Foraminiferen (*Epistomina, Cristellaria*) und mehrere Kügelchen mit Poren (?)	Oberes Callovien	Die ersten Ammoniten.
554	Dunkelgrauer, fetter, tonreicher Mergel	Wenig dunkelgrauer Sand, meist gröberes Material aus dunkelgrauen, teilweise verkiesten tonigen Kalkstückchen und den schon oben erwähnten oberflächlich oder ganz verkiesten zylinderförmigen Stengelchen	Embryonalkammern eines verkiesten, angustisellaten Ammoniten und mehrere verkieste Reste von einzelnen Umgängen kleiner Ammoniten, 2 Stielglieder von *Balanocrinus*, ziemlich	"	

1. Das feinere Material fiel mir auf die Erde, sodaß ich die darin wahrscheinlich vorhandenen kleinen Foraminiferen nicht aussammeln konnte.

Tiefe in Metern.	Gesteinsart.	Schlämmrückstand.	Fossilien.	Formation.	Bemerkung.
			viel Foraminiferen aus hellgelbem, durchsichtigem Kalk oder Schwefelkies (*Cristellaria*, *Textilaria*?) u. ein paar Schwefelkieskügelchen mit Poren (?)	Oberes Callovien	
555	desgl.	desgl.	Mehrere kleine Reste kleiner, verkiester Ammoniten und ein 10 zu 8 mm Durchmesser haltender Amaltheide mit gekerbtem Kiel, dessen Lobenlinien gut erhalten sind[1]. Kein *Balanocrinus*. Sehr viel Foraminiferen (*Epistomina*, *Cristellaria*, *Textilaria*?, *Globigerina bulloides*) u. mehrere Schwefelkieskügelchen mit Poren (?)	»	
557,5	desgl.	desgl.	Mehrere ganz kleine Stückchen von Ammonitenkammern, ein verkiester Ammonitenembryo, 4 Embryonalwindungen einer kleinen Schnecke (*Hydrobia*?) und die Embryonalwindungen eines andern kleinen Gastropoden, kein *Balanocrinus*, sehr viel Foraminiferen, verkiest oder in gelbem, durchsichtigem Kalk (*Rotalia*, *Cristellaria*, *Epistomina*) und einige Schwefelkieskügelchen mit Poren (?)	»	

1. Wohl stark zerquetscht; Rippen sehr undeutlich.

Tiefe in Metern.	Gesteinsart.	Schlämmrückstand.	Fossilien.	Formation.	Bemerkung.
559	desgl.	desgl.	Mehrere unbestimmbare Reste von kleinen Ammoniten und Ammonitenembryonen, einige Embryonen einer kleinen Schnecke (*Hydrobia*?) ziemlich viel größere Foraminiferen (*Epistomina*, *Cristellaria*, *Textilaria*) u. viele kleine; dann wieder die Schwefelkieskügelchen mit Poren (*Orbulina*?) und schließlich noch 4 Stielglieder von *Balanocrinus pentagonalis*.	Oberes Callovien	Die letzten Balanocrinus Stielglieder.
560	desgl.	desgl.	2 kleine Ammonitenstückchen u. mehrere Hydrobienembryonen, ziemlich zahlreich Foraminiferen wie vorher.	»	
563,5	desgl.	desgl.	desgl.	»	
565	desgl.	desgl.	desgl., außerdem ein Embryo eines Zweischalers (*Leda*?)	»	
567	desgl.	desgl.	Viele kleine Ammonitenreste mit deutlichen Loben und verkiesteAmmonitenbrut, Embryonen von Hydrobien (?) u. andern kleinen Schnecken mit scharfkantigen Umgängen, zahlreiche Foraminiferen wie oben	»	
569	Grauschwarzer, tonreicher Mergel, teilweise mit rotbraunen Partien durchsetzt	desgl., aber sehr wenig	Kleinere Reste von Ammoniten und Ammonitenembryonen und zahlreiche Foraminiferen wie vorher	»	

Schluß der Bohrung.

Bohrung Niedermagstatt O.-Els. (April bis Januar 1899).

Höhe 332 m über NN.

Tiefe in Metern.	Gesteinsart.	Schlämmrückstand.	Fossilien.	Formation.	Bemerkung.
14	Hellgrauer, tonreicher Mergel	Wenig Sand mit etwas gröberen, harten, sandigen Mergelstücken, Kalkspatschrot und Lößschneckenschalen	Ein Stückchen Fischschuppe	Ober-Oligocän	Das Kalkspatschrot und die Lößschneckenschalen stammen aus dem Nachfall.
30	Hellgrauer, plattiger Mergel	Sehr wenig feiner Sand aus kleinen Mergelstückchen mit Schwefelkieskriställchen, Kalkspatstückchen und Glimmerblättchen	—	»	
40	Hellgrauer, fester, tonig-sandiger Mergel	Wenig feiner Sand aus Mergel- Kalkspat- und Quarzstückchen mit einigen Glimmerblättchen. (Kalkspatschrot und Reste von Lößschneckenschalen aus dem Nachfall)	—	»	
50	desgl.	desgl., aber viel gröberes Material. Brauneisensteinstückchen	—	»	
60	Hellgrauer, tonreicher Mergel	Wenig gröbere, harte Mergelstückchen und Brauneisenstein. Kalkspatschrot aus dem Nachfall	—	»	Beim Glühen im Reagenzgläschen entwickelt sich Benzingeruch u. am Gläschen setzt sich ein wenig Paraffin ab.
70	desgl.	Gröberes Material aus harten Mergelstückchen	—	»	desgl.
80	Dunkelgrauer, bitumenreicher Mergelschiefer	Sehr viel feiner Sand mit größeren Stücken von dem grauschwarzen Mergelschiefer mit viel Schwefelkies und Kalkspat	Bernsteinartige, kleine Reste von Fischknöchelchen	Typischer Fischschiefer, Mittel-Oligocän	Beim Glühen im Reagenzgläschen entwickelt sich nach dem Austreiben des Wassers gelblicher Dampf, der entzündet mit

Tiefe in Metern.	Gesteinsart.	Schlämmrückstand.	Fossilien.	Formation.	Bemerkung.
					Asphaltgeruch brennt. Am Gläschen setzen sich dunkelbraune Öltröpfchen ab, darüber kristallisiert weißes Paraffin aus. Der Schiefer schwärzt sich dabei stark.
90	Hellgraugelblicher, fetter Tonmergel	Größere dunkle, harte Mergelstückchen mit Schwefelkieseinsprenglingen und reinem Schwefelkies und einer außerordentlich großen Menge Foraminiferen	Die letzte Windung einer kleinen Schnecke und viele Foraminiferen (*Plecanium acutidorsatum*, *Haplophragmium Humboldti, -placenta, Truncatulina*)	Typischer Fischschiefer, Mittel-Oligocän	
100	Graugelber, fetter Tonmergel	Viel gröbere, harte Mergelstückchen und feiner Mergelsand mit etwas Schwefelkies	—	Mittel-Oligocän	
110	desgl.	desgl.	—	„	
120	Graugelber Mergelton	Viel Mergelsand nebst grösseren, harten Mergelstückchen mit etwas Schwefelkies	Ein Charafrüchtchen	„	
130	Grauer Mergel	desgl., aber ziemlich viel Schwefelkies	Eine *Pulvinulina pygmaea* in Schwefelkies	„	
140	desgl.	desgl.	—	„	
150	Grauweißer Mergel	Viel Mergelsand mit größern graublauen, harten Mergelstückchen und wenig Schwefelkies	—	„	
158	Grauer Tonmergel	Grauer Mergelsand mit größern grauen, harten Mergelstückchen und etwas Schwefelkies	—	„	
160	Hellgrauer Mergel	Wenig feiner Mergelsand mit etwas Schwefelkies	—	„	

Tiefe in Metern.	Gesteinsart.	Schlämmrückstand.	Fossilien.	Formation.	Bemerkung.
170	Hellgrauer, tonreicher Mergel	Feiner Mergelsand mit viel Schwefelkies	Vereinzelt Foraminiferen (*Textilaria?*)	Mittel-Oligocän	
180	Hellgrauer Mergel	Viel feiner Mergelsand mit wenig Schwefelkies und größern harten Mergelstückchen, ein Stück Plattigen Steinmergels	—	» Plattiger Steinmergel	
190	desgl.	desgl.	Ein Stückchen *Cypris?*-schale und einige undeutliche Foraminiferen (*Textilaria?*)	»	
200	desgl.	desgl., etwas mehr Plattiger Steinmergel	*Cypris?* schalenstück	»	
208	Dunkelgrauer Fleckenkalk	—	—	Unter-Oligocän	Ein halbfaustgroßes Stück, das auf zwei Flächen mit einer $^1/_2$ cm dicken Kalkspatrinde überzogen ist.
212	Graurötlicher Mergel mit vielen Steinmergel- und Kalkstücken	Viel Mergelsand mit sehr viel Plattigen Steinmergelstücken, blaugrauen und bräunlichgrauen Kalkstücken	—	»	Der Plattige Steinmergel stammt aus dem Nachfall.
222	Mergelkalk	desgl. nebst einigen stark kohlehaltigen Kalkstükken und etwas Schwefelkies	—	»	
228	Kalkreicher Mergel	Sehr viel Mergelsand, nur noch ein Stückchen Plattigen Steinmergels, sehr wenig Schwefelkies, aber eine große Menge kleiner Kalkspatstückchen	—	»	
230	Grauweißer Mergelkalk	Sehr viel Kalksand mit gröberen Kalkbröckchen und etwas Schwefelkies	—	»	
234	Kohliger, harter Kalksandstein	—	—	»	
235,5	Dunkelgrauer, harter Kalksandstein		—	»	

Tiefe in Metern.	Gesteinsart.	Schlämmrückstand.	Fossilien.	Formation.	Bemerkung.
237	Grauweißer Kalkstein	Sehr viel ziemlich grober Kalksand mit gröberen Kalkbröckchen	—	Unter-Oligocän	
240	Graugelber- bis bräunlicher Mergelsand	—	—	»	
242	desgl.	—	—.	»	
243	Hellgrauer Mergel- kalk	Sehr viel feiner Kalksand mit gröberen Kalkstück- chen und sehr wenig Schwefelkies	—	»	
246	Hellgrauer Kalk- stein	Sehr viel gröberer Kalk- sand mit viel Schwefel- kies u. größern, eckigen, hellen und dunkeln Kalk- stückchen und einer größern Menge Braun- eisensteinstückchen, die stark mit Schwefelkies imprägniert sind	—	»	
254	Violetter Ton mit graublauen Ein- lagerungen	Quarzsand aus meist ge- rundeten, weißen, gel- ben, rosaroten und rot- braunen Quarzstückchen und sehr viel Rot- und Brauneisensteinstück- chen, die teilweise ge- rundet sind. (Gröbere Kalkstückchen stammen wohl aus dem Hangen- den). Wenig Schwefel- kies	—	Bohnerz- forma- tion (Eocän)	
252 bis 259	Graubräunlicher Ton mit weißen und grauschwarzen Einlagerungen	Sehr viel schön gerundete Bohnerze mit glänzen- der Oberfläche bis Erb- sengröße, viele Roteisen- steinstücke, weiße, hell- und dunkelgraue Kalk- brocken, bis erbsengroße, gerundete Quarzkörner von verschiedener Farbe und etwas wenig Schwe- felkies	—	»	Nachfall.

Tiefe in Metern.	Gesteinsart.	Schlämmrückstand.	Fossilien.	Formation.	Bemerkung.
260	Graugelbrötlicher, sandiger Lehm	Viel grau- bis rotbraun gefärbter Sand aus weissen bis rötlichen kleinen, meist abgerundeten Quarzkörnern, etwas größern, harten, weißen, dunkelgrauen, blauen bis schwarzen und roten, eckigen Tonstückchen, etwas Toneisenstein, wenig B o h n e r z e n und etwas Schwefelkies	—	Bohnerz-formation (Eocän)	
270	desgl.	desgl.	—	»	
275	Dunkelgrauer, grandiger Ton	Grand aus grauen Malm-kalkstückchen, Brauneisenstein, B o h n e r z e n und wenig Schwefelkies	—	»	
280	Graugelbrötlicher, sandiger Lehm	Viel graubrauner Quarzsand vermischt mit kleinen Kalk- und harten Lehmbröckchen, Braun-eisensteinstückchen, wenig B o h n e r z e n und sehr wenig Schwefelkies	—	»	
290	desgl.	Viel feiner, grauer Quarzsand mit viel Brauneisenstein und etwas weniger kleinen Kalkstückchen u. einigen kleinen B o h n - e r z e n	—	»	
295	desgl.	desgl.	—	»	
300	Dunkelgrauer Kalkstein	Ziemlich viel Kalksand und Grand aus gröberen Kalkstücken. (In dem feineren Material noch eine Menge Brauneisensteinstückchen und ein klein wenig Quarz. Ein kleines Bohnerzkörnchen. Aus dem Nachfall)	Eine kleine *Terebratula* und ein kleines geriertes Schalenstückchen eines Zweischalers.	Weißer Jura	
303	Dunkelgrauer, harter, kieselsäure-haltiger Steinmergel	—	—	»	

Tiefe in Metern.	Gesteinsart.	Schlämmrückstand.	Fossilien.	Formation.	Bemerkung.
306	Schwärzlichgrauer Kalkstein mit weißen Einlagerungen	Grand aus meist dunkelgrauen und wenigen hellgrauen Kalkstücken bis 2 cm Größe. Das feinere Material besteht zum größten Teil ebenfalls aus Kalkstückchen, enthält aber auch noch kleine Quarz- und Brauneisensteinstückchen, ein wenig Schwefelkies und einige Bohnerzkörnchen aus dem Nachfall.	Mehrere unbestimmbare Schalenreste, *Ostrea?*	Weißer Jura	
310	Gelbgrauer Kalkstein	Viel gelblichgrauer Kalksand mit sehr wenig Schwefelkies und einer großen Menge gelbgrauer Malmkalkstückchen. Sehr vereinzelt einige kleine Quarz- und Brauneisensteinstückchen aus dem Nachfall	—	»	
320	Hellgrauer, glasiger Kalkstein	Viel Kalksand aus kleinen Malmkalkstückchen, denen selten einige Brauneisensteinstückchen beigemengt sind.	—	»	

Schluß der Bohrung.

Bohrung Zimmersheim O.-Els. (September bis November 1899).

Höhe 280 m über NN.

Tiefe in Metern.	Gesteinsart.	Schlämmrückstand.	Fossilien.	Formation.	Bemerkung.
35	Abwechselnde Schichten von tonreichem Mergel und Gips	Gipssand, kleinere und größere Stücke von Fasergips	—	Unteres Mittel-Oligocän	
40	Hellgrauer, tonreicher Mergel mit Gips	desgl.	—	»	
50	desgl.	desgl. mit harten kalkreichen Mergelstückchen	—	»	
60	desgl.	desgl. mit plattigen Steinmergelstückchen, einzelne Plättchen sind papierdünn. Wenig Schwefelkies	—	» (Plattiger Steinmergel)	
70	desgl.	Wie 50 nebst etwas Schwefelkies	—	»	
85	Dunkelgrauer, tonreicher Mergel	Größere und kleinere Kalkmergelstückchen, die teilweise aus papierdünnen Plättchen zusammengesetzt sind. Etwas Schwefelkies und Gips	—	» (Plattiger Steinmergel)	
100	Mürber Kalkstein	Gelb- bis dunkelgraue Kalkstückchen mit sehr vereinzelten kleinen Kalkspath- und Schwefelkiesstückchen	—	Oberes Unter-Oligocän	Süßwasserkalk.
108	Ganz hellgrauer Kalkstein	hellgraue Kalkstückchen	—	»	
110	desgl., etwas dunkler	desgl., aber dunkler	—	»	
120	desgl., heller	desgl., heller	—	»	
127	desgl.	desgl.	—	»	
140	desgl.	desgl.	—	»	
150	desgl.	desgl., sehr wenig Schwefelkies	—	»	

Tiefe in Metern.	Gesteinsart.	Schlämmrückstand.	Fossilien.	Formation.	Bemerkung.
151	Feinoolithischer, mürber, heller Kalkstein	Feiner dunkelgrauer Sand aus runden Mergeloolith-körnchen, zwischen denen hier und da ein zylinderförmiges Stäbchen (?) und Schwefelkiesstückchen eingestreut sind.	—	Oberes Unter-Oligocän	Oolithischer Kalk.
160	Blaugrauer, noch etwas oolithischer Mergel	desgl., aber noch dunkler	—	»	
170	Grauer Kalksandstein	Viel schwarzgrauer Kalksandsteinsand mit sehr wenig Schwefelkies	—	»	
173	Mürber, heller Kalkstein	Viel Kalksand aus hellen und dunkleren, eckigen Kalkstückchen und vielen abgerundeten helleren Mergelstückchen	*Chara*früchtchen, selten	»	
180	desgl., teilw. etwas kohlehaltig	Viel dunkelgrauer Kalksand, mit vielen bräunlichen, etwas kohlehaltigen Kalkstückchen und wenig Schwefelkies	*Chara*früchtchen, selten	»	Kohle.
185	Tonreicher Gipsmergel	Wenig Kalksand mit dunkelgrauen Kalkstückchen, viel Gips und ein klein wenig Schwefelkies	—	Unteres Unter-Oligocän	
190	Gipston	Gipssand mit etwas kohlehaltigen Kalkstückchen	—	»	
200	Hell- bis dunkelgrauer, tonreicher Kalkstein	Sehr viel helle und dunkle harte Kalkstückchen	—	»	
205	Grauer Kalkstein, gipshaltig	Viel Kalksand mit vielen dunklen Kalk- und Gipsstückchen und wenig Schwefelkies	—	»	
210	desgl.	desgl.	—	»	
215	desgl.	desgl.	—	»	
220	Bräunlichgrauer Mergel	Viel bräunlichgrauer Sand aus harten Mergelstückchen, sehr wenig Schwefelkies	—	»	

Tiefe in Metern.	Gesteinsart.	Schlämmrückstand.	Fossilien.	Formation.	Bemerkung.
223	Brauner Mergel		—	Unteres Unter-Oligocän	
226	Dunkelgrauer Sand	—	—	»	
227	Hellgrauer, sandiger Mergel	Viel grauer Sand aus kleinen harten Mergelstückchen mit wenig Schwefelkies	—	»	
230	desgl.	desgl.	—	»	
232	Bräunlichgrauer Sand	desgl. mit mehreren hellgrauen Kalkstückchen	—	»	
237	Bräunlichgrauer Kalkstein	Viel bräunlichgrauer Sand, hauptsächlich aus Kalkstückchen bestehend und sehr wenig Schwefelkies	—	»	
239	Weißer, feinsandiger Mergel	Sehr viel staubfeiner Sand aus eckigen Kalkspatstückchen und abgerundeten harten Mergelstückchen	—	»	
240	Gipshaltiger, grauer Kalkstein	Größere und kleinere Kalkstückchen, Fasergips und wenig Schwefelkies	—	»	
242	Erdiger, kohlehaltiger Kalkstein	—	—	Mittel-Eocän	Kohlenschmitzchen.
245	Starksandiger Mergel	Sehr viel bräunlichgrauer Sand aus Kalkspat und hartem Mergel mit kleinen, eckigen grauweißen Kreidekalkstückchen und verhältnismäßig viel Schwefelkies	—	»	
252	Dunkelgrauer, erdiger Kalk	Sehr viel größere und kleinere, bräunliche, dunkelgraue und grauweiße, erdige Kalkstückchen, Kalkspatstückchen, etwas Schwefelkies, einige größere Gipskriställchen	5 kleine Hydrobien, ein paar Windungen einer Schnecke (*Megalomastoma?*) und ein *Charafrüchtchen*	»	

Tiefe in Metern.	Gesteinsart.	Schlämmrückstand.	Fossilien.	Formation.	Bemerkung.
260	Hellgrauer, sandiger Mergel	Ziemlich viel Sand aus Kalkstückchen und vielen Gipskriställchen bestehend	Ein kleines Schalenstückchen einer kleinen Schnecke (*Planorbis ?*)	Mittel-Eocän	
265	desgl., dunkelgrau	desgl., nebst etwas Schwefelkies	—	"	
270	Grauer Kalkstein	Viel größere und kleinere Stückchen dunkelgrauen, hellgrauen und gelblichen Kalkes und viel Kalksand gemischt mit vielen Gipskriställchen und sehr wenig Schwefelkies	—	"	
275	Hellgrauer, sandiger Mergel	Viel feiner Kalksand gemischt mit größern Stücken hellen und dunkeln Kalkes. Sehr wenig Schwefelkies; eine Menge kleiner Gipskriställchen und Kalkspatstückchen	—	"	
281	Grauer Kalkstein	Wenig feiner Kalksand mit sehr viel gröberem Kalkmaterial	—	"	
285	Dunkelgrauer Kalkstein	Viel dunkelgrauer, fast schwarzer Kalk in feinerem Sand mit gröberen Stückchen	—	"	
290	desgl.	desgl., aber hauptsächlich nur feineres Material mit sehr wenig Schwefelkies	—	"	
295	desgl.	desgl., und ein paar Gipskriställchen	—	"	
300	Hellgrauer Kalkstein	desgl.	—	"	
305	Hellgrauer, etwas sandiger Mergel	Wenig dunkelgrauer Sand aus weißen und blaugrauen, harten Mergelstückchen und einer Menge sehr kleiner Quarzkörnchen	—	"	
310ᴍ	desgl.	desgl.	—	"	

Tiefe in Metern.	Gesteinsart.	Schlämmrückstand.	Fossilien.	Formation.	Bemerkung.
315	desgl.	desgl.	—	Mittel-Eocän	
320	desgl.	desgl., einige größere Stückchen Kalkspat	—	»	
325	desgl.	Dunkelgrauer Sand aus weißen und sehr vielen blaugrauen, harten Mergelstückchen, einigen kleinen Kalkspatstückchen und sehr wenig Schwefelkies	—	»	
330	desgl.	Wie 305.	—	»	
335	desgl.	desgl.	—	»	
340	Grauer Kalkstein	desgl., aber eine große Menge gröberer Kalkstücke	—	»	
350	Grauweißer, erdiger Kalk, z. T. kohlig	Sehr viel graubrauner Kalksand mit vielen gröberen weißgrauen, mürben Kalk- und grünlichgrauen harten Steinmergelstücken. Wenig Schwefelkies	Unbestimmbare Knochenreste von Schildkröten	»	Kohlenschmitzchen.

Schluß der Bohrung.

Den obigen Tabellen und beigegebenen Bohrprofilen habe ich nur wenige Worte der Erläuterung zuzufügen:

1. Die Bohrung bei Zimmersheim (Profil 1, S. 414) begann in der Höhe von 280 m ganz in der Nähe des alten Gipsbruches[1] im Plattigen Steinmergel (unteres Mitteloligocän) mit Gips- und Mergelschichten, welche bis 85 m anhielten.

Von 100—180 m wurde eine gipsfreie Süßwasserkalkbildung angetroffen, in welcher ich nur in den untersten Schichten einige Charafrüchtchen gefunden habe. Dieselbe schließt mit einem mürben, kohlehaltigen Kalkstein ab, gehört jedenfalls schon dem obern Unteroligocän an und ist als gleichaltrig mit dem Brunstatter Melanienkalk zu betrachten.

Von 185 m ab tritt wieder Gips auf in tonreichen, sandigen oder auch kalkreichen Mergeln, die bis 240 m reichen und bei 242 m von einer kohlehaltigen Kalkschicht unterlagert werden. Diese untere fossilleere Gipsformation habe ich in das untere Unteroligocän gestellt, es wäre aber möglich, daß sie teilweise schon zum obern Eocän gehört.

Mit dem kohlehaltigen Kalkstein in der Tiefe von 242 m beginnt eine neue, teils sandige, teils erdige Kalkstein- und Mergelbildung, in welcher ich bei 252 m Charafrüchtchen, mehrere Hydrobien und eine kleine Megalomastoma gefunden habe. Bei 350 m, dem Ende der Bohrung, wurde der Kalk wieder stark kohlehaltig und enthielt mehrere unbestimmbare kleine Knochenreste von Schildkröten. Nach Lagerung, Gesteinscharakter und Fossilführung ist diese Schichtenreihe dem Eocän zuzuteilen und als gleichaltrig mit dem mitteleocänen Buchsweiler Kalk[2] anzusehen. Wir haben also bei Zimmersheim zwischen dem Buchsweiler Kalk und dem gleichaltrigen Süßwasserkalk von Hobel[3] in der Schweiz ein geographisches Bindeglied.

Leider wurde bei 350 m die Bohrung aufgegeben. Einige Meter tiefer wäre man sicher entweder in die Bohnerzformation oder in den Jura gekommen!

---

1. Förster, B. Geologischer Führer usw. S. 14.
2. Andreae, A. Ein Beitrag zur Kenntnis des Elsässer Tertiärs. S. 5 u. flgde. Abhandl. z. geol. Spez.-Karte v. Els.-Lothr. Bd. II, H. III. — Straßburg, 1884.
3. Desgl. S. 18.

2. Die Bohrung von Niedermagstatt (Profil 2, S. 414) wurde in der Höhe von 332 m angesetzt, etwa 25 m östlich des bekannten Fundpunktes von typischem Fischschiefer im Straßeneinschnitt[1]. Trotz dieser großen Nähe der Bohrung an dem Fischschiefervorkommen wurden dieselben in dem Bohrloch erst bei 80 m Tiefe angetroffen, sodaß dazwischen eine Schichtenstörung anzunehmen ist. Bis zu den Fischschieferschichten wurden tonreiche, etwas sandige Mergel durchstoßen, in denen sich nur bei 14 m kleine Fischschuppenteilchen fanden. Da diese Schichtenreihe typische Fischschiefer überlagert, so habe ich dieselbe schon in das Oberoligocän gestellt. Von 90 bis 170 m wurde ein hellgrauer, tonreicher Mergel durchbohrt. Bei 90 m bestand der Schlämmrückstand fast allein aus großen Foraminiferen, unter denen *Plecanium acutidorsatum* D'ORB. sp., *Haplophragmium placenta* RSS. und *H. Humboldti* RSS. besonders hervortraten, wodurch sich die Zugehörigkeit dieser Mergel zum Septarienton, also dem oberen Mitteloligocän, erweist. Dann fanden sich noch vereinzelte Foraminiferen bei 130 m (*Pulvinulina pygmaea* v. HANTK.) und bei 170 m (*Textularia*), ferner *Chara*früchtchen bei 120 m.

Von 180—200 m wurde typischer Plattiger Steinmergel[2] mit einigen Foraminiferen und *Cypris?*schälchen angetroffen; derselbe gehört schon dem untern Mitteloligocän an.

Von 208—246 m wurde eine fossilleere Süßwasserbildung von Mergeln, Kalken und Kalksandsteinen durchbohrt, die wohl als gleichalterig mit dem Brunstatter Melanienkalk anzusehen und in das Unteroligocän zu stellen ist.

Von 254—295 m wurden Ton, sandiger und grandiger Lehm mit zahlreichen Bohnerzen durchstoßen. Dieselben sind mit Sicherheit der alten Bohnerzformation zuzurechnen und können hier mit großer Wahrscheinlichkeit in das Eocän gestellt werden.

Von 300 m ab bestand die durchbohrte Gesteinsart aus Kalkstein. In der Probe von 300 m fand sich eine kleine Terebratel, bei 306 m mehrere kleine Schalenreste von *Ostrea?* und von 310

---

1. FÖRSTER, B. Geologischer Führer f. d. Umgebung von Mülhausen i. E. S. 263. — Mitt. d. geol. Landesanst. v. Els.-Lothr. Bd. III, H. IV. — Straßburg i. E., 1892.
2. FÖRSTER, B. Geologischer Führer usw. S. 37.

bis 320 m, dem Ende der Bohrung, eine Menge gelbgrauer Malmkalkstückchen. Diese Schichten sind dem obern Jura zuzuteilen,
jedoch läßt sich nichts genaueres darüber bestimmen, welcher
Stufe sie angehören.

Die Bohrung von Niedermagstatt gibt also ein zusammen-
hängendes Profil vom obern Oligocän bis zum obern Jura!

3. Bohrung Carspach (Profil 3, S. 414). Dieselbe wurde 50 m
südöstlich des Haltepunktes Carspach-Sonnenberg der Bahnlinie Altkirch—Pfirt im Alluvium des Beltzbächleins dicht an dessen Einfluß
in die Ill in der Höhe von 299 m begonnen. Nach Durchstoßung des
Alluviums gelangte die Bohrung in tertiäre Mergel von mehr oder
weniger sandiger bis toniger Beschaffenheit, welche bis zur Tiefe
von 360 m anhielten. Es wurden in dieser Abteilung 3 Fossilhorizonte angetroffen: der erste von 50—80 m mit *Charafrüchtchen*,
*Cypris(?)*schälchen, sehr wenig Foraminiferen (*Globigerina bulloides*)
und Fischschüppchen, der zweite von 210 und 230 m mit sehr
undeutlichen, kleinen Schalenresten von Muscheln (?) und der dritte
von 270—340 m mit einer verhältnismäßig reichen Foraminiferen-
fauna; außer den Foraminiferen fanden sich darin noch einige
Cypris(?)schälchen, kleine Muschelschalenreste und ein Stückchen
von einer Fischschuppe. Die Foraminiferen gehören den Gattungen
Polymorphina, *Triloculina*, *Pulvinulina* und *Globigerina* an, ferner
scheint mir *Rotalia Soldani* D'ORB. vorzuliegen. Im ganzen haben
wir also eine etwa 350 m mächtige Meeresbildung aus der Zeit
des Mitteloligocäns vor uns, deren oberste Schichten vielleicht
schon in das Oberoligocän hineingehören.

Unter dieser mächtigen Mergelablagerung wurde zwischen
370 und 380 m ein dunkelgrauer Süßwasserkalk angetroffen, so
daß hierher die Grenze zwischen Mittel- und Unteroligocän zu
legen ist, demnach also der oben erwähnte untere Foraminiferen-
horizont von 270—340 m in das untere Mitteloligocän gestellt
werden muß. Neben dem dunkeln Kalk fand sich noch eine Anzahl größerer und kleinerer, hellgrauer Kalksandsteinstücke. Auch
enthielten die Proben von 370—380 m wegen Nachfalls ein Gemisch aus verschiedenen Schichten. Da außerdem die Süßwasser-
kalkstücke mit vielen feinen Kalkspatadern durchzogen und an

einer ebenen Fläche mit einer dicken Kalkspatkruste bekleidet sind, ferner viele Stücke ein breccienartiges Aussehen haben, so muß hier eine Kluft angebohrt worden sein. Durch Imprägnation mit Kalkspat erhielten einzelne Kalkstücke, von denen einige mit braunschwarzem Bitumen getränkt sind, welches wahrscheinlich an der Spalte emporgestiegen ist, ein kalksandsteinartiges Aussehen; ferner enthielt der Bohrschlamm aus dieser Tiefe kleine oolithische Mergelkörnchen. Diese werden erst in der nächsten Bohrprobe von 390 m vorherrschend. Daneben war eine Menge weißgelber Malmkalkstückchen vorhanden, sodaß wir uns bei dieser Tiefe (370—380 m) auch schon im obern Jura befinden. Es ist keine andere Erklärung zulässig, als daß in dieser Tiefe eine Verwerfungsspalte angetroffen worden ist. Dieselbe befindet sich in der Fortsetzung der in nordsüdlicher Richtung verlaufenden Störung Heidweiler[1].

Von 390—490 m wurde Kalkstein durchbohrt und zwar von 390—410 m weißer, oolithischer Kalk, von 414—454 m hellgrauer Kalk, von 456—458 m bräunlicher Kalk und von 460—490 m dunkelgrauer Kalk. Von Fossilien wurden nur bei 405 m die Embryonalwindungen einer sehr kleinen Hydrobie(?) gefunden, sodaß zunächst nur aus dem Gesteinscharakter auf die Zugehörigkeit dieser Schichten zur Juraformation geschlossen werden kann. Von 492—569 m (Ende der Bohrung) wurden dunkle tonreiche Mergel angetroffen, die von 494 m ab bis ans Ende zahlreiche Foraminiferen führten: *Cornuspira, Lagena hystrix?, Cristellaria* cf. *Bronni* RÖM., — *rotulata* LAM. var. *Roemeri* RSS., *Epistomina stelligera* RSS., *Textularia, Bolivina, Orbulina, Rotalia, Pulvinulina,* von denen ich nur 2 Cristellarien und eine *Epistomina* genauer bestimmen konnte, welche auch von UHLIG[2] in dem rjäsan'schen Ornatenton erkannt worden sind. Außerdem enthielt dieser Mergel von 494—554 m zahlreiche Stengelglieder von *Balanocrinus pentagonalis* GOLDF. sp. Dann fanden sich in diesen Schichten noch ziemlich

---

1. Vergl. FÖRSTER, B. Blatt Altkirch der geologischen Spezialkarte von Elsaß-Lothringen und die dazu gehörigen Erläuterungen S. 3. — Straßburg i. Els. 1902.

2. UHLIG, V. Über Foraminiferen aus dem rjäsan'schen Ornatentone. — Jahrb. d. k. k. Geologischen Reichsanstal. XXXIII. Bd., 1883. S. 751—754 u. S. 770—772. — Wien, 1883.

viel kleine Gastropoden, welche hauptsächlich der Gattung *Hydrobia* angehören dürften, ein Embryo eines Zweischalers (*Leda?*) und kleine Stückchen einer andern Muschel (*Pecten?*) sowie ein paar ganz kleine Seeigelstachel. Das Vorkommen von *Balanocrinus pentagonalis* beweist, daß wir es hier mit dem untern Oxford des Pfirter Jura zu tun haben, was durch die Foraminiferen und die petrographische Beschaffenheit dieser Schichten bestätigt wird. Aus der sichern Bestimmung dieses Horizontes ergibt sich dann auch die Zugehörigkeit der den untern Oxford in einer Mächtigkeit von 100 m (390—490 m) überlagernden Kalksteinbildung zum oberen Oxford resp. Rauracien, wobei die obersten gelbweißen oolithischen Kalke (von 390—410 m) einigen Anhalt gewähren.

Von 451 m ab gesellt sich zu den Stielgliedern von *Balanocrinus* unbestimmbare Ammonitenbrut und ein kleiner Amaltheide mit gekerbtem Kiel, der sich ebenfalls nicht genauer bestimmen ließ. Bei 454 m fand ich zum letzten Male Stielglieder von *Balanocrinus*, während die Foraminiferen weiter anhielten und die Ammoniten zahlreicher wurden, sodaß hierher die Grenze zwischen Oxford und Callovien gelegt werden kann.

Von den 3 besprochenen Bohrungen ist die wichtigste diejenige von Niedermagstatt, da sie die Schichten in ununterbrochener Reihenfolge vom oberen Oligocän bis zum oberen Jura angetroffen hat, wenn auch den einzelnen tertiären Stufen keine große Ausdehnung zukommt. Es ist auffällig, daß das Unteroligocän hier nur eine Mächtigkeit von etwa 50 m hat, während die Bohnerzformation die gleiche Tiefenerstreckung zeigt und die gesamte eocäne Zeit für sich in Anspruch nimmt.

Die Bohrung bei Zimmersheim gibt uns besonders Aufschluß über das Eocän, das Unteroligocän und das untere Mitteloligocän. Interessant ist die dadurch bewiesene Feststellung einer eocänen Süßwasserbildung im Ober-Elsaß. Für die Gliederung des Ober-Elsässer Tertiärs ist es auch von großer Wichtigkeit, daß der Plattige Steinmergel die bisher nur von Zimmersheim bekannten obern Gipsschichten in sich einschließt, und daß diese oberen Gipsschichten durch eine gipsfreie Süßwasserkalkbildung von der unteren Gipsformation geschieden werden.

Die Bohrung von Carspach hat zwar die größte Tiefe erreicht und beinahe 200 m der obern Juraformation durchstoßen, von dem Tertiär aber infolge Anschneidens einer Verwerfung das Unteroligocän gerade eben nur noch getroffen. Dadurch aber, daß hier das Mittel- und Oberoligocän eine so mächtige Entwickelung von 370 m aufweisen, ergänzt gerade diese Bohrung die Erfahrungen aus den beiden andern.

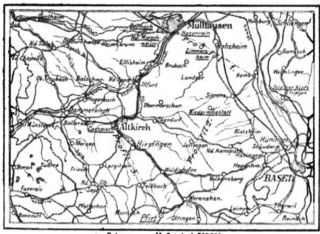

x Bohrung.   Maßstab 1:500000.

Auf die Zeit der Ablagerung des Obern Jura im Ober-Elsaß folgt eine Festlandsperiode, die bis in das Mitteleocän hineinreicht, in dem vereinzelte größere Süßwasserbildungen auftreten, welche in dem Unteroligocän eine größere Ausdehnung annehmen und teilweise etwas brackisch werden (Fauna des Melanienkalk von Brunstatt) und schließlich im unteren Mitteloligocän mit dem Meere in Verbindung treten, das im mittleren und oberen Mitteloligocän seine größte Tiefe erreicht.

Um über die gegenseitigen Lagerungsverhältnisse ein klares Bild zu verschaffen, gebe ich anbei einen kleinen Situationsplan der besprochenen 3 Bohrungen und 3 Querprofile nach den Linien

    1. Aue—Zimmersheim—Isteiner Klotz, von den Vogesen zu den Vorhügeln des Schwarzwaldes, indem ich hierbei

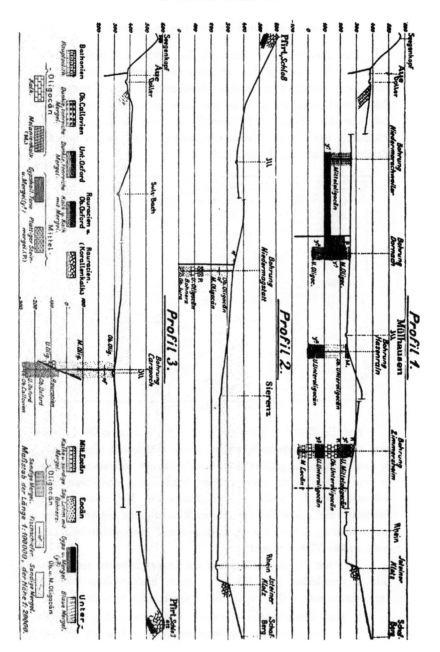

die älteren bekannten Bohrungen in der Nähe Mülhausens von Niedermorschweiler, Dornach und Hasenrain[1], welche jedoch die Juraformation nicht erreicht haben, mit hineinbeziehe.

2. Pfirt—Niedermagstatt—Isteiner Klotz, vom Schweizer Jura zu den Vorhügeln des Schwarzwaldes und

3. Pfirt—Carspach—Aue, vom Pfirter (Schweizer) Jura zu den Vogesen,

Auf Profil 3 ist die durch die Bohrung getroffene Verwerfung für die Lagerungsverhältnisse von besonderem Interesse. Es ist wahrscheinlich, daß sie die Fortsetzung der Verwerfung von Heidweiler (s. S. 411, Anm.), einer Parallelverwerfung des Sprunges Fröningen—Altkirch[2] ist; auch durch diesen ist, wie im Bohrloch, das östlich gelegene Gebirgstück gehoben. Die Spalte Fröningen—Altkirch setzt sich nach Norden auf Blatt Mülhausen West fort, wo sie am Gallenhölzle[3] von mir festgestellt worden ist und streicht dann zwischen Dornach und Niedermorschweiler durch, wie sich aus der Lagerung der in den Bohrungen Dornach und Niedermorschweiler angetroffenen Schichten (vergl. Profil 1) ergibt.

Durch die Bohrung von Niedermagstatt (vergl. Profil 2) hat sich herausgestellt, daß der westlich von Niedermagstatt liegende Teil sich gehoben hat. Es ist anzunehmen, daß diese Störung dem Haupt-Rheintal-Spaltensystem angehört und sich in nordsüdlicher Richtung erstreckt, also etwa östlich Zimmersheim—Rixheim auf der Grenze zwischen Tertiär und Diluvium verlaufen wird.

---

1. DELBOS, J. Notice sur le forage exécuté à Niedermorschwiller dans la cour de la ferme de la propriété A. Tachard. — Bull. Soc. ind. Mulh., S. 61—77. 1871.
ZÜNDEL, CH. et MIEG, M. Notice sur quelques sondages aux environs de Mulhouse et en Alsace. — Bull. Soc. ind. Mulh., XLVII, S. 631—641. 1877.
MIEG, M. Note sur un sondage exécuté à Dornach (près Mulhouse) en 1869. — Bull. Soc. géol. France, (3), XVI, S. 256—265. 1888.
MIEG, M., G. BLEICHER et FLICHE. Contribution à l'étude du terrain tertiaire d'Alsace et des environs de Mulhouse. — Bull. Soc. géol. France. (3), XVIII S. 392 bis 422. 1890.

2. Vergl. Blatt Altkirch der Geol. Spez.-Karte v. Els.-Lothr. und Erläuterungen dazu S. 4. — Straßburg, 1902.

3. Blatt Mülhausen West ders. Karte und Erl. dazu S. 3. — Straßburg, 1898.

Es wäre dann das Hügelland des Sundgaus, der orographisch
so deutlich erkennbare von Süden her in nordöstlicher Richtung
in die Rheinebene vorgeschobene erhöhte Keil, ein bei der Bildung
des Rheintales relativ emporgequetschter mittlerer Teil der im
ganzen gesunkenen Platte (vergl. Profil 2).

Die Eisenerzlagerstätten von Rothau und Framont im Breuschtal (Vogesen).

Von F. Th. MÜLLER.

Mit Tafel XI u. XII.

Literatur.

1. SCHOEPFLINUS, Jo. DAN. Alsatia illustrata celtica, romana, francica. Colmariae MDCCLI.

2. DE DIETRICH, Description des gîtes de minerai de la Haute- et Basse-Alsace. Paris 1789. II. p. 215 ff.

3. OBERLIN, Description géognostique, oeconomique et médicale du Ban de la Roche. Strasbourg 1806. p. 41 ff.

4. É. DE BEAUMONT. Notices sur les mines de fer et les forges de Framont et de Rothau. Ann. min. VII. 1822, p. 521 ff.

5. DELESSE, Mémoire sur la minette. Ann. min. X, 317.

6. v. OEYNHAUSEN, v. DECHEN, v. LA ROCHE, Geognostische Umrisse der Rheinländer. Essen 1825. S. 153 ff.

7. VOLTZ, Briefliche Mitteilungen von Straßburg, 11. Febr. 1834. — Leonhards Jahrbuch 1834.

8. BEYRICH, Nähere Bestimmung des Phenakit nach einem neueren Vorkommen. — Poggendorfs Annalen, 1835 I, Bd. 34, S. 519 ff.

9. E. DE BILLY, Description des minerais de Framont et de Rothau. L'Institut IX, 1841.

10. Notice sur les mines et usines de Framont. Strasbourg 1844.

11. CARRIÈRE, Recherches sur la minéralogie des gîtes métallifères de Framont. Épinal, Ann. de la société d'émulation des Vosges. 1849, VII, 1, p. 129 ff. Note complémentaire, ebenda, VII, 2 (1850), p. 155—158.

12. DAUBRÉE, Description géologique et minéralogique du département du Bas-Rhin. Strasbourg 1852, p. 283 ff.

13. MOSLER, Katalog für die Sammlung der Bergwerks- usw. Produkte auf der Wiener Weltausstellung. Straßburg 1873.

14. KOCH, Geschichtliche Entwicklung des Bergbaues in Elsaß-Lothringen. 1874.

15. A. v. GRODDECK, Lehre von den Lagerstätten der Erze. Leipzig 1879.

16. G. Linck, Geognostisch-petrographische Beschreibung des Grauwacken-
    gebietes von Weiler bei Weißenburg. Abhandlungen zur geologischen
    Spezialkarte von Elsaß-Lothringen, Band III, Heft 1, Straßburg 1884.
17. Fuchs et de Launay, Traité des gîtes minéraux et métallifères. Paris 1893-
18. Beck, Lehre von den Erzlagerstätten. 2. Auflage. Berlin 1903.
19. Zirkel, Lehrbuch der Petrographie. Leipzig 1893/94.
20. Stelzner-Bergeat, Die Erzlagerstätten. Leipzig 1904.

Im oberen Teil des Breuschtales in den Vogesen, unweit
der französischen Grenze, herrschen ältere Gesteine vor, die in
neuerer Zeit dem D e v o n zugerechnet werden. Sie sind bei
Rothau durchbrochen von G r a n i t, der sie in seiner Umgebung
in hornfelsartige Gesteine umgewandelt hat. Sowohl im Granit
als im Devon sind eine Reihe von E i s e n e r z l a g e r s t ä t t e n
durch alten Bergbau bekannt geworden.

I. Die Eisenerzgänge von Rothau.

Im Granit setzen fast ausschließlich die Eisenglanz-Magnetit-
Gänge von Rothau auf. Sie beobachten durchweg dasselbe
Streichen wie die zahlreichen Gänge von Granitporphyr und
Minette und verschiedene Gänge von Quarz, die besonders für
das Gebiet zwischen Fouday, Solbach und dem Tal von Barenbach
recht charakteristisch sind.

Von diesen Erzgängen sollen in dieser Arbeit beschrieben
werden

der Husarengang,   auf der Karte[1] (Taf. XI) bezeichnet mit 1
„ Gang im Bannwald,   „   „   „   „   „ 2
„   „ v. Wildersbach, „   „   „   „   „ 3
„   „   „ Remiancôte, „   „   „   „   „ 4
„   „ nördl. v.   „   „   „   „   „   „ 5
„   „ von Lumpenmatt—Bacpré—Fingoutte, auf der Karte
        bezeichnet mit 6
„   „ von Haute-Bacpré, auf der Karte bezeichnet mit 7

1. Die geologischen Grundlagen der Karte sind nach den Aufnahmen des
Herrn Professor Dr. Bücking, Straßburg i. E., gezeichnet.

Historisches.

Die Eröffnung des Rothauer Bergbaues liegt so weit zurück, daß genaue Angaben über die ersten Anfänge des Betriebes nicht vorhanden sind. SCHOEPFLIN (Alsatia illustrata) sagt, im Jahre 1723 sei erst mit der Ausbeutung der Erzgruben begonnen worden. Dagegen weist Baron DE DIETRICH (2)[1] nach, daß schon im 16. Jahrhundert dort Eisenerze verhüttet worden sind.

Damals saßen die Herren VON RATHSAMHAUSEN als Lehnsherren in der Herrschaft Ban de la Roche (Steintal), zu der auch die Rothauer Gruben gehörten.

Im Jahre 1558 sandte Kaiser FERDINAND an DIETRICH VON RATHSAMHAUSEN den schriftlichen Befehl, einige Leute, die er zur Besichtigung der Minen schicken würde, ungehindert ihre Beobachtungen machen zu lassen. Als diese nun im Steintal eintrafen, verweigerte ihnen der Graf die Aufnahme. Sie beklagten sich darüber beim Kaiser, und FERDINAND mahnte seinen Lehnsmann. Aber vergeblich.

Zu Beginn des Jahres 1579 erhielt Graf VON VELDENTZ, Herzog von Bayern, vom Kaiser die Erlaubnis, die Gruben auszubeuten. Zugleich gebot FERDINAND dem Herren VON RATHSAMHAUSEN, die Arbeiter nicht zu stören, sondern ihnen gegen Entgelt Lebensmittel und Unterkunft zu gewähren. Er verlangte für sich als Oberlehnsherr das Verleihungsrecht über die Gruben. RATHSAMHAUSEN aber blieb widerspenstig.

Nach langen Zwistigkeiten verzichtete endlich der Kaiser auf sein Recht und überließ die Gruben dem Herrn VON RATHSAMHAUSEN. Zugleich erklärte er das Privileg des Grafen VON VELDENTZ für ungültig. Da aber gestattete der Graf von Ban de la Roche aus freien Stücken dem Herzog von Bayern den Betrieb der Gruben, indem er nur den Zehnten des Ertrages für sich forderte.

Der Bergbau dehnte sich nun aus und stand bald in voller Blüte.

---

1. Die fettgedruckten Zahlen beziehen sich auf die Literaturzusammenstellung.

Dann trat ein Umschwung ein. Die Gruben wurden auflässig, als um die Mitte des 17. Jahrhunderts langwierige Kriege das Elsaß verwüsteten, und die Beamten der Statthalter Mißwirtschaft trieben.

Erst im 18. Jahrhundert wurde der Betrieb wieder eröffnet. Im Jahre 1720 erhielt Herr VON ANGERVILLIER, Verwalter des Elsaß, die Herrschaft Ban de la Roche als Lehen und 1724 die Erlaubnis, die Hochöfen wieder arbeiten zu lassen.

Später gingen die Gruben in den Besitz der Barone VON DIETRICH über.

1788 richtete DE DIETRICH, der Verfasser der genannten Schrift (2), an den König ein Gesuch um einen ganz besonderen Stempel für sein Eisen. Der Ruf des Rothauer Metalls wuchs nämlich, und Konkurrenten begannen, Fälschungen auf den Markt zu bringen.

Der König kam der Bitte gerne nach, denn in seinen Arsenalen wurde das Rothauer Eisen allem anderen vorgezogen. Er bewilligte eine neue Fabrikationsmarke, ein R in einem Jagdhorn, und verbot allen Fabrikanten die Nachahmung bei Strafe von 3000 livres und Konfiskation zu Gunsten des Geschädigten.

DE DIETRICH war sehr stolz auf sein Eisen. Er sagt, es stehe keinem anderen nach, und die Waffenmanufaktur des Elsaß und das Arsenal von Straßburg würden es nur sehr schwer entbehren. Selbst der sehr hohe Preis des Metalls übe keinen schädlichen Einfluß auf die Nachfrage aus.

Aber die Konkurrenz machte ihm doch zu schaffen. Und zwar war es Framont, das Rothau zu überflügeln drohte.

Framont gehörte zur Grafschaft Salm und war nicht französisch. Es hatte aber laut Vertrag mit dem König von Polen das Privileg, seinen Bedarf an Holz in dem an der Grenze gelegenen Forstbezirk Trois-Evêchés, der zu Frankreich gehörte, zu decken.

Rothau war aber infolge des hohen Preises des Steintaler Holzes gezwungen, sich aus den Herrschaften Lunéville und St. Dié mit Brennmaterial zu versorgen.

So förderten politische Umstände ein fremdes Unternehmen, das in Bezug auf Qualität seiner Erzeugnisse nicht an das nationale heranreichte. Der Nutzen des Verkaufs des Rothauer Eisens blieb in Frankreich, Framont aber brauchte königliches Holz zu seinem Vorteil.

Ebenso wie das Eisen berühmt war, konnte auch der Gruben-bau in Rothau als mustergültig angesehen werden. DE DIETRICH sagt, er habe viele Minen gesehen in ganz Europa, nirgends aber seien sie so wenig fehlerhaft angelegt wie in Rothau.

Als ÉLIE DE BEAUMONT im Jahre 1822 und VON DECHEN im Jahre 1825 die Gruben besuchten, waren Framont und Rothau vereinigt im Besitze des Mr. CHAMPY, der in jeder Hinsicht weit-gehende Verbesserungen angebracht hatte.

In den vierziger Jahren wurde aus dem Privatbesitz ein Aktienunternehmen, an dem CHAMPY beteiligt war.

Als Elsaß-Lothringen an Deutschland kam, waren die Gruben sämtlich auflässig.

Eine Konzession ist heute noch vorhanden. Aber die ein-gefallenen Schächte, die zusammengestürzten Stollen und bewach-senen Pingen lassen kaum noch den Umfang des früheren Betriebes ahnen ; und von dem Rothauer Eisen, das eine Zeitlang eine so hervorragende Rolle in der Montanindustrie gespielt hat, ist wenig mehr bekannt.

DE DIETRICH (2) nennt in seiner Abhandlung von den Gruben, die für meine Arbeit in Betracht kommen : Die Grube von B a n n w a l d, jetzt im Bergfreien gelegen, die mines d e s h u z z a r d s, d e l a C o u t e l l e, die Gänge im Tale der M i n e g u e t t e, die mine d e R e m i a n c ô t e, d e C h a u - d r o n p r é, die Gruben von B a c p r é, v o m S p a t z b e r g, von F i n g o u t t e und von W i l d e r s b a c h.

Im Jahre 1806 erwähnt OBERLIN (3), der Sohn des berühmten Pfarrers, auch noch die Gruben von der L u m p e n m a t t, die DE DIETRICH nicht beschrieben hat, und sagt, daß die Gruben d e s h u z z a r d s, d e R e m i a n c ô t e, d e B a c p r é und vom S p a t z b e r g auflässig seien.

Dann folgt ÉLIE DE BEAUMONT (4), der die Erzgänge in Bezug auf Lage, Mächtigkeit, Beschaffenheit des Erzes ausführlich beschreibt. Er verweilt auch bei den Nebengesteinen und Begleitmineralien und beschließt seine Darstellung mit einer Betrachtung über die Art des Vorkommens nebst kurzen Berichten über die Verhüttung des Erzes.

Er nennt die Gruben vom B a n n w a l d, d e s h u z z a r d s, M i n e g u e t t e,   B a c p r é,   S p a t z b e r g,   S o l b a c h, W i l d e r s b a c h. Die Grube L u m p e n m a t t, die Oberlin (3) noch in Betrieb gesehen hat, erwähnt er nicht.

Im wesentlichen nur die Übersetzung eines Auszuges aus diesen Zusammenstellungen ist die Beschreibung der Gruben von von Dechen (6).

Die nächsten Mitteilungen finden sich in der Zeitschrift „l ’ I n s t i t u t‟ vom Jahre 1841, wo E. de Billy (9) die Gruben kurz erwähnt. Er führt an : B a n n w a l d, d e s H u z z a r d s, d e l a C o u t e l l e,   M i n e g u e t t e,   R e m i - a u - C ô t e (sonst Remiancôte), C h a u d r o n p r é, B a c p r é, F i n g o u t t e S p a t z b e r g,   L u m p e n m a t t. Von diesen wurden zu seiner Zeit noch gebaut : M i n e g u e t t e,   R e m i - a u - C ô t e   und B a c p r é.

Schließlich finden sich bei Daubrée (12) noch einige Nachrichten. Er sagt vom Gange im B a n n w a l d e ziemlich dasselbe, was schon de Beaumont erwähnt hat. Diese Grube sei seit 1844 verlassen ; der Gang von R e m i a n c ô t e sei auf der Grube S a i n t - N i c o l a s noch 1845 gebaut worden.

Beschreibung der Erzgänge.[1]

I. Husarengang und Gang im Bannwald (1 und 2).

Der Husarengang (1) ist der Haupterzgang des Lage der Gänge. Chénot von Rothau auf dem linken Ufer der Rothaine. Er wurde hier abgebaut in den mines des Huzzards (a) und der mine de la Coutelle (b). Auf dem andern Ufer der Rothaine setzt er sich fort, von DE DIETRICH und DE BEAUMONT als besonderer Gang im Bannwald (2) bezeichnet, und ist durch eine lange Pingenreihe im Bannwalde bis zu dem Gipfel des Bannwalder Berges, 240 Meter über der Talsohle, noch angedeutet. Beide Gänge streichen von NO nach SW und fallen mit einem Winkel von ungefähr 70° N ein.

Das Nebengestein ist auf dem Chénot von Rothau und im Nebengestein. Bannwalde Granit.

Der Granit längs des Husarenganges ist von Granit. rötlicher Farbe und mittlerem Korn. Er ist durchsetzt von regellos verlaufenden Klüften, auf denen sich Brauneisen gebildet hat. Im Mikroskop zeigt er eine Zusammensetzung aus rötlichem, trübem Orthoklas, wenigem in gleicher Weise auftretendem Plagioklas und Quarz. Accessorisch kommt in sehr geringer Menge Magnetit vor. Der Orthoklas zeigt beginnende Kaolinisierung, und im Kerne des Plagioklases haben sich Aggregate gelbgrüner Epidotkörner gebildet.

Der Quarz ist reich an Flüssigkeitseinschlüssen mit beweglicher Libelle und mit Kochsalzwürfeln.

Im Bannwalde ist der Granit von etwas gröberem Korne und nicht so reich an Kluftflächen. Wie der Schliff zeigt, sind seine Gemengteile weniger zersetzt, Orthoklas und Plagioklas, deren Auftreten sonst das gleiche wie im Granit des Husarenganges ist, sind klarer. Der Quarz ist zuweilen mit dem Orthoklas

---

1. Die nicht fett gedruckten Zahlen und Buchstaben im Folgenden weisen auf die bezüglichen Stellen der Karte hin.

schriftgranitisch verwachsen. Auch hier zeigt er Flüssigkeitseinschlüsse.

Beide Gänge werden von Minette begleitet, die ich später
beschreiben will.

Erzführung.

Das Erz des Gangzuges auf beiden Seiten der Rothaine ist
vorwiegend E i s e n g l a n z von bläulicher, stahlähnlicher Farbe
und kirschrotem Strich, gewöhnlich derb, bisweilen, wie im B a n n -
w a l d an einem Einbruch unmittelbar an der Straße von Rothau
nach dem Struthof, dünnschiefrig abgesondert, und auch wohl
stark mit Pyrit durchsetzt. Stellenweise ist der Eisenglanz mit
M a g n e t e i s e n innig verwachsen und infolgedessen magnetisch,
sodaß er die Nadel ablenkt und in gepulvertem Zustande vom
Magneten angezogen wird. Auf dem H u s a r e n g a n g ist das
Erz von etwas dunklerer Farbe und stumpferem Glanz. Dies
beruht darauf, daß es einen größeren Gehalt an Magnetit auf-
zuweisen hat.

Gang
im Bannwald.
(2).

Obwohl der Gang im B a n n w a l d schon zur Zeit de Dietrich's bekannt war und nach einer Notiz von Daubrée noch
1844 gebaut wurde, ist er doch, wie eine Befahrung mehrerer
noch offener Strecken oder Einbrüche lehrt, nur mehr an der
Oberfläche bis auf etwa 10—15 m Tiefe gebaut. Seine Mächtigkeit
beträgt einige Decimeter bis 1 m. Der Gang läßt sich an Pingen
und Halden vom Gipfel des Berges bis herab zur Rothaine verfolgen. Den besten Aufschluß geben fünf schräg einfallende
Strecken, sog. Treppenörter, über und unter dem Fahrweg von
Rothau nach dem Struthof.

An den drei mittleren Einbrüchen findet sich Minette.

Minette.

Von der mine des Huzzards hat de Dietrich zuerst das
eigentümliche Gestein erwähnt, dem er nach dem Vorgange der
Rothauer Bergleute den Namen „M i n e t t e" gab. de Dietrich
und nicht de Beaumont, wie Linck (16) und Zirkel (19) fälsch-
lich angeben, hat den Namen Minette zuerst gebraucht. Allerdings hat de Beaumont das Wesen dieses Gesteins besser erkannt
als de Dietrich, aber mit vollem Bewußtsein hat erst Voltz
1828 den Namen dem Eruptivgestein beigelegt, das heute noch
unter diesem Namen verstanden wird.

Die Rothauer Bergleute nannten „minette"[1] ein armes Erz, das zum größten Teile aus Nebengestein und einem Gemisch von Eisenerz besteht.

Nach OBERLIN's (3) Untersuchungen trennt die Minette das Erz vom Nebengestein. Sie tritt aber auch in selbständigen Adern im Nebengestein auf. Ihr Korn ist mehr oder weniger fein. Sie sieht häufig aus wie gehärteter Ton oder wie weicher Tonschiefer oder wie Porphyr.

OBERLIN führt die Beschreibung eines M. ECKEL an, der Folgendes sagt : die Minette sei ein toniges Gestein, feinkörnig, oft sehr reich an Glimmer, ja auch in Glimmer übergehend, sehr selten mit Quarzgehalt. Wenn dieser vorhanden sei, so wiesen die Kristallformen eine Rundung auf. ECKEL meint, die Natur dieses Gesteins, wenn es dicht und feinkörnig auftrete, könne nur die des Tonschiefers sein mit viel Magnesia. Manchmal verliehen ihr Feldspateinsprenglinge das Aussehen von Porphyr.

DE BEAUMONT beschreibt die Minette mit den Worten : „un détritus des roches, en parties fines, peu fortement agglutiné, riche en mica."

Endlich sagt DELESSE (5), gewöhnlich finde sich Quarz in der Minette des Bannwaldes : „Il s'y montre en petites nodules (Knötchen) ayant quelquefois la forme de goutelettes (Tröpfchen) et pouvant même se détacher de la pâte."

Wenn die Minette schiefrig sei, so sei diese Struktur durch Druck des Erzganges nach den Salbändern hin entstanden.

Diese Beschreibung führt uns auf die **Minette des Bannwaldes**, wie sie sich heute zeigt.

Sie begleitet den Erzgang vom Ufer der Rothaine bis hinauf zum Gipfel des Bannwalder Berges und ist anstehend an den drei mittleren Einbrüchen zu finden. Sie bildet die Salbänder des Erzes. Bei dem Einbruch unterhalb der Fahrstraße nach dem

---

1. In derselben Weise wurde in Lothringen und Luxemburg das dem unteren Dogger eingelagerte oolithische Eisenerz gegenüber dem in Taschen des Doggers vorkommenden reicheren Brauneisenerze, der mine (oder der mine de fer fort), als minette bezeichnet.

Struthof, „grotte des partisans" genannt, sieht man sie auch im Hangenden.

Es ist ein Gestein, das bei Betrachtung mit bloßem Auge wenig Ähnlichkeit mit Minette aufweist. Sein Aussehen ist das eines dichten und dünnschiefrigen Glimmerschiefers mit dem fettigen Glanz des Chloritschiefers. Die Schieferung wird an manchen Stellen undeutlich und geht in eine Art von Streckung über. Manche Schichtflächen besitzen einen Anflug von Pyrit. Dieser durchzieht auch in Form von dünnen Adern das Gestein.

Die Schieferung der Minette ist den Salbändern des Erzganges parallel gerichtet.

Rötlicher Feldspat ist als Einsprengling nicht selten, sodaß, wie schon Eckel sagt, das Gestein stellenweise das Aussehen von Porphyr erhält.

Feldspat findet sich aber noch in andrer Form. Er bildet rötliche Adern und Schlieren im Gestein, deren Art erst bei mikroskopischer Untersuchung zu erkennen ist.

Im Dünnschliffe zeigt sich, daß die Minette des Bannwaldes sich zusammensetzt aus Biotit und Feldspat, und zwar überwiegt der Orthoklas den Plagioklas. Dazu treten noch Apatit, Eisenerz, Quarz und, seltener, Turmalin.

Der Biotit bildet schmale Blättchen von bräunlichgelber Farbe. Der Pleochroismus ist $\mathfrak{a}$ hellgelb, $\mathfrak{b}$ und $\mathfrak{c}$ tiefbraun.

Der Orthoklas, der im Schliffe farblos wird, tritt in wechselnden Mengen auf. In einigen Schliffen fehlt er ganz. Er bildet teils große porphyrische Einsprenglinge mit Karlsbader Zwillingen und starken Zersetzungserscheinungen, teils kleine, fast klare wasserhelle Kristalle, die zwischen den Biotitblättchen gelagert sind. Ferner kommt er in breccienartigen Anhäufungen und in unregelmäßig begrenzten Körnern auf Quarzadern vor.

In derselben Weise, nur viel spärlicher, zeigt sich der Plagioklas.

Apatit ist in kleinen Körnern und langen Prismen mit basaler Spaltbarkeit durch die ganze Masse zerstreut.

Magneteisen findet sich als primärer Bestandteil in kleinen Oktaedern zwischen dem Glimmer und als Einschluß im Quarz, in dem es lange Streifen sehr kleiner Kriställchen bildet, dann secundär als Zersetzungsprodukt des Biotit und auf Adern von Quarz.

Dieser tritt auf in Trümern, die das Gestein unregelmäßig durchziehen, und in kleineren und größeren Aggregaten unregelmäßig begrenzter und verschieden großer Körner. DELESSE hat ganz richtig beobachtet, wenn er vom Quarz sagt: „Il s'y montre en petites nodules ayant quelquefois la forme de goutelettes."

Die Adern sind, außer von den genannten Orthoklasbreccien, von Magnetit und überwiegend Eisenglanz, vereinzeltem Pyrit und schließlich von kleinen Turmalinkriställchen begleitet.

Die mikroskopische Untersuchung zeigt, daß die auffallende schiefrige Lagerung der Gemengteile auf fluidalen Erscheinungen beruht.

Nimmt die Menge der ausgeschiedenen Glimmerkristalle zu, so geht die Erscheinung der Fluidalstruktur zurück. Die vermehrte Ausscheidung hemmte wahrscheinlich ein schnelles Fließen.

Eine auffallende Erscheinung ist es, daß längs der Quarzadern, die offenbar sekundärer Entstehung sind, wie Einschlüsse von Biotit und Verkittung zerbrochener Feldspäte beweisen, der Glimmer manchmal in gehäuften Lagen angesammelt ist.

Eine weitere Eigentümlichkeit des Gesteins bilden Pseudomorphosen, deren Umrandung von Magnetitkristallen gebildet wird, und die ausgefüllt sind von Quarz und Biotit (Ps, Zeichnung 2, Taf. XII). Nach der Form der Umrisse möchte man an Olivin denken, zumal in andern Minetten des Rothauer Gebietes dieselben Umrisse mit Pilit-Ausfüllung zu beobachten sind, doch ist bei den vorliegenden Gestaltungen außer dem Erze keine Spur eines Zersetzungsproduktes von Olivin zu sehen.

Es könnte wohl auch an Pseudomorphosen nach Augit oder Feldspat gedacht werden. Für jenen spräche vielleicht die randliche Ansammlung von Erzpartikeln. Die Annahme eines früheren Vorhandenseins von Feldspat wird nicht zu verwerfen sein aus Gründen, die sich aus folgender, bereits oben erwähnter Erscheinung ergeben.

Schon mit bloßem Auge sieht man an einigen Handstücken

rötliche Adern und Schlieren das Gestein durchziehen. Unter
dem Mikroskop zeigt es sich nun, daß die Quarzadern, von denen
bereits vorher gesprochen wurde, mit den Feldspateinsprenglingen
in noch engerer Beziehung stehen, als daß sie nur Bruchstücke
derselben verkitten. An den Stellen nämlich, wo die· Quarz-
trümchen auf die Feldspäte treffen, sind diese zerbrochen und
die Bruchstücke begleiten die Quarzadern weithin und mischen
sich mit den Quarzkörnchen. An einzelnen Stellen tritt der Quarz
ganz entschieden zurück.

Ferner sind die Einsprenglinge da, wo sie mit den Quarz-
schlieren und -Adern in Berührung kommen, gerundet und an-
gefressen (corrodiert). Und der freigewordene Raum ist ausgefüllt von Quarz.

Es wäre also nicht unmöglich, daß bei der Zufuhr der Kieselsäure und der Ausscheidung von Quarz die Silikate mechanisch
zertrümmert, chemisch verändert und zum Teil durch Quarz
ersetzt wurden.

Über das Vorkommen von T u r m a l i n auf den von Quarz
ausgefüllten Klüften sei Folgendes bemerkt.

Auf der Grenzfläche zwischen Erz und Minette findet sich
ein Gestein, das vollständig dicht ist und wegen seiner schwarzen
Farbe einem Erze äußerst ähnlich sieht. Doch fehlt ihm der
metallische Glanz. Es besitzt einen splittrigen Bruch und die
Härte 6—7. Von Eisenoxyd rot gefärbte Kluftflächen durchziehen unregelmäßig das Gestein ; sie sind meist geschlossen.
Fettglänzende, klare bis weiße, große und kleine, auch in Reihen
sich hinziehende Flecken rühren von Quarz her. Sind sie in Reihen
angeordnet, so geben sie dem Gestein das Gepräge der Fluidal-
struktur, werden die Streifen dichter, so entsteht eine Art
Streckung und schließlich, aber selten, Schieferung.

Das Gestein ist ein Turmalinfels.

Unter dem Mikroskop löst sich die dichte schwarze Masse
auf in ein Gemenge von schwarzen Erzpartikeln und kleinen
prismatischen Turmalinkristallen mit bläulich grüner Farbe und
starkem Pleochroismus.

In dieser Grundmasse liegen wasserhelle quarzähnliche

Körner, teils einzeln, teils in schlierenförmiger Anordnung, teils
in rundlichen Haufwerken vereinigt. Die Körner sind von verschiedener Gestalt. Ihre Durchschnitte stellen sich im Schliffe
als große, unregelmäßige begrenzte Fetzen dar oder als kleinere,
ziemlich scharf begrenzte Polygone. Im allgemeinen ist eine
Gesetzmäßigkeit in ihrer Anordnung und Gestalt zu beobachten
(Q, Figur 1, Taf. XII).

Liegen sie einzeln in dem Turmalin-Erz-Gemenge, so sind
sie unregelmäßig begrenzt und zeigen eine undulöse Auslöschung.

Bilden sie Schlieren, so sind sie gezackt und ausgefranst.
In Aggregaten angeordnet, gleichen sie Kristallen von drei- bis
sechsseitigen Querschnitten und veranlassen so eine bienenwaben-
ähnliche Struktur. Im letzteren Falle lassen die Schnitte sehr
häufig eine Zwillingsbildung oder auch Drillingsbildung nach
Art des Cordierit und eine undeutliche Spaltbarkeit erkennen.
Als Einschlüsse in ihnen finden sich besonders Turmalinkristalle
und Erzpartikel. Dann aber auch Apatit in rundlichen, topas-
ähnlichen Körnern und hie und da ein Zirkonkristall, ohne Andeutung eines gelben Hofes.

Um Aufschluß zu bekommen über die Art des vorliegenden
Minerals, trennte ich die Gemengteile des mittelfein gepulverten
Gesteins mit THOULET'scher Lösung und analysierte die hellen
Gemengteile. Ich nahm an, daß Quarz und Cordierit vorlägen,
und stellte danach das spezifische Gewicht der Lösung ein. Da das
spezifische Gewicht des Cordierit 2,59—2,66 und das des Quarzes
2,5—2,8 ist, verdünnte ich bis zum spezifischen Gewicht 2,68,
um etwa noch vorhandenen Turmalin (s = 2,94—3,24) von den
anderen Mineralien zu trennen.

Die Analyse ergab 89% (SiO_2) und daneben einen Gehalt
an Tonerde, Eisen, Magnesia und wenig Kalk und Alkalien.

Das Resultat kann erklärt werden durch die Anwesenheit
von Orthoklas, Quarz und kalkhaltigem Cordierit.

Die Entstehung dieser eigentümlichen Gebilde innerhalb
des Turmalingesteins ist sehr schwer zu deuten. Stellenweise,
wo im Gestein etwas feinkörnige Grundmasse, aus einem fast
dichten Gemenge von Orthoklas und Quarz bestehend und wohl

von einem durchbrochenen Granitporphyr herrührend, eingeschlossen liegt, sind dicht am Rande dieses Bruchstückes los-
gelöste Fetzen zu beobachten, die von gleichem Korne, wie diese
Grundmasse sind. Je weiter sich diese Fetzen aber von ihrem
Muttergestein entfernen, desto runder werden ihre Umrisse,
desto größer ihre Gemengteile und desto augenfälliger ihre Um-
kristallisierung in ein gröberes Aggregat.

Wahrscheinlich hat die Masse des Turmalinfelses, der sich
jedenfalls unter dem Einfluß von borsäurehaltigen wäßrigen oder
gasförmigen Emanationen gebildet hat, Bruchstücke des Nebengesteins eingeschlossen, sie randlich zertrümmert und die so
entstandenen Breccien teils mechanisch mit fortgerissen, teils
chemisch verändert und zur Umkristallisation gebracht (Abbildung 3, Taf. XII). Es liegt also eine Art von Kontakt-
metamorphose vor.

Von diesem Gestein aus verbreitet sich der Turmalin nicht
nur, wie schon gesagt, auf Quarzadern durch die Minette (Abbildung 4, Taf. XII), sondern er durchzieht auf ähnlichen Klüften
auch den Granit, außer von Quarz noch von Erz begleitet. Diese
kann er vollständig verdrängen.

Husarengang. (1). Auf der südwestlichen Seite der Rothaine ist als Fortsetzung
des Bannwalder Ganges am Hange des Chénot von Rothau der
H u s a r e n g a n g in der m i n e d e s H u z z a r d s und der
m i n e d e l a C o u t e l l e gebaut worden.

Heute, wo das ganze Gebiet bewachsen und mit dichtem
Wald bestanden ist, sind die Pingen der beiden Bergwerke auf
dem Chénot nicht mehr auseinander zu halten. Sie gehen vollständig ineinander über, und der ganze Berghang ist aufgewühlt.
Vielleicht hat man in späteren Jahren noch öfters hier Schürfversuche angestellt, nachdem die Anlagen DE Dietrich's. auflässig
geworden waren.

Mine des Huzzards. a. DE Dietrich beschreibt den Husarengang als, an der m i n e
d e s H u z z a r d s, 1 m mächtig. Er sagt aber, der Gang sei nicht
durchweg edel, weil er in der Mitte durch ein taubes Gestein
getrennt werde. Er bezeichnet dies als „rocher rude et sauvage,
de la nature du jaspe.“

Zu seiner Zeit baute man an dieser Stelle vom Hangenden (au toit) ein rötlich blaues, etwas schiefriges Eisenerz, das nach dem Liegenden hin (au mur) schwarz wurde.

Einen Schacht, den die Alten auf den Gang gesetzt hatten, fand DE DIETRICH vollständig eingestürzt. Er trieb deshalb einen Stollen auf den Gang nach dem alten Schacht hin.

In einiger Entfernung von dem Schachte teilte sich der Gang in verschiedene Trümer, die sich nach Südwesten, wo ein neuer Schacht abgeteuft war, wieder vereinigten. Auf der Sohle des Schachtes war der Gang 12—15 m mächtig, aber er bestand zum großen Teile aus Pyrit und jaspisartigem blauem Schiefer. Im Hangenden enthielt er auch hier 0,2—0,25 m schönes Eisenerz.

Zwischen dem Erz und dem Nebengestein fand sich überall Minette.

Nach den Beobachtungen von É. DE BEAUMONT war das Erz des Husarenganges in der mine des Huzzards 1 m mächtig und bestand zum größten Teile aus dichtem Eisenglanz, begleitet von Pyrit, gelbem Ocker und Minette.

Das zweite Bergwerk auf dem Chénot, die m i n e d e l a C o u t e l l e, etwas südwestlich von der mine des Huzzards, war vermutlich ein Aufschluß auf einem Nebentrum des Husarenganges.

Nach DE DIETRICH lag die mine de la Coutelle getrennt von der mine des Huzzards. Man trieb von Süden einen Stollen in den Berg, der auf zwei Trümer traf. Das Gestein, das durchfahren wurde, war wild (sauvage) und schiefrig. Das eine Trum strich gegen Westen. Es war größtenteils taub und bestand aus Minette und Schiefer. Das andere war nach dem Punkte gerichtet, den die Bewohner des Steintales „Coutelle" nannten; es enthielt 0,45 m gutes Erz.

In der Minette, die DE DIETRICH auf der mine de la Coutelle fand, kam etwas eingesprengtes Eisenerz vor, das nur durch die Farbe des Strichs vom Gestein zu unterscheiden war.

Auf dem Gipfel des Chénot fand sich ferner eine große Zahl von Rasenläufern; doch hielt deren Erz nicht an. Gleich unter der Oberfläche beobachtete DE DIETRICH ein zelliges, mit Quarz und Pyrit durchsetztes Erz. Der Schwefelkies war zumeist in roten Ocker umgewandelt.

Minette des
Husarenganges.

Während die M i n e t t e des Bannwalder Ganges infolge einer fluidalen Anordnung der Gemengteile schiefrig auftritt, besitzt sie auf dem Husarengang keine regelmäßige Struktur, ist jedoch auffallend reich an Kluftflächen, die teils unregelmäßig das Gestein durchsetzen, teils parallel geordnet eine Art von planparalleler Absonderung bedingen und mit Brauneisen überzogen sind. Auch sind die Erzadern in der Minette dieses Ganges selbst häufiger und mächtiger.

Doch im Dünnschliff zeigt sich die Verwandtschaft beider Gesteine. Wir finden zunächst die von Magnetit umrahmten und von Quarz ausgefüllten Olivin-Pseudomorphosen wieder. Ihre Umrisse sind schärfer und zeigen noch größere Ähnlichkeit mit Olivin ; auch sind sie stellenweise, wie in den Basalten, zu Haufwerken gruppiert. An Größe stehen sie allerdings denen des Bannwalder Vorkommens nach, aber an Menge übertreffen sie jene (Abbildung 4, Taf. XII).

Nicht nur in diesen Pseudomorphosen tritt der Quarz auf. Er bildet wie oben Schlieren und Adern und kommt in dieser letztern Form mit Erz zusammen vor. Die Gesteinsstruktur ist in der Regel in der Nachbarschaft dieser Trümer deutlich klastisch: die Glimmerkristalle sind zerbrochen. Auch finden sich Breccien auf den Adern wieder (Abbildung 4, Taf. XII).

Sonst weist die mikroskopische Struktur der primären Bestandteile keine Merkwürdigkeit auf. Die Hauptmasse des Gesteins ist Biotit ; er liefert im Schliff bräunlich grüne Blättchen, die ein dichtes Gemenge ohne regelmäßige Anordnung bilden ; in diesem liegt undeutlich sichtbar trüber Orthoklas mit häufig rechteckigen Schnitten.

Turmalin.

Turmalin findet sich auch in dieser Minette. Wie in der schiefrigen Minette des Bannwaldes erscheint er in kleinen, nur mikroskopisch erkennbaren, säulenförmigen Kriställchen auf Adern mit Quarz und Erz.

Auch hier steht er mit einem Turmalinfels in Verbindung.

Dies Gestein findet sich wiederum zwischen Erz und Minette,

es ist schwärzer und reicher an Quarz als das mehr rötliche vom Bannwald. Härte und Bruch sind die gleichen. Die tiefere Tönung in der Farbe ist bedingt durch ein reichlicheres Auftreten von Erz ; Magnetit waltet gegenüber dem Eisenglanz entschieden vor.

Auch hier begegnet man Einschlüssen im Turmalingestein, die aus ganz unregelmäßig gestalteten schlieren- und tropfenartigen Aggregaten zerfransten Quarzes bestehen. Dies Mineral ist durch seine Polarisationsfarbe, seine undulöse Auslöschung und durch das Auftreten der Flüssigkeitseinschlüsse gut gekennzeichnet. Auffallenderweise fehlen aber die Körner mit polygonaler Begrenzung und Zwillingsbildung. Auch habe ich nirgends eingeschlossene Grundmasse des Nebengesteins beobachtet. Zuweilen kann der Quarz den Turmalin überwiegen. Er zeigt dann sehr deutlich Flüssigkeitseinschlüsse mit beweglicher Libelle. Der Turmalin bildet im Quarze strahlige Aggregate und zierliche Sonnen und ist bei dieser Form des Auftretens stets mit Erz vergesellschaftet.

Der Turmalin beschränkt sich aber nicht auf sein Vorkommen als selbständiges Gestein und als sekundärer Bestandteil der Minette, sondern das Mineral hat sich bei seiner Bildung auch in den Granit des Nebengesteins verbreitet, den es in selbständigen Adern oder auf Trümern mit Quarz durchzieht. Auch hier ist er späterer Entstehung als die Gemengteile des Gesteins, denn dessen Struktur ist da, wo es von den turmalinführenden Adern durchsetzt wird, klastisch, die Feldspäte sind zerbrochen und von jenen Adern verworfen.

2. Der Gang von Wildersbach und seine Fortsetzung bis an den Solbacher Wald.

Etwa 950 m oberhalb des Husarenganges, in einem Seiten- Topographie. tälchen der Rothaine, 170 m südlich vom Höhepunkt 405,4, setzt ein anderer Gang auf, der sich durch den Gemeindewald von Wildersbach und Rothau bis an den von Solbach verfolgen läßt. Ich habe ihn als G a n g v o n W i l d e r s b a c h bezeichnet und auf der Karte mit der Zahl 3 versehen. Die Streichrichtungen sind folgende : Von der Rothaine bis an den Einschnitt des

Wildersbacher Tales 2½ʰ., von da bis zum trigonometrischen
Punkt 700,3 ins Tal der Minkette in allmählicher Biegung von
3ʰ—5ʰ, über die Erhebung des Rothauer Gemeindewaldes hinweg
5ʰ—3½ʰ und über eine mit Ginster bewachsene Weidefläche bis zum
Solbacher Wald hinauf wieder 3ʰ. Gebaut wurde dieser Gangzug
im Tale des Wildersbaches, vom Höhepunkt 700,3 in kurzen Unter-
brechungen bis an die Fahrstraße von Rothau nach Solbach und
auf der Ginsterhalde bis an den Gemeindewald von Solbach.

Nebengestein.   Das Nebengestein ist G r a n i t und G r a n i t p o r p h y r.

Granit.   Der rötliche mittelkörnige G r a n i t ist im wesentlichen
zusammengesetzt aus leuchtend rotem Orthoklas, der in der Regel
nach dem Karlsbader Gesetz verzwillingt ist, ebenso gefärbtem
Plagioklas und wasserhellem Quarz. Hinzu tritt noch in spärlichen Mengen ein grüner Glimmer.

Unter dem Mikroskope zeigt sich ab und zu eine granophyrische Struktur. Der wenig trübe Orthoklas ist verwachsen
mit Quarz, der Fetzen mit unregelmäßiger Begrenzung und un-
dulöser Auslöschung liefert. Plagioklas, der Zwillingsstreifung
aufweist, ist in ungefähr gleicher Menge vorhanden wie der Kali-
feldspat. Der Biotit bildet nur kleine, bräunlich grüne, zerfranste
Schüppchen, deren Lücken und Löcher umrandet sind von ausgeschiedenem Magneteisen. Accessorisch kommt Magneteisen vor,
das in Kristallen mit quadratischen und rechteckigen Durchschnitten und in körnigen Aggregaten in geringer Menge vorhanden
ist, ferner Apatit in länglichen Prismen und runden Körnern und
Zirkon in sehr spärlichen, vereinzelt auftretenden Kriställchen.
In e i n e m Schliffe fand ich schließlich noch Flußspat, der in
der Nähe des Biotit kleine feinkörnige Aggregate bildet.

Granitporphyr.   Der G r a n i t p o r p h y r ist durchweg recht frisch und
ganz typisch entwickelt. Aus einer hellrosa bis fleischroten oder
dunkelrotgrauen, sehr feinkörnigen Grundmasse treten intensiv
rotgefärbte Orthoklaskristalle, wie im Granit meist verzwillingt,
hervor. An Größe und Schärfe der Ausbildung stehen ihnen die
wasserhellen Quarzkristalle nicht nach, die als ringsum ausgebildete, an den Kanten etwas gerundete Dihexaeder erscheinen.

Bei der Untersuchung im Schliff tritt zu den genannten

Einsprenglingen noch Plagioklas, Biotit und Magnetit hinzu. Der Plagioklas, in scharfen Kristallen ausgebildet, tritt gegenüber dem Orthoklas an Größe und Zahl der Kristalle zurück. Der Quarz bietet große sechsseitige Durchschnitte mit häufigen starken Grundmasseneinbuchtungen, die durch Korrosion entstanden sind. An Einschlüssen finden sich Glasmasse mit dunkelumrandeten Luftlibellen, Flüssigkeitsporen mit Kochsalzwürfeln und Mikrolithe von hellgrünem Augit.

Die Grundmasse besteht im wesentlichen aus Orthoklas und Quarz, die fiederartig und büschelförmig miteinander verwachsen sind und so eine granophyrische Struktur bedingen. Accessorisch finden sich Magnetit, Apatit, Zirkon und seltener Flußspat.

Der Granitporphyrgang begleitet den Erzgang auf der südöstlichen Seite. Er steht an: westlich vom Wildersbach, 300 m südlich vom Höhenpunkt 405,4 auf dem Fahrweg von Wildersbach nach Rothau (3a) und im Tale der Minkette 550 m südwestlich vom Signalpunkt 700,3 (3b).

Die Erze sind Magneteisen, dichter Eisenglanz und Pyrit. Sie wechseln im Auftreten und sind verschieden in ihrer Ausbildungsweise an den verschiedenen Teilen des Ganges. Ich will sie deshalb mit dem Gang zusammen und so beschreiben, wie sie an seinen Aufschlüssen einbrechen.

Der Erzgang setzt südwestlich von der Rothaine, 170 m südlich von dem Höhenpunkt 405,4 auf. Von hier bis an den Wildersbach streicht er NNO—SSW durch den Wildersbacher Gemeindewald.

Der Erzgang zwischen Rothaine und Wildersbach.

Der Rothaine zunächst finden sich nur sehr kleine Trümer von dichtem Eisenglanz und Magneteisen im Granit. Je weiter man aber die Anhöhe hinaufsteigt, desto mehr nimmt der Erzgehalt zu. Von 470 m ab setzen Spuren alten Bergbaues in das Tal des Wildersbaches hinab. Unmittelbar am Bache, gleich unterhalb der Straße, ist der Gang durch einen etwa 3 m langen und ½ m breiten Versuchsstollen aufgeschlossen, der a u f dem Gang und zwar in Granitporphyr getrieben ist. Das Erz ist hier dasselbe wie an der Rothaine. Die Adern nehmen an Mächtigkeit zu und verästeln sich vielfach.

Minette.

In losen Stücken findet sich am Stollen M i n e t t e, die wahrscheinlich die Salbänder des Ganges bildet. Sie ist ziemlich verwittert, von grünlicher Farbe und zeigt planparallele Absonderung, die durch zahlreiche Kluftflächen bedingt ist.

Im Schliff läßt sich eine Zusammensetzung erkennen aus Orthoklas und Biotit, zu denen als Accessorien Apatit und Magneteisen hinzutreten. Der Orthoklas erscheint in kleinen prismatisch begrenzten Körnern. Biotit bildet gefranste Blättchen von hellgrüner Farbe. Apatit und Magnetit sind ziemlich reichlich vorhanden. Letzterer zeigt stellenweise eine Umwandlung in Brauneisen. Magnetit findet sich ferner secundär mit Quarz auf Trümern, die das Gestein durchsetzen. In der Nähe dieser Trümer ist die Struktur stark klastisch.

Eigentümlich sind für diese Minette noch brecciöse Einschlüsse von Granit und ziemlich breite Adern von Orthoklasbröckchen, die mit Quarz verkittet sind. Durch die Graniteinschlüsse setzen die Adern von Erz und Quarz ebenso, wie durch die Minette.

Früherer Bergbau.

Der Stollen und die Pingen sind Spuren eines Bergbaues, der zu DE DIETRICH's und DE BEAUMONT's Zeit dort getrieben wurde.

DE DIETRICH spricht von verschiedenen Trümern sehr dichten blauen Erzes ohne charakteristisches Salband, vermengt mit Nebengestein. Er sagt, daß stellenweise Minette und sandiger Granit am Salband dieser kleinen Adern vorkomme.

Ebenso sind es nach DE BEAUMONT Eisenglanz-Adern von Minette begleitet, die gebaut wurden.

Fortsetzung des Erzganges zwischen dem Wildersbach und dem trigonometrischen Punkt 700,3.

Der Gang setzt nun weiter in derselben Streichrichtung über den Wildersbach hinüber. Auf der linken Seite des Baches steht der Granitporphyr wiederum an und zwar tritt er hier in großen Felsen zu Tage.

Erz.

Das Erz ist hier derbes Magneteisen. Von dem bläulichen Eisenglanz unterscheidet es sich durch seine schwarzgraue Farbe, seinen schwarzen Strich und seinen bedeutenden Magnetismus, der mitunter deutlich polar ist. CARRIÈRE (11) hatte ein Stück dieses Erzes von 300 g Gewicht in seinem Besitze, das polaren

Magnetismus zeigte und Eisenstücke von mehreren Gramm mit Leichtigkeit hob ; seine anziehende und abstoßende Kraft war so groß, daß es die Magnetnadel aus der Entfernung von mehr als einem Meter ablenkte. Eine Analyse des Erzes ergab ihm

$$Si\ O_2 \quad 18,50\ \%$$
$$Fe_3\ O_4 \quad 81,50\ \%$$

Das Wenige, was dieser an und für sich richtigen Beschreibung des Erzes selbst noch hinzuzufügen ist, wird sich im Laufe der Besprechung ergeben.

Das Erz setzt sowohl im Granitporphyr als im Granit auf und verbreitet sich auf Adern und Trümern durch Granitporphyr und Granit. Auf der Nordwestseite des Magnetit-Ganges befindet sich im Granitporphyr ein alter Einbruch, „Schacht" genannt. Auf dessen Sohle ist das Erz etwa 0,3 m mächtig. Die kleineren Adern und Trümer haben eine Stärke von wenigen Millimetern bis mehreren Centimetern. Sie treten in zahllosen Bändern auf, verästeln sich vielfach und vereinigen sich wieder.

Betrachtet man zunächst Erzstücke aus dem Granitporphyr, so fällt es sofort auf, daß diese eine brecciöse Struktur besitzen. Da, wo das Erz mehr zurücktritt, werden lauter kleine und große, eckige und rundliche Stücke des Granitporphyrs, die wie die einzelnen Komponenten einer Breccie gestellt sind, verkittet durch schwarzes Erz. Und umgekehrt, wo diese dunkle Füllung überhand nimmt, da schwimmen gleichsam in ihr Bruchstücke von Einsprenglingen und Grundmasse.

Deutlicher noch wird die Zertrümmerung am erzreichen Granit, dessen einzelne Gemengteile vollständig zerbrochen und in ihren Bruchstücken durch das verkittende Erz gegeneinander verworfen sind.

Auch da, wo sich das Erz auf Adern und Trümer beschränkt, verhält es sich ebenso. Es durchzieht und verwirft die einzelnen Kristalle im Granit in der gleichen Weise wie im Granitporphyr.

Wie gesagt, Breccien von Gestein stecken in den Adern von Magnetit, und Bruchstücke von Feldspat und Quarz beteiligen sich an der Zusammensetzung der Trümer. Außerdem aber bildet der Quarz schlierenförmige Ansammlungen im Erze, die in Anbetracht ihres Umfanges nicht zu den Gemengteilen des Gesteins gehört haben können, sondern sich zugleich mit dem Magnetit gebildet haben müssen. Auch selbständig tritt der Quarz auf ebenso wie das Erz, nämlich in Adern, die das Gestein durchziehen.

Alles dies, was man an Handstücken beobachtet, ist bei mikroskopischem Studium in kleinerem Maßstabe, aber bei weitem deutlicher, zu erkennen. Und man sieht jetzt auch, daß der Quarz das Erz begleitet in Form kleiner, aneinander gereihter, unregelmäßig begrenzter, ineinander greifender Körner.

Je mehr Erz sich im Schliffe findet, desto hervorstechender wird die klastische Struktur des Gesteins.

Durch Grundmasse und Kristalle hindurch ziehen sich die Adern, zertrümmernd, verwerfend, die Bruchstücke mitführend.

Nirgends ein allmählicher Übergang vom Erz in das Gestein oder eine abgesonderte größere Ansammlung; immer eine scharfe Grenze und ein Zusammenhang aller Anhäufungen, sei es auch nur mittels sehr dünner Adern, die der Beobachtung mit bloßem Auge ganz entgehen.

Daraus ergibt sich, daß man es hier mit einer epigenetischen Bildung, einer Kluftausfüllung zu tun hat. Das Gestein wurde durch äußere Einflüsse zertrümmert, und auf den Spalten setzte sich Erz ab.

Das Erzvorkommen des Wildersbacher Ganges ist also charakterisiert durch das Vorwalten von Magneteisen.

Pyrit findet sich nicht gerade in erheblichen Mengen, nur hie und da ist er im Erz und im Gestein eingesprengt.

Bei mikroskopischer Untersuchung ist kein auffallendes Begleitmineral zu entdecken. Doch blieb bei der Auflösung des Magnetit in Salzsäure ein grau gefärbter Kieselsäure-Rückstand

Turmalin.   zurück. Dieser erwies sich unter dem Mikroskop als turmalinhaltig.

Daß Turmalin in den Dünnschliffen selbst nicht zu erkennen ist, liegt wahrscheinlich daran, daß er mit dem Magnetit in enger Verwachsung sich vorfindet und in so kleinen Mengen, daß das Erz ihn vollkommen verdeckt.

Minette.   Minette wurde am „Schacht“ selbst nicht angetroffen. Sie bildet also hier nicht den unmittelbaren Begleiter des Magneteisens, indessen tritt sie in der Nachbarschaft etwas nordwestlich vom „Schacht" offenbar als selbständiger Gang auf.

Die Minette ist von gleichmäßig mittelkörniger Struktur, zuweilen porphyrisch durch Ausscheidungen kleiner roter Orthoklaskristalle. Sie ist von rötlicher Farbe und besitzt splittrigen Bruch. Ihre große Zähigkeit beruht wahrscheinlich auf der erst im Schliff sichtbaren eigentümlichen Verwachsung der Gemengteile.

Das Gestein besteht aus Feldspat, Hornblende und Biotit.

Der Orthoklas tritt in trüben, matt polarisierenden, bräunlich gefärbten, prismatisch ausgebildeten Kristallen auf. Der spärlich vorhandene Plagioklas ist von gleicher Gestalt, unterscheidet sich aber leicht durch seine Zwillingsstreifung. Die grüne Hornblende erscheint in Säulen mit deutlicher Entwicklung von Prisma und Klinopinakoid, aber ohne scharfe terminale Begrenzung. Vielfach sind ihre Umrisse ausgefranst und gerundet und von ausgeschiedenem Magnetit bedeckt. Der vorherrschende Gemengteil ist der Biotit, seine braunen Schuppen sind wirr gelagert und teilweise in bläulichgrünen Chlorit umgewandelt. An Accessorien findet sich viel Apatit in Körnern und säuligen Kristallen, und wenig Magnetit in Oktaedern.

Dieser Teil des Ganges wurde erst zur Zeit CARRIÉRE's Früherer Bergbau. gebaut. Die Alten nahmen das Vorkommen von verschiedenen Seiten in Angriff, indem sie von Nordost und Südwest aus zwei Strecken an den Gang herantrieben. Leider ist keine von beiden mehr fahrbar; bei der ersteren, dem sogenannten „Schacht", hindert Wasser den Zutritt, die andere aber, die 10 m höher tonnlägig in die Tiefe getrieben ist, ist verschüttet. Der „Schacht" ist ein Einbruch oben von 1½ m bis 2 m, unten von 1 m Breite. Außerdem finden sich höher am Berg hinauf gegen SW hin noch mehrere kleinere Stollenmündungen, Schürfgräben und Pingen.

Heute würde man niemals zur Gewinnung eines solchen spärlichen Erzvorkommens schreiten.

Der Gang setzt sich weiter fort nach Südwesten zum trigo- Fortsetzung des Erzganges nometrischen Punkt 700,3. Von 500 m Höhe bis dorthin ist nicht nach Südwesten. gebaut worden, man bemerkt aber hie und da an losen, herumliegenden Granit- und Granitporphyrstücken Eisenglanzadern, die darauf hindeuten, daß der Gang auch hier vorhanden ist, obwohl wahrscheinlich ganz fein zertrümert und deshalb auch für die Alten unbauwürdig. Am Höhepunkt 700,3 steht kein Gestein an, wohl aber findet sich in losen Haufen weißer dichter Quarz mit erdigem Roteisen auf den Kluftflächen. Ferner bildet hier

Erz. dichter Eisenglanz, der etwas mit Magnetit durchwachsen ist, Adern im Granit. Sodann findet sich vollständig brecciöser Granitporphyr, dessen Bruchstücke mit Erz verkittet sind.

Minette. Lose tritt auf einigen der Steinhaufen M i n e t t e auf in runden kopfgroßen Stücken. Ihr Aussehen und ihre Zusammensetzung ist ähnlich wie bei dem hornblendeführenden Gestein von Wildersbach. Auch hier ist ein ziemlich feines Korn zu beobachten. Es fehlt aber die rötliche Tönung, und die Bruchstellen besitzen einen höheren Glanz. Wie der Schliff zeigt, ist ersteres begründet in dem Fehlen eines gefärbten Feldspates, denn der Orthoklas und der zurücktretende Plagioklas sind weiß. Der Glanz rührt von Spaltflächen einer grünen Hornblende her, die in so großer Menge auftritt, daß sie den Biotit überwiegt.

Etwa 50 m nordwestlich vom Signalpunkt 700,3 beginnen wiederum Pingen, die in teils einfacher, teils doppelter Reihe ins Tal der Minkette hinabsetzen. Längs dieser Pingen lassen die Aufschlüsse ebenso zu wünschen übrig, als auf der ungebauten Strecke bis zur Höhe 700,3.

An Gesteins- und Erzstücken, die sich vereinzelt in den vollständig bewachsenen, wenig tiefen Gruben finden, ist eine Änderung des Erzauftretens nicht zu beobachten. Dichter, etwas Magnetit enthaltender Eisenglanz findet sich in kleinen derben Stücken und auf dünnen Adern in porphyrähnlichem Granit.

Früherer Berg-bau. Diese Pingen scheinen die Reste eines Bergbaus zu sein, den DE DIETRICH als „les travaux du Chénot de Mineguette" beschreibt. Er sagt, hier sei der zweite Hauptgang dieses Bergrückens gebaut worden, indem er wahrscheinlich den Husarengang als den ersten ansieht.

Dieser zweite Hauptgang zertrümerte sich nach DE DIETRICH in vier Adern, die alle edel, aber von Pyrit durchsetzt waren, und von denen man nur zwei baute. Auf der einen hatte man einen

28 m tiefen Schacht abgeteuft. Die Erze, die man zu DE DIETRICH'S Zeit förderte, waren braun und mit Sand und gelbem Tone vermischt. Hangendes und Liegendes war weicher Granit, den die Bergleute von Rothau „pierre de sable" nannten. Die zweite Ader hatten schon die Alten durch einen höher gelegenen Stollen mit sechs Gesenken bauen wollen ; sie waren aber nicht durch das taube Gestein hindurchgekommen. Dieses zweite Trum war durch einen zu DE DIETRICH's Zeiten eben begonnenen Stollen aufgeschlossen. Die Mächtigkeit des Erzes betrug durchschnittlich zwei Fuß. Es wurde rötlicher schiefriger E i s e n g l a n z gefördert, dessen Hangendes aus weichem und teilweise zersetztem Granit, und dessen Salbänder aus einem sehr feinen Gemenge von Feldspat und Quarz bestanden.

Im Minkettetale sind die Aufschlüsse etwas besser. Dort Der Erzgang im
Minkettetal. steht G r a n i t p o r p h y r an, der in der Richtung des Ganges südlich von diesem über das Tal setzt.

In diesem Granitporphyr nun treten, in derselben Weise Erz. wie in dem ihm benachbarten Granit, Adern dichten, stellenweise stark von Magnetit durchwachsenen E i s e n g l a n z e s auf. Auch hier ist die Struktur klastisch in der Nähe der Trümer, und diese sind Verwerfungsspalten für die Einsprenglinge.

Die quer über das Tal gebauten Adern müssen eine große Mächtigkeit besessen haben, denn es finden sich noch jetzt kopfgroße Stücke dichten graublauen Eisenglanzes. Er ist stark magnetisch und enthält deshalb wohl fein verteiltes Magneteisen. Aber von technisch großem Wert war offenbar das Erz nicht, denn in ungezählten zellenähnlichen Löchern sitzt Pyrit in Gestalt großer loser Kristalle und rundlicher Concretionen. Ferner kommt neben dem Pyrit Quarz in wasserhellen Körnern vor, und weiter treten, was das Wichtigste ist, als Einschlüsse in dem dichten Erze Breccien von mehr oder weniger zersetztem Granit auf. Wenn der Pyrit aus seinen Drusen herausfällt, so bleibt je nach Anzahl dieser Drusen ein durch und durch zelliges, bienenwabenartiges Gewebe oder nur ein sehr löcheriger Eisenglanz zurück.

Der stellenweise von dicht gescharten Erzadern durchsetzte Granit ist vielfach umgewandelt in ein Braun- und Rot-Eisenerz, das die Gemengteile des Granites in einem sandig zerreiblichen Zustande enthält („pierre de sable"?).

Minette.   Auch Minette von der gleichen Art wie die vom Höhepunkt 700,3 findet sich in losen Stücken.

Fortsetzung des Ersganges im Gemeinde-wald von Rothau.   Weiter ist der Gang zu verfolgen durch den Gemeindewald von Rothau. Am Eingang in den Wald (auf der Karte bei ca. 580 m) streicht der Pingenzug 5^h, um allmählich in die Richtung 4—3$\frac{1}{2}$^{h} überzugehen.

Erz.   Das Erz ist hier dasselbe wie im Minkettetale: dichter bläulicher E i s e n g l a n z mit brecciösen Graniteinschlüssen und Zellen, die von Pyrit herrühren, jetzt aber mit gelbem Ocker gefüllt sind. Er hat roten Strich und ist etwas von Magnetit durchwachsen.

Der Quarz nimmt zu. Er bildet selbständige Adern von großer Mächtigkeit im Granit und im Granitporphyr.

Minette.   Ferner findet sich lose M i n e t t e, die planparallele Absonderung aufweist und deren Zersetzung schon vorgeschritten ist. Sie besteht aus einem äußerst feinen Gemenge von hellgrünem Biotit und Orthoklas. In der Grundmasse liegt als accessorischer Gemengteil Magnetit. Sekundär tritt letzterer in Adern mit Quarz auf. Diese Trümer sind stark-, das Gestein selbst ist schwach-magnetisch.

Weiter setzt der Gang über den Rücken hinweg und den südwestlichen Berghang hinab bis etwa 30 m oberhalb des Weges von Rothau nach Solbach.

Dort liegt auf Halden viel derbes R o t e i s e n e r z, dichter, stark mit weißem Quarz durchsetzter und Gesteinsbreccien einschließender Eisenglanz und Granit mit Adern desselben Erzes. Auch hier ist das Gestein wieder vollkommen klastisch in der Nähe der Trümer.

Die M i n e t t e, die sich hier findet, erinnert an die von Wildersbach, denn sie zeigt dieselbe rotgrüne Farbe und ein ziemlich feines bis fast dichtes Korn. Doch weicht ihre mikroskopische Struktur von jener ab. In einer sehr feinkörnigen Grundmasse aus Orthoklas und grünen Biotitblättchen liegen Einsprenglinge von bräunlichem, zerfetztem und stark in Zersetzung begriffenem, dunkel umrandetem Biotit, und eigentümliche Aggregate, in den Formen von Olivin oder auch von Hornblende. Sie bestehen aus einem Gewebe hellgrüner, ausgefranster Blättchen mit Aggregatpolarisation. Wenn auch in Wildersbach Hornblende in der Minette auftritt, möchte ich d i e s e Gebilde nicht für Hornblende, sondern für Pilit halten, der durch Umwandlung aus Olivin hervorgegangen ist, wie man ihn in Kersantiten des öfteren beobachtet hat. Denn es fehlt diesen Blättchen in ihrer Stellung zueinander der Hornblendewinkel, auch ist das Auftreten dieser Pseudomorphosen in Gruppen für den Olivin charakteristisch.

In dem Tale, an dem der Rothauer Gemeindewald aufhört, ist nicht gebaut worden, aber auf dem mit Ginster dicht bewachsenen Abhang, der sich bis an den Solbacher Wald hinaufzieht, sind Pingen auf dem Gang zu verfolgen.

Fortsetzung des Erzganges bis an den Solbacher Wald.

Hier ist die Zersetzung der Gesteine und E r z e schon weit vorgeschritten. B r a u n e i s e n und R o t e i s e n sind häufig in derben Massen von erdiger Beschaffenheit, und Eisenglanzadern, die viel Magnetit enthalten, durchziehen sie in Begleitung von Quarz. In diesen Pingen kommt Baryt vor, dessen Spaltflächen infolge eines dünnen Überzuges von Eisenglanzschüppchen goldig glänzen.

Erz.

Sehr verwittert ist ferner die M i n e t t e, die teils grau mit silberweißen, schwarzgefleckten, teils gelblich mit broncebraunen Biotiteinsprenglingen (Katzengold) vorkommt. Im Schliff zeigt die graue Minette ein mittelkörniges Gemenge von trübem unregelmäßig begrenztem Orthoklas und von Biotit, der weißliche, nicht mehr polarisierende Leisten liefert.

Minette.

Accessorisch ist der Magnetit nicht häufig; sekundär aber bildet er mit Quarz Adern, die ziemlich stark magnetisch sind.

Die braune Minette unterscheidet sich nur durch Auftreten größerer brauner Glimmerblätter und von mehr primärem Magnetit, der teilweise in Brauneisen umgewandelt ist und die braune Farbe des Gesteins bedingt.

3. Das Tal der Minkette (Mineguette) und die Gänge, die von ihm aus nach Südwesten streichen.

Tal der
Minkette.
Das Tal der Minkette (so bei DE BEAUMONT. DE DIETRICH
sagt : Mineguette), das sich am südwestlichen Hange des Chénot
von Rothau von NNW nach SSO hinzieht, ist heute fast vollständig bewachsen mit einer dichten Rasendecke, sodaß Aufschlüsse in Gestalt offener Halden und Pingen nur noch wenig
vorhanden sind. Bergbau wurde früher an verschiedenen Stellen
im Tale getrieben, es weist zahlreiche Pingen auf, die dem Boden
ein unregelmäßiges welliges Gepräge geben.

Den oben im Tal gelegenen Pingenzug habe ich als Fortsetzung des Wildersbacher Ganges schon beschrieben.

Alter Bergbau.
Zu DE DIETRICH's Zeit war aber auch weiter unten im Tale
ein sehr ausgedehnter Bergbau. Leider geben die alten Pingen
jetzt nur noch schwache Anhaltspunkte für die Beurteilung der
Erzgänge, und die Mitteilung DE DIETRICH's über das Verhalten
der Erzgänge ist deshalb von größerer Wichtigkeit als das, was
man aus der Untersuchung der anscheinend mehrfach umgewühlten
und teilweise eingeebneten Schachthalden etwa schließen darf.
Die Überreste des alten Bergbaubetriebs seien darum nur kurz
erwähnt und nur insoweit beschrieben, als sie zur Aufklärung
des Erzvorkommens beitragen.

Verlauf der
Gänge :
a) nach
DE DIETRICH.
Dem Tale parallel, also von NNW nach SSO streicht nach
DE DIETRICH ein Gang, der nach Westen einfällt.

Dieser Gang wurde in ausgedehnter Weise gebaut. Es war
ein Stollen von 280 m Länge an ihn herangetrieben. Dieser brachte
auf dem Hauptbetriebspunkt eine Teufe von 68 m ein. Das Erz,
das man hier förderte, war zellig, braun oder schwarz. Von der
Sohle dieses Stollens hatte man zwei Blindschächte abgeteuft
zur bequemeren Förderung. Am Ende des Stollens stieß man auf
ein Nest von schwarzem „Mulm" und schwarzem glimmerreichem
Erz. Hier stellte man die Vorrichtungsarbeiten ein wegen zu
großer Härte des Nebengesteins, dagegen fuhr man nach beiden
Seiten des Stollens querschlägig auf. Dabei traf man, wie es
scheint, auf einige Nebentrümer von wechselnder, bis 1,2 m an-

schwellender Mächtigkeit, die nicht immer die gleiche Streichrichtung hatten.

Ein vollkommen anderes Bild gibt DE BEAUMONT von dem
Bergbau im Minkettetale. Er spricht nicht von einem Gange,
der parallel dem Tale streicht, sondern von zwei abgeplatteten
(aplaties) parallelen Erzmassen, deren Streichrichtung ONO—
WSW, also im Zuge der von mir schon beschriebenen Gänge,
läuft, und die mit 70—80° NW einfallen. Sie überstiegen nur
selten die Mächtigkeit von 1 m.

Merkwürdig ist der Widerspruch in den Angaben von
DE DIETRICH und von DE BEAUMONT.

Jedenfalls scheint mir, nach den heutigen wenigen Aufschlüssen zu urteilen, die Mitteilung DE BEAUMONT's vollkommen
das Richtige zu treffen. Indessen wird wohl auch ein von NNW
nach SSO, dem Tale parallel streichender Eisenglanzgang, da
DE DIETRICH ihn beschreibt, existiert haben; aber der Bergbau
auf demselben war vermutlich schon lange vor DE BEAUMONT's
Zeiten nach Abbau des schmelzwürdigen Erzes auflässig geworden,
und von der Ausdehnung der alten Arbeiten war nichts Genaueres
mehr zu sehen.

Nach dem, was ich gefunden habe, ist es möglich, daß die
beiden von ONO nach WSW streichenden Erzgänge, welche
DE BEAUMONT erwähnt, Abläufer des Ganges von Wildersbach,
den ich oben beschrieben habe (3 auf der Karte), und des Ganges
von Remiancôte (4 auf der Karte), den ich unten noch erwähnen
werde, sind. Und so will ich über die Aufschlüsse, die sich im
Minkette-Tale finden, bei Besprechung der Gänge, die vom Tale
aus nach Westen und Südwesten streichen, näher berichten.

Wenn ich den südlichsten Gang von Haute-Bacpré (oder
vom Spatzberg) hinzunehme (7 auf der Karte), so sind es im ganzen
fünf Gänge, die vom Minkettetale aus sich durch den Rothauer
Gemeindewald westlich von diesem Tale nach Westen und Südwesten hin (auf Grund der vorhandenen Pingenzüge) auf eine
größere Erstreckung verfolgen lassen. Einen von diesen, der als
die Fortsetzung des Wildersbacher Ganges anzusehen ist, habe
ich schon oben (S. 441) beschrieben.

Nördlich und südlich vom Wildersbacher Gange liegen je zwei Erzgänge. Nördlich zunächst, 280 m entfernt, der Gang von R e m i a n c ô t e (4), von diesem 200 m nördlich der Gang, der auf der Karte mit 5 bezeichnet ist.

Südlich befinden sich 280 m entfernt der Gang L u m p e n - m a t t — B a c p r é — F i n g o u t t e (6) und 400 m südlich von diesem der Gang H a u t e - B a c p r é (7).

Der Gang von R e m i a n c ô t e, 280 m nördlich von dem Wildersbacher Gange, der seinen Namen von dem Bergrücken Remiancôte (= côte rapide nach OBERLIN) des Rothauer Gemeindewaldes nach der Breusch zu erhalten hat, streicht im ganzen 5—6ʰ.

Er läßt sich verfolgen den Abhang Remiancôte herab bis zur Straße von Rothau nach Solbach, wo in etwa 480 m Höhe beim Punkte ε ein alter Einbruch sich befindet. Von da setzt er weiter über ein kleines Tal hinweg, wo er nicht gebaut worden ist, und endet, nach den Pingen zu urteilen, oberhalb der Breusch in der Höhe 460 m, etwa 300 m südlich vom Höhepunkt 357,4, in devonischer Grauwacke.

Ein Granitporphyrgang, der den Erzgang im Hangenden begleitet, setzt über das Minkettetal und steht auf der Nordseite des genannten Einbruches an.

Das Erz auf den Halden im Minkettetale ist nicht wesentlich verschieden von dem des Wildersbacher Ganges in diesem Tale.

Man findet kopfgroße Stücke von derbem E i s e n g l a n z e, der Schwefelkies eingesprengt enthält, zuweilen in nußgroßen Stücken, die leicht herauswittern. Als Begleiter ist Quarz nicht selten. Seine dichten oder zelligen Stücke sind weiß, gelblich und rötlich getönt. Eisenglanz bildet ferner Adern in Granit und Granitporphyr. Ersterer ist brüchig und grusig geworden und von Braun- und Rot-Eisen gefärbt. Er ist stellenweise porös, denn er war imprägniert mit Pyrit, der nun herausgewittert ist.

An dem erwähnten Einbruch findet sich auf den Halden Pyrit, der mit fein verteiltem Eisenglanz und Gesteinsbreccien zusammen ziemlich mächtige Mittel im reinen Erze bildete, und Minette.

Der Eisenglanz enthält nur wenig oder gar keinen Magnetit und ist deshalb im allgemeinen sehr schwach oder gar nicht magnetisch

Nördlich vom Wildersbacher Gang: 1. Gang. Remiancôte (4).

Erz.

Die M i n e t t e, die hier vorkommt, ist porphyrisch durch   Minette.
große goldglänzende Biotiteinsprenglinge. Sie hat eine blaugraue
Zersetzungsfarbe.

Ihre Grundmasse wird, wie der Schliff zeigt, gebildet von
einem Gemenge sehr feiner Orthoklaskriställchen und grüner
Biotitblättchen. Als Einsprenglinge erscheinen brauner Biotit
in unregelmäßig begrenzten großen Blättern und Orthoklas in
anscheinend zertrümmerten, trüben, prismatischen Kristallen.

Das Gestein ist reich an Apatitprismen und ungemein kleinen
Magnetitkriställchen, die ihm magnetische Eigenschaften geben,
und wird durchsetzt von Quarz in Schlieren, feinen Trümern und
länglichen Aggregaten, die gewiß durch Umwandlung entstanden
sind, aber keine charakteristischen Umrisse mehr aufweisen.

Bevor der Gang 300 m südlich vom Höhepunkte 357,4,
auf 460 m Höhe, in devonischer Grauwacke vertaubt, bietet sich
noch im Granit ein Aufschluß. Es steht Granitporphyr an, den
E i s e n g l a n z a d e r n durchsetzen und dessen zahlreiche
Kluftflächen von derbem R o t e i s e n e r z gefärbt sind. Ist er
reich an Erzadern, so sind die Einsprenglinge kaum noch als
solche zu erkennen wegen durchgreifender Zertrümmerung und
mehrfacher Verwerfung, ist er ärmer, so zeigt der Orthoklas
scharf ausgebildete Karlsbader Zwillinge und der Quarz gerundete
Dihexaeder mit Korrosionserscheinungen.

Der Granit ist grusig und von Roteisen gefärbt.

Der Eisenglanz enthält nur wenig Magnetit.

Der E r z g a n g Remiancôte wurde nach DE DIETRICH   Früherer Berg-
bau.
mittels zweier Stollen abgebaut.

Der obere war 96 m lang. Am Mundloch war das Erz 0,15—
0,2 m und auf der Sohle bis zu 0,45 m mächtig. Der Gang galt
als reich ; das Erz hielt auch noch in den Gesenken an, die man
vom Stollen aus abteufte. Das Hangende (son toit) bestand
aus einer Breccie von Quarz und Feldspat mit viel Pyrit, und das
Liegende (son mur) bald aus Granit, von Pyrit und Minette
durchsetzt, bald aus der gleichen Masse wie das Hangende.

1000 m westlich befand sich der andere Stollen, der 50 m
lang war. Hier war das Hangende des Ganges ein weißer Ton

und weicher, zersetzter Granit, die Salbänder bestanden aus einer
Breccie von Quarz, Pyrit und Granit.

Das Erz war im allgemeinen dichter, bläulich schimmernder
Eisenglanz. In dem Teile des Ganges, der durch den unteren
Stollen aufgeschlossen war, stellten sich hie und da Mittel von
eisenkiesreichem Erz ein, das dann nicht verwendet werden konnte.
Diese Mittel hielten in der Regel auf 1,8 m Erstreckung an.

Etwas oberhalb der Breusch, etwa 2 0 0 m südöstlich vom
Höhepunkt 357,4, ließ DE DIETRICH einen Stollen treiben an einem
Orte ,,Chaudon-pré", dessen Lage nicht mehr festzustellen ist,
wo auch die Alten schon Schürfversuche gemacht hatten. Dieser
Stollen sollte die Wasser auf den Gängen von Remiancôte und im
Minkettetale lösen. Indessen wurde während DE DIETRICH's
Abwesenheit die Arbeit eingestellt, angeblich, weil es den Berg-
leuten Verdruß bereitete, in dem tauben Gestein zu arbeiten.

2. Gang.
,5".

Der nördlichste Erzgang (5), der im Minkette-
tale gebaut wurde, streicht ebenfalls westlich bis südwestlich.
Man trifft die ersten Pingen und Halden am nördlichen Ende der
Talwiese in etwa 480 m Meereshöhe an einer Stelle, wo sich eine
Quellfassung der Rothauer Wasserleitung befindet. Von hier
läßt sich ein Pingenzug längs des Nordrandes des Rothauer
Gemeindewaldes nach Westen bis etwas oberhalb der Breusch
verfolgen, wo der Gang sich dem westlichen Ende des Ganges
vom Remiancôte sehr nähert.

Erz.

Das Erz dieses Ganges ist dichter blauschwarzer E i s e n -
g l a n z, der ziemlich viel Magneteisen enthält, und in dem stellenweise, wie auf den Halden des Minkettetales zu sehen ist, viel
Pyrit eingesprengt ist.

Das Auftreten des Erzes läßt sich besonders gut auf dem
mittleren Teile des Ganges beobachten, der an der Straße von
Rothau nach Solbach, in 480 m Meereshöhe, gebaut wurde. Hier
durchsetzten Erzadern den Granit und den Granitporphyr, der
den Gang begleitet, am Wege aber nicht deutlich anstehend zu
sehen ist. Der gleichkörnige Granit ist stark gelockert und durch
Brauneisen gefärbt; der Granitporphyr zeigt, da er infolge seiner
dichten Struktur widerstandsfähiger ist, die Eisenfärbung nur

auf den Kluftflächen. Er enthält stellenweise einzelne ganz in Brauneisen umgewandelte Pyritkristalle.

Bei der mikroskopischen Untersuchung der Dünnschliffe zeigt sich, daß besonders der Granitporphyr eine deutliche Kataklasstruktur besitzt. Wie bei Wildersbach, so sind auch hier die Einsprenglinge, Orthoklas und gerundete Quarzkristalle, durch feine und breitere Eisenglanzadern zertrümert und verworfen. Da, wo die Adern breiter sind, und das Eisenerz über die Gesteinsbestandteile überwiegt, liegen Bruchstücke von Feldspat und Quarz in der dunklen Masse und verleihen dieser eine breccienartige Beschaffenheit.

Das südwestliche Ende des Ganges ist die Stelle, von deren Abbau DE DIETRICH berichtet. Der östliche Teil wird wahrscheinlich schon zu seiner Zeit auflässig gewesen sein.

Der Gang war hier 0,6 m mächtig. Dichtes R o t e i s e n e r z bildete nur Liegendes (le mur) und Hangendes (le toit), während in der Mitte Pyrit herrschte. Das nutzbare Erz war so wenig mächtig, das der Betrieb bald eingestellt wurde. Außer Pyrit und Stücken dichten Eisenglanzes ist an den Halden jetzt nichts mehr zu sehen.

Südlich vom Wildersbacher Gange setzen die beiden Gänge von L u m p e n m a t t — B a c p r é — F i n g o u t t e und von H a u t e - B a c p r é auf, von denen ich zunächst den erstgenannten besprechen will. Südlich vom Wildersbacher Gang: 1. Gang Lumpenmatt —Bacpré—Fingoutte (6).

Vom Wiesenstück L u m p e n m a t t am südlichen Ende des Minkettetales zieht sich ein Pingenzug in genau südwestlicher Richtung über den Bergrücken ins Tal B a c p r é hinab und jenseits desselben fast bis an den Solbacher Wald hinauf. Etwa in 640 m Höhe verschiebt sich der Pingenzug nach SO und endet wenig höher (F i n g o u t t e). In der Richtung dieser südöstlichen Fortsetzung des Ganges im Solbacher Gemeindewalde selbst, etwa 60 m oberhalb der unteren Häuser von Solbach, sind wiederum einige Pingen.

Im Walde zwischen Lumpenmatt und Bacpré sind drei tonnlägig in die Tiefe setzende Einbrüche zu sehen und im Tale Bacpré ein eingestürztes Stollenmundloch.

Letzteres ist in einen a p l i t i s c h e n G r a n i t hineingetrieben worden. Dieser ist rosa gefärbt und von feinem Korn. Orthoklas und Quarz beteiligen sich in gleichen Mengen an der Zusammensetzung des Gesteins; sie zeigen oft schriftgranitische Verwachsung.

Am untersten Einbruch steht G r a n i t p o r p h y r an. Seine Einsprenglinge sind nicht groß.

Erz.

Das E r z dieses Ganges besteht durchweg aus dichtem, rötlich schwarzem E i s e n g l a n z, der ziemlich reich an Magneteisen und arm an Pyrit ist. Er schließt Gesteinsbruchstücke ein. An einem Porphyr-Handstück zeigt sich auf einem schmalen Trum im kleinen deutlich das Bild eines symmetrischen Ganges. Zu beiden Seiten der Ader ist Eisenglanz abgeschieden, die Mitte nimmt drusiger Quarz ein.

Minette.

M i n e t t e fand ich auf diesem Gange nur in einigen losen Stücken. Sie unterscheidet sich makroskopisch wenig von der Mehrzahl der vorher beschriebenen, stärker zersetzten Minetten. Sie besteht wesentlich aus Orthoklas und Biotit. Der letztere erscheint meist zerbrochen und verbogen und besitzt eine blaugrüne Farbe; die Blättchen sind häufig von einem schwarzen Erzmantel umgeben. Magnetit ist ziemlich reichlich gleichmäßig in der Masse zertreut. Auch als Zersetzungsprodukt des Glimmers kommt er vor. In rundlichen Aggregaten und schmalen Trümern zeigt sich Quarz. Im ersteren Falle ist er wohl primärer Entstehung und eine saure Ausscheidung, in letzterem Falle ist er sekundärer Bildung.

Fingoutte.

Bei der Quelle F i n g o u t t e und in den Pingen oberhalb Solbach tritt das Erz ebenso auf wie oben.

Die M i n e t t e, die ich an letzterer Stelle auf den Halden sah, ist von rötlich-grüner Farbe und ziemlich feinem Korn. Außer einigen Biotitblättchen läßt sich mit bloßem Auge kein Gemengteil deutlich erkennen. Wie aber die mikroskopische Untersuchung zeigt, besteht sie aus Orthoklas und kleinen Biotitblättchen, zu denen noch hellgrüne chloritische Massen, von schwarzen Eisenerzkörnchen durchsetzt und mit sechsseitigem Umriß, ähnlich wie Hornblende, hinzutreten. Quarz bildet große rundliche Ausscheidungen.

DE DIETRICH gibt merkwürdigerweise ein rein westliches Streichen des Ganges an, während doch die Pingen sich deutlich in südwestlicher Richtung aneinander reihen, und auch É. DE BEAU-MONT und DAUBRÉE von einem nordöstlich-südwestlichen Verlauf desselben sprechen.

Die Mündungen der erwähnten drei Einbrüche entsprechen wahrscheinlich den Mundlöchern dreier Treppenörter (galeries), die zu DE DIETRICH's Zeit auf den Erzgang aufgefahren wurden.

Das Erz, das mittels dieser Einbrüche gefördert wurde, war dichter Eisenglanz.

Im untersten Stollen bestand das Hangende aus roter Minette und einem jaspisartigen blauen Schiefer, während das Liegende von einer feinen Quarz-Feldspat-Breccie gebildet wurden.

Der mittlere Stollen war 116 m lang. Am Mundloch war das E r z 0,25—0,3 m mächtig, rein und dicht. Weiter nach innen nahm die Mächtigkeit bei gleicher Qualität zu. Das Erz und das Nebengestein waren so hart, daß sie nur mit großer An-strengung durchbrochen werden konnten.

Nicht so hart, aber ebenso mächtig war das Erz im obersten Stollen, der erst eine Länge von 12 m erreicht hatte, als DE DIETRICH ihn besichtigte. Das Nebengestein war wie am untersten Einbruch ein mäßig fester „schiste jaspeux".

Um den Gang in größerer Teufe zu lösen, legte man im Tale Bacpré an einem Punkte, den DE DIETRICH Rouge-Lordon nennt, einen Stollen an. In DE DIETRICH's Abwesenheit aber stellte man, wie in Chaudron-pré, die Arbeit ein.

DE BEAUMONT und DAUBRÉE sprechen nicht von e i n e m Gange, sondern von d r e i parallelen und sehr dicht zusammen-liegenden Eisensteinmassen, deren Streichrichtung NO und ONO und deren Einfallen 70—80° NW sei. Das Erz, E i s e n g l a n z, war, wie DE BEAUMONT sagt, im Hangenden und Liegenden begleitet von Minette und einer unzusammenhängenden Breccie von zersetzten tonigen Gesteinen und Eisenerzen. Jede der drei Massen war weniger als 1 m mächtig.

An der Quelle Fingoutte, sagt DE DIETRICH, sei die Fort-setzung des Ganges gebaut worden. Das wäre aber unmöglich,

. wenn die Streichrichtung W—O, die er angibt, die richtige
wäre.

Bei Fingoutte teilte sich der Gang in zwei Trümer, die
schon vor de Dietrich's Zeit von den Alten verfolgt worden
waren. Einen alten Stollen ließ de Dietrich fortsetzen. Der
Erzgang war an dieser Stelle 0,6 m mächtig, bestand aber zum
größten ·Teile aus Quarz, Minette und Granitgrus (roc de sable
granitique) und enthielt nur an dem einen Salband 4 Zoll reines
Erz von gleicher Beschaffenheit wie im untersten Stollen von
Bacpré. Bei der geringen Mächtigkeit des Erzes beschränkte
man sich darauf, das Erz, das die Alten hatten stehen lassen,
abzubauen.

2. Gang Haute Bacpré (7). Ganz am oberen Ende des Bacprétales befindet
sich der Gang, der unter dem Namen „mine du Spathberg",
„mine du Spatzberg" oder „Haute-Bacpré" gebaut wurde. Die
Pingen schneiden in ihrem Zuge die südöstliche Spitze des
Rothauer Gemeindewaldes ab.

Erz. Das E r z ist ähnlich wie das von Bacpré, aber etwas bläulicher, und enthält weniger Magnetit. Auf Kluftflächen glitzern
feine Eisenglanzschüppchen. Gesteinsbreccien bilden wiederum
Einschlüsse im dichten Erze.

Dem grobkörnigen, rotgefärbten Granit sind große Pyritkristalle eingesprengt.

Kataklasstruktur ist zum Teil sehr ausgeprägt.

Minette. Auf den Halden findet sich M i n e t t e. Aus dem mittelkörnigen grünlichen Gesteinsgewebe treten einzelne Biotitblättchen und dunkle, dem Augit ähnliche Kristalle hervor.
Diese sind, wie der Schliff zeigt, typischer Uralit, insofern ihre
Durchschnitte zum Teile die charakteristische achtseitige Form
der Augitkristalle besitzen. Die Längsschnitte weisen lange
grüne Fasern mit starkem Pleochroismus auf; faserige Hornblende findet sich auch durch das ganze Gestein hindurch in
Büscheln gehäuft, ohne dann die Gestalt des Augit erkennen zu
lassen. Zwillingsbildung zeigen Quer- und Längsschnitte. Orthoklas, Uralit und Biotit sind in gleicher Größe ausgebildet. Zu
diesen gesellt sich noch Apatit in großer Menge und seltener

Magnetit, der hier aus Zersetzung des Glimmers hervorgegangen ist.

Der G a n g streicht nordöstlich, geht also, konform mit Früherer Bergbau.
der Angabe DE BEAUMONT's, dem Gange von Bacpré parallel.
Auffallenderweise gibt aber DE DIETRICH ein nordwestliches
Streichen an, sodaß, zumal auch bei anderen Stellen (s. S. 445)
DE DIETRICH bei Bemerkungen über das Streichen sich mit
DE BEAUMONT und mit den jetzt noch anzustellenden Wahr-
nehmungen im Widerspruch befindet, es fast den Anschein hat,
als ob DE DIETRICH's Angaben bezüglich der Streichrichtung
überhaupt mit Vorsicht aufzunehmen seien.

Nach DE DIETRICH waren zwei Stollen quer an den Gang
herangetrieben; der erste wurde aber bald aufgegeben, da man
mit ihm den Gang an einer Stelle erreichte, wo er taub war, d. h.
nur aus Quarz und Pyrit bestand. Vom zweiten Stollen aus wurde
nach Anfahrung des Ganges rechts und links ausgelenkt. Das
Erz war in diesen Strecken 0,2—0,25 m mächtig. Das Hangende
bestand aus Granit von verschiedener Festigkeit und etwas Minette
von der Farbe der „Asche". Die Salbänder wurden gebildet von
Quarz und Pyrit, von „schiste jaspeux" und von Granit.

Nach É. DE BEAUMONT war das geförderte Erz dem von
Bacpré gleich, wurde aber von Pyrit begleitet. Quarz und Minette
kamen vor.

Die Entstehung der Erzgänge.

Während VOLTZ der Meinung war, die Rothauer Eisenerzlagerstätten müßten in die Klasse der L a g e r gestellt werden,
kam DE BEAUMONT, als er die Gruben besichtigte, zu der Ansicht,
es könnten weder Nester noch Adern sein, denn dazu wäre ihre
Länge zu bedeutend, und das Hinabsetzen in große Teufen zu
beträchtlich. Alle Anzeichen wiesen ihn darauf hin, daß er es
mit G ä n g e n zu tun hatte, so z. B. die Verschiedenheit der
begleitenden Mineralien und der Parallelismus mit den Quarz-
gängen, ferner die Salbänder aus Minette, die Granitfragmente,
die sich in der Masse des Erzes finden und die zahlreichen Nebentrümer, die vom Hauptgang abzweigen. Wir können in dieser Auffassung DE BEAUMONT nur beistimmen.

Das N e b e n g e s t e i n der Gänge ist Granit. DE DIETRICH sagt schon : „On a plusieurs exemples de mines de fer trouvées dans du granit ; mais je pense qu'en peu d'endroits il s'en rencontre aussi généralement qu'au Ban de la Roche."

Die Gänge s t r e i c h e n von NO nach SW und fallen unter einem Winkel zwischen 60—80° NW ein. Die M ä c h t i g k e i t des ganz dichten Erzes beträgt 2—4 dm, die des zusammengesetzten Ganges mit allen Nebentrümern kann bis zu einem Betrage von einigen Metern steigen.

Die größte Masse des Erzes ist dichter E i s e n g l a n z, der teils mehr teils weniger, aber überall von M a g n e t i t durchwachsen ist. In größter Menge und reinster Form findet sich letzterer auf dem Gange von Wildersbach. Weniger verbreitet ist er auf den Gängen im Bannwald und am Chénot von Rothau (mine des huzzards, mine de la Coutelle), und das Erz der übrigen Gänge beeinflußt nur schwach die Magnetnadel. Als Zersetzungsprodukt kommt R o t e i s e n - und B r a u n e i s e n -Erz in derben bis erdigen Massen vor. P y r i t ist zuweilen eingesprengt in Erz und Nebengestein, begleitet stellenweise die Erzadern und wurde in Drusen und dichten Mitteln im Eisenglanze des Minkettetales und in den Stollen des Remiancôte gefördert.

Auf jedem Gang findet sich M i n e t t e und zwar in sehr verschiedener Ausbildungsweise. Im Bannwald z. B. gleicht sie einem Glimmerschiefer, auf dem Husarengang ist sie reich an Pseudomorphosen, wahrscheinlich nach Olivin, in Wildersbach enthält sie in großer Menge Hornblende, in der Fortsetzung des Wildersbacher-Ganges zeigt sie in schöner Ausbildung Pilit-Faserstruktur in Olivinkristallumrissen usw.

Von begleitenden Mineralien erscheinen im Bannwalde T u r m a l i n und vielleicht C o r d i e r i t, in Wildersbach etwas F l u ß s p a t und T u r m a l i n, am Solbacher Wald vereinzelt B a r y t.

Roteisenstein-Gänge in Eruptivgesteinen sind nicht selten. Es sei nur an die des Erzgebirges erinnert. Der Hauptgang dort, der des roten Berges von Crandorf, ist 2—17 m mächtig und setzt an der Grenze von kristallinem Schiefer und Granit auf, findet

sich aber in größerer Teufe auch ganz in letzterem. Hier ist die der
Erzausscheidung vorausgehende Zerklüftung die Folge der Granit-
intrusion und der Erkaltung des Plutonites, und der Gang ist ein
sogenannter Kontaktgang.

Bei Zorge im Harz setzen im Diabas Rot- und Brauneisen-
stein-Gänge auf, die durch Lateralsekretion entstanden sind.

Ferner findet sich Eisenglanz in Trümern, die zu großer
Mächtigkeit zusammentreten, im Staate Missouri, im Gebiet des
Arow-Mountain, wo das Muttergestein ein porphyrartiger Melaphyr
ist. v. GRODDECK nimmt einen Einschluß im Gestein an, meint
aber, es sei vielleicht richtiger, das Vorkommen zu den Gängen
des Typus Zorge zu stellen, während DE LAUNAY (17) sagt:
,,L'hypothèse d'une venue filonienne nous paraît plus vrai-
semblable.''

Im Granit und Quarzporphyr setzen die Gänge des Alten-
berger Gebietes auf.

Kleinere Gänge als Ausfüllungen schmaler Klüfte und Risse
sind in allen Ländern zahlreich, aber weniger bekannt, und nicht
beschrieben, da sie dem Bergmann keinen Nutzen bringen und
darum nicht aufgeschlossen sind.

Zu den kleineren Gängen müssen wohl auch die des Rothauer
Gebietes gerechnet werden, wennschon sie früher gebaut wurden.

Das Erz unserer Lagerstätten besteht also aus Eisenglanz
und Magnetit.

Die Frage nach der Entstehung dieses Vorkommens wäre
nicht allzuschwer zu beantworten, wenn es sich nur um Eisenoxyd
handelte. Nun tritt aber das Magneteisen hinzu und beschränkt
die Anzahl der Bildungsmöglichkeiten.

Als solche können im allgemeinen nur in Betracht kommen:

1. Magmatische Ausscheidung,

2. Kontaktmetamorphe Umbildung,

3. Thermale bezw. pneumatolytische Gangbildung.

Man wird von vornherein geneigt sein, eine Magneteisenerz-
anhäufung in einem Eruptivgestein als magmatische Ausscheidung zu deuten, da ja Magnetit als ältestes Aus-

scheidungsprodukt in allen Eruptivgesteinen auftritt — in sauren in geringen, in basischen in größeren Mengen.

Die großen Magnetit-Lagerstätten Schwedens und Rußlands haben eine derartige Entstehung.

So ist im Ural das Erz an Syenitgesteine geknüpft. An der Wyssokajá Gora ist ein allmählicher Übergang des accessorisch neben Apatit, Zirkon und Titanit im Gestein zerstreuten Erzes zu großen Klumpen und stockförmigen Lagern beobachtet und verfolgt worden.

Ebenso deutlich ist der Übergang in dem schlierenförmig in saurem Porphyr angehäuften Magnetit vom Goroblagodat.[1]

Mächtige lagerartige Stöcke dieser Art bildet das Erz in dem quarzfreien Orthoklasporphyr der Berge Kiirunavaara und Luossavaara in Schweden.

Der Taberg bei Jönköping in Schweden ist eine basische Schliere aus titanhaltigem Magnetit und Olivin. DE LAUNAY (17) sagt von diesem Vorkommen : „C'est............ un type classique de minerai en inclusions dans une roche éruptive." Der Eruptivstock, der diese Schliere enthält, ist ein Olivingabbro, der nur noch an den peripherischen Teilen vorhanden ist, während ihn weiter oben die Denudation entfernt hat. „Nun.... lassen sich Schritt für Schritt Übergänge verfolgen zwischen diesem Magnetit-Olivinit...... zu dem magnetitarmen, gemeinen Olivingabbro." (BECK).

Auch in unseren Gebieten haben Granit, Granitporphyr und besonders die Minette ihren normalen Gehalt an Magnetitoktaedern, die, teilweise in braune Eisenverbindungen umgewandelt, mehr oder weniger gleichmäßig im ganzen Gestein verbreitet sind. Hier ist aber kein „Schritt für Schritt" erfolgender Übergang von kleinen Erzmengen zu großen Ansammlungen zu beobachten. Unsere Erzlager haben mit diesen alten Ausscheidungen nichts zu tun, weil sie in deutlich erkennbarer Weise jünger sind als die Eruptivgesteine. Das Auftreten der oben ausführlich be-

---

1. Beide Lagerstätten sind nach BERGEAT epigenetisch und durch Kontakt entstanden. 20, S. 32, 33.

schriebenen klastischen Struktur beweist, daß die Spalten, die jetzt von Erz erfüllt sind, erst aufrissen, als die Gesteine schon fest waren. Der Granit ist das älteste, Granitporphyr das jüngere, und Minette, die Bruchstücke beider einschließt, das jüngste unserer Eruptivgesteine, und alle drei werden durchsetzt durch die Magnetitgänge (Abbildung 1 u. 4, Tafel XII), die s c h a r f g e g e n d a s N e b e n g e s t e i n a b s e t z e n, Bruchstücke desselben einschließen und durch die Menge des mit dem Erz verwachsenen Quarzes sich auch ihrem Bestande nach von ältesten basischen Ausscheidungen wesentlich unterscheiden.

Was nun eine k o n t a k t m e t a m o r p h e Entstehung der Rothauer Erzlagerstätten betrifft, so ist es in unserem Falle eigentlich überflüssig eine solche Bildungsweise zu besprechen, da ein Eruptivkontakt im üblichen Sinne — z. B. eisenhydroxydhaltiges Nebengestein und kaustisch wirkendes Eruptivgestein — hier überhaupt nicht vorliegt. Ihre Entstehung hat also nicht die geringste Ähnlichkeit mit derjenigen der Magneteisenerzlager vom Banat, von Traversella, Berggießhübel u. a. m. Das jüngste der vorhandenen Eruptivgesteine ist die Minette, noch jünger als diese sind die Erzgänge, ihre Entstehung kann also n i c h t auf eine durch ein Eruptivgestein hervorgerufene Metamorphose zurückgeführt werden.

Es bleibt somit nur noch die dritte Möglichkeit der Genese: die Erzvorkommen von Rothau müssen als G a n g b i l d u n g e n aufgefaßt werden, d. h. als Massen, die sich in vorhandenen Spalten eines festen Gesteins aus w ä s s r i g e r L ö s u n g oder aus D ä m p f e n absetzten.

Für ein Eindringen der Erze in schmelzflüssiger Form fehlt jeder Anhaltspunkt.

Eine r e i n pneumatolytische Bildung dürfte nicht, oder doch nur in beschränktem Maße anzunehmen sein, da die für eine solche als charakteristisch geltenden Mineralien nur lokal und in geringer Menge auftreten.

Dagegen spricht für die w ä s s r i g e Entstehung[1] das

---

1. Daß Magnetit sich aus wässriger Lösung abscheiden kann, wird auch von KLOCKMANN (Vgl. Klockmann, Zeitschr. f. prakt. Geol. 1904, S. 73 ff. u. 212,

reichliche Vorhandensein von Quarz, der voll von Flüssigkeitseinschlüssen ist.

Dem würde auch das Auftreten von Turmalin nicht wider-
sprechen, da ja zur Bildung dieses Minerals nicht unbedingt
Pneumatolyse vorzuliegen braucht. Im Gegenteil : Die großen
Mengen Quarz, der mit dem Turmalin Adern bildet und das
Turmalingestein in den oben beschriebenen Schlieren durchsetzt,
lassen die Erklärung einer gasförmigen Bildung eigentlich nicht zu.
Denn erstens ist der Quarz sehr reich an Flüssigkeitseinschlüssen,
und zweitens ist seine Entstehung aus Dämpfen nur in Gestalt
von Siliciumfluorid möglich. Nun findet sich aber auf diesen
Gängen nur an einer Stelle sehr wenig Flußspat und sonst k e i n
Fluormineral, von etwas Apatit abgesehen.

Überhaupt wird man einer Trennung beider Entstehungs-
arten, der wässrigen und der pneumatolytischen, kein allzugroßes
Gewicht beilegen dürfen, wenn man bedenkt, daß die in Spalten
aufsteigenden thermalen Lösungen in verschiedenen Tiefen einem
Schwanken des Druckes und der Temperatur und demnach einem
Wechsel der Verdichtung und Verdampfung unterworfen sind,
und man wird jedenfalls die Möglichkeit eines Nebeneinander-
vorkommens beider zugeben.

Für die in der Mehrzahl vorhandenen turmalin f r e i e n
Erzgänge unseres Gebietes liegt ja überhaupt kein Grund vor,
pneumatolytische Bildung anzunehmen.

Es ist in den obigen Erörterungen angenommen worden, daß
das Eisenerz sich im wesentlichen in der Form, in der es heute

---

Bruhns ebenda S. 212) nicht mehr bestritten. Der von Bruhns erwähnte, „bei der
Serpentinbildung" entstehende, d. h. bei der Umwandlung des eisenhaltigen
Olivins zu eisenärmerem wasserhaltigem Magnesiasilikat sich abscheidende
Magnetit darf natürlich mit dem als Einschluß im Olivin ursprünglich vorhandenen,
zu den ältesten Ausscheidungen des Magmas gehörigen, nicht verwechselt werden.
— Den Magnetitgang, den Klockmann nach Lacroix aus den Pyrenäen citiert.
hält letzterer für entstanden durch kontaktmetamorphe Zuführung des Eisens.
　Auch der Magnetit der luxemburgisch-lothringischen oolithischen Eisenerze
(Minetten) kann nur wässeriger Entstehung sein. (L. van Werveke. Bemerkungen
über die Zusammensetzung und die Entstehung der lothringisch-luxemburgischen
Eisenerze. — Mitteil. geol. Landesanstalt von Els.-Lothr., Bd. V, S. 281.)

vorliegt, als Gemenge von Eisenglanz und Magnetit aus seiner Lösung ausgeschieden habe. Jedenfalls ist der Magnetit ursprünglich, denn es liegt bei der Kompaktheit der Erzmassen und bei dem Mangel an Zeichen einer späteren — etwa durch Röstung — erfolgten Reduktion des reinen Oxyds nicht der geringste Grund vor, eine Umwandlung von Eisenoxyd zu Eisenoxyduloxyd anzunehmen. Eher könnte der Hämatit sich aus Magnetit durch Sauerstoffaufnahme gebildet haben ; aber auch für diese Annahme geben Beschaffenheit und Struktur der Erzmassen keine Anhaltspunkte.

Was schließlich die H e r k u n f t der eisenhaltigen Lösungen angeht, so läßt sich darüber mit einiger Sicherheit nur sagen, daß bei der Natur des Nebengesteins eine L a t e r a l s e k r e t i o n ausgeschlossen scheint.

Ob das Eisen direkt aus dem v u l k a n i s c h e n H e r d stammt oder aus in der T i e f e vorhandenen e i s e n r e i c h e n Gesteinen a u s g e l a u g t wurde, das zu diskutieren dürfte bei der Unzugänglichkeit der Tiefe ein von vornherein aussichtsloses Unterfangen sein.

II. Die Eisenerzgänge von Framont.

Historisches.

Der Bergbau zu Framont wurde im Jahre 1250 von HEINRICH, Graf zu Salm, der das Eisenerz entdeckt hatte, ins Leben gerufen. Gegen diese Gründung erhob der Abt von Senones Einspruch, da das Gebiet der Kirche gehörte. Als er damit keinen Erfolg hatte, zog er mit seinen Mönchen nach Framont, zerstörte die Hütten und nahm die Gerätschaften und das fertige Eisen in Besitz.

Gegen Ende des 17. Jahrhunderts kamen die Gruben wieder an die Grafschaft Salm. In diese Zeit fällt der (bei Rothau erwähnte) Konkurrenzstreit zwischen den Hochöfen von Rothau und Framont. 1796 erwarb Mr. CHAMPY das Recht der Eisensteingewinnung. Er führte, wie in Rothau, Verbesserungen im Betriebe ein.

Die Anlagen waren hier bei weitem nicht so mustergültig wie in Rothau. Die Förderarbeiten waren zwar ausgedehnter, aber unregelmäßig.

Im Jahre 1834 gingen die Gruben in den Besitz einer Aktiengesellschaft über. Diese löste sich 1844 auf, und eine neue wurde gegründet.

Wann der Betrieb eingestellt worden ist, habe ich nicht erfahren können. Um 1860 herum wurden die Gruben noch gebaut, doch sind sie bald darauf auflässig geworden.

Versuchsarbeiten stellte man — wahrscheinlich von deutscher Seite — im Jahre 1872 an. Es wurden damals 1040 Zentner Schwefelkies gewonnen.

Nicht nur in der Industrie haben diese Gruben eine Rolle gespielt. Auch die Wissenschaft verdankt ihnen manches Neue. Denn der Reichtum an Mineralien, die durch den Bergbau zu Tage gefördert wurden, war groß, und lange Jahre hindurch hat sich das Interesse der Mineralogen auf sie gerichtet.

Geologisches.

Das N e b e n g e s t e i n der Eisenerzlagerstätten von Framont gehört dem D e v o n an. Diese Formation ist in den deutschen Vogesen bisher nur im Breuschtale nachgewiesen worden, wo sie zwischen Saales und Urmatt, westlich vom Granitmassiv des Hochfeldes zu Tage tritt, aber nach Westen hin unter Rotliegendem und Buntsandstein verschwindet. In nordwestlicher Richtung läßt sie sich über Wackenbach bis an die französische Grenze am Südwestfuß des Donon verfolgen.

Die von WSW nach ONO streichenden Schichten wurden von L. v. BUCH zuerst dem Devon zugesprochen, nachdem schon DE DIETRICH im Jahre 1789 dort versteinerungsführende Kalke gefunden hatte. Dieser Ansicht widersprach 1887 VELAIN auf Grund von Versteinerungsfunden bei Schirmeck und verlegte die Entstehungszeit der Schichten in den Kulm (Unteres Karbon). Ein Jahr später untersuchte JAEKEL dieselbe, aus einer Kalkklippe neben dem Eisenbahneinschnitt unterhalb Schirmeck stammende Fauna und wies sie dem Mitteldevon zu. Frech[1] sprach sich bestimmter dahin aus, daß die Schichten der Crinoidenschicht der Eifel (zwichen Calceola- und Stringocephalusschichten liegend) gleich zu stellen sind. Im Jahre 1894 fand Bücking[2] in einem Konglomerat mit Kalkgeröllen bei Champenay Abdrücke von *Calceola sandalina*, die diesen Horizont in die untere Abteilung des Mitteldevons verwies.

Petrographisch charakterisiert wird das Devon im oberen Breuschtale durch das Auftreten von Tonschiefer und Konglomeraten mit Einlagerungen von Quarzit, Kalk und vielerlei Eruptivgesteinen (Diabas, Keratophyr, Porphyrit etc.) und, besonders bei Wackenbach und Framont, von Diabastuffen (Schalstein), Schalsteinkonglomeraten und Porphyroiden.[2]

Speziell am Mathiskopf bei Framont herrschen gröbere Konglomerate, reich an Quarzit, ferner äußerlich porphyrähnliche aber deutlich klastische Gesteine, Tonschiefer usw.

In diesem Gestein sind mehrere Lager von K a l k bezw. Dolomit eingeschaltet, von denen einige wegen ihrer Beziehungen zum Erzvorkommen von Wichtigkeit sind.

Die erste größte Linse zieht sich südwestlich von Minières in nordöstlicher· Richtung ca. 600 m lang hin und erscheint am Waldrande in einem Ausläufer 50 m über den obersten Häusern des Dorfes, 640 m Meereshöhe, wieder.

Der Dolomit, der im Steinbruch von Minières gebrochen wird, hat eine gelbliche Farbe, ist von mittlerem Korne und enthält viele Drusen, die mit Rhomboedern gefüllt sind.

An der Waldgrenze ist der Kalk in Dolomit umgewandelt und zwar findet er sich dort in zwei Varietäten. Die eine Ausbildung zeigt ein sehr feines zerreibliches Korn und weiße bis fleischrosa Farbe, die andere eine spätige Struktur mit brauner Tönung, welche dunkler wird, bis zum Übergang des Dolomites in Braunspat. Beide Arten des Gesteines erscheinen gebändert

---

1. Vergl. Benecke u. Bücking, *Calceola sandalina* im oberen Breuschtal. — Mitteil. geol. Landesanstalt v. Els.-Lothr. Bd. IV (1894), S. 106.

2. Bericht der Direktion der geologischen Landes-Untersuchung von Elsaß-Lothringen für das Jahr 1895. Mitteilungen der geol. L. A. von E.-L. IV. 1898.

durch wechselnde Lagen von blauschwarzem, dichtem Eisenglanz und schwarzer, kalk- und glimmerähnlicher Masse. In dem helleren sind Kalkspat- Rhomboeder porphyrisch eingesprengt und das dunkle enthält Drusen, in denen Kristalle (∞ R.—$^1/_s$R.) von Kalkspat sitzen.

Etwas südlicher ist ein zweites kleines Kalklager zu beobachten. Es liegt 200 m westsüdwestlich vom Höhepunkt 684,7. Von ihm aus etwas nordöstlich beginnt eine andere, langgestreckte Linse, die in ostnordöstlicher Richtung bis zu einem Punkte K auf dem unteren Wege von Minières nach Framont, 300 m nordöstlich vom Höhepunkt 684,7 streicht.

Der Kalk ist hier wie dort zuckerkörnig, dunkelgrau mit weißen Flecken und dunkelen Adern bis dicht, hellgrau mit weißer Marmorierung.

Die südlichste Kalklinse findet sich etwa 325 m vom Endpunkt der vorigen, in der Umgebung der Mine jaune, anstehend. Sie streicht in ostnordöstlicher Richtung und wird noch beobachtet am Rande des Waldes, 200 m nordwestlich von der zerfallenen Ferme Derlingoutte.

Der Kalk ist dunkelgrau gefleckt und enthält glänzende kleine Rhomboeder von Kalkspat.

Endlich ist noch ein kleines Vorkommen östlich vom Framontbach zu erwähnen, 200 m nordöstlich eines schmalen Wiesenstückes. Der Kalk ist ebenso beschaffen wie an der Mine jaune.

Allgemeiner Überblick über die Gruben und das Auftreten des Erzes.

1. Mine de Grandfontaine in Minières am Fuße des Donon. Sie liegt von allen Gruben am weitesten nach Norden, in 570 m Meereshöhe (auf der Karte bei 1), zur Linken eines Baches, der durch das enge Tal von Minières fließt und in Grandfontaine in den Framont-Bach mündet, neben der Fahrstraße, die in Minières abzweigend zum Donon führt. Südwestlich von dieser Grube, im Dorfe Minières liegt

2. la haute mine grise (bei 2 auf der Karte).

3. Die mine jaune ist die südlichste der Gruben und liegt am Mathiskopf ca. 200 m nordwestlich von der zerfallenen Ferme Derlingoutte (auf der Karte bei 3).

Zwischen diesen beiden äußersten Gruben liegt die Mehrzahl der anderen.

Nordwestlich von der mine jaune findet sich die

4. mine rouge (bei 4 auf der Karte).

Ihr folgt

5. Die mine des Engins (bei 5 auf der Karte).

Am Waldrande oberhalb Minières liegt die

6. mine grise (bei 6 a. d. K.)[1].

Südwestlich von diesem Zuge lagen ferner zwei Gruben, von denen die südliche unter dem Namen

7. mine de Metzger (bei 7 a. d. K.)

angeführt wird. Sie ist heute eine große bewachsene und mit Wald bestandene Pinge. In ihrer Nähe, etwas nach Nordwesten gerichtet, befand sich die Grube, die auf der in der Anmerkung 1 erwähnten Skizze mine noire genannt ist. Von ihr sieht man nur noch große Halden. Mit der mine de Metzger war diese Grube durch einen Stollen verbunden.

8. Mine noire (bei 8 a. d. K.).

Abseits auf der linken Seite des Framontbaches, östlich von Grandfontaine wurde schließlich noch die

9. mine de la Chapelle (de l'Evêché) gebaut (bei 9 a. d. K.).

Kleinere Pingen und unbedeutende Schürfgräben finden sich am südöstlichen Hange des Mathiskopfes, südlich von der früheren Ferme Derlingoutte.

Die Gruben mine jaune (3), mine rouge (4), mine des Engins (5) und mine grise (6) bauten alle auf demselben Erzgange,

---

1. Nach einem Riß von 1844 soll oberhalb Minières am Waldrande die mine noire liegen und die mine grise im Dorf Minières selbst. Das dürfte nicht richtig sein ; denn die von mir am Waldrande gefundenen Stücke gleichen denen, die in der Litteratur als in der mine grise vorkommend beschrieben werden. Damit stimmt auch eine handschriftliche Skizze im Besitze der elsaß-lothringischen geol. Landesanstalt.

der an der mine jaune beginnend sich in der Richtung 9ʰ bis zur mine grise erstreckte. Der Gang besteht aus E i s e n g l a n z (dicht und kristallisiert) und Roteisenerz. Nur an den Kreuzungsstellen von Gang und Kalklinsen hat sich Brauneisen gebildet. So in der mine jaune, mine rouge und mine grise.

Auf einem zweiten Erzgange bauten die mine de Metzger (7) und die mine noire (8). Er kann als ein Nebentrum des ersten Ganges aufgefaßt werden, das sich bei der mine jaune abzweigt. Seine Streichrichtung ist durch einen langen Pingenzug als ein nach Norden geöffneter Bogen gekennzeichnet.

Die mine de Grandfontaine und die haute mine grise förderten wahrscheinlich das Erz eines dritten Ganges, der aber ein ostnordöstliches Streichen besitzt.

Abseits von den obengenannten Gruben liegt die mine de l'Evêché (de la Chapelle), durch die allein wohl ein weiterer kleiner Gang gebaut wurde.

1. Mine de Grandfontaine (4, S. 527, 528).

Die mine de Grandfontaine (1 a. d. K.) in M i n i è r e s war die größte der Gruben von Framont. Sie baute auf einem Gange, der sich 60—80 m in ostnordöstlicher Richtung erstreckte, und dessen Erz unter 60—70° N einfiel. Sowohl nach Osten als nach Westen keilte sich der Gang aus. Hier traf man auf konglomeratartiges Porphyrgestein, an dem die Erze vertaubten.

Dichter Eisenglanz bildete die Hauptmasse des Erzes. Sie war durch ein stark eisenschüssiges Bergmittel in zwei Teile gespalten, die als „la grosse masse und "„la petite masse" unterschieden wurden. Die regellose Begrenzung und die große Ausdehnung des Erzes verursachte den Bergleuten viel Schwierigkeiten. Außerdem fanden sich im dichten Erze verschiedentlich große Stücke des Nebengesteins, die wiederum selbst von Erzadern durchzogen waren. Das wechselnde Vorkommen dieser Blöcke bedingte eine wechselnde Mächtigkeit und, da die Alten nur die reichsten Stellen abbauten, fehlte jede Regelmäßigkeit im Betriebe. Als diese Arbeiten auflässig geworden waren, und eine andere

Generation den Betrieb wieder aufnahm, war es nötig, einen neuen Stollen und neue Ausrichtungsstrecken unterhalb der früheren anzulegen. Zwischen dem alten Abbau und den neuen Strecken blieb dann ein abbauwürdiges Massiv stehen. Auch als DE BEAUMONT im Jahre 1820 oder 1821 die Grube befuhr, scheint der Betrieb nicht rationell gewesen zu sein. Er fand nur einen Stollen vor, der sowohl der Wasserhaltung und Wetterführung als der Förderung diente. Der Abbau der Erze fand damals tief unter diesem Stollen statt. ·

Außer dichtem Roteisenerz kamen nach den Beobachtungen von CARRIÉRE, DE BEAUMONT und VOLTZ folgende Mineralien und Erze vor : Kristallisierter E i s e n g l a n z, E i s e n s p a t, g e d i e g e n e s   K u p f e r,   K u p f e r g l a n z,   B u n t - k u p f e r e r z, M a l a c h i t und K i e s e l k u p f e r, als Neubildungen im Stollen Kupfer- und E i s e n v i t r i o l (14, 157, 166, 169, 170, 172, 175, 176).

Als Gangart beobachtete CARRIÉRE Kalkspat, Baryt, Flußspat und Quarz (11, 131, 140, 141).

Jetzt findet man auf den Halden noch : Eisenglanz, große Massen von z. T. zersetztem Schwefelkies, Braunspat, Kalkspat, Quarz.

2. La haute mine grise.

In der Litteratur ist diese Grube nirgends erwähnt. Auf der Halde findet sich nur quarziges Roteisenerz und Braunspat.

3. Mine jaune (4, S. 531, 532).

Das Erz der m i n e   j a u n e (4 a. d. K.) bestand aus einer beträchtlichen Masse von Brauneisen, deren Streichrichtung von DE BEAUMONT als ostnordöstlich angegeben wird.

Der Erzgang durchschneidet hier die südlichste der Kalklinsen, die in der Nähe der Grube anstehend in der Richtung 5ʰ gegen ihn streicht. Der Kalk ist da, wo er die mine jaune trifft, wie man besonders an der nordöstlichen Wand der ca. 40 m langen Pinge beobachten kann, in Granatfels umgewandelt, der zum größten Teil aus ziemlich locker aneinander gereihten Rhombendodekaedern von Granat besteht. Dieser ist fast durchaus in Brauneisen zersetzt.

In diesem Gestein treten eingesprengt kristallisierte Kalksilikate auf. Daneben kommt als interessantestes Mineral der Phenakit vor, den BEYRICH hier im Jahre 1835 entdeckte (8, S. 519). Er findet sich mit Quarz, von dem er durch seine Kristallform und durch größere Härte leicht zu unterscheiden ist, in Drusen innerhalb des sekundär entstandenen Brauneisens.

Häufiger ist Pyroxen in bräunlich körnigen Massen (8, S. 151), ferner Epidot. Dieser kommt sowohl in bündelartig aggregierten Nadeln (11, S. 147) als in Kristallen vor, die durch vorwaltende Entwicklung der orthodiagonalen Zone prismatisch gestaltet sind.

Zusammen mit den genannten Mineralien sieht man Magnetit in kleinen Oktaedern und körnigen Massen (9, S. 155).

Außer dem Brauneisen, das die Hauptmasse bildete, und dem Magnetit, kamen noch folgende Erze vor: Spateisenstein, Pyrit, Zinkblende, Bleiglanz und Kupferkies zusammen auf Trümern im körnigen Kalk, und Malachit, Kieselkupfer, Pyrolusit und Cerussit auf Brauneisen (14, S. 168, 172, 175, 176).

Früher fand sich Dolomit, der abgebaut wurde; und, da auch Eisenspat zur Gewinnung gelangte, ist hier ein Übergang des Kalkes in Eisenerz wahrscheinlich.

4 und 5. Mine rouge und mine des Engins.

Die mine rouge und die mine des Engins bauten offenbar zusammen auf der gleichen Roteisenerz-Masse. Diese bestand aus dichtem Eisenglanz; stellenweise trat Brauneisen auf, in dem sich Malachit und Fahlerz fanden. Auch hier setzt eine Kalklinse durch, die im Westen auf der mine noire zu beobachten ist, und scheint der Gang, soweit er den Kalk zum Nebengestein hat, durch das Auftreten von Brauneisen ausgezeichnet zu sein. Ebenso, wie in der mine jaune, kann man einen Übergang vom reinen Kalk in Dolomit und Eisenspat feststellen.

Auf der Halde des schon früher genannten Stollens findet sich in losen Stücken stark mit Quarz durchwachsener kristallisierter Eisenglanz mit einem Anflug von M a l a c h i t.

6. M i n e g r i s e (3, S. 529, 530).

Die m i n e g r i s e lag an dem nördlichen Abhang des Mathiskopfes, südlich Minières. Von hier aus baute man das Erz stroßenförmig (in stufenartigen Absätzen) ab. Die Grubenwasser wurden durch einen Stollen, den man an den Gang herangetrieben hatte, gelöst. Aus dem Tiefbau wurde das Wasser durch Handpumpen auf die Stollensohle gehoben.

Auch in der m i n e g r i s e trifft der Erzgang mit einem Kalklager zusammen. Dieser Kalk bildete hier das Hangende einer großen Masse von R o t e i s e n e r z, die 5—6 m mächtig war, die Streichrichtung ONO nach WSW hatte und 50—60° S einfiel.

Das Erz, das erdige Beschaffenheit und einen matten Bruch zeigte, war von Eisenglanz durchsetzt, der, zum Teil kristallisiert, auch Drusen und Höhlungen anfüllte.

P y r i t war stellenweise so häufig, daß er das Erz wertlos machte.

Außer diesen beiden Erzen kam noch vor F a h l e r z, K u p f e r g l a n z und M a l a c h i t (9, S. 170, 172, 175).

DAUBRÉE fand gediegen Wismut in einer Druse von Dolomit.

Von Gangmineralien sind zu nennen: K a l k s p a t in derben Stücken, auf diesem aufsitzend F l u ß s p a t in großen wasserhellen Hexaedern, A r a g o n i t in Drusen (14, SS. 131, 135).

Als Einschluß im Flußspat fand sich früher S c h e e l i t.

Auch hier zeigt der Kalk die gleiche Struktur, wie an den vorher erwähnten Stellen und dieselben Übergänge in Dolomit und Eisenspat. Eine Eigentümlichkeit beider ist das Auftreten von großen Mengen kleiner M a r t i t -Oktaeder.

7. und 8. M i n e d e M e t z g e r (3, S. 530, 531) und m i n e n o i r e (3, S. 532).

Die m i n e d e M e t z g e r und die m i n e n o i r e sind die Gruben des zweiten Gangzuges.

Die Erzmasse der mine de Metzger bildete ein dichtes
Roteisenerz, das durchdrungen war von glitzernden, kleinen
Eisenglanzblättchen. Hie und da war das Erz von Quarz durch-
zogen ; auch fanden sich ab und zu Breccien aus Trümmern des
Nebengesteins. An einer Stelle bildete ein fetter Ton mit Ein-
schlüssen von Gesteinsbruchstücken und erdigem Braunstein die
Salbänder gegen das Nebengestein. Die Bergleute nannten diese
Breccie „Brand".

Durch einen Stollen, der in etwa 9^h an den Gang herangetrieben war, fand eine Verbindung der mine de Metzger mit
der mine noire statt.

Die Kalklinse, von der oben erwähnt wurde, daß sie sich
bis zum Stollenmundloch am unteren Weg nach Minières erstreckt,
erscheint in der mine noire wieder.

Die Grube hat ihren Namen von der dunklen Farbe des
Erzes, das hier gefördert wurde. Es war ein erdiges Roteisen-
erz, das infolge eines hohen Gehaltes an Mangan schwarzbraune
Färbung zeigte.

Auch hier fanden sich Martit-Oktaeder sowohl im Kalk
als auch im Erz selbst.

9. Mine de la Chapelle (de l'Evêché).

Das Vorkommen der mine de la Chapelle ist insofern dem der mine jaune ähnlich, als auch hier körniger Kalk
in Granatfels umgewandelt ist, der wiederum eine Umsetzung
in Brauneisen erfahren hat. An den Stücken, die sich auf
den Halden finden, treten bis haselnußgroße, rötlich braune,
glänzende Rhombendodekaeder auf. Begleitet wird der Granat
von Kalkspat, Epidot, Hornblende, Magnetit
und Pyrit.

Das Haupterz, das gefördert wurde, war auch hier dichter
Eisenglanz. Daneben kamen vor: Eisenglanz in
Oktaedern (Martit), Spateisenstein, Pyrolusit in stahl-
grauen Nadeln und schwarzen dichten Massen mit Brauneisen
zusammen, Zinkblende, wenig Bleiglanz, und als Gangart noch Pyroxen in beträchtlichen Massen und Baryt.

Auf Kluftflächen des Kalksteines findet sich gelber E i s e n - o c k e r und M a l a c h i t.

Die Grube war durch einen oder zwei Stollen aufgeschlossen und scheint noch bis in die letzte Zeit in Betrieb gewesen zu sein.

Entstehung der Lagerstätten.

Über die Natur der Erzlagerstätten von Framont und über die Art des Zusammenhanges zwischen Kalk und Erz herrschten von jeher große Zweifel.

DE BEAUMONT (4) hält die Lagerstätten für Gänge und führt als Beweis für seine Behauptung an, daß das Erz Bruchstücke des Nebengesteins einschließe und Salbänder besitze. Andrerseits aber seien große ausgedehnte Erzmassen von unregelmäßiger Gestalt ohne Einschluß von Nebengesteinsbreccien vielfach vorhanden, oft in enger Verbindung mit Kalklagern, sodaß man eine Ähnlichkeit in der Entstehung beider vermuten möchte.

VON DECHEN (6) schließt sich der Ansicht DE BEAUMONT's an und meint, die gewöhnlichen Vorstellungsarten von gang- oder lagerförmigem Vorkommen könnten hier keine Anwendung finden.

Dagegen hatte VOLTZ (7) eine sehr eigentümliche Vorstellung von der Natur dieser Erzlagerstätten. Er sagt: „Das Ganze dieser Lagerstätten ist ein Produkt von Zerfressungen und Cementationen von plutonischen Dämpfen, die hauptsächlich Eisenoxyd und Bittererde, oder Eisen und Magnesium enthielten. Diese Dämpfe haben die Schiefer zerfressen und die Gangspalten dadurch gar gewaltig erweitert. Eine Art Diluvialströmung hat Sand und Sandblöcke hergeführt, und der Detritus der Zerfressung hat einen Brei gebildet, durch den die plutonischen Dämpfe aufgestiegen sind. Diese Dämpfe haben auch manchmal die Kalksteine cementiert, und das ist der Fall in der Kalksteingrube des Minières. . . .‟

In neuerer Zeit äußert sich DAUBRÉE bei der Besprechung seiner Experimente, wie folgt: „Bei Zersetzung von Eisenchlorid

durch Wasserdampf in einer Porzellanröhre erhielt ich Eisenglanz
in durcheinander kristallisierten Stücken, d i e   z u m   V e r -
w e c h s e l n   g e w i s s e n   V a r i e t ä t e n   d e s   E i s e n -
g l a n z e s   v o n   F r a m o n t   ä h n l i c h   s e h e n.   Es ist sehr
wahrscheinlich, daß viele Eisenglanzlager, die sich .... in der
Nähe von Graniten, Porphyren und anderen Eruptivgesteinen
finden, aus einer Sublimation, wie bei den Vulkanen, entstanden
sind.   Das ist beispielsweise vielleicht der Fall bei den Erzlagern
von Framont und Elba."

Das   E r z v o r k o m m e n   von   Framont   ist   g a n g f ö r m i g.
Der einfachste Fall des Auftretens liegt vor in der mine de Grand-
fontaine, der haute mine grise und der mine de Metzger, wo
Spalten im Gestein mit Erz gefüllt sind.

Eine weitere Art des Vorkommens zeigt sich in den Gruben
mine rouge, mine des Engins, mine noire, mine grise, wo Kalklinsen von den Spalten durchsetzt werden.   Der körnige Kalk
ist dolomitisch und metasomatisch in Braun- bis Eisenspat und
Eisenglanz umgewandelt worden.   Die Molekularverdrängung hat
im Kalke begonnen, denn der allmähliche Übergang von Kalk
in Eisenoxyd kann verfolgt werden.

Der dritte Fall ist der der mine jaune und der mine de la
Chapelle.   Hier ist der kohlensaure Kalk z. T. in Kalksilikathornfels
umgewandelt.   Metamorphosen dieser Art werden nach den bisherigen Erfahrungen der Wirkung eines Eruptivgesteinkontaktes
zugesprochen.   In Framont[1] steht aber kein Gestein dieser Art
zu Tage an.   Es muß daher angenommen werden, daß der meta-
morphisierende Plutonit — vielleicht ein Diabas — in größerer
Teufe verborgen ist.

Entstanden sind die Erze in allen Fällen infolge epigenetischer
Zuführung.   Was die Art des Erzbringers betrifft, so hat die Annahme einer   P n e u m a t o l y s e,   vielleicht in Verbindung mit
einer   T h e r m a l w i r k u n g,   am meisten Gründe für sich.   Die

---

1. Silikatgesteine können sich auch ohne Kontakt, auf hydrochemischem
Wege, in Granatfelse umwandeln. S. A. Morozewicz: „Die Eisenerzlagerstätten
des Magnetberges im südlichen Ural und ihre Genesis." Tschermak: Min. und
petrogr. Mitt. Wien 1904. 23, III. SS. 225—262.

Ausbildung der Eisenglanzkristalle (s. DAUBRÉE) und das Auftreten der Mengen von Pyrit und anderer Sulfide weisen geradezu
auf eine solche Entstehung hin.

Dieselben Gründe sprechen g e g e n die Hypothesen einer
L a t e r a l s e k r e t i o n, wie sie sonst wohl in Diabasgesteinen,
z. B. im Lahntale, vorkommt, und einer s e k u n d ä r e n E n t -
s t e h u n g aus dem Granatfels, wie sie MOROZEWICZ vom Magnet-
berge im Ural angibt.[1]

---

1. Ebenda S. 257. Auch in Framont hat sich Granatfels anscheinend
in Epidot, Eisenoxyd, Kieselsäure und kohlensauren Kalk umgewandelt, wie es
am Magnetberg der Fall sein soll, aber doch nur als ein Nebenprozeß in so kleinem
Maßstabe, daß die Entstehung der Lagerstätten nicht als eine Folge dieser Metamorphose angesehen werden kann.

Abfluss

Grundmoräne

960 m. Höhe ü. d. M.

a - Mauer

Künstliche
Blockhäufung

Oberflächenmoräne - Blockpackung

Grundmoräne

See - Terrasse

941,5 m. Höhe ü. d. M.

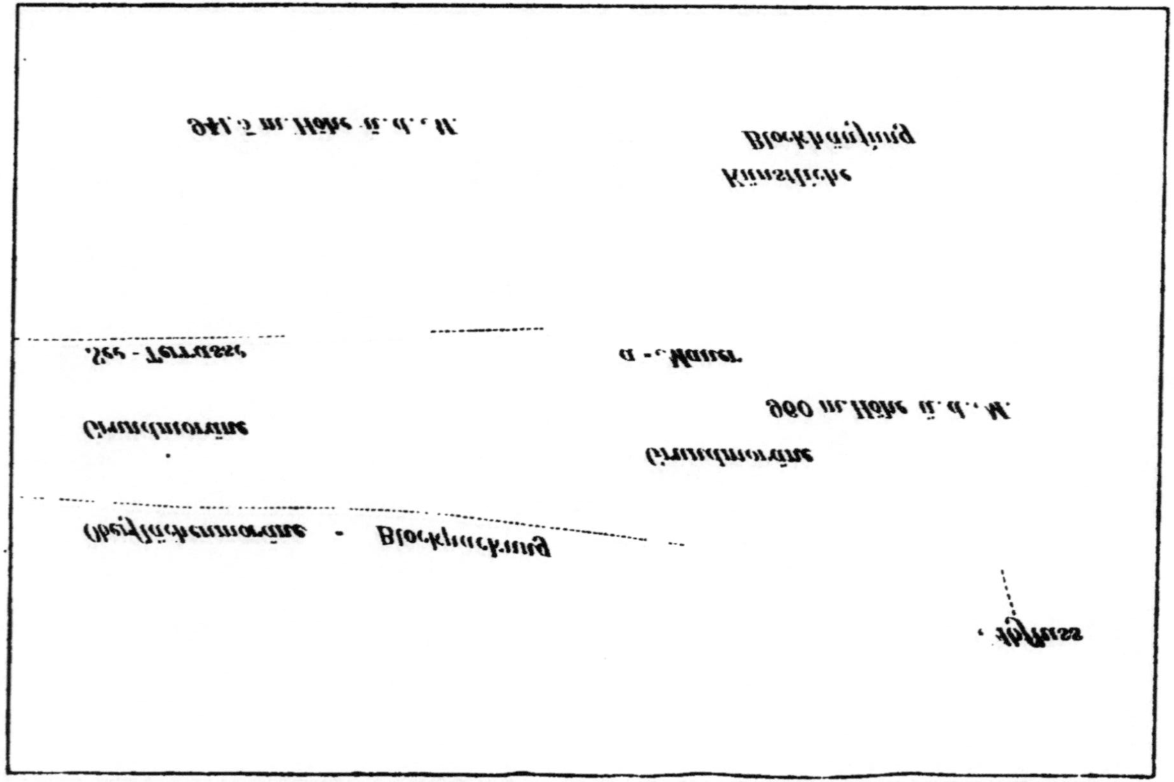

Fig. 1.

Hoftraor.

Brandsohle

900 m Höhe ü. d. M.

u. Meter.

Blockhäuserung

Blockhäuserung

Brandsohle

Kinastirke

944 m Höhe ü. d. M.

Terrassen

Mittheil. d Geolog. Landesanstalt v. Els.-Lothr. Bd. V.

Taf. I.

Terraquist phot.

Lichtdruck von Krämer in Kehl.

Der Moränenwall am Ausfluss des Schwarzen Sees im Jahre 1900.

Tafel II.

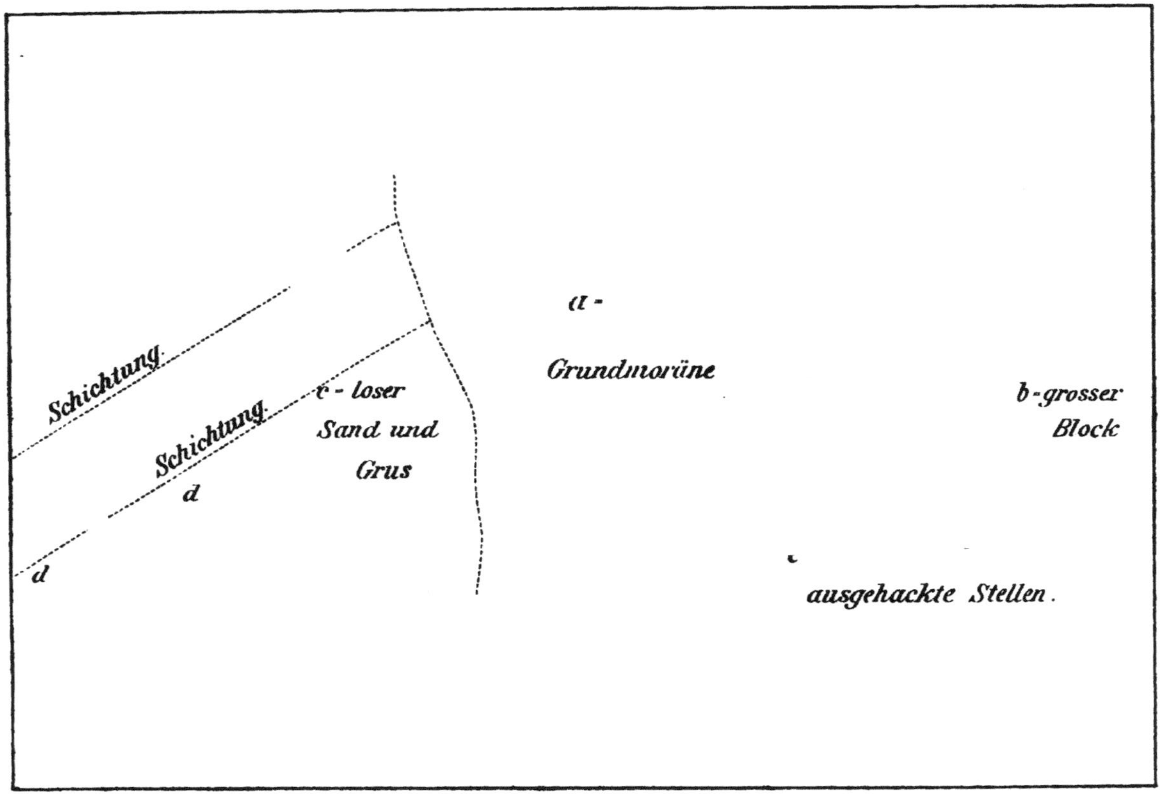

b - grosser Block

ausgehackte Stellen.

a - Grundmoräne

c - loser Sand und Grus

Schichtung

Schichtung

d

d

Mitiheil. d. Geolog. Landesanstalt v. Els.-Lothr. Bd. V.

Taf. II.

Traquair phot.

Lichtdruck von Krämer in Kehl.

Grundmoränenwall am Ausfluss des Schwarzen Sees.

Tafel III.

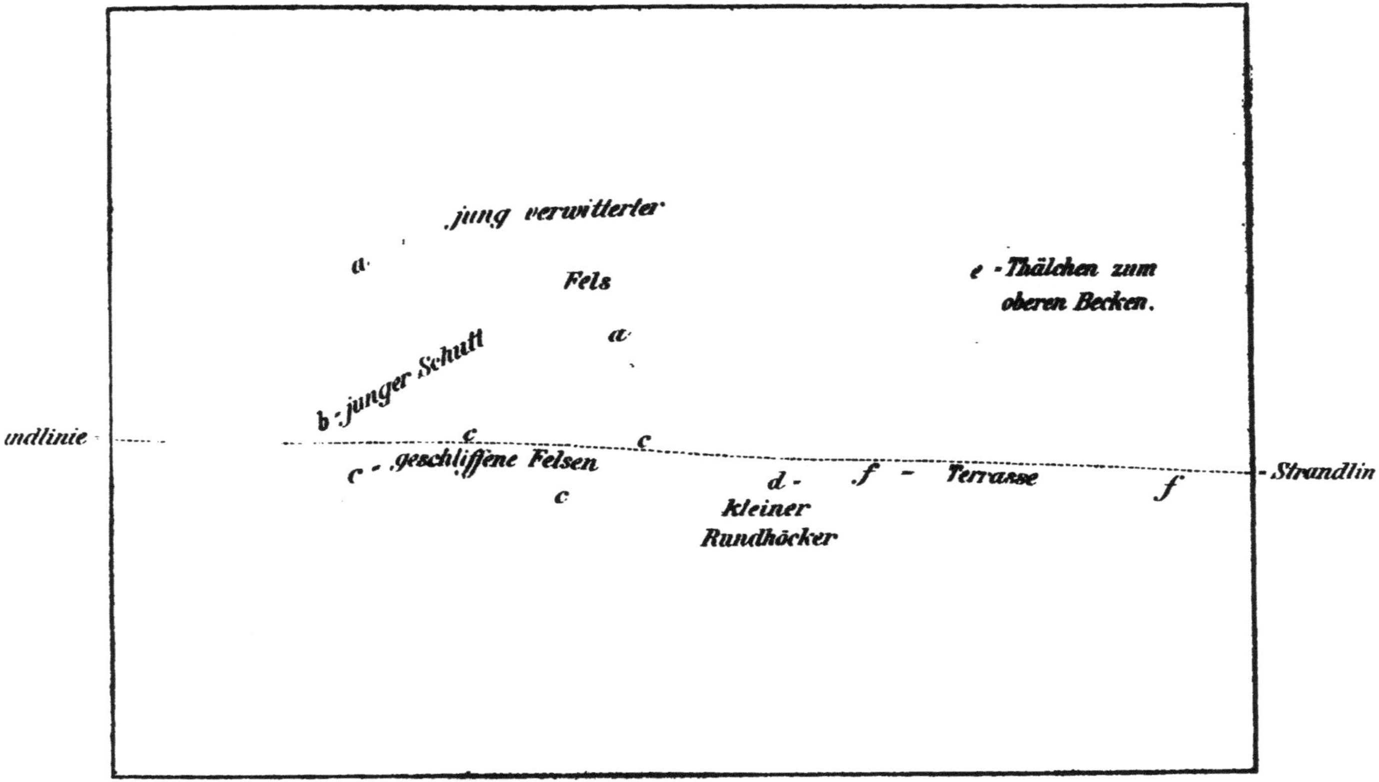

Strandlin

f

e . Thälchen zum
oberen Becken.

d -   f - Terrasse

kleiner
Rundhöcker

. jung verwitterter

Fels

a

a

b . junger Schutt

c . geschliffene Felsen

c

c

undlinie

Mittheil. d. Geolog. Landesanstalt v. Els.-Lothr. Bd. V.

Taf. III.

Terquist phot.

Lichtdruck von Krämer in Kehl.

Geschliffene Felsen und Terrasse am Westufer des Schwarzen Sees.

Tafel IV.

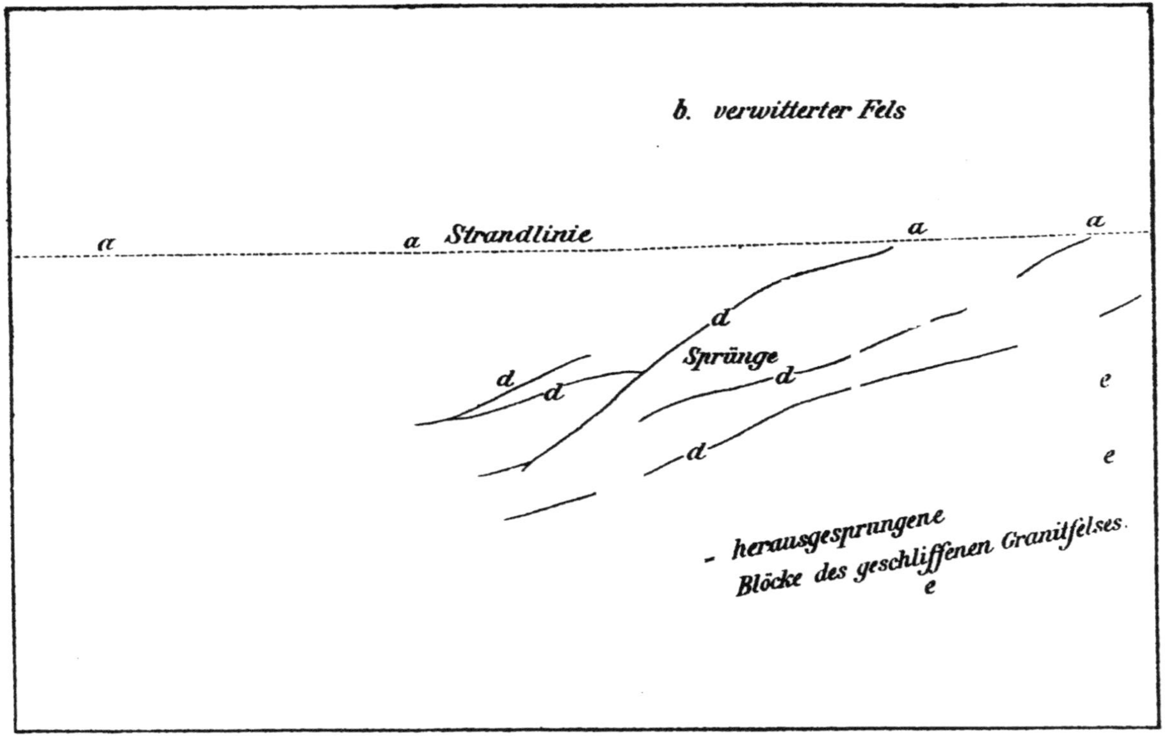

b. verwitterter Fels

a Strandlinie

a   a   a

Sprünge

d   d   d   d

herausgesprungene
Blöcke des geschliffenen Granitfelses.
e   e   e

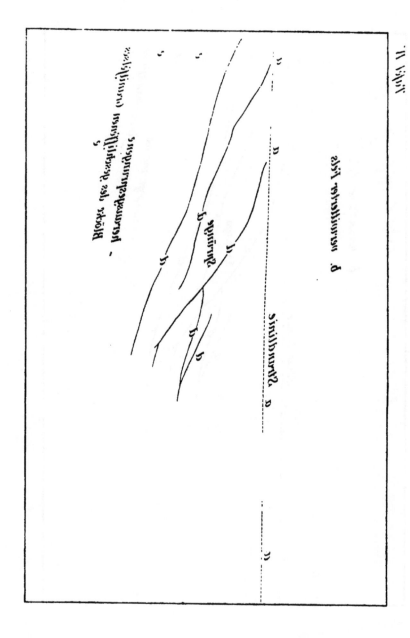

Taf. II.

Mittheil. d. Geolog. Landesanstalt v. Els.-Lothr. Bd. V.

Taf. IV.

Terapint phot.

Lichtdruck von Krämer in Kehl.

Geschliffene Granitoberfläche mit herausgesprungenen Blöcken am Westufer des
Schwarzen Sees.

Lichtdruck von *Krämer m Kehl.*

Zwei kleine Nischengletscher an der Croda rossa in Südtirol

Tagebau in der Eisenerzformation bei Oberkorn.

Mittheilungen der geolog. Landesanstalt von Elsass-Lothringen, Bd. V.

Tafel VII.

Arnold phot.

Auflagerung des Korallenkalkes auf Hohebrückener Kalk
an der alten Strasse von Moulins nach Gravelotte.

Mittheilungen der geolog. Landesanstalt von Elsass-Lothringen, Bd. V.

Tafel VIII.

Arnold phot.

Schräge Schichtung im Colith von Jaumont.
Steinbruch gegenüber St. Hubert.

Mittheilungen der geolog. Landesanstalt von Elsass-Lothringen, Bd. I.

Arnold phot.

**Auflagerung der Mergel von Gravelotte auf den Oolith von Jaumont
im Steinbruch gegenüber St. Hubert.**

Mittheilungen der geolog. Landesanstalt von Elsass-Lothringen, Bd. V.

Tafel IX.

Arnold phot.

Auflagerung der Mergel von Gravelotte auf den Oolith von Jaumont
im Steinbruch gegenüber St. Hubert.

Mittheilungen der geolog. Landesanstalt von Elsass-Lothringen, Bd. V.

Tafel IX.

Arnold phot.

Auflagerung der Mergel von Gravelotte auf den Oolith von Jaumont
im Steinbruch gegenüber St. Hubert.

Arnold phot.   Auflagerung der Mergel von Gravelotte auf den Oolith von Jaumont
im Steinbruch gegenüber St. Hubert.

Arnold phot.   Auflagerung der Mergel von Gravelotte auf den Oolith von Jaumont
im Steinbruch gegenüber St. Hubert.

Mittheilungen der geolog. Landesanstalt von Elsass-Lothringen, Bd. V.

Tafel X.

Arnold phot.

Mance-Thal an der Schlucht bei Gravelotte.

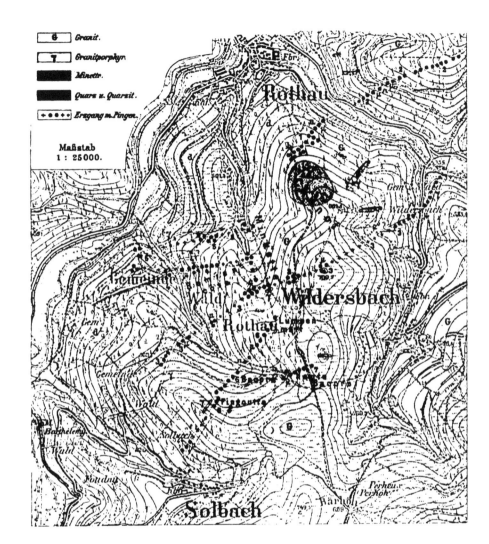

Erklärung zu Tafel XII.

1. Granit des Bannwaldes.

   O = Orthoklas,
   Pl = Plagioklas,
   Q = Quarz,
   T = Turmalin,
   E = Erz.

2. Minette vom Bannwald.

   Q = Quarz,
   B = Biotit,
   A = Apatit,
   Ps = Pseudomorphose mit Magnetitrand.

3. Turmalingestein vom Bannwald.

   Q = Quarz,
   Gp = Breccie von sehr feinkörniger Granitsubstanz,
   ähnlich der Grundmasse eines Granitporphyrs.

4. Minette des Husarenganges.

   Q = Quarz,
   B = Biotit,
   E = Erz.

5. Minette vom Bannwald mit Fluidal-Struktur.

   O = Orthoklas,
   B = Biotit,
   E = Erz,
   Q = Quarz.

6. Turmalingestein vom Bannwald.

   In einer Grundmasse von Erz und Turmalin Einsprenglinge von Quarz.

   Q = Quarz.

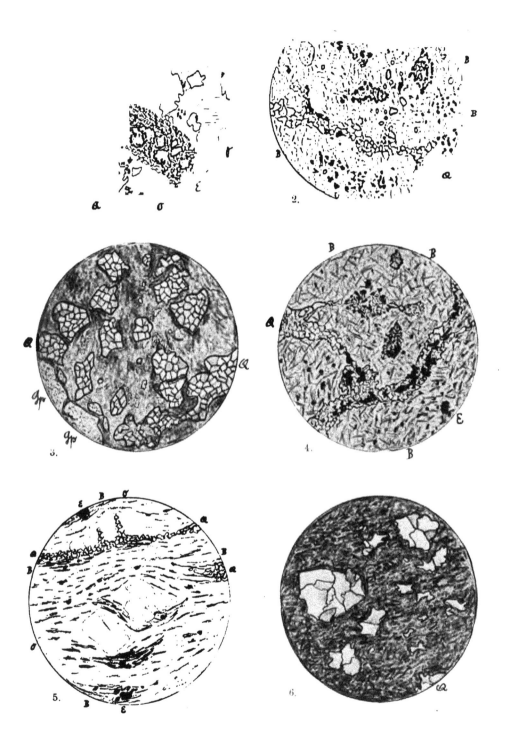

Veröffentlichungen

der Direktion der geologischen Landes-Untersuchung
von Elsaß-Lothringen.

------

a. Verlag der Straßburger Druckerei u. Verlagsanstalt.

A. Abhandlungen zur geologischen Spezialkarte
von Elsaß-Lothringen.

<table>
<tr><td></td><td align="right">Preis
ℳ</td></tr>
<tr><td>Bd. I. Heft 1. Einleitende Bemerkungen über die neue geologische Landes-Aufnahme von Elsaß-Lothringen. — Verzeichnis der geologischen und mineralogischen Literatur, zusammengestellt von E. W. BENECKE und H. ROSENBUSCH. 1875.</td><td align="right">3,25</td></tr>
<tr><td>Heft 2. H. ROSENBUSCH, Die Steiger Schiefer und ihre Kontaktzone an den Graniten von Barr-Andlau und Hohwald. Mit einer geol. Kartenskizze und zwei lithographierten Tafeln. 1877 .</td><td align="right">12,40</td></tr>
<tr><td>Heft 3. P. GROTH, Das Gneisgebiet von Markirch im Ober-Elsaß. Mit einer geologischen Kartenskizze und zwei Profilen. 1877.</td><td align="right">5,00</td></tr>
<tr><td>Heft 4. E. W. BENECKE, Über die Trias in Elsaß-Lothringen und Luxemburg. Mit zwei geologischen Kartenskizzen und sieben lithographierten Tafeln. 1877.</td><td align="right">16,80</td></tr>
<tr><td>Ergänzungsheft. E. SCHUMACHER, Geologische und mineralogische Literatur von Elsaß-Lothringen. Nachtrag zu dem oben genannten Verzeichnis und Fortsetzung desselben bis einschließlich 1886. 1887</td><td align="right">3,00</td></tr>
<tr><td>Bd. II. Heft 1. W. BRANCO, Der untere Dogger Deutsch-Lothringens. Mit Atlas von 10 lithogr. Tafeln. 1879</td><td align="right">6,00</td></tr>
<tr><td>Heft 2. H. HAAS und C. PETRI, Die Brachiopoden der Juraformation von Elsaß-Lothringen. Mit einem Atlas von 18 lithogr. Tafeln. 1882</td><td align="right">12,80</td></tr>
<tr><td>Heft 3. A. ANDREAE, Ein Beitrag zur Kenntnis des Elsässer Tertiärs. Mit Atlas von 12 lithogr. Tafeln. 1884</td><td align="right">10,60</td></tr>
<tr><td>Bd. III. Heft 1. G. LINCK, Geognostisch-petrographische Beschreibung des Grauwackengebietes von Weiler bei Weißenburg. Mit einer Kartenskizze und Profilen. — G. MEYER, Beitrag zur Kenntnis des Kulm in den südlichen Vogesen. Mit einer Kartenskizze und Profilen. 1884</td><td align="right">5,00</td></tr>
<tr><td>Heft 2. A. OSANN, Beitrag zur Kenntnis der Labradorporphyre der Vogesen. Mit einer Tafel in Lichtdruck. 1887</td><td align="right">3,00</td></tr>
</table>

Preis

Heft 6. Die Versteinerungen der Eisenerzformation von Deutsch-
Lothringen und Luxemburg. Von E. W. BENECKE. Mit einem
Atlas von 59 Tafeln. 1905 40,00

B. Mitteilungen der geologischen Landesanstalt von Elsaß-Lothringen.

Bd. I. 4 Hefte (à ℳ 1,25; 1,50; 2,50 u. 1,50) 6,75
Bd. II. Heft 1 (ℳ 2,75), Heft 2 (ℳ 1,75), Heft 3 (ℳ 5,00) 9,50
Bd. III. Heft 1 (ℳ 2,40), Heft 2 (ℳ 1,50), Heft 3 (ℳ 1,20), Heft 4 (ℳ 2,50) 7,60
Bd IV. Heft 1 (ℳ 1,00), Heft 2 (ℳ 1,20), Heft 3 (ℳ 1,25), Heft 4 (ℳ 2,50),
    Heft 5 (ℳ 1,75) 7,70
Bd. V. Heft 1 (ℳ 1,00), Heft 2 (ℳ 0,80), Heft 3 (ℳ 2,50), Heft 4 (ℳ 2,00),
    Heft 5 (Schlußheft) befindet sich im Druck.

b. Verlag der SIMON SCHROPP'schen Hof-Landkarten-Handlung (J. H. NEUMANN) Berlin W. 8. Jägerstr. 61.

A. Geologische Spezialkarte von Elsaß-Lothringen im Maßstab 1 : 25000.

Mit Erläuterungen.

(Der Preis jedes Blattes mit Erläuterungen beträgt ℳ 2.)

Blätter: Monneren, Gelmingen, Sierck, Merzig, Groß-Hemmersdorf, Busendorf, Bolchen, Lubeln, Forbach, Rohrbach, Bitsch, Ludweiler, Bliesbrücken, Wolmünster, Roppweiler, Saarbrücken, Lembach, Weißenburg, Weißenburg Ost, St. Avold, Stürzelbronn, Saareinsberg, Saargemünd, Rémilly, Falkenberg (mit Deckblatt), Niederbronn, Mülhausen
Ost, Mülhausen West, Homburg, Pfalzburg, Altkirch, Buchsweiler.
Demnächst erscheinen: Zabern, Molsheim, Geispolsheim.

B. Sonstige Kartenwerke.

Geologische Übersichtskarte des westlichen Deutsch-Lothringen, im   ℳ
    Maßstab 1 : 80000. Mit Erläuterungen. 1886—87. Vergriffen.
Übersichtskarte der Eisenerzfelder des westlichen Deutsch-
    Lothringen. Mit Verzeichnis der Erzfelder. 4. Aufl. 1905 . . . 2,00
Geologische Übersichtskarte der südlichen Hälfte des Großher-
    zogtums Luxemburg, Maßstab 1 : 80000. Mit Erläuterungen 4,00
Geologische Übersichtskarte von Els.-Lothr., im Maßstab 1 : 500000. 1,00
Demnächst erscheinen: Blatt Saarbrücken der geologischen Über-
    sichtskarte von Elsaß-Lothringen und den angrenzenden Ge-
    bieten 1 : 200 000 und das zugehörige Blatt Saarbrücken der
    Tektonischen Karte von Elsaß-Lothringen 1 : 200 000 mit Er-
    läuterungen 3,00

Lightning Source UK Ltd.
Milton Keynes UK
UKHW011427231118
332790UK00011B/1593/P